KB097901

화성의 미스터리

THE MYSTERY OF THE MARS

화성의 미스터리

THE MYSTERY OF THE MARS

김종태 지음

INTRO

  소련은 1957년 10월에 세계 최초의 인공위성인 스푸트니크 1호를 지구 궤도에 올렸다. 그리고 1개월 후에는 라이카라는 개를 태운 스푸트니크 2호를 발사했고, 그로부터 6개월 후에는 무게가 1.3t인 스푸트니크 3호를 지구 궤도에 올리면서 우주개발을 주도해나갔다.

  그러나 그런 소련을 바라보고만 있을 미국이 아니었다. 케네디 대통령은 1970년이 되기 전에 인간을 달에 보내겠다는, 당시로써는 아주 파격적인 선언을 했는데, 그 꿈은 1969년 7월 20일에 아폴로 11호가 달에 도달하여, 암스트롱과 올드린이 고요의 바다에 직접 내려섬으로써 실현되었다.

  그 후 미국과 소련은 인공위성 발사, 유인 우주 비행, 달 탐사 등은 물론이고 행성 탐사에서도 경쟁했다. 하지만 다른 부분과는 달리, 행성 탐사 부분에서는 그다지 큰 진전을 이루지 못했다. 물론 성과가 전혀 없는 것은 아니어서, 탐사선을 화성에 보내어 사진을 촬영하는 데는 성공하였다.

미국은 1964년에 매리너(Mariner) 4호를 발사하여 화성의 궤도에 접근시켜서 최초로 화성 사진을 촬영하였다. 그리고 1971년 11월에는 매리너 9호를 화성 궤도에 안착시키기도 했으며, 소련은 이보다 한발 더 나아가, 1971년 12월에 마스 3호를 화성 표면에 착륙시켰다.

그렇지만 화성 탐사 분야의 진행은 인류 전체의 성과라기보다는, 미국과 소련만의 것이라고 봐야 한다. 양국 외에는 화성 근처에도 못 가봤고, 화성 탐사로 얻은 자료 역시 양국이 독점했기 때문이다.

1976년부터는 미국의 바이킹 1호와 2호가 화성에 착륙해 수많은 자료를 수집했고, 그 후에 패스파인더, 피닉스, Opportunity와 스피릿, 큐리오시티, 퍼서비어런스 등이 화성의 주요 기점을 수색하여 많은 자료를 수집하기도 했으나 그 자료의 대부분은 공개되지 않은 상태이다. 일부 자료가 공개된 적은 있지만, 그 중의 상당수가 왜곡되거나 편집된 것이었다.

정말 안타까운 현실이다. 그렇게 일부 국가가 정보를 독점하고 있기에, 화성에 대한 인류의 인식 역시 근대적 수준에서 벗어나지 못하고 있다. 화성에 대한 일반적인 대중들의 이미지는, 붉은 대기층 아래 펼쳐진 건조하고 황폐한 행성으로, 거의 굳어져 있는 상황이다.

그런데 화성의 실상이 정말 그럴까. 정말 그렇게 황폐한 불모지일까. 움직이는 생명체가 없는 것은 물론이고, 액체 상태의 물도 거의 없으며, 수목 역시 없는 그런 지옥 같은 곳일까.

그렇지 않은 것 같다. 공식적이거나 비공식적으로 조금씩 흘러나온 화성 이미지의 원본을 살펴보면, 대중들이 알고 있는 화성의 모습과는 다른 면이 많다는 것을 알 수 있다. 대체로 생동감 없는 황량한 모습이고, 붉은 먼지가 공중에 날리고 있는 것은 사실이나, 곳곳에 액체 상태의 물이 있고 식물도 있을 뿐 아니라, 동물의 모습도 언뜻 보이는 것 같다. 또한, 문명이 존재했거나 현재 존재하는 것 같은 실루엣도 보인다.

이 중에 NASA에서 공식적으로 인정하는 사실이라고는, 아주 먼 과거 화성 표면에 물이 존재했다는 사실 정도인데, 그렇다면 궤도선과 탐사선이 보내온 자료 속에 있는, 생명체의 숨소리와 문명의 실루엣은 도대체 무엇인가. 그 자료들이 조작된 것인가. 그렇지 않다면 공적 기관들이 거짓말을 하고 있는 것인가.

대중들의 의구심이 팽창하고 있다는 사실을 인지했는지, NASA의 태도가 근래에 조금씩 달라지고 있다. 마스 오디세이 궤도선이 탐사한 결과, 화성의 중위도와 고위도 지표면 밑에 엄청난 양의 수소가 존재한다는 것을 알아냈다고 발표했고, 화성 탐사선 피닉스호가 마스 오디세이의 자료를 다시 확인하는 과정에서, 일부 지표에 물이 존재한다는 사실을 알게됐다고 발표했으며, 2010년에는 과거 화성에 아주 거대한 바다가 존재했다는 정황을 포착했다고 발표했다.

하지만 정보를 독점하고 있는 주체들은 알고 있는 정보의 지극히 일부분만 공개했을 것이다. 공개한 것보다 훨씬 많은 비밀을 그들은 알고 있을 것이다. 누출된 자료 속에 생명체가 존재한다는 증거, 유적들의 존재를 증명할 수 있는 요소들이 있음에도, 이에 관해서 침묵하거나 이해할 수 없는 반론을 제시하고 있는 그들이기에, 이런 의심을 할 수밖에 없다. 물론 많은 사람이 이런 의심을 공적 기관에 꾸준히 제기했지만, 그들의 고압적이고 견고한 비밀주의는 변하지 않았고, 앞으로도 그럴 것 같다.

그래서 이 원고를 쓰게 되었다. 화성의 진정한 모습이 대중에게 알려진 것과 다르다는 사실을 알려주면, 화성에 대한 대중의 시각이 넓어지는 동시에, 우주에 관한 지식뿐 아니라 인식의 기반도 확대될 것으로 본다.

이 원고의 중심에는 화성 지표수 존재에 대한 증거, 계절풍에 따라 변하는 화성의 들판, 열악한 환경 속에서도 번성의 꿈을 꾸는 생물들의 숨소리, 한때는 웅장했을 문명의 실루엣 등을 분석한 내용이 담겨있다.

제시한 자료와 함께 필자의 주장을 살펴보면, 이것이 막연한 음모론이 아니라는 사실을 인정하게 될 것이며, 이 책의 마지막 장을 덮을 때쯤이면, 화성에 대한 여러분의 인식이 바뀌어있을 것으로 믿는다.

2021년 겨울, 화성의 이웃 별에서

CONTENTS

제4장 | 얼음과 물

제8장 # 공작물과 소품

OUTRO •

제 1 장

관측과
탐사

화성은 우리 태양계 행성 중에 지구와 가장 비슷한 환경을 갖고 있다. 그래서 생명체가 존재할 개연성이 높은 행성으로 여기고, 많은 국가에서 시간과 자본을 투자하여 탐사 프로젝트를 추진하고 있다. 하지만 본격적으로 이런 노력을 기울인 지는 얼마 되지 않았다. 그도 그럴 것이 인류는 1950년대만 하더라도 화성의 크기와 궤도 등의 아주 기초적인 정보 외에는 그에 대해서 아는 것이 별로 없었다.

천체에 관한 인류의 관심은 뿌리가 깊어서, 선사시대부터 달, 별, 태양계의 행성 등을 관측했다는 증거가 여러 유적에 남아있다. 천체 관측 용도로 사용된 선돌은 이미 기원전 4500~3300년 사이에 프랑스 카르나크 지방에 세워졌고, 영국 남부의 스톤헨지는 기원전 3000~2200년 사이에 조성되었다.

하지만 학술적으로 의미를 부여할 수 있는 관측 기록은 아무래도 망원경이 발견된 후에야 시작됐고, 화성에 관한 관측 기록 역시 그렇다. 그 이전의 화성에 대한 인류의 시각은 다분히 감성적이었다고 할 수 있다. 아주 오래전부터 화성을 관측했겠지만, 고대의 기록은 불길한 느낌들로만 가득 채워져 있다. 지구 바로 뒤에 있는 행성이지만, 공전 주기가 2배나 되기 때문에 선인들은 그 정확한 주기를 측정해내지 못해서 짜증이 나거나 두려웠을 것이고, 그 붉은 안색에 대한 느낌 또한 그랬을 것이다.

서서히 멀어져서 마침내 떠나갔나 싶을 때쯤이면 다시 다가와서 머리 위를 맴도는 붉은 별. 다른 별처럼 황도면을 따라 움직이지만, 어떤 때는 반대 방향으로 돌기도 하고, 어둠 속으로 사라지기도 하는 별. 전쟁이나 흉사가 있을 때는 더 붉게 변하는 것 같아서, 전쟁이나 죽음을 암시하거나 증폭시키는 힘을 가지고 있는 듯한 별.

그래서인지 마르스(Mars), 아레스(Ares), 망갈라(Mangala), 미릭스(Mirrix), 바흐람(Bahram), 시무드(Si-mu-u-d), 형혹(熒惑), 붉은 별 등 시대와 지역마다 부르는 이름은 다르지만, 불길한 느낌이 담기지 않은 이름은 없다.

하지만 과학이 발달하고 망원경이 발명되면서, 화성에 대한 막연한 불길함은 조금씩 지워졌고, 그런 불길한 느낌을 느꼈던 이유도 서서히 알게 되었으며, 그 별이 결코 밀어낼 수 없는 지구의 이웃이라는 사실도 알게 되었다.

망원경이 발명되기 전에는 시력에 의존하여 밤하늘을 관찰할 수밖에 없었다. 눈은 어두운 곳에서 동공이 7mm 정도까지 확대되지만, 동공에 모이는 빛으로 하늘에서 일어나는 여러 현상을 살피기에는 빛의 양이 너무 적다.

망원경은 17세기 초에 발견되었는데 우주에 대한 인간의 시야를 넓히는 데 결정적인 역할을 했다. 망원경의 최초 발명자는 네덜란드의 한스 리퍼세이(Hans Lippershey)로 알려져 있다. 안경가게를 운영하던 그는 1608년에 렌즈를 조합해 먼 곳의 물체를 확대해서 볼 수 있다는 사실을 발견하고, 길쭉한 통에 렌즈를 끼워 망원경을 만들었다. 하지만 발견 초기에는 널리 쓰이지 않았다. 초기의 망원경은, 전장에서 적을 먼저 발견하고 적진을 세밀하게 살피는 게 중요했던, 군대에서 주로 사용되었다.

망원경을 천체 관찰에 본격적으로 사용하기 시작한 사람은 갈릴레오 갈릴레이다. 망원경의 발명 소식을 전해 들은 그는 스스로 그 원리를 연구하여, 당시로써는 타의 추종을 불허하는 고성능망원경을 만들어서, 달의 크레이터, 토성의 고리, 태양의 흑점, 목성의 위성 등을 관찰했다.

천공은 갈릴레이가 예상했던 것과는 다른 모습이었다. 그는 다른 사람보다 무려 10배나 많은 별을 관찰하면서, 은하수가 희뿌연 덩어리가 아니고 무수한 별의 무리라는 사실을 알게 되었다. 그리고 목성을 도는 4개의 위성을 발견하면서 태양중심설이 옳다는 것을 확신하게 되었다. 하지만 베일을 벗겨낸 달의 모습은 예상과 너무 달라서 충격을 받았다.

그가 망원경으로 달을 관찰해보니, 지구와 마찬가지로 산맥과 바다 같은 것이 있는 것 같았다. 그의 망원경은 당시로써는 첨단 장비였으나 배율이 9배 정도에 불과해서 그렇게 보일 수밖에 없었을 것이다.

달에 대한 갈릴레이의 관찰 사실이 알려지자, 사람들의 관심이 자연스레 화성까지 번져 갔다. 달의 지형이 지구와 크게 다르지 않다면 화성도 그렇지 않을까. 하지만 갈릴레이의 망원경은 그들의 욕구를 채워줄 수 없었다. 화성은 너무 멀리 있어서 내부를 들여다볼 수 없었다. 그러기 위해서는 좀 더 성능이 개선된 망원경이 필요했다.

이런 도구의 필요성을 절감한 과학자들은 망원경의 성능 개선에 몰두했고, 마침내 케플러(Johannes Kepler)가 갈릴레이식 망원경의 단점이었던 좁은 시야와 낮은 배율을 개선한, 케플러식 굴절망원경을 만들어냈다. 그리고 1668년에는 뉴턴이 청동을 갈아 만든 오목거울을 써서 뉴턴식 반사망원경을 만들었다. 이후에도 망원경은 다양한 형식으로 발전을 거듭해나갔다.

하지만 화성의 얼굴을 들여다보기에는 망원경의 시력이 여전히 부족했고, 그로 인해 화성이 지구와 유사할 것이고, 그곳에도 지구인과 유사한 사람들이 살고 있을 거라는 상상이 사실처럼 점점 고정되어갔다. 사람들은 화성을 볼 때마다 가상의 산맥과 바다를 그리면서 그곳에 사는 화성인의 모습을 떠올렸다. 이런 사회 현상은 망원경의 성능이 많이 개선되어, 화성의 위성인 포보스와 데이모스가 발견된 1877년까지도 변하지 않았다. 망원경이 발달하면서 점의 크기로 보였던 화성을 자세하게 관찰할 수 있게 되었지만, 화성에 대한 대중들의 왜곡된 상상을 바로잡기에는 여전히 미흡한 수준이었다.

하지만 화성에 대한 관심은 점점 늘어났고, 케플러가 예견한 대로 화성이 2개의 위성을 가지고 있다는 사실이 알려진 후에는 대중들의 관심이 폭발하듯 증폭되었다. 이런 사회적 기류에 편승하여 화성에 관련한 전문서들이 대량으로 출간되었다.

이런 책을 접한 이들 중에는 퍼시벌 로웰도 있었다. 그는 1894년 프랑스 학자인 카미유 플라마리옹의 『행성 화성(La Planète Mars)』을 읽고 화성에 매료되어, 자기 재산을 털어 당시로선 세계 최대규모인 24인치 망원경을 만들어 화성을 바라보았다.

하지만 화성은 로웰이 만든 망원경으로도 또렷하게 볼 수 없을 만큼 멀리 떨어진 행성이었다. 천문학자로서 훈련을 받지 못한 그는 선입관에 사로잡혀 관찰 결과를 제멋대로 해석하기 시작했다.

이런 로웰의 폭주에는 그보다 앞서 화성의 지도를 작성한 이탈리아의 천문학자 스키아파렐리(Giovanni Virginio Schiaparelli)의 영향도 컸다.

스키아파렐리는 나름대로 성능 좋은 망원경으로 화성을 관찰해서 1888년에 상세한 화성 지도를 만들었는데, 화성의 실상과는 거리가 있는 창작 예술품에 가까웠다.

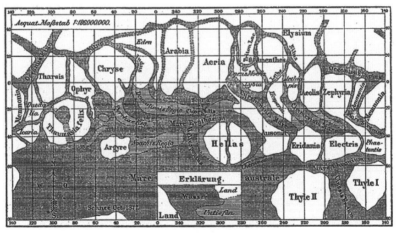

스키아파렐리가 지름이 22cm인 망원경으로 작성한 화성 지도

그렇기에 로웰이 플라마리옹과 스키아파렐리에 매료될수록 개인적인 불행은 가중될 수밖에 없었다. 특히 『행성 화성』의 저자인 플라마리옹은 화성을 관측하면 Canal 같은 게 보인다고 써놓았는데, 그건 로웰에겐 참 아닐 수 없는 유혹이었다. 프랑스어에서 Canal은 자연적인 수로, 또는 계곡 같은 것을 뜻하지만, 영어에서는 Canal이 인공적인 수로, 즉 운하나 관개수로를 말한다.

플라마리옹은 수로나 계곡 같은 흔적이 보인다는 뜻으로 Canal이라는 단어를 썼지만, 로웰은 이를 인공적인 수로, 운하로 받아들여, 화성에 외계인이 살고 있다는 상상을 키워나갔고, 급기야 건조한 지역에서 농사를 짓고자 극지점의 얼음을 녹인 물을 옮기는 거대한 수로를 화성 지도에 그려 넣기까지 했다. 그는 관찰 기록을 모아서 1895년에 『화성(Mars)』이라는 책을 출간했는데, 과학적으로 쓸모가 없었지만, 당대의 대중에게는 큰 영향을 끼쳤다.

하지만 이런 실수는 로웰만 한 것이 아니었다. 그 외에도 화성을 관측한 사람들은 많았다. 그러나 화성의 연구에 참고로 삼을 만한 데이터를 남긴 사람은 거의 없었고, 그들이 그려놓은 화성에 관한 도해 역시 그랬다.

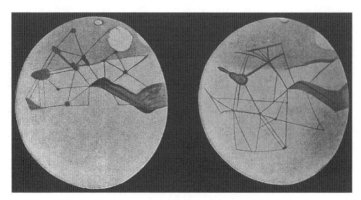

로웰이 지름 30cm, 45cm의 망원경으로 작성한 화성 지도

화성 표면의 운하와 화성인이 실제로 있는지에 대한 논쟁은 아주 오랫동안 계속되다가, 1965년에 화성 탐사선 매리너 4호가 화성 표면에 화성인과 그들이 파놓았다는 운하가 없다는 사실을 확인한 후에야 멈췄다. 그럴 정도로 화성에 대한 인간의 지식은 오랫동안 보잘것없는 수준에 머물러있었다.

화성뿐만 아니라 태양계의 다른 행성들에 대한 지식 역시 그 정도였고, 대중들이나 위정자의 관심 역시 미약한 상태였으며, 그런 상태가 개선될 기미도 쉽게 나타나지 않았다.

주변 환경이 우호적이지 않았으나 그래도 과학자들은 작은 불씨라도 살려야 하는 처지였는데, 화성에 대한 그들의 관심은 태양계의 다른 행성에 비해서 좀 더 적극적이었다. 그들의 관심이 본격적으로 전개된 것은, 캘리포니아 공대의 제트추진연구소(JPL)가 1958년 12월에 NASA로 이관된 직후부터였던 것 같다. JPL의 과학자들이 1960년 10월에 있을 '화성충(火星 衝, Mars Opposition)'에 맞추어 화성 탐사계획을 수립한 게 바로 그때였다.

그렇지만 당시의 NASA에서 사용하고 있는 로켓은 추진력이 너무 작아서 무거운 역추진 로켓이 부착된 궤도선을 발사할 수 없었기에, 그냥 화성을 스쳐 지나가는 근접 비행(Flyby) 계획을 수립할 수밖에 없었다. 더구나 이런 계획마저도 실제로 전개해나가기가 쉽지 않았다. 당시 미국 정부는 우주 탐사에 인색한 편이어서 그 계획의 실효성에 대해 지속적인 의문을 제기하면서 예산을 잘 내어주지 않았다. 이와 같은 내부 사정 때문에 미국에서는 차일피일 화성 탐사가 미뤄졌다.

그러나 러시아는 달랐다. 세계 최초로 인공위성 스푸트니크 1호의 발사에 성공해서 체제의 우월성을 과시한 흐루쇼프는 화성 탐사에도 지속적인 관심을 나타냈다. 그래서 1959년에 화성을 방문하기 위한 궤도 계산이 이루어졌고, 1960년 10월에는 R-7 ICBM을 이용한 탐사선이 발사 태세를 갖추었다. 10월 10일이라는 발사 일자도 정해졌는데, 런치 윈도우(Launch Window) 외에 흐루쇼프의 UN 정상회의를 위한 뉴욕 도착일도 고려된 일정이었다. 1959년에 UN 정상회의에서, 루나 2호의 복제품을 자랑한 바 있는 흐루쇼프는, 세계 정상들이 모여있을 때 화성 탐사선의 발사를 성공시키고 싶어 했다. 하지만 튜라탐 기지에서 SL-6 몰리야 로켓에 의해 발사된 마스닉 1호(Marsnik 1 1960A)는 3단계 로켓의 고장으로 대기권을 벗어나지 못하고 말았다.

그러나 러시아는 이런 치명적 실패에도 좌절하지 않고 1962년에 돌아오는 화성 충을 다시 노렸다. 다시는 실패하지 않겠다는 의지로 대규모 물량 공세를 펼쳤는데, 바로 3대를 연속으로 발사하겠다는 계획이 그것이었다. 3대를 발사하면 적어도 그중 하나는 성공할 거라고 믿었다. 하지만 10월 24일, 11월 1일, 11월 4일에 각각 발사된 우주선 중에, 지구 궤도를 벗어난 것은 두 번째로 발사한 '마르스 1호'뿐이었는데, 그것마저도 비행 도중에 통신이 두절되고 말았다.

러시아가 끔찍한 실패로 충격에 휩싸였을 무렵, 미국의 젊은 대통령 케네디(John F. Kennedy)는 우주개발에 대한 야심 찬 포부를 드러냈다. 케네디의 전폭적인 지원 아래, NASA는 초기 로켓에 비해 몇 배나 강력한 새턴의 새로운 버전을 개발해냈다. 그리고 2년 2개월마다 돌아오는 화성 충에 맞추어 쌍둥이 탐사선을 발사할 계획을 세웠다.

1964년 11월에 마침내 최초의 쌍둥이 탐사선이 발사되었다. 첫 번째 마리너(Mariner) 3호는 발사체의 고장으로 추락했지만, 11월 28일에 발사된 마리너 4호는 무사히 화성을 향해 진격을 시작했다. 여정을 출발할 때는 마리너 4호 혼자였으나, 화성으로 가는 여정 전체를 혼자 한 것은 아니었다. 이틀 후에 러시아도 존드 2호 발사에 성공했기 때문이다. 그러나 그 역시 마리너가 의지할 수 있는 동반자는 아니었다. 체제의 선전에 혈안이 된 러시아는, 마리너 4호를 동행으로 보지 않고, 레이스에서 이겨내야 할 경쟁 대상으로 보았기 때문이다.

프로젝트 실행이 애초의 예정보다 이틀이나 늦어지는 바람에, 미국의 마리너를 이기기 위해서는, 그와는 다른 경로를 택할 수밖에 없었는데, 그 경로 역시 마리너를 이기긴 힘든 경로였다. 그랬기에 사회주의가 자본주의보다 우월하다는 사실을 세계만방에 과시하고 싶었던 흐루쇼프였지만, 그의 소원이 이뤄지려면 마리너가 비행 도중에 고장 나야만 했다.

그러나 그의 간절한 바람과는 달리, 고장 난 것은 미국의 탐사선이 아니라 러시아 탐사선이었다. 러시아 탐사선은 1965년 4월에 실종되어버렸고, 미국의 마리너 4호는 7월에 화성에 근접하여 1만 7천km 떨어진 곳에서부터 사진을 촬영해 지구로 보내오기 시작했다. 해상도가 좋은 편은 아니었으나 그래도 이 사진들은 지상의 망원경으로 찍은 사진보다 30배나 선명했으며, 이 사진들로 인해 퍼시벌 로웰이 보았다는 수로나 H.G 웰스의 소설 속에 나오는 화성인이 화성에 없다는 사실이 확실히 밝혀졌다. 그렇게 화성에 대해 전해오던 모든 신화가 깨어지면서, 화성이 황량한 폐허이고 대기의 주성분이 이산화탄소라는 사실이 밝혀졌다.

화성 탐사에서 치욕스러운 실패를 경험한 러시아는, 그래도 화성 탐사를 포기하지 않고, 1969년부터 2년을 주기로 9대의 탐사선을 발사했다. 특히 1971년에는 무려 5대의 탐사선을 발사했다. 하지만 대부분 지구 궤도를 벗어나지 못했고, 벗어났다 해도 결정적인 고비를 넘기지 못하고 우주 공간에서 미아가 되었으며, 화성에 도달한 것은, 5월 19일에 발사되어 그해 11월 27일에 화성의 헬리스 북쪽 지역(44.2°S 313.2°W)에 추락한 마르스 2호와 그로부터 5일 후에 모래폭풍 속에 사라진 마르스 3호가 전부였다. 그때까지 러시아는 화성 탐사에 30억 달러나 투입했으나, 얻은 것은 마스 2, 3, 5호가 촬영한 불분명한 사진 몇 장과 마스 4, 6, 7호가 얻은 소량의 데이터가 전부였다.

러시아와는 달리 미국의 성공률은 꽤 높았다. 유인 달 착륙에 성공한 후에, 다시 화성 탐사에 에너지를 집중한 미국은 1969년부터 거의 2년마다 2대씩의 탐사선을 파견했는데 실패는 1대뿐이었다. 1971년 5월 8일에 발사된 마리너 8호는 발사 직후에 대서양에 추락하고 말았으나, 5월 30일에 발사된 마리너 9호는 화성 궤도 비행에 최초로 성공하여 7,329장의 사진들을 보내왔는데 화성 지표의 80%나 담겨있었다. 그리고 이 사진들로 인해 화성이 크레이터로 덮인 단순한 폐허가 아니라, 강바닥, 거대한 화산 지형, 협곡, 얼음 구름, 안개 등이 있으며, 물에 의해 침식된 지형도 있다는 사실이 알려졌다. 그러면서 생명체 존재의 가능성도 자연스럽게 제시되었고, 화성 탐사선이 직접 착륙하여 세밀한 조사를 할 필요하다는 사실도 미국 사회에 어필했다.

그 결과, 바이킹(Viking) 프로그램이 가동되어, 1975년에 쌍둥이 탐사선 바이킹 1, 2호가 생명체 존재 가능성을 조사하기 위해 화성으로 출발했다. 1975년 8월 20일에 발사된 바이킹 1호는 이듬해인 1976년 6월 19일에 화성 궤도에 도착하여, 한 달 동안 착륙지점을 물색한 후에, 7월 20일에 착륙선이 크리세 플라니티아(Chryse Planitia) 지역에 착륙했다. 인류가 최초로 착륙시킨 탐사선이 된 것이다. 한편 1975년 9월 9일에 발사된 바이킹 2호는 1976년 8월 7일에 화성 궤도에 진입하여 9월 3일에 유토피아 플라니티아(Utopia Planitia) 지역에 안착하였다.

그런데 원래 바이킹 2호가 착륙하기로 예정했던 지역은 44°N 근처의 사이도니아(Cydonia) 지역이었다. 이 지역이 후보지로 선정된 이유는, 과거 이 지역에 물이 존재했을 것이라는 과학자들의 주장이 있었기에, 토양 분석을 통한 생물유기체 흔적의 발견을 주된 목적으로 하는 바이킹에게 가장 적합한 곳이라고 여겼기 때문이다.

그런데 사이도니아 지역에서 적합한 착륙지점을 물색하던 중 뜻밖의 사건이 생겨났다. 바이킹 영상 팀의 토비 오웬(Toby Owen)이 사이도니아 지역의 사진들을 검토하던 중에, 일련번호 35A72 사진에서 '인면암'으로 알려지게 될, 거대한 얼굴 형태의 암석을 발견하게 된 것이다. 그러자 NASA가 갑자기 착륙지점을 바꿔버렸다. 상식적인 판단이라면, 예정지에 착륙해야 할 이유가 추가되었다고 할 수 있는데, NASA는 전혀 다른 결정을 내렸다.

공식적인 변경 이유는, 사이도니아 지역에 암석이 너무 많아서 착륙에 부적합하다는 것이었다. 기자들이 혹시 다른 이유, 그러니까 오웬이 발견한 '인면암' 때문이 아니냐고 묻자, 그것은 절대로 이유가 될 수 없으며, '인면암'은 단지 빛과 그림자의 조화에서 비롯된 착시 현상에 불과하다는 사족도 달았다. 그러니까 순전히 사이도니아 지역이 착륙하기에 안전하지 않은 지역이어서, 착륙지점을 바꿨다는 것이다.

그러나 안전을 고려하여 다시 선정한 47.7°N의 유토피아(Utopia) 지역은 사이도니아 지역보다 오히려 암석이 더 많고 굴곡도 심했다. 그래서 착륙 도중에 바이킹 2호가 전복될 뻔했다. 어쨌든 이와 같은 우여곡절이 있긴 했으나, 수년간에 걸친 바이킹 탐사는 성공적으로 이뤄져서, 화성을 상세하게 이해하는 데 많은 도움을 주었다.

탐사 기간에 궤도 위성들은 화성의 전 지역을 고해상도로 촬영해냈고, 이를 통해서 화산과 용암 지대, 거대한 협곡, 바람에 의해 형성된 지형들, 지표면에 물이 존재했다는 증거들을 찾아냈다. 또한, 지표면에 도착한 착륙선들도 임무를 훌륭히 수행해냈다. 토양 샘플을 채취하고 분석하여, 생명체의 흔적을 찾기 위해 노력했으며, 대기의 성분측정 및 기상관측도 시행했다. 착륙선은 토양 샘플을 채취하여 3개의 생명 감지 장비 속에 넣고

실험을 했으나 애석하게 생명 존재의 신호는 발견하지 못했다.

NASA는 두 지역에서 실시한 토양실험의 결과, 생명체의 존재를 입증할 수 있는 유기물 분자가 발견되지 않았다고 공식 발표를 하면서, 화성이 생명체가 존재하지 않는 불모의 행성이라는 사실을 재차 확인했다. 그러자 화성에 대한 쏠려있던 대중의 관심이 급속히 시들어갔다.

화성에 관한 대중의 관심이 줄어들자, 미국 정부는 우주개발 분야의 예산을 우주왕복선 개발에 투입하였고, 러시아 역시 화성 탐사보다는 우주 정거장인 살류트의 유지와 미르 우주정거장 개발에 관심을 더 기울였다.

그렇게 한동안 화성을 외면하고 있다가 관심을 다시 기울이기 시작한 것은, 바이킹호가 발사된 지 13년 후인 1988년부터였다. 1988년 7월에 러시아가 닷새 간격으로 포보스(Phobos) 1호와 2호를 차례로 발사했다. 포보스는 이름 그대로 화성의 위성인 포보스를 탐사하기 위한 것이다. 포보스는 궤도선과 2대의 착륙선으로 구성되어있었다.

러시아는 실연의 상처를 치유하려고 화성에 다시 관심을 보였지만, 화성은 아주 냉정하게 러시아의 가슴을 밀쳐냈다. 포보스 1호는 화성으로 가는 도중인 9월 2일에 신호가 끊어졌고, 포보스 2호는 다음 해 1월 30일에 화성 궤도에 도착하여 몇 장의 사진을 보내왔지만, 3월 27일에 포보스 위성으로 접근하는 도중에 알 수 없는 이유로 통신이 두절되었다.

또다시 실패를 맛보았으나 러시아는 이에 굴하지 않고 1996년에 마스 96호를 다시 발사했다. 마스 96호에는 4대의 착륙선과 2대의 굴착기가 장착되어있었다. 하지만 야심 차게 준비했던 마스 96호는 지구 궤도를 벗어나지도 못한 채 폭발하고 말았다.

이런 불운을 겪은 것은 러시아만은 아니었다. 이상하게도 재개된 화성 탐사에서는 미국 역시 쉽게 성과를 거두지 못했다. 항상 높은 성공률을 자랑하던 미국 역시 절반의 성공만 거두었다. 1992년 9월에 화성 궤도선 마스 옵저버(Mars Observer)를 보냈으나 화성의 궤도에 진입하는 과정에서 잃어버렸다. 이 탐사선은 화성의 지질과 기후를 연구하기 위해서 8억 달러가 넘는 비용을 투입한 것이었다. 옵저버가 수행할 임무는, 화성 표면의 구성 물질을 확인, 세부 중력장 규명, 자기장 모양 확인, 대기의 구조와 순환 조사 등이었으나, 화성 궤도에 진입하기 3일 전인 1993년 8월 21일에 교신이 끊어지고 말았다. 실패 조사위원회의 발표에 의하면, 연료공급 라인이 과열되어 우주선이 제어되지 않을 만큼 회전이 일어났고, 이것이 송신기 고장의 원인이 되었을 거라고 했다. 하지만 이에 대한 의혹은 여전히 남아있는 상태이다.

미국의 실패는 옵저버로 끝나지 않았다. 다시 대규모 예산을 퍼부어 1998년에 발사한 기후 궤도선 역시 화성에 너무 근접하는 바람에 대기와의 마찰로 부서지고 말았다. 또한, 1999년에 발사된 극지 착륙선과 딥 스페이스 2호도 착륙과정에서 잃어버렸다.

이러한 실패는 미국과 러시아에만 국한된 것이 아니며, 처음으로 화성 탐사에 뛰어든 일본도 실패를 겪었다. 1998년에 발사된 노조미(のぞみ: 소망, 정식명칭: PLANET-B)는 지구와 달의 중력을 이용해 가속했지만, 충분한 추진력을 얻지 못해 출발조차 하지 못했다. 그러자 노조미를 태양을 중심으로 하는 궤도에 4년간 더 돌게 하면서, 2002년 12월과 2003년 6월에 각각 한 차례씩 총 두 차례의 지구 플라이바이를 거쳐, 2003년 12월 화성에 접근을 시도했지만, 추진 장치가 고장 나 화성 궤도에 안착하는 데에 실패하고 말았다.

유럽항공우주국(ESA: European Space Agency)도 안타까운 실패를 맛보았다. 비글 2호가 터치다운 직전에 신호가 끊기고 말았다. 비글 2호는 ESA가 2003년 6월 2일에 유럽 최초의 화성 탐사선 마스 익스프레스 호에 실어 발사했던 33.2kg짜리 착륙선이다.

마스 익스프레스는 2003년 12월 25일 화성 궤도에 진입한 뒤 비글 2호를 분리했다. 비글 2호는 모선에서 분리된 뒤 화성 대기권에 진입해 착륙을 시도했으나 착륙 직후에 통신이 두절되고 말았고, 결국 ESA는 2004년 2월 11일에 비글 2호의 실종을 공식 선언했다. 그로부터 시간이 한참 흐른 후, 2015년 1월 16일에 NASA는 비글 2호 모습을 12년 만에 화성 표면에서 포착했다며, 궤도선이 촬영한 사진을 공개했다.

ESA의 실패는 야심 차게 준비한 엑소마스 프로젝트에서도 계속됐다. 2016년에 TGO(엑소마스 기체 추적 궤도선: ExoMars Trace Gas Orbiter)에 실려 화성으로 날아간 스키아파렐리는 2016년 10월 19일에 시속 1,730km로 비행하다가 계획한 대로 화성의 12km 상공에서 낙하산을 펼치긴 했으나, 이때 계산 착오로 3초간 착륙 로켓이 작동하여 시속 540km로 자유 낙하를 하게 되었다. 스키아파렐리의 감지 장치는, 낙하산이 예상보다 너무 빨리 펼쳐지면서, 잘못된 데이터를 생산하게 된 것이다. 이어서 유도, 항행 및 제어(GNC) 시스템이 잘못된 데이터를 받으면서, 탐사선의 하강 상태 역시 잘못 업데이트됐고, 그 결과 스키아파렐리는 자신의 위치를 잘못 인식하게 되어 공중에서 산화되고 말았다.

하지만 화성에 대한 인류의 도전이 모두 실패한 것은 아니어서, 화성과의 재회가 20년 만에 성공하기도 했다. 1996년에 발사된 마스 글로벌 서베이어(Mars Global Surveyor)가 1997년 9월에 화성 궤도에 무사히 진입했다. 글로벌 서베이어는 1년 동안 극궤도를 저고도로 돌면서, 화성의 기후, 날씨, 중력, 대기 조성 등을 탐색하였다.

화성에 직접 착륙한 무인 우주선도 있다. 1996년 12월에 발사되어 1997년 7월 4일 화성에 착륙한 마스 패스파인더가 바로 그 주인공이다. 바이킹 탐사선 이후에 가장 많은 대중의 주목을 받았는데, 그 이유는 21년 만에 다시 화성에 착륙했기 때문이기도 하지만, 수십억 달러가 들어간 바이킹에 비해 수억 달러의 저렴한 예산으로 제작되었기 때문이다.

패스파인더는 역추진 로켓이 아닌 에어백이 착륙 충격을 흡수하는 방식을 사용하였고 이동 탐사 차량도 갖추고 있었다. 이미 달에서 유인 탐사 차량을 운영한 경험이 있기는 했으나, 원격 조정으로 운영하는 무인 탐사 차량은 그것이 처음이었다.

패스파인더의 성공에 고무된 NASA는 2003년 6월과 7월에 쌍둥이 탐사 로버 스피릿과 Opportunity를 발사하여 안착시켰고, 2004년 1월부터 두 탐사 로버는 화성 표면 영상을 지구로 전송해오기 시작했다.

그렇지만 스피릿은 2009년 3월 탐사 도중에 깊은 모래언덕에 빠지는 사고로 치명상을 입게 되면서 2010년 3월부터는 통신조차 할 수 없게 되었다. 그러자 NASA는 2011년 5월에 공식적으로 스피릿의 사망을 선언했다.

하지만 Opportunity는 예상외로 건강하게 활동해주었다. NASA의 최초 계획을 훌쩍 뛰어넘어 2019년 2월 13일까지 총 45.16km를 이동하면서 217,594장의 사진을 보내왔다. '인내의 계곡'에 영원히 잠들 때까지 무려 15년간 살아있었다.

오퍼튜니티(Opportunity)의 뒤를 이은 주자는 큐리오시티(Curiosity)였다. 정교한 과학 장비를 갖추고 2012년 8월에 화성의 게일 크레이터(Gale Crater)에 착륙한 후로 성공적으로 탐사를 벌이기 시작했다. 이 탐사 로버의 목적은 화성의 기후가 생명을 유지할 수 있는지를 확인하기 위한 관측이다. 그중에서도 화학적 생명의 기본 요소들인 탄소, 수소, 질소, 산소, 황, 인 등을 조사하고, 유기 탄소 화합물의 성질을 분석하여 생물학적 과정의 효과가 나타날 수 있는지를 파악하는 것이 주된 업무라고 할 수 있다.

지질학적으로는 지질학적 물질들을 분석하고, 암석과 토양들이 형성된 과정을 해석하며, 화성 대기의 진화 과정을 조사하고 현재 화성에 존재하는 물과 이산화탄소의 상태 등을 관측하는 동시에, 화성 표면에서의 방사선 선량을 측정하고, 이것이 유인 탐사에 어떤 영향을 끼칠지 평가하는 것이다.

이러한 목적을 위해 다양한 과학 장비들이 장착되었다. 여러 가지 스펙트럼 영상과 트루 컬러 영상을 제공하는 마스트 카메라(Mast Camera), 원격으로 분광 관측을 실행하는 기기, 카메라 복합체(Chemistry and Camera Complex), 지면 탐색을 지원하기 위한 탐색 카메라(Navigation Cameras), 화성의 습도, 기압, 온도, 풍속, 자외선 등의 환경을 측정하기 위한 로버 환경 모니터 장비(Rover Environmental Monitoring Station), 탐사차가 움직이는 동안 암석과 토양에서 맞닥뜨릴 수 있는 위험을 사전에 감지할 수 있는 위험 기피 카메라(Hazard Avoidance Cameras), 로봇 팔에 장착되어 암석과 토양의 미세한 사진을 얻을 수 있는 화성 로봇 팔 렌즈 영상 장비(Mars Hand Lens Imager), 화성의 표면으로 강하하는 동안의 과정을 촬영하는 화성 강하 영상 장비(Mars Descent Imager)와 같은 영상 장비 등이 그것이다.

또한, 원소 구성을 조사하기 위한 알파입자 X선 분광기(Alpha Particle X-ray Spectrometer), 화학 광물 분석 장비(Chemistry and Mineralogy), 대기와 토양 표본에서 유기물과 가스를 분석하는 화성 시료 분석 장비(Sample Analysis at Mars), 장비들을 유지하기 위한 먼지 제거 장비(Dust Removal Tool), 화성까지 항행하는 동안 우주선 내의 방사선 환경을 측정하기 위한 방사선 측정 검출기(Radiation Assessment Detector), 표면 근처의 수소 또는 얼음, 물을 측정하는 중성자 반사도 측정 장비(Dynamic Albedo of Neutrons)도 있다.

큐리오시티는 원자력 전지(Radioisotope Thermoelectric Generator)를 통해 동력을 얻어 약 2년간 활동한 후에 자연스럽게 정지할 것으로 예상하였으나, 목표로 했던 활동 기간보다 더 오랫동안 과제를 수행하였다.

큐리오시티에 이어 최근에 화성을 탐사하기 시작한 것은, 퍼서비어런스(Perseverance)이다. NASA가 2020년 7월 30일에 발사한 화성 탐사 로버이다.

NASA의 5번째 화성 탐사 로버인 퍼서비어런스는 2021년 2월 18일에 화성 궤도 진입에 성공하여 예제로 크레이터(Jezero Crater)에 착륙했다. 화성의 적도 북쪽에 있는 예제로 크레이터(Jezero Crater)는 지질학 소재가 풍부한 지형으로, 화성의 진화 과정과 우주 생물학 등을 연구하고, 화성 생명체와 물의 존재를 확인하는 데 적합한 곳으로 알려졌다.

퍼서비어런스에 탑재되는 분석 기기인 슈퍼 캠은 레이저 분광계, 적외선 분광계, 영상 카메라, 마이크 등으로 구성돼있다. 슈퍼 캠을 통해, 레이저 유도 플라스마 분광법(LIPS)으로 최대 7m 거리에 있는 표면 성분을 정확하게 분석할 수 있으며, 화성 표면에서 나는 다양한 소리도 들을 수 있다.

퍼서비어런스에는 화성을 시험 비행할 소형 헬리콥터인 인저뉴어티(Ingenuity)가 탑재됐다. '독창성'이라는 뜻의 인저뉴어티는 무게 1.8kg, 날개 길이 1.2m인데, 2021년 4월 19일 오전 3시 30분에 사상 최초로 화성 하늘을 비행하는 데 성공했다. 그 후로 여러 번 왕복 비행을 한 후에 편도 비행도 성공했다. 화성의 이른바 '라이트 형제 필드(Wright Brothers Field)'에서 비행을 시작해 남쪽으로 129m를 비행한 뒤 새로운 착륙지점에 도착했다. 이때 인저뉴어티는 최대 고도 10m까지 상승하여 총 108초 동안 비행했다. 하지만 실용성은 여전히 의문이다. 어떤 임무를 수행하기에는 비행고도와 거리 모두가 아직은 많이 부족한 상태이다.

한편, 미국에 이어 중국도 로버를 화성 표면에 보내는 데 성공했다. 화성 주변 궤도를 돌던 중국 탐사선 톈원 1호에서 분리된 화성 탐사 로버 '주룽(祝融)'이 2021년 5월 15일 오전 7시 18분에 화성의 북반구에 자리한 유토피아 평원 남쪽에 안착했다.

2020년 7월 발사된 톈원 1호는 2021년 2월 10일에 화성 궤도에 안착한 뒤, 3개월 가까이 궤도를 돌며 착륙의 기회를 엿봤다. 주룽을 실은 착륙 캡슐은 3시간을 날아 고도 125km에서 화성 대기권에 진입했고, 캡슐은 화성 대기와 마찰하며 속도를 초속 48km에서 460m까지 줄였다. 이후 집 한 채를 덮을 만한 크기의 낙하산을 펴고 초속 100m까지 감속했다. 곧이어 낙하산에서 분리된 주룽을 실은 캡슐은 역추진 엔진을 분사해 속도를 0에 가깝게 떨어뜨린 후에 평평한 위치를 찾아 사뿐히 내려앉았다. 착륙의 전 과정은 자동으로 진행됐지만, 지구와 전혀 신호가 닿지 않아 로버 상태를 알 수 없는 구간을 무사히 통과해야 했다. 이른바 '공포의 9분'으로 부르는 구간이다. 화성은 3억 2천만km 떨어져 있어서 전파 신호를 받는 데만 17분이 걸리기에, 실제 착륙이 끝나고 한참 뒤에야 성공을 확인할 수 있다.

착륙에 성공한 주룽은 크기가 가로 2.6m, 세로 3m, 높이 1.85m, 무게 240kg인 바퀴 6개짜리 이동형 로봇이다. 약 90 화성일 동안 탐사를 하도록 설계되었다. 주룽에는 화성 탐사 로버 최초로 지하 100m까지 탐사할 수 있는 레이더 장비가 장착됐다. 중국은 이 탐사에서 화성 표면에서 물과 얼음의 흔적을 찾고 토양과 암석 성분을 분석해냈다. 하지만 주룽에게는 인저뉴어티(Ingenuity) 같은 헬리콥터는 없고, 성능도 퍼서비어런스에 비해서 뒤진 편이다.

어차피 미래 화성 탐사의 화두는 넓은 지역을 저렴한 비용으로 탐사할 수 있는 기동성의 확보이다. 그렇기에 이동형 차량으로는 탐사영역에 한계가 있다. 화성의 지형이 매우 거칠고 어떠한 도로도 없기 때문이다. 이런 한계를 극복하기 위해 화성의 대기와 바람을 이용할 예정이다. 그중하나가 비치볼 같은 모양의 부풀어 오르는 풍선형의 탐사선을 제작하는 것이다. 바람에 따라 사방을 돌아다니는 이 탐사선은 풍선 중앙에 탐사

장비를 부착한 채 평균 초속 10m의 속도로 이동하게 될 것이다.

지상형의 풍선뿐 아니라 공중형의 풍선도 연구 대상이다. 이것은 궤도선보다 수백 배나 표면에 가까이 접근하여 비행할 수 있고, 이동 차량에 비해 수천 배나 먼 거리를 탐사할 수 있으나, 기존의 헬륨가스 풍선은 수명이 며칠에 지나지 않기에, 1년 정도의 수명을 가진 풍선을 제작하는 것이 관건이다.

가스형의 풍선 외에 열기구형의 풍선도 동원될 수 있다. 태양에 의해 데워진 풍선이 부력을 얻어 비행하게 될 것인데, 이 풍선을 이용할 경우, 지표면과 공중을 동시에 탐색할 수 있다.

하지만 가장 극적인 탐사선은 아마도 비행기가 될 것이다. 현재 연구 중인 비행기는 인간의 도움 없이 나는 자율형이 될 것이다. 하지만 화성의 대기가 얇고 밀도도 낮다는 점이 난관이다. 이런 대기에서 비행에 필요한 양력을 얻으려면 큰 날개와 활주로가 필요하기에, 화성 탐사 비행기는 지상의 착륙선에서 이륙하기보다는 대기권 돌입과 함께 공중에서 바로 비행 상태로 돌입하는 형태가 될 가능성이 크다. 물론 이럴 경우, 비행 시간은 풍선형에 비해 짧겠지만, 조정이 가능해서 목표에 근접할 수 있다는 장점이 있다.

물론 이러한 과정 역시 인류가 직접 화성을 탐사하기 위한 것인데, 직접 탐사를 위한 환경 적응 훈련은 캐나다의 북쪽 지역인 데번 아일랜드라는 곳에서 이미 진행되고 있다. 여기에는 SETI가 운영하는 화성용 거주 모듈이 설치되어있고, 6명씩 교대로 거주하면서 총 25명의 자원자가 생활하고 있다.

인간이 화성에 거주하게 될 날이 그리 멀어 보이지 않는다.

제 2 장

하늘과 기상

이 장에서는 화성 대기의 특이한 점과 이상 현상에 대해 살펴보려고 한다. 그러기 위해서는 먼저 화성의 일반적인 기상과 지표면에 관한 데이터를 알고 있어야 할 것 같다. 우리가 이미 잘 알고 있는 지구의 데이터와 비교하면서 살펴보자.

화성과 지구의 기상

기준	화성	지구	비고
대기 개요	탄산가스 95.3%, 질소 2.7%, 아르곤 1.6%, 그 외에 수증기 발산가스 소량	질소 78%, 산소 21%, 아르곤 1%, 이산화탄소, 그 외에 수증기 및 발산가스	화성의 대기는 이산화탄소의 비율이 높아 생물이 존재하기 힘들다.
연 길이(일수)	687	365	지구 기준으로 산정한 천문일이다.
평균기온[℃]	-23.5	16.5	화성은 일교차가 50℃ 이상 벌어진다.
최저기온[℃]	-140	-80	화성에는 이산화탄소가 대부분 고체 상태로 존재한다.
최고기온[℃]	25	55	최고치는 적도 근처에서 측정된다.
기압[hPa]	6.1	1012	화성은 기압이 낮아 액체 상태의 물이 존재하기 어렵다.
최대기압[hPa]	10~20	1080	화성의 기압은 기복이 심하다.
폭풍 속도 [km/h]	250~360	120~180	풍속은 빠르나 압력이 낮아 화성에서 거대한 물체가 이동하는 일은 없다.
음속[m/sec]	260	330	공기밀도가 낮아 음속이 느리다.

화성과 지구의 지표면 비교

기준	화성	지구	비고
표면의 상태	굳은 모래언덕으로 된 건조한 사막, 북반구는 저지대, 남반구는 운석구 고원 지대, 적도에는 대협곡이 있고 극관은 얼음으로 덮여있다.	71%가 물로 덮여있다. 7개 대륙이 있고 얼어붙은 극이 있으며 인간들에 의해 대륙 전반이 도시화되어있다.	화성은 태양계에서 지구와 가장 비슷한 혹성이다. 옛날에는 대기가 진했고 물도 흘렀을 것으로 추정된다.
혹성의 지각	대부분 1억 년 이상, 남반구에는 35억 년 이상 된 것도 있다.	대체로 1억 년이 안 된다. 지각 구조가 판판한 편이고 도처에 물의 침식 현상이 보인다.	지구는 아직도 변하고 있어 오래된 지각이 없지만, 화성은 수십억 년 된 지각이 있다.
중력	지구의 38%	1	화성의 중력은 미약한 편이다.
가장 높은 산	Olympus Mons (25km)	Mauna Kea (11km)	
가장 낮은 곳	Hallas 분지 (-6km)	Vityaz 해연 (-11km)	Hallas 지역은 거대한 운석구이다.

◈ 대기층

화성의 대기층은 밀도가 매우 낮고 두께도 얇은 편이다. 평균 기압은 약 600Pa로 지구의 평균 기압인 101.3KPa의 0.6% 정도이며, 규모 고도(Scale Height)는 약 11km 정도이다. 그리고 대기 질량은 25테라 톤으로, 규모 고도가 약 8.5km인 지구의 대기 질량인 5,148테라 톤의 0.005%에 불과하다.

표면 기압은 계절에 따라 0.004~0.009기압 사이에서 변하는데 평균은 0.0064기압이다. 기압이 최대일 때에도 지구의 1/100이 안 되고, 지면의 고도에 따라 이상할 정도로 큰 차이를 보인다. 올림푸스산의 정상에서는 약 30Pa 정도이고, 가장 낮은 지역인 헬라스 분지에서는 1,155Pa 정도이다. 하지만 전 지역이 암스트롱 한계(인간의 체온인 37°C에서 물이 끓게 되는 대기압: 0.0618기압, 6.3kPa)보다 훨씬 낮아서 맨몸으로 노출되면 위험해진다.

대기는 96%가 이산화탄소, 1.9%가 아르곤, 1.9%가 질소로 이루어져 있으며 소량의 산소, 일산화탄소, 수증기 등도 포함되어있다. 한편, 2003년에는 메탄도 발견되어, 화성의 대기에 관한 관심이 급증한 적이 있다. 그 이유는 메탄이 생명체 존재 가능성을 암시하기 때문이다. 하지만 화산이나 열수성 활동 등의 지질학적 활동을 통해 생산되었을 것이라는 추측이 우세하다.

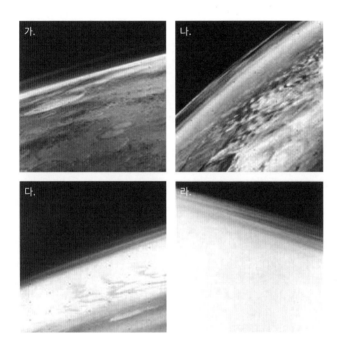

위의 사진들은 화성의 대기층을 촬영한 것인데, (가)는 초겨울, (나)는 겨울이 끝날 무렵의 남반구, (다)와 (라)는 늦여름의 북극과 남극의 모습으로

바이킹 Orbiter가 촬영한 것이다.

이 자료를 통해서, 계절별로 화성의 대기 밀도 차이가 크다는 것을 확실히 알 수 있다. 하지만 어느 계절이든 행성의 크기에 비해서 대기가 희박한 편이라는 사실은 변함이 없다. 적도 반지름이 3,397km나 되고 밀도도 물의 3.93배나 되는 암석 행성이 시스루처럼 얇은 옷을 입고 있다는 게 도무지 이해가 가지 않는다. 덩치로 볼 때 지금보다 훨씬 두꺼운 옷을 입고 있어야 하는데, 어쩌다 이렇게 옷이 얇아졌는지 의문이다.

◈ 대기의 미스터리

현재의 화성은 매우 춥고 건조한 행성으로, 아주 엷은 대기를 가지고 있고, 그 성분의 대부분은 이산화탄소이다. 하지만 탐사 위성들이 보내오는 자료들을 보면, 한때는 지구와 비슷한 환경을 가지고 있었다는 것을 유추할 수 있다. 현재와 같은 대기 밑에서는 존재할 수 없는, 거대한 계곡과 바다가 있었던 흔적이 보인다.

화성이 형성되었던 초기에는 몸체가 지구처럼 뜨겁고 대기도 스팀 상태였을 것이다. 그 후 냉각되면서 대기 중의 수증기가 응결되어 대규모 강우가 있었을 것이다. 이러는 과정에서 물과 맨틀에 있는 철이 반응하면서 많은 양의 수소가 생성되었을 것이고, 활발한 화산 활동과 함께 이산화탄소, 질소, 이산화황, 메탄가스 등이 분출되면서 높은 밀도의 대기를 갖게 되었을 것이다. 그래서 한때는 화성의 풍만한 대기가 바다와 강을 품고 있었을 것이다.

그런데 그렇게 높았던 대기압이 겨우 6~7mb 정도로 희박해진 이유가 무엇일까. 무엇 때문에 간헐적으로 마른기침만 간신히 토해낼 정도로 허파가 쪼그라들게 되었을까. 이 이유에 대해서는 여러 의견이 있지만 대체로 다음과 같은 과정을 겪었을 거라는 게 중론이다.

우선 대기 중의 이산화탄소가 물과 반응하여 탄산염을 만드는 과정에서, 대기의 밀도가 많이 감소되었을 것이다. 지구에서는 화산 활동에 의해 분출된 이산화탄소가 물속에 용해되어 규산염과 반응하며 탄소화합물을 형성하여 해저에 퇴적되었는데, 이러한 과정이 초기의 화성에서도 일어났을 것이다. 그 후에 화산 활동이 줄어들면서, 대기 중으로 방출되는 이산화탄소의 양도 줄게 되어, 대기의 밀도가 낮아졌을 것이다. 그러면서 자연스럽게 온실효과도 감소되어 화성이 차갑게 식어갔을 것이다.

그리고 이와 같은 과정을 겪은 후였는지 겪는 중이었는지는 모르지만, 대규모 소행성이나 혜성의 충돌이 있었고, 그로 인해 대기의 상당 부분이 사라졌을 거라고 본다. 그때가 약 38억 년 전으로 추정되는 우리 태양계의 대규모 운석 충돌의 시기일 수도 있는데, 어떤 천체와의 충돌로 대기의 상당 부분이 소실되는, 치명적인 중상을 입었던 것으로 보인다.

그리고 이와 같은 대규모의 급진적 사건은 아니지만, 지속적인 외계의 간섭도 있었을 거라고 본다. 이에 대해 학자들은 강한 태양풍을 주목한다. 행성의 상층대기는 태양풍의 영향을 받을 수밖에 없다. 행성이 강한 자기장을 가지고 있다면 대기를 지켜낼 수 있으나, 화성의 경우에는 크기가 작아서 냉각이 빨리 되었고, 그 결과로 행성 내부의 다이나모가 빨리 사라져, 자기장도 일찍 잃어버렸을 것이다.

대기를 제대로 지켜내지 못한 화성은 대기 밀도가 행성 초기보다 현저하게 떨어지게 되었고, 그로 인해 기온 하강에 가속이 붙으면서 극지방에서는 이산화탄소가 드라이아이스로 변하게 되었을 것이다.

대기 중의 이산화탄소가 극지방에 묶이게 되자 기압은 더욱 감소하여 평균 기압이 물의 삼중점에 가까운 6.1mb에 근접할 정도로 희박해져 갔을 것이다.

위와 같은 내용이 학자들의 일반적인 견해이다. 물론 이런 사태가 모두 연결되어 일어났을 수도 있고, 그중에 일부만 일어났을 수도 있지만, 대체로 이런 과정을 겪을 거라는 데는 학자들 대부분이 동의하고 있다.

하지만 중론이 그렇다고 해도, 화성의 대기가 오늘날처럼 희박해진 데 대한 미스터리가 완전히 풀린 것은 아니다. 위와 같은 주장을 그대로 받아들인다면, 화성에 남아있는 문명의 흔적이나 생명체의 그림자에 대해서는 도저히 설명할 수 없기 때문이다. 아무리 주장이 합리적이고 다수가 옳다고 여기더라도, 그 주장이 옳지 않다는 증거가 존재한다면 그것이 정설이 될 수는 없다. 그렇다면 화성의 대기가 지금처럼 희박해진 이유는 도대체 무엇일까. 여전히 제대로 풀어내지 못하고 있는 미스터리이다.

그리고 여기에서 파생된 미스터리로, 오랫동안 논쟁의 대상이 되었던 것이 또 있다. 바로 화성 대기의 색깔, 그러니까 화성의 하늘의 색깔에 대한 의문이 그것이었다.

◆ 화성의 하늘색

이제 오랫동안 격론의 대상이 되었던 화성 하늘의 색깔에 대해서 살펴보자. 지구에서 망원경으로 살펴보거나 우주 공간에서 바라볼 때 화성이 붉게 보여서, 직관적으로 화성 하늘이 붉을 것으로 여기지만, 붉은 것은 토양의 색깔일 뿐이다.

화성의 대기가 붉을 것이라는 선입견을 품게 된 데는 화성 환경에 관한 정보를 독점하고 있는 NASA와 사진작가들의 보정된 사진 공개가 많은 영향을 끼쳤겠지만, 빈번히 일어나는 황톳빛 먼지 폭풍의 영향이 더 컸을 것으로 여겨진다.

화성의 하늘색

화성의 사진들을 잘 살펴보면, 대기가 붉은 이유가 폭풍 때문이라는 걸 알 수 있다. 폭풍이 지나가면 하늘 본연의 색이 나타난다. 패스파인더호가 보내온 위의 두 사진을 비교해보면, 이런 사실을 명확히 알 수 있다.

왼쪽 사진 속 하늘이 붉은 것은 먼지 폭풍으로 하늘이 어두워졌기 때문인데 물체의 그림자도 여리고 빛도 흩어져 있다.

반면에 오른쪽 사진 속의 하늘은 깨끗하고 푸르다. 그리고 사물의 그림자도 아주 선명하다.

푸른 하늘

이 이미지는 바이킹 미션 30주년 기념으로, 2007년 6월 14일에 NASA가 홈페이지에 업데이트해놓은 것이다. 하늘이 이렇게 푸른데도 NASA에서는 이런 기초적인 정보마저 오랫동안 은폐해왔다. 왜 그랬는지 그 이유를 알 수 없지만, 진실을 밝히려는 많은 학자의 노력을 외면한 채 '화성의 하늘이 붉다'는 사실을 일반화하기 위해 NASA는 오랫동안 노력을 기울여왔다.

그러다가 무슨 이유에서인지 한순간에 진실을 공개했다. 화성의 하늘이 실제로는 아주 맑고 푸르다고.

◈ 폭풍이 잠든 시간

옆의 이미지는 대중들의 가슴을 시원하게 해줬던, Spirit이 파노라마 카메라로 Sol 1508에 촬영한 화성 하늘 사진이다. 정말 지구의 가을 하늘과 별 차이가 없을 정도로 맑고 푸르다.

물론 화성은 모래폭풍이 자주 불어서 대기가 맑지 않은 날이 많지만, 그렇다고 화성의 하늘 자

체가 푸르지 않은 것은 아니고 특정 지역의 하늘만 푸른 것도 아니다.

이런 증거가 있는데도, 화성의 하늘이 붉다는 인식이 오랫동안 고착화되어왔던 탓에, 선뜻 믿지 못하는 대중들이 아직도 많이 있다. Spirit이 촬영한 사진 말고 다른 자료들도 살펴보자.

◈ 흐린 날의 박명

아래의 이미지는 1997년 8월에 패스파인더가 촬영한 박명의 화성 하늘이다. 구름의 모양은 높은 고도에서 SPY Cam에 의해 촬영된 것과 같은 타입이다.

박명의 하늘

폭풍이 부는 때나 그 직후가 아니면, 하늘색은 푸른 색을 유지하고 있음을 알 수 있다. 다만 우리가 염두에 두어야 할 점은, 화성의 토양은 대부분이 붉은 편이고, 대기의 밀도가 낮고 그 양도 적으나, 폭풍이 자주 일어나고 국지적인 회오리바람도 잦다는 사실이다.

◆ 화성의 봄

허블 우주망원경으로 촬영한 사진은 지구에서 촬영한 어떤 사진보다 선명할 뿐 아니라, 우주선이 근접 촬영한 것보다 뛰어난 경우도 많다. 아래 사진은 화성이 지구로부터 약 103,000,000km의 거리에 있던 1995년 2월 2일에 허블이 촬영한 것이다.

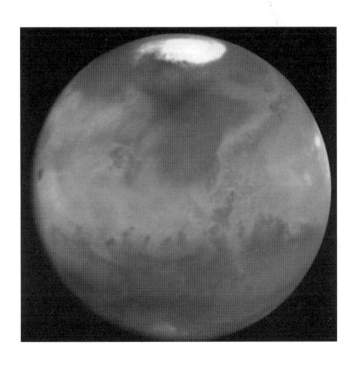

화성의 봄

이 시기는 화성의 북반구가 봄이었다. 그래서 북극 캡 주위의 이산화탄소 서리가 많이 승화하고 있으며, 얼음 코어도 많이 줄어들어 있다. 주변 평야를 지배하고 있는 25km 높이를 가진 Ascraeus Mons는 구름 지붕 위로 머리를 내밀고 있다.

그 외에 화성의 인상적인 지질학적 특징도 눈에 뜨인다. 아메리카 대륙의 길이를 능가하는, 거대한 매리너스 협곡이 보이고, Chryse 유역에 있는 많은 크레이터와 복잡한 지형도 시야에 들어온다. 그리고 타원형으로 보이는 Argyre 충돌분지는 구름과 서리 때문에 흰색으로 보인다.

봄의 계절풍은 선형 모양의 먼지들을 싣고 온다. 이 바람 줄무늬들은 어둡고 거친 모래가 있던 분화구 속에서 발산된 것이다. 식물의 집합처럼 보이지만 대부분 먼지와 모래의 집합체이다.

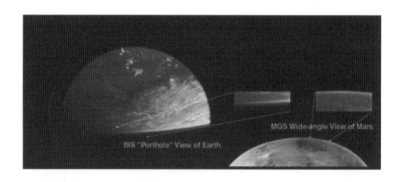

지구와 화성의 하늘

이 이미지는 PC 모드에서 허블의 와이드 필드 행성 카메라로 촬영됐고, 트루 컬러 이미지를 생성하기 위해 3개의 다른 색 필터를 통해 수정됐다. 그리고 정확한 관점을 위해서 구체 상의 지리 위상에 맞춰졌다.

이렇게 전문가들이 사진의 촬영 과정과 수정 과정

을 공개하고 화성 지형에 관한 상세한 설명도 덧붙였지만, 중요한 사실에 관한 설명 한 가지를 간과했던 것 같다. 바로 이 행성 대기의 가장자리의 색깔에 관한 부분이다. 지표면의 색깔이 투영된 부분은 붉은색이지만, 가장자리는 지구의 하늘색과 별 차이가 없는 투명한 하늘색이다.

정말 지구 대기와 비교해봐도 차이가 없을 정도로 유사한 색을 띠고 있다. 화성의 대기는 푸르고 맑은 하늘색이다.

우주에서 화성 전체를 조망한 사진과 지구의 모습을 비교한 이 사진이야말로 화성의 하늘이 푸르다는 결정적인 증거가 될 수 있는데, 왜 이런 사실이 저녁의 보도에서 간과되었는지 모르겠다.

진실을 알리기 위한 노력이 부족했던 것 아닌가 싶다. 화성은 땅도 하늘도 모두 붉은색이라는, 오래된 지구인의 인지를 바르게 고치려는 인식 자체가 없었는지도 모른다. 누군가 의도적으로 그렇게 유도했다면 할 말이 없지만 말이다. 사실 찾아보면 이와 유사한 사례는 무수히 많다.

◆ 하늘의 푸른색, 그 의미는

행성의 하늘색에 대해서 집착한 것 같은데 그 이유가 그만큼 중요하다고 여겼기 때문이다. 그런데 하늘이 푸르다는 사실을 확인하는 게 정말 그렇게 중요한 것일까.

이쯤에서 본류에서 조금 벗어난 주제일지 모르지만, 하늘의 색깔이 왜 푸른지, 그리고 하늘이 푸르다는 것이 무엇을 의미하는지에 대해서 깊게 살펴보자. 그래야 이에 대한 필자의 천착이 무용한 것이 아님이 설명될 수 있을 것 같다.

과학사를 들추어보면, 하늘이 푸른색인 이유를 찾기 위한 노력이 의외로 길었으며, 그에 대한 설명이 많이 존재한다는 걸 알 수 있다. 그런데 다수가 동의한 해답은 다소 허무하다. 우연이 중첩되어서 하늘의 색깔이 결정되었다는 것이 정설이기 때문이다.

지구 대기의 대부분은 산소와 질소인데, 이 둘은 같은 크기의 원자로 만들어져 있으며, 원자들 사이에는 넓은 공간이 존재한다. 한편, 태양 빛은 복색광이어서 여러 파장의 광선이 합쳐져 있는 상태이다. 그런데 우리의 눈은 이 합쳐진 빛을 함께 인식하기에, 우리에겐 태양 빛이 흰색에 가까운 주광색으로 보인다.

복색광 중의 긴 파장 광선은 지구의 대기를 통과할 때, 산소와 질소의 작은 원자에 영향을 많이 받지 않기에, 대부분 그대로 통과한다. 하지만 파장이 짧은 파란색 계열의 광선은 지구의 대기를 통과할 때, 질소와 산소의 원자에 충돌하여 난반사를 일으킨다. 산소와 질소의 원자가 푸른빛의 자연 진동을 일으키는 크기를 가지고 있어서, 푸른빛은 원자 진동을 유발하면서 여러 방향으로 흩어지게 되는 것이다.

이런 현상은 '레일리 산란(Rayleigh Scattering)'의 일종에 해당한다. 레일리 산란은 전자기파가 파장보다 매우 작은 입자에 의하여 탄성 산란 되는 현상을 말한다. 빛이 기체나 투명한 액체 및 고체를 통과할 때 발생하는데, 대기 속에서의 태양광 레일리 산란은 하늘이 푸르게 보이는 주된 이유다. 태양 빛이 대기를 통과하면서 여러 방향으로 산란이 되나, 파란빛이 붉은 빛보다 훨씬 더 많이 산란된다.

일출이나 일몰 때 하늘이 붉게 보이는 이유도 이와 같은 원리로 설명할 수 있다. 해 질 무렵과 해 뜰 무렵에 태양 빛은 더욱 먼 거리를 통과해야 해서, 푸른빛은 거의 다 산란이 되어 아예 없어지기 때문에, 하늘은 붉은 색이나 주황색을 띠게 된다.

어쨌든 낮 동안 하늘이 푸르게 보이는 이유는, 복색광인 태양 빛이 대기를 통과할 때 붉은빛은 바로 오지만, 푸른빛은 산란을 일으키며 상공에 머물기 때문이다.

그런데 우연이 중첩되어 하늘이 푸르다는 것은 무슨 뜻인가. 그건 대기의 주된 성분이 산소와 질소이고 그 크기가 지금과 같지 않다면, 하늘이 현재의 색을 나타낼 수 없기에 그렇게 표현한 것이다. 예를 들어서 산소와 질소의 원자가 아주 작다면, 하늘의 색깔은 어땠을지 생각해보자. 검은색에 가까울 것이다. 그리고 황혼과 여명은 거의 없을 것이며, 태양은 더욱 하얗게 보일 것이다. 산소와 질소 원자들은 어떤 가시광선에도 진동하지 않아서 모든 빛이 그대로 통과되고 산란을 일으키지 않을 것이다. 덕분에 낮에도 별을 볼 수는 있을 것이다.

반대로 산소와 질소의 원자가 훨씬 크다면 하늘은 무슨 색일까. 산소와 질소의 원자들이 어떤 파장의 가시광선에도 진동하지 않을 것이므로 이런 경우 역시 모든 광선이 그냥 통과될 것이다. 그러나 산소와 질소의 원자들이 조금만 크다면 양상은 달라진다. 하늘은 보통 불그스레하거나 희뿌열 것이고, 황혼의 하늘은 열은 푸른색을 띨 것이며, 태양은 푸른색을 띤 흰색으로 보일 것이다. 산소와 질소 원자들은 태양의 푸른빛은 그냥 통과시키고 붉은빛에는 진동하게 될 것이기 때문이다.

대기의 성분에 대해서도 생각해보자. 지구 대기의 입자가 광파보다 조금 더 크다는 이유로 푸르게 보인다면 다른 행성의 하늘도 푸를 가능성이 있지 않을까.

빛이 그 파장보다 조금 더 큰 입자들을 만나면 산란의 강도는 파장의 1/4에 반비례한다. 반 파장은 강도 16배 이상으로 산란한다. 지구의 하늘이 푸른 것은, 푸른빛이 붉은빛보다 16배 이상 강하게 산란하기 때문이다.

그렇기에 어떤 행성의 대기가 광파보다 조금 더 짧은 입자로 구성되어 있다면 푸른 빛의 하늘을 기대할 수 있다. 만약 하늘의 다른 빛을 기대한

다면 대기 중에 큰 입자가 있어야 한다. 먼지처럼 공기 입자보다 큰 게 필요하다. 이 입자들의 지름이 광파의 파장보다 훨씬 크다면, 산란광은 자연광 그대로가 될 것이다. 이것은 빗방울을 구성하는 지구의 구름에도 일어나는 현상이다.

그리고 만약에 먼지 입자가 광파와 비슷한 크기를 갖게 된다면, 흥미로운 파노라마 산란이 포함된 복잡한 상황이 발생할 것이다. 먼지 입자는 바이킹 착륙선에서 전송된 사진에 나타난 것처럼 화성의 하늘을 핑크빛을 보이게 할 것이며, 대기에 많은 먼지가 포함되어있다면 태양과 달의 광선은 아주 이상한 색깔을 만들게 될 것이다.

우리는 이런 현상을 화산 활동 지역에서 직접 볼 수 있다. 엘치촌에서 1982년에 화산이 분화했을 때, 1년 이상 분화 지역의 일몰에 이상한 색이 발생했다. 그리고 약 110년 전에 Krakatoa에서의 더 큰 화산 분화는, 수년 동안 더 넓은 범위에서 녹색과 푸른 달을 보게 했다.

이쯤에서 우리는 우리 눈의 특징에 관해서도 생각해보아야 한다. 우리의 눈은 강렬한 빛에 잘 적응되어있어서, 광대역의 빛을 그냥 '흰색'으로 받아들인다. 낮에는 우리가 태양 빛(6,000K)을 흰색으로 인지하지만, 밤에는 백열등 불빛(2,800K, 별 M등급)을 흰색으로 인지한다. 그렇지만 이 두 불빛을 나란히 놓으면, 우리는 완전히 다르게 받아들인다. 만약 태양이 뜨거운 별(B타입 별)이라면, 우리는 그 빛을 흰색으로 받아들이고, 그 하늘의 색깔을 푸른색으로 받아들였을 것이다.

황혼 무렵의 하늘색에 대해서도 다시 정리해보자. 왜 황혼의 하늘색은 붉은가. 해지기 전의 태양은 낮은 고도에 있어, 그 빛은 지구의 대기를 뚫고 긴 경로를 거쳐 지면에 도달한다. 푸른색 계열의 파장은 하늘의 푸른색을 유지하며 소진되어 가고 붉은빛만 남게 된다. 태양의 고도가 낮아져 가면서 대기의 통로가 점점 더 멀어져 감에 따라 푸른빛이 사라져 가고 점점 더 붉어져 가는 태양을 보게 되는 것이다.

그렇다면 구름 색은 왜 무채색으로 보일까. 구름은 작게 응축된 물방울을 포함하고 있다. 이 물방울들은 원자보다 훨씬 크기 때문에 산소나 질소처럼 완전히 투명하지 않다. 그래서 모든 색깔의 빛이 그것에 반사될 수밖에 없기에 구름이 하얀색으로 보이는 것이다.

물론 검은색을 띠는 구름도 있다. 좋은 날씨에는 구름이 단지 몇백 피드 두께를 가지고 있으며 물방울 간의 거리도 떨어져 있는 편이다. 그래서 물방울 사이를 통과한 일부의 빛들은 연이어 구름 속의 다른 물방울에서 반사된다.

그래서 구름이 수백 피트라고 하더라도 흰빛을 조금이라도 띠게 된다. 하지만 폭풍이 불어와 구름이 수천 피트의 두께가 되었을 때, 구름의 뒷면이나 아래쪽을 보게 된다면 진회색이나 검은색일 것이다. 그러나 그 구름 역시 흰색 구름 성분과 별로 다르지 않은, 그저 두꺼운 구름일 뿐이어서, 구름 위쪽에서 보면 흰색으로 보인다.

물론 구름이 두껍든 얇든 하늘색은 변하지 않는다. 구름이야 있든지 없든지 대기의 성분이 변할 리 없기에, 그것과 간섭하는 태양광 역시 같은 현상을 일으킬 것이기 때문이다.

화성의 대기 성분이 지구와 비록 다르긴 해도, 그 요소들의 크기는 별 차이가 없어서, 폭풍 먼지가 대기를 덮지 않는 한, 낮 동안은 푸른색을 띠는 게 당연하다.

그런데 화성의 노을 색은 어떨까. 지구의 노을과 같은 색일까. 한낮의 하늘색이 지구와 유사하다면, 화성 노을 색 역시 위에서 설명한 원리로, 지구 노을 색과 비슷하지 않을까.

◆ 화성의 노을

화성의 노을

하지만 NASA가 공개한 사진을 보면 화성의 노을 색이 지구와는 크게 다르다. 노랗거나 빨갛기보다는 파란색에 가깝다. 위의 이미지는 Opportunity가 촬영한 동영상에서 캡처한 것이다.

그렇다면 화성의 노을은 왜 지구의 노을과 다른 색깔일까. 텍사스 A&M 대학의 마크 레몬 교수는 파란 노을이 생기는 이유를 화성의 대기에서 찾는다. 가시광선이 우리 눈까지 오려면 대기를 통과해야 하고, 이 과정에서 많은 입자와 부딪치게 된다는 것은 누구나 아는 사실인데, 바로 그런 이유로 화성의 노을이 파랗게 보인다는 것이다.

지구에서는 보라색이나 파란색 빛이 붉은색 계열보다 수증기와 먼지 알갱이에 더 잘 부딪히는데, 이때 보라색 빛은 지구의 두꺼운 대기를 통과하기 전에 모두 흩어져서 파란색 빛만 우리 눈까지 들어오게 된다.

하지만 이건 낮 동안의 현상이고 새벽이나 해지기 직전에는 태양의 고도가 낮아서 다른 현상이 일어난다. 태양의 고도가 낮기에 태양 빛이 통과해야 하는 대기도 더 두꺼워져서 보라색 빛뿐만 아니라 파란색 빛도 모두 산란되어버린다. 결국, 적게 산란 되는 붉은색 계열의 빛만 남아서 우리 눈까지 오게 된다.

그런데 화성의 대기는 지구의 대기처럼 풍부하지 않다. 이 때문에 화성에서는 지구보다 태양 빛이 덜 산란된다. 그래서 지구보다 어두울 수밖에 없다. 또 화성 대기를 이루는 알갱이들도 지구와 다르다. 지구 대기는 대부분 질소와 산소로 이뤄져 있으나 화성 대기는 이산화탄소가 대부분이다. 이런 대기 성분의 차이가 빛을 산란시키는 정도를 다르게 만들기에 하늘색이 지구처럼 완전히 파랗지 않다.

하지만 해가 질 때쯤 되면 태양 빛이 지나야 할 대기의 경로가 어느 정도 길어지게 된다. 그래서 이때는 지구와 같은 빛의 산란이 이뤄져 파란색 빛이 눈으로 들어오게 된다는 것이다. 이것이 마크 레몬 교수의 주장인데 현재 이외에 다른 주장이 없다.

화성 하늘의 색깔에 대해서는 충분히 살펴본 것 같다. 이제부터는 화성의 다른 기상 현상에 대해서 알아보자.

◆ 화성에도 태풍이 발생할까

화성에 먼지 바람이 자주 발생한다는 것은 널리 알려진 사실이지만, 이 황량한 행성에 태풍이 발생할 수 있다고 생각하는 이는 그리 많지 않다.

하지만 태풍은 분명히 발생한다. 다음 사진이 그 증거이다.

화성의 태풍

1999년 4월 27일에 허블망원경으로 화성을 관측하던 천문학자들에 의해 촬영된 사진 중의 일부분으로, 북극의 극관 아래를 지나가는 태풍 부분만을 확대해 놓은 것이다. 이 태풍은 동서로는 1,760km, 남북으로는 1,440km에 이를 정도로 매우 크고, 지구에서 발생하는 태풍처럼 눈도 가지고 있었는데, 그 지름이 대략 3,200km이었다.

이런 태풍은 계절적으로 드라이아이스가 완전히 승화되고, 순수한 얼음만 극관(Polar Cap)에 남게 되는 한여름의 북반구에서 주로 나타난다. 이전에도 바이킹 위성에 의해 관찰된 적이 있지만, 빈도가 높은 편은 아니다. 이런 태풍의 발생은 여름철 북반구의 독특한 기후 조건과 관련이 있는 것으로 보인다. 불안정한 전선 형태로 시작된 후에, 검은 표면을 가진 고위도의 따뜻한 대기와 차가운 극 지역 대기와의 온도 차에 의해 발달하는 것으로 추정되고 있다.

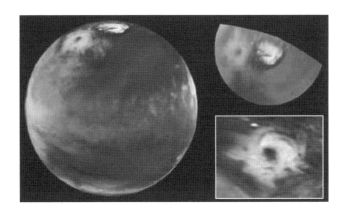

처음 촬영했을 때 이 태풍은 65°N, 85°W 지역에 있었다. 6시간 뒤 촬영한 사진에서는 그 위치가 동쪽으로 조금 이동했을 뿐인데, 이미 소멸 단계에 들어가 있었다. 이런 사실로 보아 화성의 태풍은 매우 짧은 수명을 가지고 있는 것으로 추정된다.

태풍의 외형은 지구의 태풍과 비슷하지만, 비를 동반하지는 않는다. 대부분 얼음 알갱이의 구름으로 이루어져 있기에, 눈보라를 품고 있을 수는 있다.

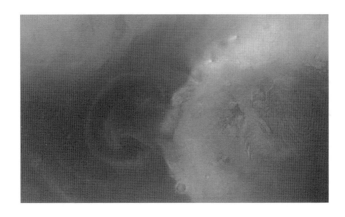

이것은 2000년 8월 29일에 화성의 북극에서 발견된 먼지 태풍이다. 화

성 궤도 카메라(MOC: Mars Orbiter Camera)로 촬영한 것이다. 태풍은 정면으로 이동하고 있고, 중심에서 밖으로 제트 기류가 불면서 소용돌이를 일으키고 있다.

폭풍은 북극에서 무려 900km까지 확장되어있다. 이렇게 거대한 폭풍은 특별한 기간에만 발생한다.

이런 폭풍이 자주 일어나서 하늘이 먼지로 덮여있는 시간이 많다고 생각하는 경향이 있는데, 그건 태풍 때문이 아니라 국지적으로 일어나는 작은 바람들 때문이다. 대기의 밀도는 적지만 일교차가 심한 행성이어서 작은 바람이 자주 일어나고, 바람을 제어할 만한 지형지물이 적은 탓에 활동하는 시간이 의외로 길다.

◆ 회오리바람

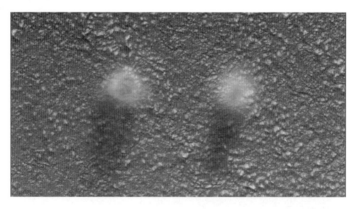

이 이미지는 MRO HiRise image PSP_004258_1375이다. 이미지 안에는 쌍둥이처럼 보이는 2개의 개체가 지표면에 그림자를 드리우고 서있다. 화성의 황량함과 먼지 덮인 하늘에 대한 인상이 뇌리게 강하게 각인되어있는 지구인은, 이런 형상을 보면, 습관적으로 먼지 악마(Dust Devil)라는 이름을 붙여놓은 회오리바람을 떠올린다.

　하지만 1988년에 로웰 천문대의 레오나드 J. 마틴 박사가 바이킹이 보내온 영상 안에서 간헐천을 발견한 후로는 조금 신중해졌다. 그렇더라도 개체 속의 물체가 바람인지 물인지를 가려내는 데는 그렇게 많은 시간이 소요되지 않는다. 그리고 간헐천은 일정한 장소에서 주기적으로 관찰되기에, 산발적으로 관찰되거나 이동하는 개체들은 대부분 바람이다. 더구나 간헐천에서 쏟아져 나온 물은 주변 토지에 어떤 형태로든 영향을 끼치고 토양의 색깔도 변화시키기에, 이미지의 햇빛 반사율만 보면 금방 알아볼 수 있다.

　다만 이미지에 조작이 가해진 것이 아니어야 한다. 갑자기 이런 얘기를 꺼내면, 도대체 무슨 이유로 회오리바람을 이미지에 집어넣겠냐고 반문할 수 있다. 하지만 회오리바람같이 강력한 개체는 일반적인 블러나 헤이즈 처리보다 특정 부분을 더 완벽하게 가릴 수 있다는 사실을 염두에 두고 있어야 한다.

◈ 먼지 악마

앞의 이미지는 Spirit이 화성의 Gusev Crater 안에 있는 Husband Hill에서 2005년 8월 21일에 촬영한 것이다. 바람에 의해 물결무늬가 새겨진 모래벌판이 언덕 위에 펼쳐져 있고, 지평선 근처에는 회오리바람에 빨려 올라가는 먼지 기둥이 보인다.

먼지 악마

이런 회오리바람은 수명이 그렇게 긴 것은 아니지만, 동영상을 보면 그 역동성이 놀라울 정도로 거칠다. 그 난폭한 모습이 마치 악마처럼 보였는지, '먼지 악마'라고 부르는 사람들이 많다.

위에 게재된 이미지는 인터넷 공간에 널리 알려진 먼지 악마의 모습 중 하나다. 평탄한 화성을 가로지르는 악마를 Sprit이 언덕 위에서 20초 간격으로 연속 촬영한 영상 파일 중 일부이다. 화성의 대기가 희박한 편이나 이 회오리바람은 짙은 그림자를 드리울 만큼 두껍다. QR코드 안의 영상은 Sprit이 화성에서 찍은 이미지를, 지구의 전문가에게 섬네일 검사를 받은 다음에, 풀 해상도 이미지로 다시 전송받아서 하이브리드 변환 시스템으로 만든 것이다.

실제로 이 자료가 촬영된 날짜는 2005년 4월 26일로 NASA에서 직접 공개한 것이다. 이런 먼지 악마의 역동성은 상상외로 거친데, 지표면을 휩쓸고 간 흔적이 아래 이미지 속에 남아있다.

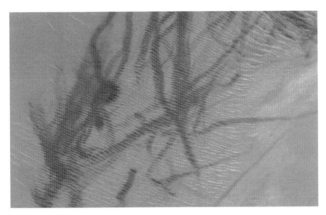

Martian Dust Devil Trails

이 이미지는 2000년 3월 17일에 촬영한 것이다. MGS(Mars Global Surveyor, 화성 전역 조사선)로부터 얻은 고해상 이미지 일부인데, 화성표면의 잔물결 지역을 어지럽혀놓은 트레일 자국이 선연하게 보인다.

일부 화성 연구자들은 이 트레일에 대해 다른 해석들을 내놓기도 했지만, 먼지 악마가 남긴 상처가 거의 확실한 것 같다. 먼지 악마의 흔적은 이곳뿐 아니라 여러 군데에서 발견되는데, 바이킹과 화성 패스파인더 착륙지점 근처에도 있다. 이것들의 실체는 따뜻한 표면에 의해 데워진 상승 공기의 소용돌이다. 지구에서는 사막과 같은 일교차가 큰 건조 지역에서 주로 발생한다. 화성의 전형적인 회오리바람은 몇 분 동안 계속되고, 미세한 먼지가 상승하는 듯한 모습을 보이며, 기세가 강한 것은 8km까지 상승하기도 한다. 그리고 흔하지는 않으나 위 사진과 같이 지표면에 어두운 트레일을 남기기도 한다.

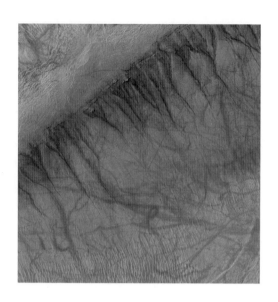

이 이미지는 MOC 2-308에서 발췌한 것으로 2002년 4월에 46.4°S, 341.4°W 지역을 촬영한 것이다. 카이저 분화구 벽의 특정 층에 새롭게 생긴 협곡이 보이는데, 물과 같은 유체에 의해 새롭게 침식된 결과인 것 같다. 그 아래 바닥 쪽의 어지러운 줄무늬들은 지표면에 먼지가 코팅된 것으로, 먼지 악마에 의해 형성된 것이다. 이러한 거대한 줄무늬들은 보통 늦봄과 초여름에 화성의 중위도 지역에 많이 형성된다.

죽은 듯이 조용할 것 같은 화성의 황야에는 작은 악마들이 무수히 설치고 있다. 많은 증거가 있기에 이런 사실은 누구도 부정할 수 없다. 하지만 직관적으로는 여전히 이해가 가지 않는다. 희박한 대기를 가진 화성에 그렇게 역동적인 바람이 일어날 수 있다는 사실이. 그런데 이보다 더 이해가 가지 않는 사실이 또 있다. 바로 구름에 관한 문제이다. 저 쓸쓸한 화성의 하늘로 거대한 구름이 피어오른다고 한다. 정말 사실일까.

◈ 화성의 구름

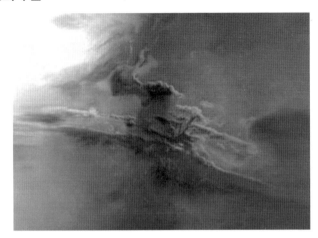

　이 이미지는 경도 73.10°W, 위도 25.92°S에 있는 Coprates Chasma 지역의 상공을 촬영한 것이다. 남반구 저위도 지역의 상공에 거대한 구름이 발생하고 있다.

　이 이미지는 원본을 200% 확대한 것이지만, 원본이 아주 먼 거리에서 촬영된 것이어서, 구름의 규모가 결코 작은 게 아니다. 화성에 이런 거대한 구름이 생길 수 있다는 사실이 쉽게 믿어지지 않는다. 원본이 선명한 편은 아니나 구름이 거대해서 세부적인 모습이 잘 보이는 것처럼 느껴진다.

　이런 정경이 지구의 상공에서 발견되었다면 조금도 이상하지 않다. 아주 흔한 일이기 때문이다. 하지만 이곳은 화성의 상공이다. Coprates Chasma의 북쪽 중앙 지역에 수증기를 가득 움켜쥔 듯한 거대한 손이 지상에서 솟구쳐있는 것이다.

　정말 화성에 이런 기상 현상이 일어날 수 있는가. 이것은 그 흔한 먼지 폭풍도 아니고 가끔 관찰되는 안개도 아니며, 토네이도라고 볼 수도 없다. 급격히 발생한 적란운과 유사한 구름으로 볼 수밖에 없는, 이 현상을 도대체 어떻게 설명할 수 있을까.

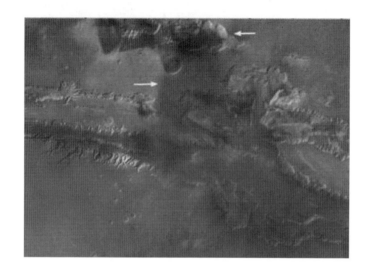

이 이미지는 같은 지역을 촬영한 것이지만, 50% 줌아웃하여 넓은 지역을 볼 수 있게 한 것이다. 위쪽의 화살표로 표시해둔 부분에 앞에서 봤던 주먹 모양의 거대한 구름이 있고, 그 아래의 화살표 근처에서는 언뜻 비 같은 것이 느껴진다. 이 원경 이미지를 보면, 비를 품은 듯한 구름의 존재가 지형의 모양이나 색깔에서 비롯된 착시가 아님을 분명히 알 수 있다.

물론 그렇다고 해서 비를 품은 구름의 존재에 관한 의구심을 말끔히 지워버려야 한다는 뜻은 아니다. 이 이미지가 조작된 것일 수도 있기 때문이다. 조작은 화성에 관한 정보를 독점하고 있는 기관에서 흔히 하는 일이다.

구름의 존재를 외부에 알리는 것도 위험한 일이지만, 구름이나 안개는 지상에 있는 대규모의 지형지물을 감추는 데 수월한 방법이기에, 그에 대한 의구심을 지울 수 없다.

자세히 살펴보면, 이미지 전체가 여러 가지 형태의 얼룩으로 많이 가려져 있기도 하다. 그리고 이미지 조작이 의심되는 부분을 집중해서 살펴보면, 강도 높은 템퍼링 흔적이 드러난다. 정상적인 이미지는 아니라는 얘기다. 하지만 왜 이렇게 3D 효과까지 주면서 이미지를 조작했을까. 복잡하고 어려웠을 것 같은데 말이다. 상공이나 높은 지형 위에 복잡한 구조물이 있어서, 그것을 가리기 위해서 그랬을까. 그래도 이해가 가지 않는다. 꼭 이런 방법까지 쓸 필요가 없기 때문이다.

그렇다면 핵심 이미지는 실재하는 거 아닐까. 거대한 지형지물을 지우기 위해서라면 굳이 구름을 그려 넣지 않아도 되었을 테니, 이 구름은 실재하는 것으로 여겨도 될 것 같다.

◆ 또 다른 구름

앞에서 보았던 거대한 구름은 아니더라도, 화성에서 구름을 발견하는 일은 그리 어렵지 않다. 이러한 현상에 대한 증거 수집은 Phoenix 탐사선이 이룬 주요 성과 중 하나이기도 하다.

아래에 게시된 일련의 사진을 보면, 마치 지구의 하늘을 촬영한 것 같다.

Phoenix Mission Sol 94 Image Ig_28206

Phoenix Mission Sol 94 Image Ig_28234

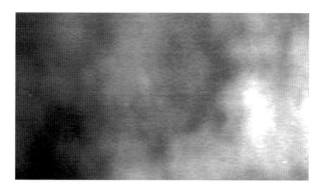

Phoenix Mission Sol 95 Image Ig_28377

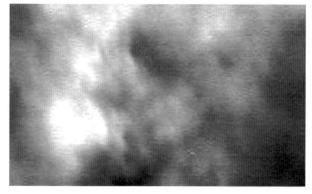

Phoenix Mission Sol 95 Image Ig_28395

Phoenix가 Sol 94와 95에 촬영한 Image Ig_28206부터 Image Ig_ 28395까지 나열되어있다. 옅은 구름부터 난폭한 짙은 구름까지 다양한 형태가 있다. 지구의 구름이라고 해도 믿을 만큼 많이 닮아있다. Phoenix 의 주된 임무는, 물의 지질학적 역사를 연구하는 것과 얼음과 흙이 섞인 환경에서 생명체의 흔적을 찾아내는 것이었다. 하늘을 보며 다양한 구름 을 찾아내는 일은 임무에 들어있지 않았기에 뜻밖의 성과이다.

화성 대기는 구름을 품기 힘든 조건인 것으로 알려져 있다. 대기 중에 이산화탄소가 95.32%의 절대량을 차지하고, 나머지 요소들이 4.68%의 작은 부분을 공유하고 있다. 그리고 구름을 구성하는 절대적 요소인 수증 기는 공식적으로는 지구의 약 1.00%에 비해 단지 0.03%만 있기에, 화성 의 하늘에 다양한 구름이 떠돌 거라고 상상하기는 쉽지 않다. 그렇게 미 량의 수증기가 어떻게 그런 구름 덩어리를 만들 수 있겠는가.

그러나 Phoenix가 촬영한 사진 속의 다양한 구름을 보면, 이런 예견이 무색해지기에, 일반적으로 알려진 화성 대기에 대한 공식적인 통계까지 의심할 수밖에 없다.

일반적으로 알려진 화성 대기 성분에 대한 통계가 잘못된 것일까, 아니 면 화성의 기상 현상에 관한 전반적인 연구가 부족한 탓일까. 어느 쪽인 지는 모르나 Phoenix가 제시한 자료를 보면 화성 구름에 관한 심도 있는 연구가 필요해 보인다.

위의 자료만으로 이런 주장에 동의할 수 없다면, 아래에 제시된 다른 자료들을 더 살펴보라. 그러면 화성의 기상 현상과 대기의 구성에 대한 우리의 지식이 잘못되었거나 부족하다는 사실을 인정할 수밖에 없게 될 것이다.

◈ 습기가 가득 찬 구름

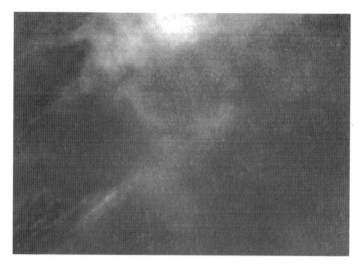

경도 152.43°W, 위도 39.26°N 지역을 촬영한 MOC M08-06569 스트립 일부이다. 세부적인 지형은 보이지 않으나 상공의 높이는 분명히 느껴지고 구름의 양도 꽤 많다.

앞에서 제시한 사진과 좌표상 위치가 거의 같은 Arcadia 평원의 상공이다. 지구 상의 구름이라고 해도 믿을 만큼 구름의 농도가 진하다. 이 정도면 바람이 일으킨 먼지라든가 일시적으로 발생한 안개라고는 주장할 수는 없을 것 같다.

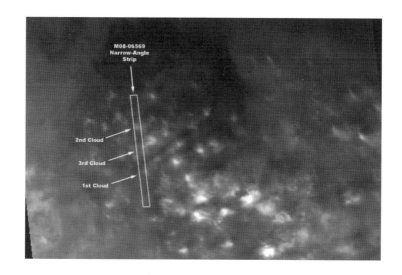

이 이미지는 경도 152.93°W, 위도 39.24°N 지역을 촬영한 MOC M08-06570 스트립 일부이다. 이 이미지를 공개한 이유는 좁은 각도의 M08-06569 스트립을 품고 있고, 넓은 시각으로 구름과 그 주변을 살필 수 있어서, 화성 구름의 실체를 파악하는 데 도움이 되기 때문이다.

앞에서 보았던 M08-06569 스트립 속의 구름은 M08-06570 컴패니언 광각 콘텍스트에서 볼 수 있는 엄청난 양의 구름 중 일부에 지나지 않는다는 것을 알 수 있다. 의심할 여지 없이 공기가 위로 솟아올라 M08-06569 스트립 속의 전경을 형성했다는 사실을 알 수 있다.

그러나 자세히 보면, 얼룩을 만드는 응용 프로그램의 도구를 사용해 뭔가를 숨기기 위해 조작한 것 같다는 느낌도 든다. 물론 이러한 작업의 목적은 구름을 숨기기보다는, 지상이나 공중에 있는 어떤 물체를 그 대상으로 삼은 게 분명하기에, 구름의 존재 자체에 대해서 혼란스러워할 이유는 없다. 다시 한번 확언하건대, M08-06569 스트립 속의 구름은 M08-06570속의 거대한 구름 떼의 일부에 지나지 않는다.

그런데 정말 이렇게 구름이 형성될 수 있을 정도로 화성의 대기 중에 물 성분이 많은 것일까. 화성의 물은 대부분 지하에 숨어있고, 지표에 드러난 물은 극히 일부라는 게 공식적인 학계의 의견인데 말이다.

하지만 이렇게 구름이 생길 정도라면, 화성표면에 드러나있거나 대기 중에 떠도는 물 성분이 훨씬 많은 게 아닐까. 화성의 대기 중에 물 성분이 많다는 증거는 Phoenix나 궤도 위성뿐 아니라 Curiosity와 Perseverance도 찾아냈다.

◈ Curiosity와 Perseverance가 찾은 구름

위의 이미지들은 Curiosity가 Sol 2410에 촬영한 파일 일부이다. 화성의
하늘에 다양한 구름이 떠있다.

　위의 이미지들은 Perseverance가 2021년 3월 17일부터 4월 8일 사이에
촬영한 파일 안에 있다. 한편, 화성의 대기 중에 수증기가 많다는 증거는
구름 말고 서리의 존재에서도 찾을 수 있다.

◈ 화성의 서리

화성의 서리

위 이미지는 1979년 5월에 바이킹 2호가 촬영한 것이다. 하얀 서리가 지표면을 덮고 있는 정경을 볼 수 있다.

물론 서리의 두께는 매우 얇다. 하지만 화성의 대기 중에 수분이 상당량 존재한다는 결정적인 증거로 제시하기에는 손색이 없다.

이 외에 대기 중의 수분을 제시할 또 다른 증거가 될지는 모르지만, 적어도 우리가 알고 있는 화성의 대기 성분으로는 나타나기 어려운 또 다른 기상 현상도 관측되었다.

◈ 이상한 대기 현상

아래 이미지는 MGS MOC M03-05533 협각 스트립의 상단 20~25% 부분이다. North Polar Cap 근처에서 촬영한 이미지인데 해상도가 낮아 확신하기는 어려우나 지상의 대기에서 나타나는 현상일 가능성이 커 보인다.

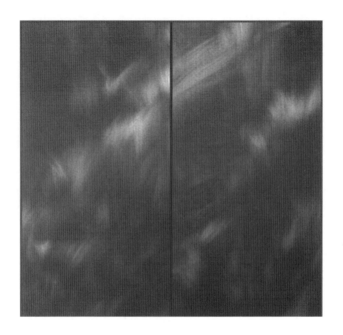

　화성 대기의 여러 층에서 얼음 결정 패치에 햇빛이 반사되어 나타난 모양이거나, 지구의 오로라(Northern Lights)나 오로라 보리얼리스(Aurora Borealis)와 비슷한 대기 현상이 아닐까.

　화성 대기에 관한 데이터가 일반적으로 알려진 것과 다를 수 있다는 증거는 이것 외에도 더 있다. 바로 메탄의 존재이다. 이산화탄소에 비하면 적은 양이긴 하지만, 그 분포가 급변하고 있고, 생명의 신호와도 관련된 원소이기에 꾸준한 관심을 기울여야 한다.

◈ 화성의 메테인

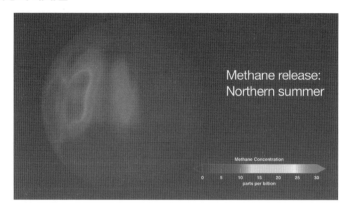

Methane release:
Northern summer

Methane Concentration

0   5   10   15   20   25   30
parts per billion

화성의 메테인

위 이미지에는 화성에서 발견된 메테인의 전반적인 분포가 담겨있다. 이산화탄소에 비하면 미량이지만, 메테인이 존재한다는 사실 자체가 상당히 중요한 사실을 암시하기에, 간과해서는 안 된다. 메테인은 생명의 존재 가능성과 연관성이 크다.

오늘날의 화성은 생동감이 없는 차갑고 황량한 사막이다. 아주 오랫동안 대기가 아주 얇은 상태로 지속되어, 지표면의 모든 액체 상태의 물이 증발해서, 차갑고 건조한 상태가 된 것으로 보인다. 그러나 과거에도 그랬을 것 같지는 않다. 언제였는지는 분명하지 않으나 한때는 따뜻하고 촉촉했던 행성이었던 것 같다.

와디(Wadi)와 유사한 지형들과 풍부한 물이 있어야만 만들어지는 미네랄의 존재는, 한때 꽤 많은 물이 화성에 흘렀음을 증명해주고 있다. 액체 상태의 물은 생명 형성에 중요한 근거가 되기에, 과학자들은 과거에 생명이 존재했거나 현재도 존재할지 모른다는 기대를 놓지 못하고 있는데, 메테인의 존재 역시 액체 물만큼이나 기대를 놓지 못하게 하는 매력적인 요소이다.

대기에 메테인이 검출되는 것은, 화성이 살아있을 개연성을 암시한다. 메테인은 여러 형태로 비교적 짧은 기간 내에 대기 중에서 파괴되기에, 2003년에 화성의 북반구에서 메테인의 풍부한 깃털을 발견한 것은, 주목할 만한 유기체의 반응이 현재진행형일 수 있다는 사실을 암시한다.

메테인은 산화와 같이 단순한 지질학적 과정에서도 방출되기도 하지만, 유기체들이 음식물을 소화할 때 많이 방출되기에, 우주 생명공학자들이 관심을 갖지 않을 수 없다.

그렇기에 생물학적으로는 몰라도 최소한 지질학적으로는 화성이 살아 있다고 말할 수 있다. 만약 화성의 대기에서 발견되는 메테인이 미생물들이 만든 거라면 아마 그 주인공들은 지표면 아래에 거주하고 있을 것 같다.

거기에는 아직 액체 물이 존재할 뿐 아니라 생명 형성에 필요한 탄소 공급원도 있을 것이다. 이것은 막연한 예상이 아니다. 가능성이 상당히 크다. 환경 조건이 다르긴 하지만, 지구의 경우를 보면, 자연 방사선이 물 분자를 수소와 산소로 쪼개어주기 때문에, 미생물이 남아프리카 Witwatersrand 분지의 표면 2~3km 아래에서도 번성하고 있다.

유기체는 에너지를 얻기 위해서 수소를 사용하는데, 유사한 유기체들이 화성의 영구동토층 아래에 지구의 유기체와 같은 방식으로 에너지를 얻어 살아가고 있을지 모른다. 액체 물과 방사되는 에너지가 있고, 탄소와 이산화탄소도 있을 가능성이 크기에, 그런 일이 일어날 가능성은 역시 충분하다.

그런 생명 활동에서 발생한 가스가 지하 공간에 축적되어있다가, 따뜻한 계절이 다가오면 표면으로 연결된 기공이나 열구를 통해서 대기로 방출될 수 있다. 물론 화성에는 화산 활동이 아직 진행 중이기에 메테인이 생명체가 만든 게 아닐 가능성도 있다.

하지만 사실이 어떠하든 메테인의 존재는 매우 중요하다. 메테인은 대기 중에서 매우 짧게 존재하는 가스이기에, 메테인을 발생시킨 그 원인은 근래에 존재했던 것이거나 현재까지 존재하는 것이라고 봐야 한다. 가장 유력한 가능성은 최근에 발생했을 수 있는 화산 활동이겠지만, 모든 생명체가 아주 작은 미생물이라도 부산물로써 메테인을 만들어낸다는 사실을 결코 간과해서는 안 된다.

화성은 한때 매우 활동적인 행성이었다. 올림푸스산이라는 태양계에서 가장 거대한 화산도 가지고 있다. 그리고 적어도 38억 년 전 이후에는 거대한 화산 활동이 없었지만, 최근까지 소규모 화산 활동이 있었을 것으로 보이는 증거가 있기도 하다. 그렇기에 비록 메테인을 만들어내는 원인이 생물학적이기보다는 지질학적일 가능성이 크긴 해도, 죽은 행성이라고 말할 수는 없다.

제 3 장

이상한
지형지물

◈ The Mystery Soil

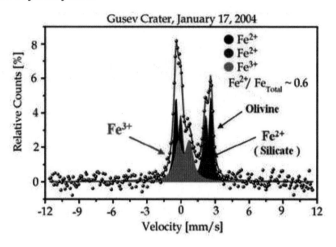

위 그래프는 Spirit의 뫼비우스 분광 장치가 분석한 데이터이다. 이 분광 장치는 토양의 조성을 정밀하게 분석하는 과정에서, 철 성분의 미네랄이 풍부한 이유를 알기 위해서, 방사성 코발트 57을 사용했다. 2004년 1월 20일에 Spirit의 첫 분석이 있었는데, 예상에도 없었던 감람석 성분의 미네랄 검출되었다.

토양이 먼지처럼 응집력이 없어서, 약 4온스 정도의 압력만 가해도 쉽게 무너질 것으로 여겼지만, 전혀 그렇지 않았다. 토양 성분도 예상과 크게 달랐기 때문이다.

분광기에 의해 캡처된 그래프는 Gusev Crater의 토양에서 철 성분을 품고 있는 세 가지 광물을 보여줬다. 그중에 둘은 무엇인지 확실히 알 수 없었으나, 반짝이는 조각은 지구에서 흔하게 발견되는 화산암인 감람석이 틀림없었다. 감람석의 존재는 토양이 부분적으로 풍화 또는 화학적으로 변성되지 않은 바위 성분으로 구성되어있음을 의미한다.

◆ 화성 북반구의 역사

2008년에 화성에 대한 두 가지 뉴스가 화제가 된 적이 있다. 그중 하나가 피닉스 탐사선의 물 발견이다. 탐사선에 장착된 삽으로 근처 표면을 파낸 흙바닥에서 눈과 같은 흰색 물질이 나타났는데, 이 물질은 사흘 뒤에 거짓말처럼 사라졌다.

과학자들은 이 물질이 사흘 뒤에는 완전히 증발한 것으로 미루어 얼음으로 추정했다. 그 추정이 옳다면 피닉스의 도전이 성공한 것이 된다. 피닉스의 핵심 임무는 땅속에 존재할 수 있는 만년설을 발견해내는 일이었는데, 1976년에 바이킹이 화성 탐사를 시작한 지 32년이 지나서, 피닉스가 땅속 얼음의 존재를 직접 확인하게 된 것이다.

과학자들이 물에 이렇게 집착한 것은, 그 존재가 생명 존재 가능성과 직접적인 관련이 있기 때문이다. 화성의 대기는 아주 엷어서, 태양의 자외선이 지표면에 거의 그대로 내리쬐어, 생물이 살기에 부적합하다. 그래서 땅속의 물에 관심을 기울이는 것이다. 생물 생존의 필수 요소인 물이 땅속에서 발견된다면, 그곳에서라도 생물이 생존할 가능성이 있기 때문이다.

또 하나의 뉴스는 네이처에 실린 논문 3개였다. 그 논문들을 통해서, 과학자들은 44억 년 전에 거대한 소행성과 화성의 북극이 충돌하여 북반구에 커다란 분지가 만들어졌고, 그 충격으로 그 반대쪽 남반구에는 험준한 산들이 생성되었다고 주장했다.

그런데 왜 갑자기 지형 형성 원인에 관한 새로운 주장이 부상하게 된 것일까. 그 이유는 화성 궤도선이 보내온 데이터가 누적되면서, 화성이 감추고 있던 신비한 비밀을 알게 되었고, 그것을 더는 감출 수 없게 되었기에, 그 원인을 찾아내야 했다.

화성의 북반구에는 거대한 화산들이 있다. 지구의 티베트 고원은 인도

대륙의 판 이동으로 생성되었으나, 이 화성의 고원은 거대한 화산들에서 분출한 용암이 쌓여 생성되었다.

화성의 북극 지방에는 얼음과 드라이아이스로 덮여있는 거대한 극관이 있는데, 이러한 극관과 함께 화성의 북반구는 거대한 용암 고원으로 덮여 있어서, 북반구 분지의 정확한 모습을 그려내기가 어려웠다.

한편, 연구진들은 화성의 궤도를 돌고 있는 탐사선들이 보내온 새로운 데이터를 바탕으로, 화산 폭발 이전의 화성 표면 표고를 재구성하여, 북반구에 거대한 규모의 타원형 함몰 지형이 있음을 알아냈다. 학자들은 컴퓨터 시뮬레이션을 통해서, 이러한 타원형 분지를 만들어진 것은, 폭 1,600km 이상의 소행성이 초속 8km의 속도로 북극 지방을 스치듯 충돌했기 때문이라는 결론을 얻어냈다.

사실 이와 유사한 경우는 지구의 유일한 위성인 달에도 있다. 보름달을 자세히 살펴보면, 우리 선조들이 계수나무와 토끼라고 여겼던 검은 지역이 여러 곳 있다. 이 검은 지역은 평평한 평원이고, 비교적 밝은 지역은 산악 지역으로 운석 충돌공이 많은 곳이다. 서양 사람들은 달의 검은 지역이 바다일 수도 있다는 추측으로 고요의 바다, 풍요의 바다, 청명의 바다 등으로 불렀다. 하지만 망원경의 발달로 이 검은 지역은 바다가 아니고, 화산 활동으로 용암이 흘러나와 형성된 용암 평원이라는 결론을 내리게 되었다.

하지만 세월이 더 흐른 후에 그 용암 분출 원인이 꼭 화산 활동 때문만이 아니라는 사실을 새롭게 알게 되었다. 1970년대 미국의 아폴로 달 탐사 연구 결과, 이 평원들의 상당 부분이 거대한 소행성들과의 충돌로 생성되었다는 결론을 얻게 되었다. 즉 거대한 소행성과의 충돌로 커다란 운석공이 생겼고, 그곳으로 지하 깊은 곳의 용암이 흘러나와, 깊은 운석공의 상처를 덮으며 평평한 평원을 형성했다는 것이다.

이와 마찬가지로 화성에서도 충돌로 생긴 운석공에 용암이 흘러나와 북반구에 광활한 평원을 만들었다는 것이다. 그렇다면 남반구의 험준한 산악지형은 어떻게 생긴 것일까. 그 해답은 수성의 칼로리스(Caloris) 분지를 보면 짐작할 수 있다. 소행성 충돌 시에 발생한 큰 지진파들이 사방으로 퍼져 나가, 칼로리스 지형 반대쪽인 수성의 뒤편에서 수렴되면서, 그 지역의 지각들을 융기시켜 험한 산악 지대를 만들었다. 이와 같은 현상이 화성에서도 일어난 것이다.

그렇다면 이런 사건이 지구에서는 일어나지 않았을까. 물론 일어났다. 오히려 다른 행성보다 더 격렬하게 일어났다. 바로 그런 대충돌 사건으로 달이 생겨났으니까 말이다. 한없이 평화롭게 보이는 달이지만, 화성 대충돌 사건과 비슷한 시기인 44억 년 전에, 수천km의 소행성과 원시지구가 충돌하여 산산조각이 난 뒤에, 그 조각들이 다시 합쳐져 만들어진 것이다.

어쨌든 화성의 남반구와 북반구가 대조적인 모습을 가진 이유는 분명하게 알게 됐는데, 그렇게 해준 것이 바로 네이처에 실린 3개의 연구 보고서였다. 수없이 많은 구덩이가 파이고 험준한 산들로 가득 찬 남반구와 낮은 구릉들이 이어진 부드러운 지형의 북반구를 형성한 것은, 소행성 충돌과 같은 외부의 힘 때문이라는 증거를 제시해줬다.

화성의 북반구와 남반구의 지형이 차이가 날 수밖에 없는 근본적인 이유를 알게 되었으니, 이제부터는 본연의 주제로 돌아가서 화성 지형의 특이한 부분에 대해서 살펴보자. 어떤 논리로도 설명하기 곤란한 부분을 중심으로 말이다.

◈ The Dam

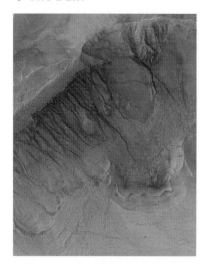

39.0°S, 166.1°W에 있는 지형을 촬영한 것이다. 시레눔 지역(Sirenum Terra) 내부의 뉴턴 분지에 2개의 운석 충돌 분화구가 있다. 위 이미지는 그 벽에 있는 협곡의 모습인데, 마치 지구에 있는 지형처럼 낯설지 않다. 'Dam'이라는 별명에 걸맞은 모습이다. 왼쪽 이미지는 댐 부분만을 확대한 것이다.

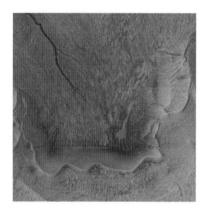

왼쪽에 게재한 두 장의 사진은 모두 MOC(Mars Orbital Camera: 화성 궤도 카메라)의 협각 카메라로 촬영한 것으로, 화성에서 얻은 가장 높은 해상도의 이미지에 해당한다. 이미지의 해상도는 학교 버스 크기의 개체가 원본 사진에서 판독될 수 있을 정도로, 픽셀당 1.5m이다.

이 협곡의 형태가 아주 선명한 것으로 보아 생성된 지가 오래된 것 같지 않다. 최근에 화성 표면으로 지하수가 흘러나와 형성되었을 수 있다는 가능성 때문에 학자들의 주목을 받고 있는데, 화성에 주거지를 만들 꿈을 꾸고 있는 우리에게는 아주 소중한 자료이다.

◆ 특이한 구멍

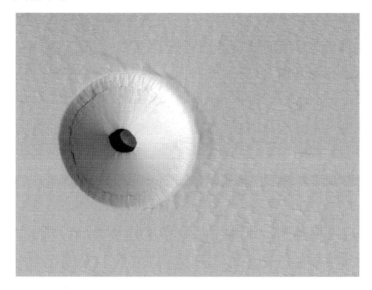

　이 구멍은 MRO(Mars Reconnaissance Orbiter: 화성 정찰위성)에 탑재된 HiRISE(High Resolution Imaging Science Experiment: 고해상도 영상 과학실험 카메라)가 파보니스 화산의 경사면을 촬영하던 중 발견한 것이다. 지하의 공간을 그대로 드러내고 있으며 우측의 일부는 빛을 받아 밝게 빛나고 있다.

　이 구멍의 지름은 약 35m이며 깊이는 함께 촬영한 주변 지형을 참조해서 분석해본 결과 20m 정도 된다. 구멍이 거의 원통형이고 주변을 감싸고 있는 돌출 지형도 거의 원형이다. 아주 희귀한 지형이어서 생성 원인을 도무지 짐작할 수 없다.

　이 지형이 특별히 관심을 끄는 또 다른 이유는, 동굴 내부가 화성의 거친 환경으로부터 격리되어있어서, 생명체가 서식하기에 상대적으로 유리한 조건을 가지고 있기 때문이다. 이와 같은 곳은 앞으로 행성 간 탐험을할 인간에게는 우선 탐사대상이 될 수밖에 없다. 우주여행이나 화성 거주를 꿈꾸는 인간에게는 아주 유용한 지형일 뿐 아니라, 거주를 위한 인공 구조물을 짓는 데도 많은 영감을 준다.

◈ Seven Sisters

　Arsia Mons 위쪽의 경사면에서 지하 동굴을 빛을 내려주는 7개의 어두운 구멍이 발견되었다. 이것들은 현재 'Seven Sisters'라고 불리고 있다.

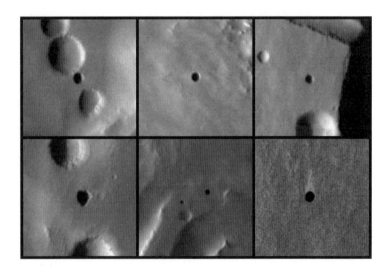

　화산 비탈에서 동굴로 들어갈 수 있는 입구 7개를 발견한 것은 오디세이 궤도선(Mars Odyssey)이다. 매우 어둡지만 100~250m가량의 지름을 가진 검은 원형이 지하 공간으로 통하는 창이라는 사실이 과학자들에 의해서 확인됐다.

　이 구멍들이 지하 공간의 입구라는 사실은, 적외선 카메라로 촬영한 오후 이미지와 새벽 이미지의 온도 차로 알아냈다. 구멍 내부의 온도는 주변의 온도에 비해 1/3밖에 변하지 않았다.

　이곳은 낮에는 주변의 표면보다 선선하고 밤에는 더 따뜻하다. 열 반응은 지구의 거대한 동굴만큼은 유지되지 않으나 안정된 편이다. 그리고 이곳은 깊은 수직축을 형성하고 있거나, 넓은 동굴로 연결되어있는지와는 상관없이, 화성의 지하로 들어가는 유용한 창으로 사용될 수 있으며, 과거의 생물이나 현존 생물뿐 아니라, 미래 방문객의 피난처가 될 수 있다.

하지만 'Seven Sisters'는 화성의 가장 높은 산 근처인 Arsia Mons의 높은 고도에 있는 것들이 대부분이어서, 만약 화성에 생명체가 존재한다고 하더라도 이 높은 고도까지 이주했을 가능성은 적어 보였고, 미래의 누군가가 사용하기도 쉽지 않아 보였다.

이러한 실용성에 관한 의구심 때문에 NASA는 Mars Odyssey와 새로운 수색 탐사계획을 가동하게 됐다. 새로운 목표는 더 접근하기 쉬운 낮은 고도에서 지하 공간으로 열린 다른 입구를 찾아내는 것이었다.

임무의 핵심은 밤에도 비교적 따뜻한 온도를 유지하는 곳을 찾는 것이었는데, 가시광선과 적외선 이미지를 함께 생성하는 고해상도 촬영 시스템이 주로 사용되었다. 하지만 현재까지도 별다른 발견이 보고되지 않고 있다.

마스 오디세이는 이미 2001년에 화성에 도착했는데 주된 임무는 JPL(Jet Propulsion Laboratory: 제트추진 연구소)과 NASA의 과학 미션 이사회에 의해 관리되고 있다. 그리고 마스 오디세이의 열 방출 이미징 시스템은 애리조나 주립대학, Tempe, Raytheon Santa Barbara 원격감지 개발팀, Calif 등의 협업으로 개발됐고, 애리조나 주립대학에 의해 운영되고 있다.

◈ Mystery Gullies

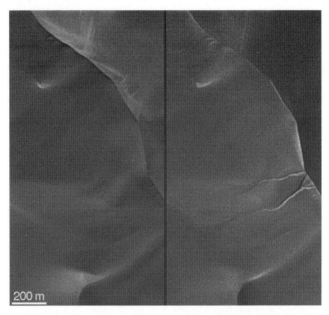

화성의 지형과 관련된 많은 미스터리 중에 하나가 걸리(Gullies)이다. 걸리의 발생에 대해서는 지하수의 침출, 토사로 덮여있는 설괴(Snowpack)의 융해 등의 가설이 제시되고 있으나, 어떤 것이든 설득력이 부족해 보인다.

걸리가 발견되는 지점은 주로 경사가 있는 크레이터의 내벽이지만, 중위도 지역에서 발견되는 몇몇 걸리들은 거대한 사구들의 사면부에 형성되어있다.

화성의 초기 지질시대에는 강우가 존재했고, 지금보다 훨씬 온난했으며, 바다와 강이 존재하는 지구와 비슷한 환경이었다는 데 대해서는 별다른 이의가 없다. 하지만 현재의 대기 상태는 지금과 같은 걸리가 존재하기에는 여전히 부적합하다.

걸리가 형성되기 위해서는 지표면에 액체 상태의 물이 존재할 수 있어야 한다. 이뿐만 아니라 대기압과 기온이 이를 허락하는 상태여도, 공기와 지면이 가열되는 속도와 열량이 지표 밑의 설괴를 녹이기가 어려운 상태면, 걸리가 존재하기 어렵다.

동일 지점을 시차를 두고 촬영한 궤도선 사진을 보면, 현재에도 이러한 걸리의 발생이 계속되고 있는데, 그 원인을 알아내기가 쉽지 않다. 특히 거대한 사구의 정상부에서 사면 아래로 형성되는 걸리가 많은데, 이것의 발생 원인을 찾는 건 난제 중의 난제이다.

위의 첫 번째 이미지는, 같은 지점을 2002년 7월 17일과 2005년 4월 27일에 각각 촬영한 E18-00979와 S05-01721을 나란히 배치한 것인데, 새롭게 걸리들이 만들어지고 있다는 사실을 확실히 알 수 있다.

두 번째 이미지에는 러셀 사구의 사면에 형성된 걸리들이 담겨있다. 풍부한 액체가 있지 않다면 만들어질 수 없는 지형이기에, 과학자들을 정말 난감하게 만든다. 우리가 알고 있는 화성의 대기 조건에서는 이런 지형이 만들어질 수 없다.

◈ 이상한 모래언덕

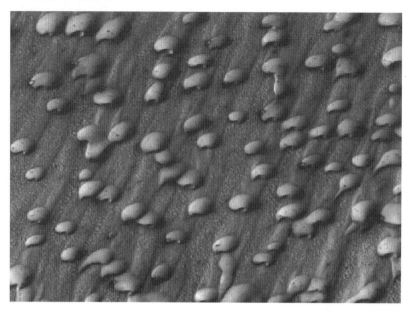

경도 0.89°W, 위도 84.73°N 지역을 촬영한 MGS MOC SP2-53807 스트립에서 발췌한 이미지이다. 캐즈마 보리얼(Chasma Boreale)에 있는 '언덕의 들판'으로 불리는 곳으로, 거대한 버섯처럼 생긴 개체들을 언덕으로 보고 이렇게 이름을 지은 것이다.

캐즈마 보리얼은 북극 얼음 캡 근처의 마레 보어룸 사각지대(Mare Boreum quadrangle)에 있는 큰 협곡이다. 길이는 약 560km로, 계절에 따라 용융과 증착을 반복하는 얼음 위에, 바람에 실려온 모래가 누적된 것으로 보이는 사구들이 가득 차있다.

이러한 견해가 압도적인 지지를 받고 있으나 회의적인 시각도 없는 것은 아니다. 이것이 정말 모래로 만들어진 언덕이 맞을까. 모양이 기괴할 뿐 아니라, 구체적인 생성 과정을 역학적으로 그려내기가 쉽지 않다.

지구 상에서 일반적으로 생각되는 '사구(Dunes)'는 풍력에 의해 상승했던 미립자 퇴적물이 다시 쌓여서 형성된다. 점차 쌓이면서 부분적으로 바람의 흐름이 차단되어 고가의 더미가 점점 더 넓어지면서 모래 사면이 서로 얽히게 된다.

하지만 이런 형식으로는 위와 같은 화성의 언덕이 만들어질 수 없다. 그렇다면 어떤 역학이 작용한 것일까. 화성은 지구와는 환경이 완전히 다른 행성이어서, 이 모래언덕 역시 지구의 것과는 다른 과정으로 만들어졌을 가능성이 큰 것은 분명하지만, 그 구체적인 과정을 그려내기가 쉽지 않다.

다만 화성에서 흔히 볼 수 있는 어두운 줄무늬를 관찰해보면, 무작위로 그려진 십자 모양의 줄무늬가 종종 비정상적으로 거대하고 길며, 그 패턴을 그리는 손이 화성 특유의 회오리바람이라는 걸 알 수 있다.

그 악령 같은 바람은 지표면의 형태와 표면 질감을 크게 변화시키는데, 어떤 때는 반사성 바람을 발산하여 작은 모래언덕을 만들기도 한다. 하지만 위의 스트립에 나와있는 언덕들은 거대한 크기이고 모양도 이상하게 생겼기에, 회오리바람이 만든 게 맞는지는 알 수 없다.

그러나 긍정적인 시각을 가진 학자들은 그 특이한 모양의 형성 과정에 대한 설명 역시 불가능하지 않다고 한다. 캐즈마 보리얼에 있는 사구(Dunes)는 바람이 직접 쌓아올린 것이어서, 둥근 타원형 돔 모양의 표면이 위쪽으로 부풀어 오르는 동시에 기울어지면서 스트레칭 되었다고 한다. 오랫동안 이런 과정을 거치면서 어둡지만 반투명한 표면이 만들어졌으며, 회오리바람의 시그니처라고 할 수 있는 십자 모양의 줄무늬도 그려지게 되었다고 한다.

하지만 단단해 보이는 언덕의 표면과 공기 역학적인 디자인은 어떻게 설명할 것인가. 매끄러운 유선형의 돔 모양을 단순히 공기의 흐름으로 단련된 패턴으로 볼 수 있을까. 또한, 물체 대부분은, 타원형 모양의 한쪽 끝부분에, 오목한 구멍이 있는 노치를 보여줄 뿐만 아니라, 끝부분이 모두 이미지의 아래쪽을 향하고 있다. 화성의 바람이 한 방향으로만 분다면 이것이 자연스러운 모습이라고 할 수 있으나, 광란하듯 움직이는 회오리 바람은 그런 지향성을 가지고 있지 않으며, 그와 유사한 작용을 할 만한 계절풍이 존재한다는 증거도 없다.

그렇다면 이것은 바람이 아닌 다른 유체, 이를테면 대량의 물이나 얼음 덩어리에 의해 침식된 형태일 수도 있지 않을까. 그도 아니라면 다른 경우도 생각해볼 수 있다.

이 물체들의 디자인은 공기 역학적으로 매우 기능적일 뿐만 아니라 매끄러운 타원형 모양이 지구인의 눈에 아주 우아해 보인다. 그리고 뒷부분의 노치 영역은 팁에서 약간 안쪽으로 휘어진 가장자리에 2개의 날개 확장을 형성하는 동시에 둥글고 뾰족한 프론트 엔드도 가진다. 말 그대로 개체들이 대형 예술품 같다. 그렇다면 자연이 아닌, 어떤 지성체에 의해 만들어진 작품이라고 의심해볼 수도 있는 것 아닐까. 물론 심미적으로 보이는 디자인은 남에게 보여주기 위한 것이기보다는, 목적에 적합한 설계를 한 결과일 수도 있다.

만약 후자의 경우라면, 화성의 현재 상태를 전체적으로 고려해볼 때 문명을 번성시키기 위한 수단이기보다는, 문명을 보존하기 위한 수단으로서 만들어진 인공 구조물일 가능성이 크다.

혹여 화성에 어떤 큰 재난이 지나간 후에 살아남은 이들이 문명을 보존하기 위해 만든 인공 피난처 같은 건 아닐까.

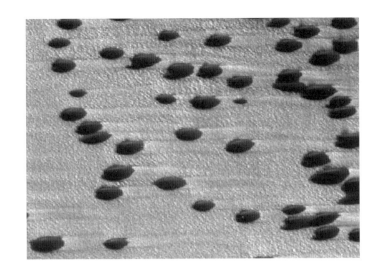

0.09°W, 84.53°N 지역을 촬영한 MGS MOC M02-00593 스트립 일부이다. Chasma Boreale 지역으로, 앞에 게재한 이미지 속의 지역과 멀리 떨어진 곳이 아니어서 그런지 그 모습이 유사해 보이지만, 물체의 외형이 다소 투박하고 표면의 질감도 거칠다. 하지만 카메라의 시각이 사선이어서 개체들의 전체적인 모습을 살펴보는 데는 유리하다.

이 개체들 역시 공식적으로는 '모래언덕'으로 불리나 그 기원에 대해서는 많은 의심이 쏟아지고 있다. 간격을 두고 서로 독립적으로 형성되어있기에 바람에 날려와 쌓인 퇴적물이나 모래언덕으로 단정하기엔 무리가 있다.

평원의 바닥과 언덕 부위의 색깔이 다르기에 서로 다른 물질로 이뤄진 것은 확실하나, 퇴적된 물질들이 어디서 왔는지는 알 수 없다. 그리고 전반적인 형태가 유체의 강한 흐름에 침식된 형태인 것도 바람의 작품으로 보기에 곤란하게 만든다.

또한, 앞의 이미지와는 달리 이미지를 조작이 가해졌다는 느낌이 강하게 든다. 응용 프로그램의 스펀지, 스머지, 블러 등의 도구가 혼용된 것으로 보인다.

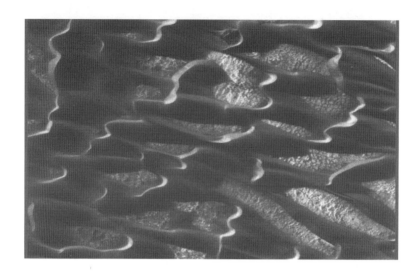

293.09°W, 9.15°N 지역을 촬영한 MGS MOC E13-01329 스트립에서 발췌한 것이다. 이 지형 역시 공식적으로는 모래언덕으로 불리고 있다.

언덕 부위가 서로 연결되어있어서 MGS MOC M02-00593 안의 개체보다는 모래언덕에 가깝게 보이지만, 바닥과 언덕의 질감이 너무 달라서 여전히 호칭 그대로 수용하기 어렵다.

화성의 지질과 대기 환경에 대한 정보가 부족한 것은 사실이나 이런 모습의 지형이 조성될 수 있는 경우의 수를 도무지 유추할 수 없다. 그런 탓에 화성에 존재하는 어떤 지성이 만들어놓은 구조물일 수도 있다는 의심이 뇌리에서 쉽게 지워지지 않는다.

물론 이런 행위를 할 목적이나 조성 방법에 대한 근거를 생각해내기 어렵기에, 이런 의심 역시 합리적이라고 할 수 없으나, 비판적 시각을 유지한 채 지형을 관측할 필요는 있다고 본다.

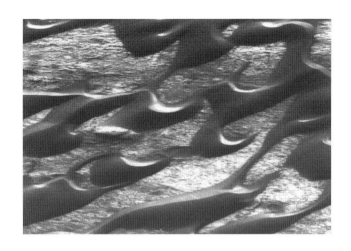

　292.94°W, 8.77°N 지역을 촬영한 MGS MOC S04-00433 스트립 일부이다.

　MGS MOC E13-01329 안의 지역과 인접해있는 곳이어서 모습이 유사하나 언덕이 더 넓게 분포되어있고 언덕 사이의 지면도 더 많이 노출되어있다. 그래서 바닥과 모래언덕의 질감이 다르다는 사실을 확실히 알 수 있고, 언덕의 가장자리와 바닥이 접하는 곳의 경계가 아주 선명하다는 사실도 알 수 있다.

　적어도 바닥이 융기되거나, 바람이나 물과 같은 자연력으로 바닥의 흙이 퍼올려져 형성된 언덕이 아니기에, 인위적으로 축조해놓은 구조물일수도 있다는 생각이 허황한 것이 아니라는, 최소한의 근거로 제시될 수 있다.

　아래 이미지는 경도 31.37°W, 위도 52.01°S 지역을 촬영한 MGS MOC E11-02281 스트립에서 발췌한 것이다. 이 자료를 게재하는 이유는, 이곳의 지형이 특별하거나 어떤 특별한 증거가 감춰져 있어서가 아니고, 전형적인 화성의 퇴적물이 어떤 형태로 존재하며 그로 인해 생기는 지형의 모습이 대체로 어떤 형태를 띠는지가 잘 드러나있기 때문이다.

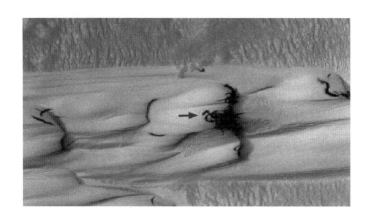

　정경의 전반에 자연스러운 바람의 손길이 느껴진다. 화살표로 표시한 곳에 주변의 토양과는 다른 것이 쌓여있는데, 앞에서 본 것처럼 거대한 모양으로 단단하게 퇴적되어있지 않아서, 바람에 실려온 외부의 토양이 자연스럽게 쌓여있다는 사실을 거부감 없이 수용할 수 있다.

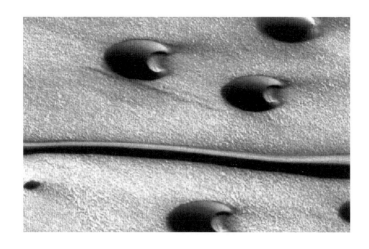

　26.55°W, 84.84°N 지역을 촬영한 MGS MOC M02-00783 스트립 일부이다.

　이 지역에 있는 말발굽 같은 모양의 개체들 역시 모래언덕으로 불리고 있다. 바람이 토사를 퇴적시켜 이런 모양의 언덕을 만들었다는 것이다.

하지만 대중은 이런 학자들의 주장을 쉽게 받아들이지 못하고 있다. 개체들의 모양을 잘 살펴보면, 둥근 타원형으로 누군가 공기 역학을 고려하여 디자인한 것처럼 생겼기 때문이다.

그런 이유로, 자연의 힘으로 형성된 것이 확실하다면, 바람이 어디선가 이물질들을 싣고 와서 쌓아놓은 것이 아니라, 원래 이 자리에 있던 것이 바람에 마모되어 저런 형태를 갖추게 되었을 가능성이 크다는 주장도 적지 않다.

하지만 주류 학자들은 이런 주장을 음모론과 유사한 주장으로 취급하는 경향이 있다. 그들은 이 지형이 바르한(Barchan)이라는 주장을 강력히 고수하고 있다.

바르한은 러시아의 자연과학자 알렉산더 폰 미덴도르프가 처음으로 도입한 용어로, 한 방향에서 강하게 불어오는 바람의 작용으로 형성되는 초승달 모양의 사구를 말한다. 바람을 맞는 쪽이 볼록하며, 초승달 모양의 양 끝 쪽은 바람이 불어가는 쪽을 향하고 있어서, 모래가 옆쪽으로 이동된다는 것을 보여준다. 사구의 단면은 비대칭으로 나타나는데, 바람을 맞는 쪽의 사면은 완만하고 반대편은 가파르다.

이 사구는 바람을 맞는 사면은 모래가 침식되고, 반대편 사면에 퇴적이 이루어지면서 이동하게 되는데, 대부분 고립된 사구들의 집단으로 나타나며, 탁월풍 방향으로 이어지는 능선을 이루기도 한다.

이 지역에 있는 화성 바르한의 경우, 지속적인 서풍에 의해서 만들어진 것이라고 한다. 물론 이런 언덕은 이곳에만 있는 게 아니다. 바람은 동쪽 사막에도 이런 모래 더미를 만들어놓았다.

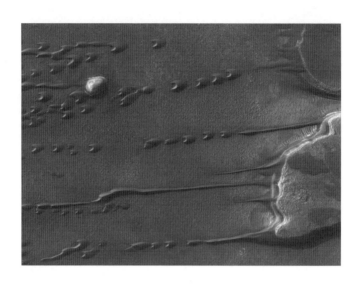

바르한

이것이 바로 화성 바르한의 일반적인 모습이다. 화성에서의 액체는 얼거나 빠르게 기화하여 대기 속으로 들어가지만, 지속적인 바람이 모래언덕을 마치 액체가 흘러가는 것처럼 보이게 만들 수도 있다. 주로 봄에서 여름으로 계절이 바뀔 무렵에 이런 지형을 많이 볼 수 있다.

이미지 속에 덩치가 크고 꼭대기가 평평한 2개의 탁상 대지가 보이며, 꼭대기가 밝은 돔 형태도 사진의 왼쪽 멀리 보이는데, 계절풍 탓인지 탁상 대지와 언덕 가장자리에 있는 모래들이 오른쪽에서 왼쪽으로 길게 흘러내리고 있다.

이 중에 일부는 어두운 아크 모양의 언덕을 만들기도 하는데, 이것도 바르한의 일종이다. 이것은 모양을 유지한 채 바람이 부는 대로 움직일 수 있으며, 서로 교차할 수도 있는 듯 보인다.

이러한 종류의 모래언덕은 위치 이동이 심해서, 지구의 경우에는 연간 100m 가까이 이동하기도 하는데, 화성 바르한의 경우, 이동 속도가 측정된 자료가 아직은 없다.

◆ Dune Kisses

이 지역은 Proctor Crater 근처인데, 언덕의 능선이 마치 상어 이빨처럼 날카롭게 보인다. 앞에서 보았던 말발굽 형태의 둥근 모래언덕과는 대조적인데, 이것 역시 바르한의 일종이다.

◆ 초콜릿 언덕

아래 이미지는 2006년 5월 27일에 MOC로부터 전송되어온 Dune의 일종이다. 크레이터 바닥 면에 흙이 쌓이는 게 드문 일은 아니지만, 이러한 형태로 쌓이는 경우는 드물다. 바람의 작품이라면, 바람이 5시 방향에서 11시 방향으로 불어 저런 형태를 만들었을 것이다. 그런데 이상하게도 중앙 부분은 2시 방향에서 8시 방향으로 늘어져 있다.

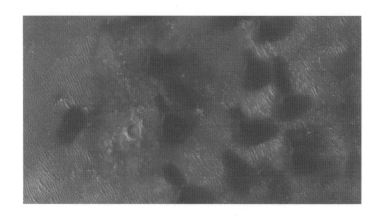

언덕 모양이 차이가 나는 것은 계절적 요인과 다양한 바람 때문일 것이다. Dune뿐 아니라 Gullie, Landslide 등의 지형들도 이러한 요인들이 그형성에 영향을 미쳤을 것이다.

어쨌든 편평한 지형에서도 이러한 Dune이 생성되는 걸 보면, 화성의바람은 우리가 생각하고 있는 것보다 더 위력적인 듯하다.

◈ Dark Dunes

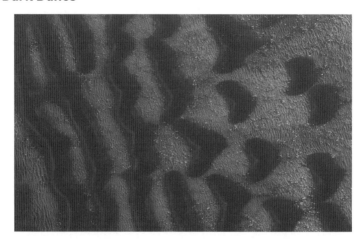

Dark Dunes

329.4W, 47.3S의 Noachis Terra 지역인데, 이곳의 정확한 위치는 Proctor Crater 내부이다. 이곳 역시 바람에 의해 형성된 사구가 모여있는 곳이다. 사구의 형태로 보아 바람이 주로 오른쪽에서 왼쪽으로(동 → 서) 불고 있다는 것을 알 수 있다.

◈ 검은 점이 가득한 모래언덕

사구의 검은 점

위의 이미지는 2007년 8월 5일에 MOC에 의해 촬영된 것이다.

이미지 속에는 잔잔한 점으로 장식된 언덕들이 펼쳐져 있다. 어떻게 언덕 몸통에 이런 장식들이 생겨났을까. 화성의 계절 변화와 관계가 있다고 한다.

3월이 오면 화성 북반구의 사막언덕에도 서리가 녹기 시작한다. 그러면 얼음이 엷은 지역부터 모래가 드러나기 시작해서 해동 지역이 점점 넓혀지게 된다. 이런 과정에서 지구에서는 쉽게 볼 수 없는, 모래의 제트 분사 현상이 일어나기도 한다.

봄에 시작된 해동은 여름까지 이어지고, 이 과정에서 생긴 검은 점들이 모래언덕을 뒤덮게 되며, 승화된 이산화탄소가 얇은 대기층 안을 조금은 충만하게 채워준다.

위 사진은 8월경에 화성 북극에서 3km가량 떨어진 지점을 촬영한 것인데, 점이 가득 덮인 북극 모래언덕의 현장을 생생하게 보여주고 있다.

◈ 언덕 위의 나무

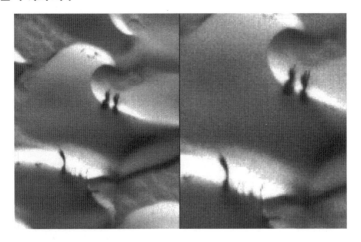

위의 이미지는 MOC M17-00612 일부이다. 모래언덕 위에 특이한 물체들이 보인다. 모래언덕 아래로 흘러내리는 액체 같기도 하지만, 그러기 위해서는 애초에 언덕의 능선에 그 공급원이 있어야 하는데, 그것의 존재를 규명해내기가 어렵다.

그런데 자세히 보면, 유체가 흘러내린 실루엣이라기보다는, 언덕의 능선에 어떤 물체가 서있는 실루엣에 가깝다는 사실을 알 수 있다. 지구에서는 볼 수 없는 독특한 형태의 식물처럼 보인다.

　이와 유사한 이미지가 더 있다. 경도 24.26°W, 위도 84.79°N 지역을 촬영한 MOC narrow-angle image M17-00612이다.

Chasma Boreale 지역 인데, 아주 이상하게 생긴 물체들이 있다. 이건 앞의 사진 속에 나온 물체들과 모양이 다소 다르고, 능선이 아닌 언덕 아래에 있으며, 물체가 언덕의 토양과는 다른 성분으로 구성되어있다. 정체를 알 수 없지만, 단순한 돌 더미가 아닌 것은 분명하다.

　화성에는 이 외에도 아주 다양한 언덕이 있다. 하지만 서로 유사하게 생겼어도 그 기원이 아주 다른 지형도 있기에, 그 관찰에 주의를 기울여야 한다. 바로 아래에 제시된 지역들이 그 대표적인 예들이다.

◈ 용암 지대

　아래 이미지 속의 지형은 대부분 흑요석으로 이뤄져 있다. 흑요석은 화산암이며, 유문암질 용암류의 분출로 생성된다. 용암이 급속히 냉각될 때에만 형성되며 유리 광택이 있다. 이런 지형은 물이나 얼음에 의해 생성될 수 없기에, 화성에 활발한 화산 활동이 있었다는 증거로 제시될 수 있다.

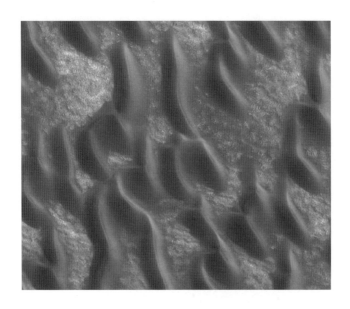

흑요석의 전형적인 흑옥색은 조밀하게 배열된 정자(晶子: 현미경적인 결정체의 성장)들이 많기 때문인데, 적색과 갈색을 띤 것은 산화철 먼지가 많이 섞인 것이고, 담회색조는 작은 기포 또는 미세하게 결정화된 작은 조각들에 의한 것이다.

화산 폭발로 분출된 용암이 넓은 분지까지 내려와서 이 같은 모양을 형성했을 것으로 보고 있는데, 흑요석은 용암이 급속히 식으며 형성되었을 것이다.

그리고 그 특유의 유리질이 지하의 수분이 표면으로 올라오는 것을 막는 역할도 했을 것이기에, 이 지형 아래에는 물이 존재할 가능성이 다른 곳보다 훨씬 크다. 또한, 그렇게 오랫동안 수분을 지켜왔다면, 다른 곳보다는 생명체가 존재할 가능성도 크다고 할 수 있다.

그 사실 여부는 현재로서는 확인할 방법이 없으니 일단 접어두고, 지금부터는 형성 원인이 바람과 연관된 곳이거나 연관된 곳으로 의심을 받는 곳은 일단 제외하고, 다른 원인으로 형성된 게 확실하다고 여겨지는 특이

지형들을 찾아보자.

◈ Richardson Crater

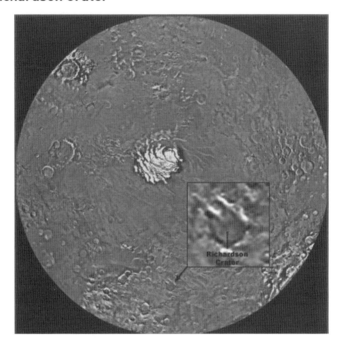

위의 자료는 MGS MOC Mars Chart 30 파일 일부이다. 화성 남극 지역을 광각 콘텍스트로 보여주고 있다. 이 자료를 게재하는 이유는 화살표로 표시된 지점에 있는 Richardson Crater의 신비한 모습을 소개하기 위해서이다.

이 지역은 전문가들이 가장 많이 관찰하고 있는 곳 중의 하나인데, 그이유는 'Richardson Crater dunes 계절 모니터링'이 하나의 프로그램으로 진행되고 있기 때문이다.

계절의 변화에 따라 모습이 많이 바뀌기 때문에 '계절 모니터링'이 필요한 것은 사실이나, 애초에 염두에 두었던 희귀한 특성이 있는 곳은 아닌 것으로 밝혀졌다.

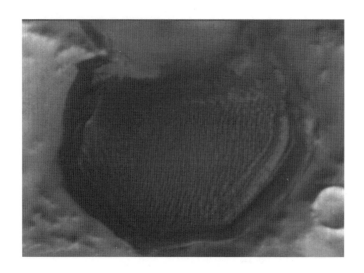

Richardson Crater를 근접 촬영한 M15-00808 광각 스트립에서 발췌한 것이다. 대중에게 공개된 Richardson Crater 이미지 중에 가장 선명한 자료인 것 같다. 크레이터 내부의 토양이 주변의 지역과는 완전히 다르고 표면의 질감 역시 그러하다.

크레이터의 내부에 조밀한 산등성이가 줄지어 서있다. 공식적으로 정의된 '모래언덕'의 모습은 아닌 게 분명하고, 그보다는 훨씬 단단한 토질을 가진 것으로 보인다. 그리고 자세히 살펴보면, 내부의 가장자리를 감싸고 있는 둘레가 미묘한 팔각형 패턴을 이루고 있고, 거대한 배수로나 도로 모양의 튜브가 크레이터 가장자리를 감싸고 있으며, 분화구의 깊이가 그 넓이를 고려해보면 너무 얕다는 사실을 알 수 있다.

함몰 지역의 깊이도 얕을 뿐 아니라, 바닥의 모양도 분화구 고유의 성질을 가지고 있지 않은 것 같다. 문득 충돌 분화구가 아닐지도 모른다는 생각이 든다. 그렇다고 화성 내부의 마그마 분출로 생긴 분화구도 아닌 것 같다. 그런 분화구의 특징도 가지고 있지 않기 때문이다. 그렇다면 이곳은 자연적으로 형성된 함몰구가 아닐 수도 있지 않을까.

이를테면, 인공적으로 조성된 위장된 기지나 도시일 수 있지 않을까. 지름이 대략 66.86km 정도 되는, 이 잘 다듬어진 크레이터는 계속 관찰할 필요가 있다.

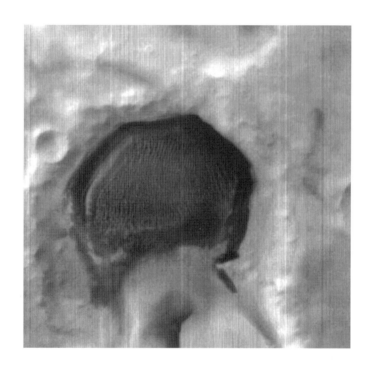

위의 R10-02083 이미지는 추운 계절에 찍은 Richardson Crater 모습이다. 보다시피 주변 지형은 얼음으로 완전히 덮여 태양 빛의 반사율이 높지만, 리차드슨 내부는 얼음이 적게 덮여있고, 주변 지역보다 훨씬 어둡다. 도대체 왜 이런 현상이 벌어지는 것일까.

이러한 궁금점은 이곳을 지속적 관찰의 대상으로 삼는 중요한 이유 중

하나이다. 이곳이 분화구이고 낮은 지층이어서 화산의 지열을 받아서 따뜻해졌다고 말할 수는 있다. 하지만 이런 주장은 위의 이미지 속 정경만을 고려한다면 합리적인 설명처럼 들릴 수 있으나, 몇 년 동안 축적된 이미지를 종합적으로 살펴보면, 그렇게 단정 짓기가 곤란하다. 분화구 내부가 항상 따뜻하지 않을 뿐 아니라, 겨울에 도리어 온도가 높아지는 이상 현상을 보이기도 하기 때문이다. 그러니까 주변의 온도가 낮아지는 계절이 찾아오면 마치 얼음이 쌓이는 걸 막기라도 하겠다는 듯이 크레이터 내부에서 더 많은 열이 방출되기도 한다. 이런 현상이 여러 번 관찰되었기 때문에, 관찰자의 착각, 관측 기기의 오동작, 일시적 이상 현상 등으로 치부하기 어렵다.

도대체 어떤 연유 때문에 이런 현상이 벌어지는 것일까. 정말 이상한 일이다. 그 이유를 알기 위해서는 Richardson Crater를 계속 관찰하며 연구하는 수밖에 없다.

◆ 선에 감춰진 비밀

다음 이미지는 17.07°W, 66.32°S 지역을 촬영한 MGS MOC M08-05237 스트립에서 발췌한 것이다. 건조한 땅에 나타나는 균열로 가득 차 있는 이곳의 이미지를 게재한 것은, 지표면의 색깔이 화성에서 흔히 볼 수 없는 짙은 갈색이라거나, 균열 규모가 관찰자를 압도할 정도로 거대해서가 아니다.

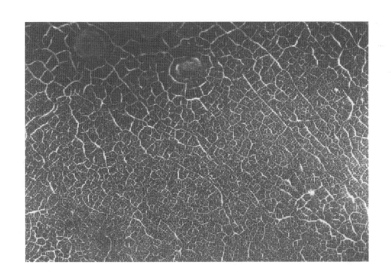

　단순한 균열로 보이는 선들이 절묘하게 잘 연결되어있을 뿐 아니라, 그 선이 매우 밝아서 어두운 밤에도 보이기 때문이다. 토양의 색이 아무리 밝아도 어둠 속에서 빛을 내기 힘든데, 이곳의 토양은 스스로 발광해서 밤에도 보인다. 하지만 이에 대한 조사가 아직은 부족해서 그 원인이 밝혀지지 않았다.

　호사가들은 이런 현상을 화성 문명의 증거로 주장하기도 한다. 지표면에 나타난 균열이 긴밀하게 연결되어있을 뿐 아니라, 지구의 도로처럼 밤에도 식별이 가능한 것으로 보아, 자연적인 지형이 아니라, 누군가 구축해놓은 시스템 일부로 보는 게 타당하다는 것이다.

　하지만 이들의 선동적인 주장은 아직은 근거가 박약해 보인다. 더 확실한 증거가 제시되기 전까지는 그들의 주장이 학계에 수용될 수 없을 것 같다.

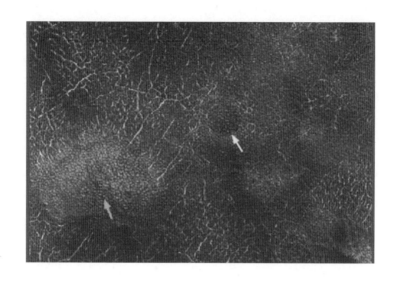

위 이미지는 동일한 M08-05237 스트립에 있는 주변 지역의 정경이다. 앞의 이미지와 유사한 것 같지만, 자세히 살펴보면 완전히 다른 특징이 드러나기에 게재했다.

여기에서는 앞의 이미지와는 달리, 숲 캐노피를 볼 수 있다. 화살표로 표시해놓은 왼쪽 아래 영역을 보면, 어떤 균열선도 그곳을 관통하지 않았다는 걸 알 수 있다. 아마도 고밀도로 조성된 오래된 나무에 의해 덮인 고지대이거나, 선을 통해서 공급받는 무엇인가가 필요 없는 지역이어서 그럴 것인데, 전자와 같이 우리가 모르는 종류의 나무들이 모여있는 곳일 가능성이 크다.

이와 유사한 곳은 중앙 근처의 화살표로 표시해놓은 데에도 있다. 이곳 역시 어떤 선도 지나가지 않는 폐쇄된 지역인데, 웅덩이처럼 주변 지역보다 지면이 낮아서 그렇게 보일 수 있다는 생각도 든다. 하지만 이곳 역시 주변 지역과 비교해보면 나무로 보이는 개체의 밀도가 훨씬 높다.

이 이미지 속 지형의 지면을 덮고 있는 것이 무엇이든 간에 화성의 황폐한 지역과는 분명히 다르다. 매우 조밀한 산림 지대로 보인다. 밝은 선들은 나무와의 공생하는 생명체들은 아닌 것 같고, 얕은 물이 흐르는 수로이거나 그와 유사한 시설일 개연성이 높아 보인다.

◈ 거미줄

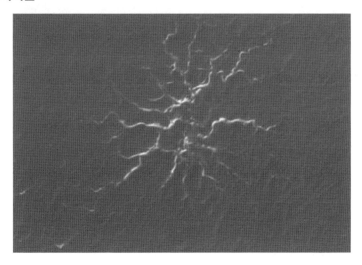

위의 이미지는 2007년 12월 13일에 NASA 연구진이 공개한 화성 남극 지역의 '미스터리 거미 무늬'이다. 초대형 거미, 도마뱀 피부 등을 연상시켜서 대중들의 눈길을 사로잡은 바 있다. 사진을 분석한 연구진은 '거미 무늬'가 이산화탄소 가스가 폭발하면서 생긴 것으로 추정했다.

화성의 겨울에는 남극 지역의 기온이 영하 129°C까지 내려가는데, 이산화탄소 가스가 얼면서 고체 형태로 변해 50cm 두께로 화성 표면을 덮게 된다. 그랬다가 봄이 찾아오면, 기온이 급격히 올라가고, 그에 따라 드라이아이스가 폭발하면서 이 같은 무늬가 생성된다고 한다.

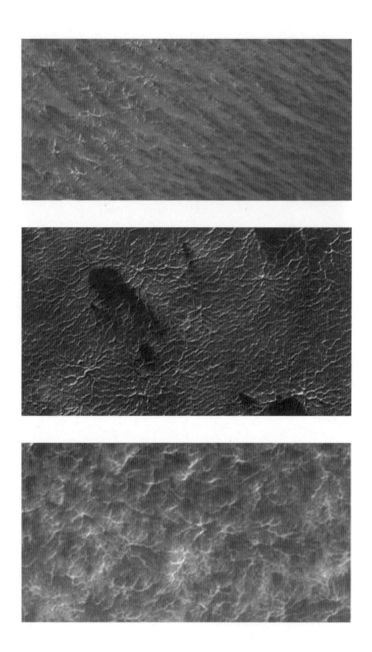

　NASA 연구진은 '거미 무늬 사진' 외에도, 이산화탄소와 먼지 등에 의
해 생성된 것으로 추측되는, 위와 같은 다양한 이미지들을 함께 공개하면

서, 이런 현상에 Tree Shape Objects(TSOs)라는 이름을 붙였다.

이런 형태의 지형들은, 절기에 따라 형태의 변화가 심하고 개체 수 또한 급변하는 것으로 조사됐는데, 그 모습이 대체로 지구 상에 존재하는 지의류(地衣類)와 유사한 형태를 띠는 게 많지만, 형태가 다양한 편이다. 그렇기에 그 생성 원인을 단순히 이산화탄소와 먼지 때문이라고 단정해서는 안 될 것 같다.

사실 발견 초기에는 성상 사구(Star Dunes)일 거라는 의견이 가장 많았고, NASA가 이미지를 공개한 후에는, 계절에 따라 변하는 이산화탄소의 상 변화가 이들의 생성 과정에 결정적인 영향을 끼쳤을 거라는 주장이 주류를 이룬 적도 있다.

◈ 신비로운 입체선

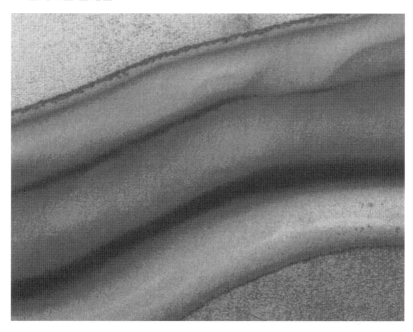

151.59°W, 60.99°S 지역을 촬영한 MOC E02-02706 스트립에서 발췌한 이미지이다. 2000년 중반에 MOC 과학 데이터 이미지가 공개되기 시작한 지 2주 만에 찾아낸 이상한 오브젝트 중 하나가 담겨있다. 처음 발견자가 '유리 튜브 시스템'으로 명명했는데, 적절성 여부를 떠나서 그 발상이 매력적이어서, 대중들도 그 이름을 따라 대상을 연상하였다. 하지만 다양한 응용 프로그램이 대중들에게 보급되어, 이미지에 관한 연구가 수월해지자 그 이름은 빛을 잃어갔다.

오브젝트의 정체에 대해 다양한 의견이 제시되었는데, 그중에 가장 주목을 받은 것은, 물길과 그에 의존해서 사는 생명체에 의해 형성된 지형이라는 주장이었다. 얕은 물길에서 살아가는 생명체에 의해 물길의 모양이 튜브 형태로 바뀌게 되었다는 게 주장의 골자였는데, 누군가 유리로 튜브를 만들어놓았다는 주장에 못지않은 파격적인 주장이었다.

하지만 이 주장의 경우는 가파른 경사면에, 애초에 긴 트로프 시스템(Trough System)이 형성된 이유를 설명하지는 못하고 있을 뿐 아니라, 이 지역에 유기체의 활동이 활발하게 벌어졌다는 사실을 전제로 한 것이어서, 많은 문제점이 파생될 소지를 안고 있었다. 그랬기에 학계는 이 의견을 수용할 수 없었다.

그러나 최초 발견자의 의견 역시 수용하기 어렵기는 마찬가지였다. 그는 이 오브젝트를 튜브형으로 폐쇄된 수로 시스템으로 보면서, 튜브 소재가 유리와 유사하다고 주장했다. 그러니까 누군가 유리와 비슷한 재질로 건설해놓은 시설물이라는 뜻이다. 이 의견은 그 어떤 의견보다도 많은 문제점을 품고 있다. 하지만 현재까지도 대중의 심리를 지배하고 있다.

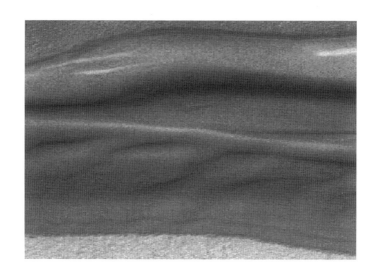

151.21°W, 61.04°S 지역을 촬영한 MOC E02-00484 스트립에서 발췌한 이미지로, 앞에 제시한 이미지 속의 지역과 그리 멀지 않은 곳이다.

위쪽의 튜브는 둥글고 부드러우며, 밝은 태양 빛이 튜브의 매끄러운 등에 반사되고 있다. 하지만 이 시스템의 아래쪽 튜브는 아직 미숙한 것인지 쇠퇴기에 접어든 것인지 알 수 없지만, 어쨌든 모양이 일그러져 있어서 튜브로 봐주기 어려울 정도이다.

그러나 거대한 프로세스가 이 지역 전반에 작동하고 있는 것은 분명하고, 인공적인 힘보다는 자연의 힘이 핵심적으로 작용하고 있는 것으로 보인다. 하지만 단순히 바람과 물의 힘, 혹은 그것들이 혼합된 것이라기보다는, 그 외의 어떤 메커니즘이 영향을 미치고 있다는 느낌이 든다.

아래의 사진은 E02-02706 기반 이미지인데, E02-02705 협각 스트립을 품고 있으며, 이 지역을 지배하고 있는 이중 분화구도 함께 보여주고 있다.

앞에서 제시한 튜브 시스템은 2개의 크레이터 중 남쪽 크레이터의 북쪽 내부 벽 아래에 있다.

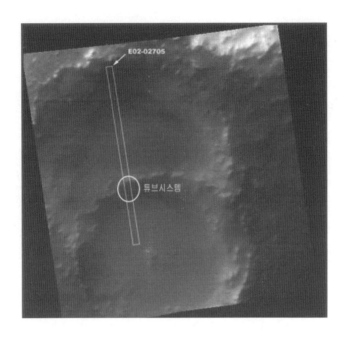

과학계 관료들은 주변 지형과 차별화된 곡면 융기 지형을 볼 때마다, 그 형상이 보편적이거나 그렇지 않은 경우를 구별하지 않고, '모래언덕'이라고 정의하려는 경향이 있다. 그러나 그것들은 지구의 모래언덕과 모양이 유사하다는 이유 외에 다른 합리적인 증거가 없는 경우가 대부분이다.

실제로 그들이 '모래언덕'이라고 주장하는 지형은 상당수가 거대한 얼음 덩어리 위에 흙이 덮여있는 경우가 많고, 거대한 물줄기가 물속에 있는 원소들과 화학 작용을 일으키거나 그곳에서 서식하는 생명체들로 인해서 형질이 변한 경우도 적지 않은 것 같다. 물론 물흐름이나 바람으로 인한 침식이나 퇴적인 경우도 많기는 하지만 말이다.

전체적인 모양이나 지면의 색깔이 특이한 경우는, 액체 속에 함유되어 있던 화학 원소의 특이한 발현이나 생명 현상과 연관되어있을 가능성이 크다. 앞에서 보았던 튜브 시스템은 액체 덩어리를 품고 있는, 단단한 표면을 가진 파이프나 캡슐로 보이는데, 착시가 아닌 것 같기에 자연적으로 조성된 지역이라고 단정 지어서는 안 될 것 같다.

하지만 인간이 현장에 직접 가서, 전체적인 구조와 토양이나 재질에 관한 분석을 하기 전에는, 튜브 시스템에 대한 정의조차 제대로 내릴 수 없는 게 현재 상황이다.

◈ **정말 튜브일까**

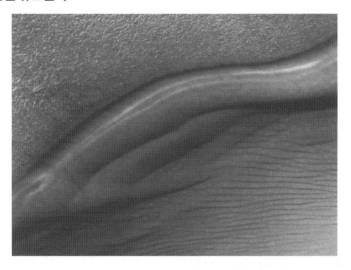

이 이미지는 156.44°W, 63.42°S 지역을 촬영한 MOC E12-03186 스트립에서 발췌한 것이다. 앞에 제시한 이미지보다 해상도는 훨씬 좋다. 인근 지역이어서 그런지 전체적인 모양이 아주 유사해 보인다.

위쪽의 완성된 형태의 튜브는 앞의 지형과 같은 모양과 질감을 지니고 있고, 튜브와 위쪽 지형이 접해있는 곳에 뚜렷한 경계가 있는 반면에, 남쪽은 자연스럽게 아래 지형과 이어져 있고 경계가 뚜렷하지도 않다.

적어도 이곳의 튜브 지형은 누구의 주장처럼 인공적으로 조성된 유리 튜브가 아닌 것 같다. 다만 햇빛이 메인 튜브 시스템의 상단 표면에서 반사되는 것으로 보아, 튜브의 표면이 매끄러운 것 같은데, 이런 점은 튜브 지형의 일반적인 성질로 보인다.

그리고 튜브 전체에 모호한 색을 가진 반점이 보이는데, 이것은 앞의 이미지에서는 볼 수 없었던 새로운 증거이다. 물론 앞의 이미지가 선명도가 떨어져서 보지 못했을 수도 있다.

그런데 이 이미지에 나타나는 반점은 물체의 표면에 있는 것이 아니라, 반투명 표면을 통해 보이는 내부의 물질이 드러난 것일 가능성이 커 보인다. 튜브 위 또는 안쪽에 어두운 줄무늬도 보이는데, 이것 역시 앞의 이미지에서는 볼 수 없었다.

이 무늬는 튜브 외부와 내부를 가리지 않고 있는 것으로 보이는데, 지형이 형성되는 과정에 흔하게 생기는 무늬인 것 같다.

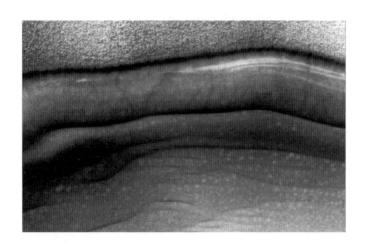

156.23°W, 63.33°S 지역을 촬영한 MOC E11-03408 스트립에서 발췌한 것이다. 앞의 튜브 시스템과 같은 섹션에 있는 것이나, 조금 더 동쪽이다. 이 스트립에 촬영된 튜브 시스템의 전체 길이는 수 킬로미터로 아주

길다.

튜브 윗면의 햇빛 반사와 투과의 정도가 어느 자료보다 선명하게 드러나있어, 튜브의 표면이 유리 또는 수지처럼 매우 매끄럽고, 둘레가 둥글며 반투명하다는 것을 분명하게 보여주고 있다. 그리고 이러한 증거로, 이 오브젝트가 주류 학자들이 말하는 모래언덕이 아니라는 것을 명백히 알 수 있다.

이 이미지에서는 메인 튜브 위 또는 내부의 사행 줄무늬도 아주 잘 볼 수 있는데, 어떤 건 단일 방향을 유지하고 있고, 어떤 건 복잡한 곡선을 이루고 있으며, 무작위로 그려진 것도 있다.

이에 대해서 주류 학자들은 개방된 지형에서 나타나는 바람의 흔적이기 때문이라고 설명하고 있다. 그들은 애초부터 이것을 모래언덕이라고 주장했으므로 물보다는 회오리바람이나 토네이도의 발자취로 설명할 수밖에 없을 것이다.

하지만 SP1-23008 스트립을 살펴보면 줄무늬가 바깥쪽 경계에서 멈춘 것이 많다. 줄무늬를 만든 게 바람이라면 경계를 지나갔을 것이기에, 그들의 설명은 옳지 않은 것 같다. 또한, 광범위하게 존재하는 변형 줄무늬를 설명하기에도 적절하지 못하다.

거대한 튜브처럼 보이는 이 지형은 모래언덕은 분명히 아니다. 그보다는 최초의 발견자가 명명했던 '유리 튜브'가 더 진실에 가깝게 느껴질 정도이다. 그러니까 차라리 튜브가 거대한 유리관이고 그 관이 지적 생명체가 디자인한 것이라는 주장이 더 신빙성이 있어 보일 정도로, 이 오브젝트가 모래언덕이라는 주장이 어리석게 보인다는 뜻이다.

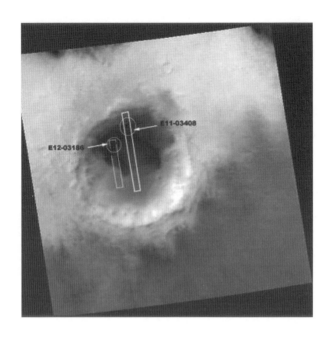

E12-03187 광각 콘텍스트 이미지이다. 튜브 시스템이 담겨있는 E12-03186 스트립과 E11-03408 스트립의 위치를 모두 알 수 있다. MSSS(Malin Space Science Systems)가 제공한 통계에 따르면, 왼쪽 스트립은 너비가 2.98km에 길이 5.92km이고, 오른쪽 스트립은 너비가 2.94km에 길이 8.92km이며, 두 스트립 사이의 거리는 3.0km 정도 된다.

그렇기에 우리는 실제의 튜브 시스템 규모가 앞에서 제시된 자료보다 훨씬 더 거대하다는 걸 알 수 있다. 아마 이 거대한 크기의 튜브 지형을 더 정밀하게 촬영한 자료는 공개되지 않았을 뿐이지, 누군가 보유하고 있을 것이다.

화성 관측 궤도선이 이미 2006년 3월에 화성에 도착하여 지구로 꾸준히 이미지를 전송해오고 있는데, 이 자료 중에도 앞에서 게재한 자료보다 해상도가 더 높은 게 많이 있기에, 이런 추측은 막연한 게 아니다.

하지만 위에 게재한 자료만으로도 튜브 시스템의 전체적인 모양과 그 위치는 충분히 알 수 있고, 이 지형지물이 '모래언덕'은 아니라는 사실도 충분히 알 수 있다.

분화구 안의 저지대에 단단한 모양으로 형성되었는데, 그게 어떻게 바람의 힘으로 가능할 것이며, 그것의 소재가 모래일 수 있겠는가. 얼핏 보면 바람으로 형성되는 퇴적물과 그 외형을 혼동할 수도 있으나, 조금 더 깊이 생각해보면, 퇴적물은 반투명한 외형을 갖출 수 없으며, 수 킬로미터를 자연스럽게 이어가기 어렵다는 사실을 알 수 있다.

그리고 이 구조물이 분화구 안에 존재한다는 사실도 간과해서는 안 된다. 분화구가 어떻게 화성의 표면을 가로지르는 바람에 담겨있던 고형체를 모을 수 있겠으며, 모았다고 해도 어떻게 분화구 내부에 긴 구조물 형태를 만들 수 있겠는가.

이 튜브 모양은 매우 특이할 뿐 아니라, 주변의 지형과는 확연히 분리된 모양을 갖고 있다. 이것은 느슨한 퇴적물 더미가 가질 수 있는 모양이 아니다. 이것의 구성물은 응집력이 있고 유연할 뿐 아니라, 반투명하고도 견고한 표피를 가지고 있다.

그렇기에 이것은 모래언덕이라기보다는, 돔 원리를 기반으로 설계된 인공 구조물이거나 물과 수생 생물에 의해 형성된 것으로 보는 게, 그리 황당한 주장으로 보이지 않으며, 나아가 젤라틴 형태의 집단 유기체일 수도 있겠다는 생각도 든다.

◆ 논란의 중심에 있는 터널

27.08°W, 39.12°N 지역을 촬영한 MGS MOC M04-00291 스트립 일부이다. 이 안에 여러 갈래로 나뉘어있는, 긴 터널 모양의 물체가 보이는데, 대부분 사람이 직관적으로 '유리 터널'이라고 부를 정도로 속이 투명하게 보인다.

앞에 게재했던 구조물과는 달리, 적도 북쪽의 중위도 지역에 있는데, 규모도 웅장하고 복잡하지만, 무엇보다 속이 훤히 보일 정도로 표면이 훨씬 더 투명하다.

이 구조물은 인터넷상에 널리 퍼져 있어 누구나 쉽게 찾아볼 수 있다. 다수의 직관대로 누군가 만든 인공적인 구조물일 가능성이 부각되고 있지만, 앞에서도 지적했듯이, 이런 가능성을 인정할 경우, 기존에 알고 있는 화성에 대한 많은 이론을 파괴하고 새롭게 정립해야 하기 때문인지 학계에서는 외면하고 있다.

그리고 냉정하게 분석해보면, 인공적으로 만들었다고 보기에는 그 모양이 지나치게 자연 친화적이고 구조 설계가 너무 비효율적이다. 누군가 만든 것이라면, 그 용도가 무엇이든 이렇게 복잡한 곡선을 그리며 지하와 지상을 오르내리는 구조로 만들 이유가 없을 것으로 여겨진다.

이런 이유로 이 구조물 자체가 화성에 사는 특별한 생명체라는 주장이 한동안 부상했다. 물론 그렇다고 해서 그 존재가 현재에도 살고 있다는 뜻은 아니고, 예전에 살았던 생명체의 흔적일 수도 있다는 뜻도 포함되어 있다. 하지만 이 주장은 널리 확산하지는 못했다. 그 모습이 대중이 알고 있는 어떤 생명체와도 닮지 않았기에, 확산에 한계가 있을 수밖에 없었다.

어쨌든 이 신비한 존재에 대해서, 많은 학자가 자신의 블로그나 자신이 속한 회사의 웹 사이트에, 이미지와 함께 의견을 써서 올렸지만, 누구보다 이에 대한 정보를 많이 가지고 있는 NASA는 코멘트 자체를 피하며 이 자료를 백안시하는 태도를 보였다.

NASA가 이 신비로운 구조물을 외면하지 않고 주요 발견으로 언론 기관에 브리핑했다면, 아마 전 세계가 요동칠 정도로 엄청난 파장이 있었을 것이다. 하지만 이 존재에 대한 담론은, NASA에 의해 철저히 무시되었고, 주류 언론의 태도 역시 그랬다.

그러나 이와 관련된 이미지들은 주머니 속의 송곳처럼 도저히 감춰지지 않았다. 누군가에 의해서, 과학 데이터로부터 직접 추출되어, 인터넷 브라우저를 통해 퍼져 나갔다.

위의 이미지는 각종 포털 사이트에서 '기이한 화성 사진'으로 가장 널리 소개된 것 중의 하나인데, 앞에서 소개한 유리 터널과 다른 개체가 아니라 그 일부를 확대한 것이다.

거대한 벌레 같기도 하고 자연지형을 같기도 한데, 네티즌들은 주로 '화성 벌레(Mars Worm)'라는 이름으로 부르고 있다. 실제로 이 사진이 촬영된 것은 2000년이나, 현재까지도 정체가 밝혀지지 않은 상태인데, 거대한 수도관과 같은 인공 구조물일 것이라는 주장이 우세하다.

아서 C. 클라크(『2001 스페이스 오디세이』의 작가)도 이 사진 속 구조물에 대해 언급한 바 있다. "너무나 이상한 유리 벌레에 대한 설명을 아직 나는 기다리고 있다…… 크기는 어느 정도인가…… 우주에서 온 가장 믿을 수 없는 종류이면서도 공식적 해설이 전혀 없는 이미지이다" 클라크 역시 의문만을 제기했을 뿐 개인적인 의견은 제시하지 않았다.

사실 이와 유사한 구조물은 한 곳에만 있는 게 아니어서 여러 곳에서 발견되었고, 현재도 계속 발견되고 있다. 그래서 대중들의 궁금증 역시 꾸준히 증폭되는 상황이다.

이것의 정체는 도대체 무엇일까. 제시된 의견은 대충 네 가지이다. 도시 지역에 물을 공급하던 파이프, 물품을 수송하는 통로, 거대한 생명체의 흔적, 독특한 자연지형 등이다. 그런데 과연 이 중에 답이 있기는 한 것일까. 게재된 자료만으로는 답을 찾기 어려울 것 같다. 이와 유사한 자료들을 좀 더 살펴보자.

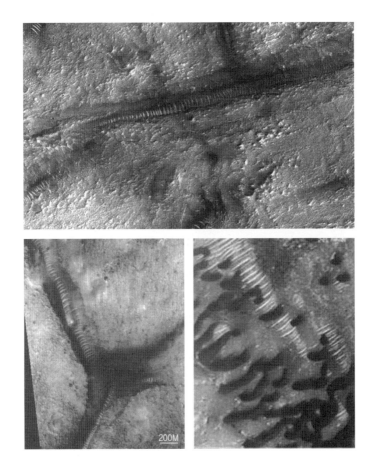

위의 자료들을 살펴보면, 이미지 속의 유리 터널이라 불리는 종류의 구조물들이 자연적으로 형성된 것이 아닐 거라는 쪽으로 생각이 기울어진다. 투명한 튜브 모양 속에 지지대나 구조를 유지하고 있는 물체들이 있고, 승강장 역할을 하는 듯한 구조물도 결합되어있는 것 같다. 물론 이러한 구조의 구체적인 정체를 파악하기는 여전히 불가능하지만 말이다.

역사를 반추해보면, 이 지형지물에 대한 논란에 불을 지핀 이는 이 분야의 마니아가 아니라 리처드 C. 호글랜드 박사라고 할 수 있다. 사이도니아 지역 연구로 유명해진 그가 화성의 사진에서 이것들을 찾아내어 언론에 공개했고, 그로 인해서 대중들에게 널리 알려지게 되었다. 지구 상에서는 찾아볼 수 없는, 기이한 이 구조물에 대해서 다양한 견해들이 제시되었지만, 큰 줄기로 나눠보면 지형학적 입장과 그 이외의 입장들로 나눌 수 있다.

호글랜드가 이 터널이 인공적으로 건설된 것으로 도시 지역에 물을 공급하는 파이프 라인의 역할을 했을 것이라는 의견을 내놓자, 그의 의견에 추종하는 세력들이 한동안 주류를 이루었지만, 그 후에는 이 지형이 거대한 생명체이거나 그 유골일 수 있다는 주장이 한동안 대세를 이루었다.

하지만 터널의 형태가 계절에 따라 조금씩 변한다는 사실이 알려진 후에는, 특이한 지형일 뿐이라고 주장을 하는 학자들이 힘을 얻게 되었다. 그들은 대체로 이 지형을 사구(Sand Dune)의 일종으로 보거나 주변 지형과 기후가 결합하여 만들어낸 거대한 얼음, 혹은 사구와 얼음이 합쳐진 형태라고 주장했다.

인공적인 터널이라고 주장하는 이들이 결정적인 근거로 삼고 있는, 하얀 아치형 구조물도 실상은 화성에서 흔히 관찰되는 사구의 일부일 가능성이 크고, 둥근 얼음 표면 위에 사구가 만들어질 수 있는 것은, 기온의 상승으로 일시적으로 액체가 된 표면에 모래가 결합되었다가 밤에 다시 동결되는 과정이 반복되면서 형성되었을 거라고 설명했다.

그리고 전체적인 지형이 파이프 형태를 이루게 된 것은, 지표면의 균열 공간을 따라 이 지형이 형성되었다는 사실을 고려하면, 오랜 시간 지하에서 나오는 수증기가 결빙되는 과정을 거치면서 만들어졌을 거라고 주장했다.

정통 과학자들이 가장 옹호하는 주장이어서, 아직은 이러한 주장이 학계의 주류를 이루고 있는 건 사실이나, 누구나 선뜻 받아들이고 있는 수준은 아니다.

이에 대한 논란은 인간이 화성에 직접 가서 직접 만져 보며 조사하기 전에는 절대 끝날 것 같지 않다.

◈ 화성의 간헐천

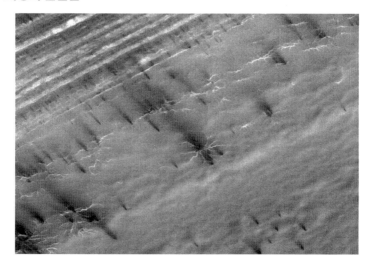

봄이 오면 화성의 남극에는 폭죽이 터진다. 얼어있던 이산화탄소가 깨어나면서 모래가 섞인 먼지를 허공으로 쏘아올린다. 이런 모래 간헐천이 수백 개씩 한꺼번에 터지면서 황량한 광야를 축제장으로 만든다.

이러한 현상은 궤도 위성에 있는 온도 방사 촬영 시스템의 데이터와 영상 자료를 기반으로 확인한 것으로, 애리조나 대학의 연구원에 의해 네이처지에 발표되었다.

처음에는 고도가 높아진 태양이 극을 덥히면 극관이 검은 점들로 부서지기 시작한다. 그리고 조금씩 모양이 바뀌어 몇 주 후에 이 점들은 부채 모양이 되고 거미 모양이 된다. 태양의 고도가 높아져 가면서 그 크기가 조금씩 확장되는 것이다.

하지만 꽤 오랫동안 학자들은 이 일련의 현상을 제대로 이해하지 못했다. 오랫동안 태양의 고도가 높아지면서 땅이 노출된 것이라고 여겼다. 그러나 그 검은 점이 −198°F로 아주 차가우며, 같은 위도에 있는 다른 지역은 동면 중이라는 사실을 인지한 후에야, 이와 같은 실체를 파악하게 됐다.

과학자들은, 봄과 함께 점이 커지는 이유가 동토에 묻혀있던 승화된 이산화탄소의 영향이고, 지표면 위로 솟아오르는 분수 모양은 이산화탄소의 압력으로 유발된 모래와 흙 등의 비상이라는 결론을 내리면서, 분수 모양의 분출에 '화성의 간헐천(Martian Geyser)'이라는 이름을 붙여놓았다.

긴 겨우내 이산화탄소의 작은 덩어리들은 모래 밑으로 가라앉으며 얼음을 깰 수 있을 정도로 압력이 높아질 때까지 누적된다. 그렇게 있다가 조금씩 온도가 높아지면 더는 참지 못하고 표면으로 튀어나온다. 가스의 분출과 함께 얼음 아래에 덩어리로 있던 진흙의 조각들도 튀어나온다.

정말 그럴까. 화성에 모래를 뿜어올리는 간헐천이 실제로 그렇게 많이 존재하며, 봄마다 그렇게 힘찬 약동을 할까. 네이처지에 '화성의 간헐천'에 대한 주장이 처음 올라왔을 때만 해도 학계에서조차 거의 믿지 않는 분위기였다. 그러나 유럽 우주국이 근접 촬영한 컬러 사진을 공개하자 분위기가 급변했다. 그 현상이 일어나고 있다는 사실을 인정할 수밖에 없게 된 것이다.

◈ Gusev Crater 근처의 간헐천

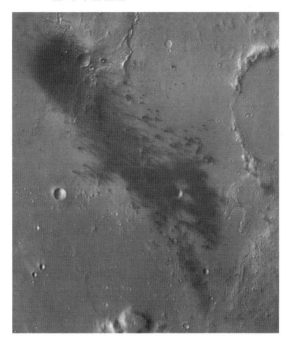

위의 이미지는 320km 상공에서 ESA의 HRSC에 의해 촬영된 것이다. 수많은 모래 간헐천이 아주 생생하게 보여서, 그 존재를 입증하는 결정적인 증거로 자주 제시된다. 이미지의 오른쪽에 Spirit이 착륙한 Gusev 분화구가 보인다.

아득한 과거에 이곳에 많은 양의 물이 있었던 것 같다. 솟아오르는 분출물에 모래 외에 많은 퇴적물이 섞여있다는 게 그 증거인데, 그런 이유로 Gusev 분화구 주변은 화성 생명 흔적을 찾는 대상지로 자주 거론된다.

이미지 속의 지역은 북극 근처의 약 60km 지역을 점유하고 있기에 간헐천 무리의 규모를 간접적으로 추정할 수 있다. 물론 대규모의 모래 간헐천이 이곳에만 있는 건 아니다.

◈ 모래 간헐천

E08-00337 파일 일부이다. 이곳에도 수많은 간헐천이 모여있다. 위쪽은 드물지만 아래로 내려올수록 늘어나는, 흔히 말하는 '거미 효과'가 보인다. 그러다가 간헐천의 수가 다시 줄어들지만, 광범위한 거미 이벤트가 잘 나타나있다.

◈ 또 다른 간헐천

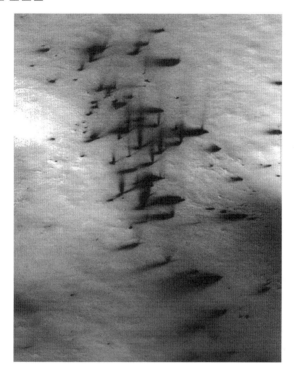

이 이미지는 M07-01830 스트립에서 발췌한 것으로, 해상도가 좋은 편이어서 마치 지구의 어느 지역 상공을 비행기를 타고 지나가면서 촬영한 것 같다.

간헐천들은 다소 드물게 배열되어있지만, 높이가 아주 다양하고 가스가 분출되는 모양도 아주 역동적이다.

◈ The 'Terminal'

이 이미지는 1971년 5월 30일에 Mariner 9호가 1.9°S 186.4°W 지역을 촬영한 #4209-75으로 아주 오래된 자료이다.

이 개체는 많은 서적과 출판물에서 '공항 터미널'이라는 이름으로 부르고 있는데, 희미하게 보이는 지형을 찾아낸 것도 신기하지만, 이것에 '공항 터미널'이라는 이름을 붙인 상상력도 놀랍다.

이곳의 발견에 의미를 부여하게 되면서, '외계 고고학'이라는 학문 분야의 발전에 탄력이 붙게 되었다.

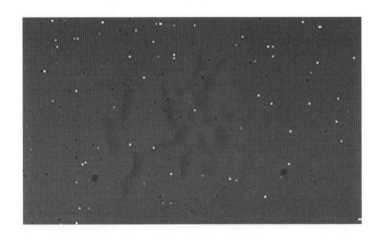

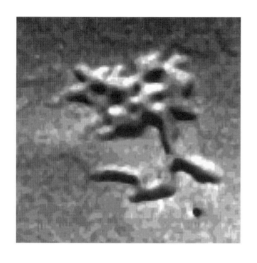

이 지역이 다시 주목받고 있는 것은, 근래에 정밀 촬영한 결과, 과거에 학자들이 많은 관심을 가졌던 것이 허세가 아닌, 훌륭한 직관이었다는 사실이 밝혀졌기 때문이다. 그러니까 이곳은 융기된 암석 대지의 무리가 아니라, 바로 위의 사진과 같은 모습을 갖춘 구조물일 가능성이 크다. 트렌치 시스템이거나 지하 터미널의 모습에 가깝다. 정말 화성에 터미널과 유사한 시설이 존재할까.

◈ 매리너스 협곡의 미로

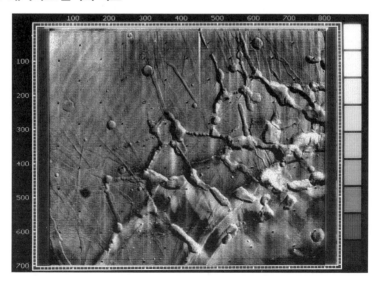

화성의 지하에 대규모 허브나 터미널, 혹은 그와 유사한 시설이 있는 곳으로 의심하고 있는 곳은 앞에 게재한 지역도 유력한 후보지만, 그보다 더 의심받고 있는 곳이 있다.

Mariner 9호가 촬영한 #MTVS 4187-45 이미지 속의 지역인데, 매리너스 협곡의 서쪽 끝에 있는 Noctis Labyrinthus 미로이다. 위의 사진에서 보듯이, 자연지형으로 보기에는 모양이 너무 이상해서, 호사가들이 오래 전부터 지하에 뭔가 존재할 것으로 의심하고 있는 곳이다. 암석 대지 위에 언덕과 분화구가 사슬처럼 얽혀있다.

정확한 위치는 Tharsis Bulge의 가장자리로, 중심 좌표는 6°S, 105°W이며, 대략 400km 정도의 지역을 가로지르고 있다. 대규모 시설이 존재할 만한 곳으로는 이곳이 가장 의심스럽지만, 소규모 의심 지역도 꽤 여러 곳 있다.

NASA/JPL/Malin Space Science Systems에서 공개한 E04-00863 스트립에서 발췌한 이미지이다. 구덩이 내부의 모습이 정말 특이하다. 누가 봐도 일반적인 분화구가 아니다. 지하 통로의 터미널이거나 중간 스테이션으로 보이는데, 특히 오른쪽 지표면에 이곳과 연결된 것으로 보이는 터널의 윗부분이 드러나있어서 그런 심증이 더 짙어진다. 앞에서 논의한 바 있는 '유리 터널'과 연결된 구조가 생생하게 나타나있다.

이것이 우연일 수는 있지만, '유리 터널'이 이런 지점들을 연결하고 있다면, 이곳과 유리 터널은 화성의 지하 공간을 연결해주는 교통 시스템이나 물류 유통 시스템의 일종일 가능성이 아주 커진다. 이런 의심은 막연한 것이 아니라, 어느 정도 합리적인 것으로 여겨지는데, 아래의 지형을 보고 있으면, 이런 추정이 점점 확신으로 바뀌어 간다.

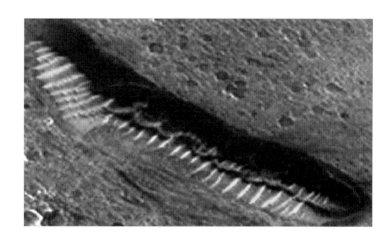

MOC E04-00863 스트립에서 발췌한 이미지이다. 거대한 지하 터널로 들어가는 입구가 보이는데, 외압을 견뎌내기 위한, 구조물의 타원형 단면이 인상적이다. 말끔한 구조는 아니지만, 역학적인 설계의 흔적이 확연히 느껴진다. 왼쪽에는 입구 쪽으로 내려오는, 자연지형을 적절히 이용해 만든 계단이 보인다.

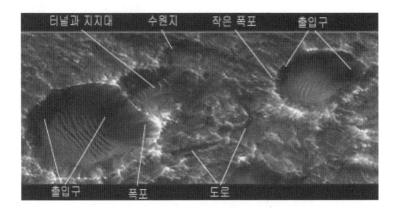

위의 이미지 역시 MOC E04-00863 스트립에서 발췌한 것이다. 터널과 지지대, 수원지와 폭포, 터널의 입구, 직선과 반원형 도로 등을 볼 수 있다. 지역 전체가 유기적으로 연결되어있으며, 앞에서 보았던 유리 터널이나 터미널과도 연결되어있는 것 같다. 어쩌면 이와 유사한 시설이 화성 전역에 있을지 모른다.

◈ 덮개가 있는 홀

앞의 이미지는 마스 르네상스 오비터(Mars Renaissance Orbiter)가 Sinus Meridiani의 북동쪽 지역을 촬영한 것이다. 자연적으로 형성된 크레이터라고는 여길 수 없는, 어디론가 연결된 듯한 구덩이가 보인다.

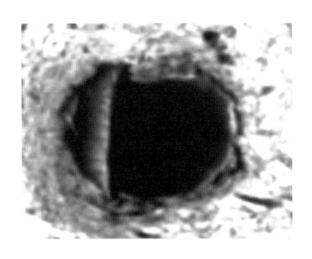

덮개가 있는 홀

확대해서 보면, 덮개가 존재하는 구덩이라는 사실을 확실히 알 수 있는데, 이런 지형의 존재가 앞에서 보았던 유리 터널과 결코 무관해 보이지 않는다. 그 터널과 터미널에서 보았던 구조물의 재질과 모양이 비슷한 면이 없지 않을 뿐 아니라, 전체적인 구조를 그려보면, 이것이 독단적으로 존재하면 별 의미가 없을 것 같다. QR코드에 이미지 원본을 링크시켜놓았는데 원본의 상단에 이 구덩이가 있다.

◈ Sinus Meridian의 Crater

아래 이미지는 MOC narrow-angle image M03-03865 스트립에서 발췌한 것이다. 지하의 터널로 다른 곳과 연결되어있는지는 알 수 없지만, 크

M03-03865

레이터가 2개가 쌍을 이루고 있고, 구조도 특이해서 세인의 시선을 잡아당기고 있다.

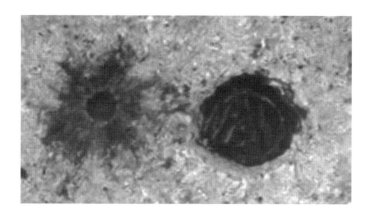

특히 오른쪽 크레이터 바닥에는 대규모 구조물이 있는 것처럼 보인다.

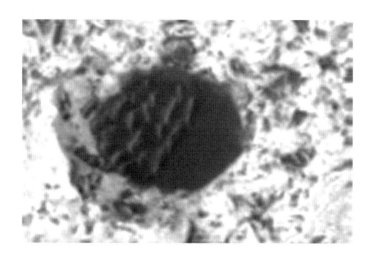

같은 마스터 이미지에 있는, 이상한 구조물이 담긴, 또 다른 분화구이다.

내부의 물체들이 인공 구조물인지는 분명하지 않으나, 링크된 QR코드를 통해서 확인해볼 필요는 있을 것 같다.

◈ 거대 출입문

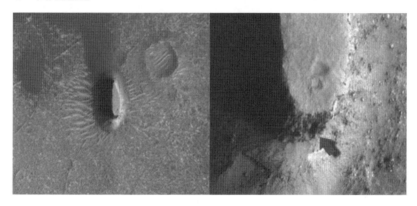

네티즌들 사이에 화제를 불러일으켰던 바로 그 '거대 출입문'이다. 러시아 CN 뉴스를 통해 처음 알려진 후에, 해외 인터넷 사이트 등을 통해 확산하며 화제를 낳았는데, 이 이미지는 NASA의 화성 궤도선이 전송해온 것이다.

이미지에는 거대한 돌출 지형의 모습이 담겨있고, 그 돌출된 피라미드 모양 지형 하단 부위에 '출입문'으로 보이는 직사각형 모양의 큰 구멍이 있다.

◆ 이상한 구체

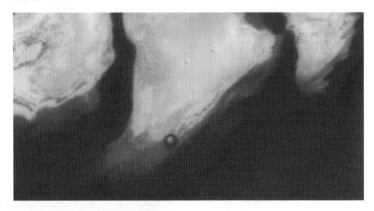

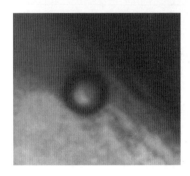

위의 이미지는 MOC wide-angle image M13-01525 스트립에서 발췌한 것이다. 남극 잔여 극관 내부의 골짜기 가장자리에 구체 모양에 가까운 구조물이 보인다. 구조물 모양과 그 가장자리의 짙은 음영으로 보아 주변 암석과 분리된 독립 개체인 것 같다. 이것에 외부의 개체들과 연결된 통로가 있는지는 알 수 없다. 물체를 확대해보면, 주변의 지형과는 구별되는 모양을 가졌다는 사실에 더욱 확신을 가질 수 있다.

물체의 전체적인 모양과 주변의 경사를 고려해보면, 이동이 자유로운 상태라기보다는 땅에 고정된 모노리스인 것 같다. 이와 유사한 모노리스는 화성에서 가끔 발견된다.

◈ Monolith

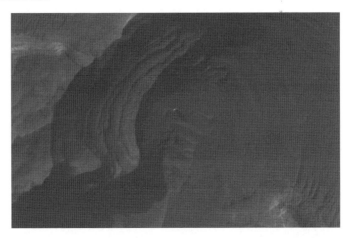

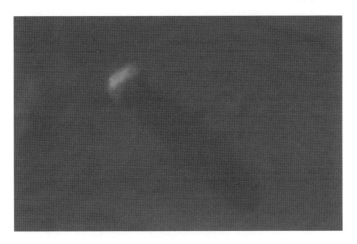

HiRISE(고해상도 이미징 과학 연구팀)이 공개한 PSP 008338 1525 이미지다. 구글 어스 이미지에도 같은 것이 있다. 지역의 좌표는 40.06°S, 30.46° W(Holden Crater 안의 Uzboi Vallis)이다.

의문의 물체는 언뜻 표석처럼 보인다. 하지만 표석으로 단정 짓기엔 그림자 모양이 이상하다. 물체의 지름이 3.6m인데 그림자의 길이는 15m이다. 조명이 태양밖에 없다는 점을 고려해보면, 이해하기 난해한 상황이다.

자연 침식의 경우가 아닐까 생각해보지만, 그렇다면 물체의 양지쪽이 협곡에 의해 차단된 상태이기 때문에, 그림자가 물체보다 더 길게 나타날 수 없다. 이 지역에 대한 데이터는 음영 지역의 경사도뿐 아니라, 협곡 높이에 대해서도 제대로 알려지지 않았으나, 지형 데이터 외에 우리가 미처 생각하지 못하고 있는, 또 다른 요소가 개입되어있을 것 같다.

전체적인 모노리스의 모습 외에 그 상부의 장식 부분도 부자연스러워서 의문은 점점 증폭되는데 해소할 방법이 마땅치 않다.

◆ 원뿔형 모노리스

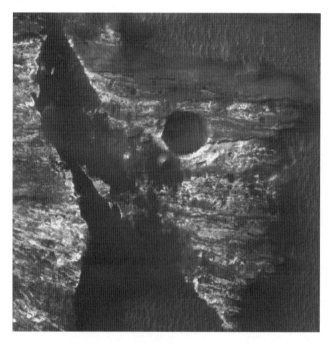

화성 궤도선이 촬영한 M2000944a 스트립에서 발췌한 이미지이다. MOC 갤러리에 공개되고 있는데, 가운데 부분에 주변 지형과 완전히 구

별되는 원뿔 형태의 구조물이 선명하게 보인다.

거대한 암석 주변에 보이는 물결 모양의 지형은 사구(Dune)이다. 사구는 바람에 의해 사막 지대에서 많이 발생하는 물결 모양의 언덕으로, 종류는 횡단 사구, 평행 사구, 이동 사구, 고정 사구가 있다. 이동 사구의 경우, 바람을 직접 받는 곳은 완만한 경사가 되고 반대쪽은 급경사를 이루는 특징이 있다.

이동 사구는 화성에서 많이 관찰되지만, 원뿔 형태는 거의 없다. 그래서 이 모노리스가 더욱 기이해 보인다. 어떠한 원인으로 저런 형태를 갖추었는지는 도무지 가늠할 수가 없다.

◆ 또 다른 모노리스, 피라미드

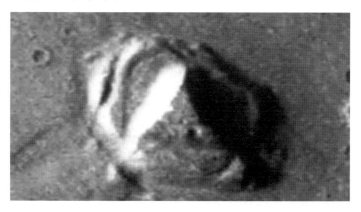

화성 궤도선이 2010년에 새롭게 발견한 피라미드 모양의 암석이다. 햇빛을 받는 면의 모서리 쪽이 예리하고, 면 또한 평평하게 연삭되어있어, 인공 구조물이라는 주장이 제기되고 있다.

◈ 엘리시움 피라미드

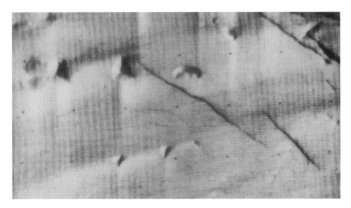

　마리너 9호가 1972년 2월 8일에 발견한 Elysium Pyramids이다. 피라미드 모양의 물체들이 선명한 모서리를 가지고 있을 뿐 아니라, 주변의 물체 역시 말끔하게 정리된 외모를 가지고 있어서, 지역 전체가 인공적으로 조성된 느낌이 든다.

　이미지 번호는 E12-00113번이다. 사이트에 들어가서 원본 이미지의 파일을 내려받아 자세히 살펴보면 인공 구조물이라는 확신이 들 것이다.

◈ Curiosity가 발견한 피라미드

Curiosity가 Sol 978에 촬영한 사진이다. 가운데 부분에 아주 선명한 모서리를 가진 피라미드가 보인다. 2015년 5월 7일에 공개된 것이니까 비교적 최신 자료라 할 수 있다.

NASA는 이 피라미드의 높이가 1m도 안 된다고 발표했는데, 얼핏 보기에도 그보다는 훨씬 클 것 같다. NASA의 주장을 그대로 받아들인다고 해도, 구조가 대칭적이고 모서리가 예리해서, 인공 구조물일지 모른다는 의구심이 지워지지 않는다.

◈ Pyramid & Hexagon

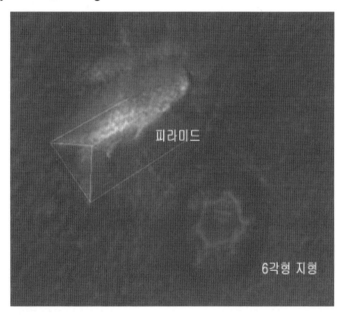

이 이미지는 이미 네티즌 사이에서 널려 알려진 MOC narrow-angle image M22-00378이다. 유명한 사이도니아 지역 일부인데, 피라미드 모양의 지형에 베이스라인을 표시해보았다.

사이도이나 지역은 예전에 인면암이 발견된 곳이고, 지역 전체에 이상한 지형이 산재해있어서, 세인들의 주목을 받고 있다. 사진 아래쪽에 있는 육각형 지형은, 처음에는 특이한 모양의 암석 대지로 보았으나, 최근에 기하학적 구조물일 가능성이 새롭게 대두되고 있다.

이것이 기하학적 구조물이라고 해도 특별한 일은 아니다. 화성에는 그럴 개연성이 높은 구조물이 자주 발견된다. 물론 위의 경우처럼 육각형 단면을 가진 구조물은 아니지만 말이다.

◈ Geodesic Dome

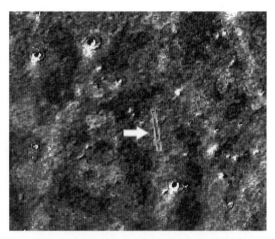

Mars Global Surveyor MOC Image M1501228

화살표가 가리키고 있는 곳을 확대해서 살펴보면, 아주 특이한 구조물을 발견할 수 있다. 이 이미지는 USGS (미국 지질 조사국) 내부의 과학적 연구자료를 제공하는 NASA 웹 사이트에서 공개한 것이어서 신뢰할 수 있는 자료이다.

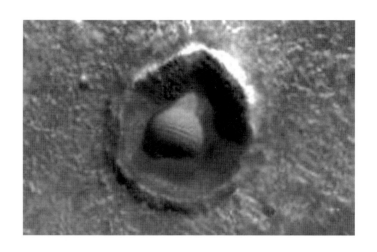

Geodesic Dome

스트립으로 표시한 부분을 확대해보면, 이곳에 분화구가 있고 그 안에 골프공처럼 생긴 돔이 들어있다는 사실을 알 수 있다.

경도 27.3W, 위도 37.22N에 있는 아키달리아 (Acidalia) 지역으로 '골프공 크레이터(Golf Ball Crater)'라는 별명이 붙어있다. 돔의 지름은 대략 160m 정도이다. 돔은 거의 완전한 구형이고 돔 표면에 띠 형태의 돌기가 있다.

과연 자연적 원인에 의해 이런 형태의 돔이 생길 수 있을까. 토사가 바람에 의해 장기간 퇴적되면서 형성되었거나, 지표의 융기로 인해 돔이 생길 가능성을 생각해볼 수도 있지만, 자연적 원인이 아닌, 인공적으로 건설된 구조물이라는 견해가 날이 갈수록 늘어나고 있다.

무엇보다 주류 학자들의 주장 중에, 바람에 실려온 토사가 크레이터의 내부에 퇴적되어, 우연히 돔 형태를 띠게 되었다는 주장에는 동의하기 어렵다.

돔이 주변의 퇴적물과는 차별화되는 질감과 형태를 가지고 있기 때문인데, 굳이 토사와 관련짓자면, 돔이 먼저 자리 잡고 있었고 그 주변으로 바람에 실려온 토사가 자연스럽게 퇴적된 경우 정도 아닐까 싶다.

다른 자연적 원인으로, 크레이터를 발생시킨 운석구의 노출된 부분일 가능성도 생각해볼 수 있기는 하지만, 지름 160m에 이르는 운석이 지면에 충돌하여 형성된 크레이터로 보기에는 그 크기가 너무 작고, 그럴 경우에는 운석이 거의 완전한 구형을 갖기가 불가능하다.

지각의 융기로 돔이 생겼을 가능성도 고려해볼 수 있긴 하지만, 좁은 충돌 분화구 내부에 구형의 융기를 일으킬 메커니즘은 시뮬레이션조차 하기 어렵다.

그렇다면 이것은 자연의 소산이라기보다는 누가 지어놓은 공작물일 개연성이 높은 것 아닐까.

◆ 광야의 돔

't-xxx.com' 사이트에 공개된 자료인데, 도저히 자연적으로 생성된 물체라고 볼 수 없을 것 같다. 표면이 매끄럽게 다듬어져 있고 그리드 형태의 규칙적인 선도 보인다. 하지만 사이트에 물체의 정확한 위치가 표시되어있지 않아서 아쉽다.

이 지역에는 돔 구조물이 여러 개 있는 것 같다. 지평선 모양으로 보아 앞의 위치와는 다른 곳에 있는 게 분명한 돔이 로버의 시야에 들어와있다.

구조물의 밀도가 높지는 않지만, 이곳은 어쩌면 화성인들의 마을일 지도 모른다는 생각이 든다.

그렇다면 정말 화성에 지적인 생명체가 존재하는 걸까. 그리고 화성의 지상에도 그들의 집단 거주지가 있는 것일까.

◆ 화성의 주거지

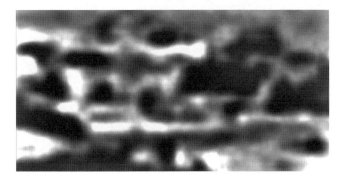

이 사진은 패스파인더호가 촬영한 것이다. 사진에 담긴 지역은 화성의

거주지 지역으로 가장 많이 거론되는 곳 중 하나이다. 물론 누가 거주자인지 모르고, 실제 거주한 시간이 과거인지 현재인지는 모르지만 말이다.

분명한 것은 건물의 잔해와 집기 같은 물체들이 보이고, 사진을 확대해서 보면, 지역 전체를 마을로 설계한 흔적, 인공적으로 만든 건물의 골격과 기반 시설의 복잡한 구조 등이 뚜렷하게 드러난다.

◆ **트윈픽스**

화성의 거주지로 가장 자주 거론되는 지역은 누가 뭐래도 트윈픽스 산봉우리와 Tithonia City이다. 위쪽의 트윈픽스 사진 원본은 너무 원경이어서 인공 구조물의 존재를 확인하기 어렵다.

하지만 아래쪽 확대한 이미지를 보면, 지적 설계의 손길이 느껴지는 구조물들이 모여있다는 사실을 알 수 있다. 다소 부실해 보이고, 현재는 거주자가 없는 것처럼 보이긴 하지만 말이다.

◈ 기지

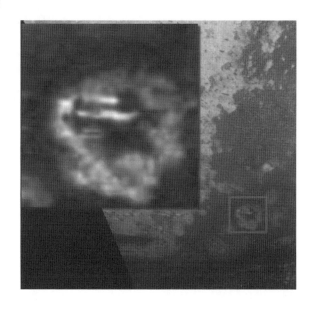

M11-01782 스트립에서 발췌한 이미지로, 이 안에 있는 구조물이 대규모 우주 셔틀이거나 그것을 보관해두는 기지일 거라고 논란을 일으킨 바 있다. 논란을 일으켰던 물체의 확대한 모습을 보면, 논란을 일으킬 만하다는 생각이 든다. 하지만 이것이 독립된 개체인지 자연지형인지에 대해서 아직도 논란 중이다.

◈ Aram Chaos의 Crater

아래 이미지는 MOC narrow-angle image M04-03228의 일부를 발췌한 것이다.

Aram Chaos 분화구의 동쪽에 있는 지역이다. 지구에 있는 어느 곳이라고 해도 믿을 만큼 친근감이 느껴지는 정경이다. 산에는 아직 잔설이 남아있고 정상 아래의 구름은 골짜기를 통과하며 흐르고 있다. 작은 산과 숲이 잘 어우러져 있는 휴양지 같다는 생각이 든다.

이곳 일부를 확대해보면, 협곡의 바닥 근처에 홀로 빛나는 불빛이 있다는 걸 알 수 있다.

동굴 옆의 작은 샛길 언저리에 그것이 있는데, 분명히 스스로 빛을 내는 광원이다. 음지에서 햇빛이 반사되어 빛나는 것이 아니고, 사진의 글리치 현상도 아니다. 그렇다면 암석 자체가 스스로 발광하는 광물로 구성되어있는 것일까, 아니면 누군가 인위적으로 밝혀놓은 광원일까.

하지만 이것의 정체를 파악하기에는 정보가 너무 부족하다. 도대체 어떻게 밝혀지게 된 불빛일까.

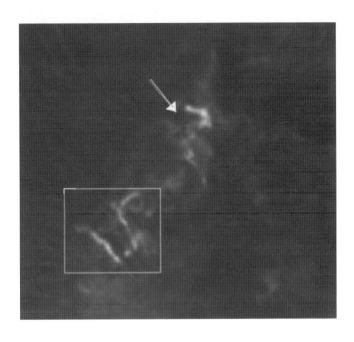

위의 이미지는 시설물이 있는 듯한, 야생지의 또 다른 부분을 확대한 것이다. 사각형으로 표시해둔 부분을 보면 복잡한 구조물들이 보인다. 그리고 그곳에서 능선을 따라 조금 더 올라가면, 아주 밝게 보이는 지역이 있다.

이 부분 역시 인공적인 구조물들이 서있는 것처럼 보인다. 정말 Aram Chaos 안의 이 작은 산에 누군가 휴양 시설을 지어놓은 것은 아닐까. 이 지역에는 인공적인 구조물도 있지만, 부서지거나 무너져 가는 인공 구조물도 사방에 널려있다.

◆ 초콜릿 언덕의 바위들

초콜릿 언덕

이 이미지는 10m 너비의 Concepcion Crater 가장자리에 자리 잡은 '초콜릿 언덕'을 촬영한 것이다. Opportunity 로버가 Sol 2144(2010년 2월 3일)에 파노라마 카메라(Pan Cam)로 촬영한 후에 여러 필터를 사용하여 얻어낸 고해상도 이미지이다.

Concepcion Crater는 충돌 분화구라고 하기에는 규모가 너무 작아서 작은 웅덩이처럼 보이지만, 강력한 충격을 받았던 지역임은 확실한 것 같다. 원형으로 움푹 파인 곳 주변에 암석 파편들이 집중되어있는데, 물에 의한 침식으로 만들어진 건 아니다.

외부로부터 강력한 타격을 받았거나 폭발물에 의해 생긴 게 확실해 보인다. 도대체 어떤 힘이 이 지역을 이렇게 만들어놓은 것일까.

이상한 점은 이것뿐이 아니다. 건축물의 잔해로 보이는 물체도 보인다. 기둥 일부로 볼만한, 무늬가 선명하게 살아있는 육면체가 이미지의 가운데 놓여있고, 그 뒤편에 그 물체로부터 떨어져 나간 것으로 보이는 각진 물체도 보인다.

이처럼 화성에는 문명의 잔재로 의심되는 지형지물이 여러 곳 있지만, 그 생성 원인을 도저히 가늠하기 어려운 지형도 적지 않다. 그중에 몇 군데만 살펴보자.

◈ Candor Chasma

위 이미지는 Candor Chasma 지역에 있는 특이한 지형을 촬영한 것이다. 얼핏 보면, 산악 지대에 인공적으로 조성된 대규모 리조트 시설 같다. 하지만 자세히 살펴보면, 지형과 확실히 분리된, 독립된 개체는 보이지 않는다. 거대하고 복잡한 조각물처럼 생긴, 이런 지형이 어떻게 생겨났을까.

◈ 지퍼 지형
궤도선이 촬영한 사진의 아래쪽 하단부에 지퍼 모양의 협곡이 가로지르고 있는 것이 보인다.

이 지퍼를 따라 위쪽으로 뻗은 다양한 형태의 협곡이 보이는데, 대형 터미널과 주변 교통 선로를 연상시키는 모양이다. 마치 프랙탈 패턴이 누적되어있는 듯한 모양이지만, 인공적으로 조성되었다는 느낌이 들지는 않는다.

일반적으로 지형이 복잡한 곳에는 크레이터들이 많이 있는데, 이곳은 그렇지 않다. 도대체 자연의 어떤 힘이 어떻게 작용하여 이런 모양이 만들어진 것일까.

◆ 부엉이 눈

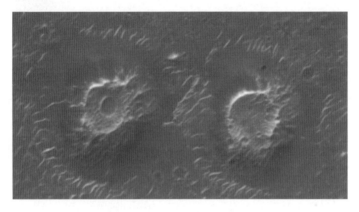

R06-01346 스트립에서 발췌한 이미지이다. '부엉이의 눈'이라고 이름 붙여진 쌍둥이 크레이터가 담겨있다. 자연의 힘으로 만들어진 크레이터 같기는 한데, 만들어진 메커니즘이 쉽게 연상되지 않는다.

◆ 숨어있는 직선

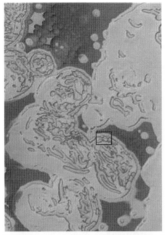

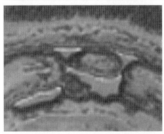

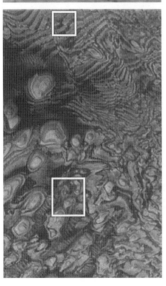

화성의 극 지역 근처에는 아름다운 지형들이 많이 있다.

옆의 사진을 보면, 물 얼음과 드라이아이스가 뒤섞인 동토에 누가 조각해놓은 듯한 곡선 지형이 조화롭게 어울려있다.

그리고 누군가 설계해서 조성해놓은 곳일지도 모른다는 의심을 품고 살펴보면, 수상한 지역이 보이기도 한다.

네모로 표시해둔 곳이 인공의 흔적이 보이는 대표적인 곳인데, 확대해서 살펴보면, 곧게 이어진 다리 같은 구조물이 보이고, 예리한 모서리를 가진 상자도 보인다.

옆 사진 속의 지역은 극지방 근처가 아니고 중위도에 있는 Chasma 지역이다. 지형이 아주 복잡하지만, 크고 작은 타원형 지형과 호가 조화롭게 어울려있어서, 어지럽게 보이지는 않는다.

그럴 가능성이 희박하나, 이곳 역시 누군가 인위적으로 조성한 곳일지도 모른다는 의심을 품고 살펴보면, 수상한 곳들이 여러 군데 보인다.

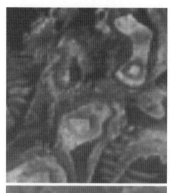

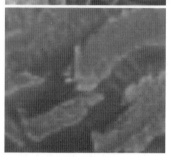

가장 의심이 가는 두 군데를 네모 상자로 표시해두었는데, 위쪽에 표시해둔 곳부터 확대해보면, 건물 같은 구조물과 함께 거대한 탑이 우뚝 솟아있는 정경이 보인다. 아래쪽 표시 부분을 확대해서 보면, 예리한 모서리를 가진 구조물이 여러 개 보이고, 어떤 구조물에서는 입체적인 그림자까지 선명하게 보인다. 특히 무심히 보아넘겼던 계단형 지형이 실제로 계단으로 사용되고 있을지도 모른다는 생각이 든다. 정말 누군가 살고 있는 집단 거주지인 건 아닐까.

◆ 숨어있는 계단

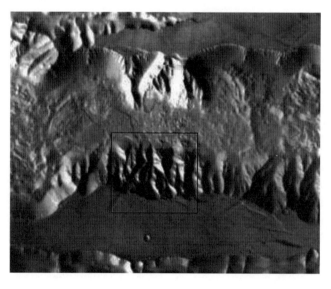

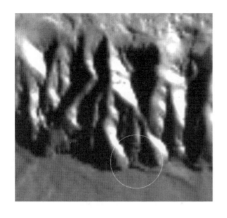

전체적인 지형의 모습은 화성에서 흔히 볼 수 있는 곳이라 할 수 있다. 그런데 산자락을 잘 살펴보면, 계단 모양의 구조물이 보이고, 그 위쪽으로 연결된 구조물도 보인다.

그리고 그 왼쪽에도 절벽 속에 숨어있는 인공 구조물 같은 게 보인다. 어쩌면 이 산 전체가 요르단의 페트라(Petra)와 유사한 곳일지도 모른다.

이 장에서는 특이한 모습을 가지고 있거나 그 기원을 이해하기 힘든, 화성의 지형지물과 함께 인공적으로 조성되었을 개연성이 엿보이는 지형지물을 살펴보았다. 위에 게재한 곳 말고도 소개할 곳이 더 있지만, 더 나열하는 것은 의미가 없을 것 같아서 대표적인 곳만 소개하였다.

그리고 화성의 지형지물 중에 인공적으로 조성된 게 확실하다고 여겨지거나, 그 규모가 너무 작아서 지형지물의 범위에 넣기에 모호한 것은 별도의 장을 만들어 그곳에 넣었다.

제 4 장

얼음과
물

인류의 우주 탐험 역사를 살펴보면, 아주 오랫동안 화성에 집착해왔다는 사실을 알 수 있다. 그런 이유는 지구와 가깝게 있는 행성이어서 언젠가는 개척해야 할 행성으로 여겼기 때문이기도 하지만, 액체 상태의 물이 존재할 가능성이 없었다면 큰 관심을 두지 않았을 것이다.

액체 상태의 물은 생명체가 살아가는 데 꼭 필요하기에, 생명체 존재 여부를 가늠할 수 있는 지표이다. 하지만 화성 탐사를 시작하고 상당한 기간이 지나도록 액체 물을 찾아내지 못하였다.

그러다가 2015년에야 화성의 땅 밑에 얼지 않은 물이 존재한다는 사실을 알아냈다. 국제 공동 연구팀이 Curiosity 로버가 보내온 자료를 통해서, 화성 지표 약 50cm 아래에 액체 상태의 물이 있는 것을 확인했다. 1965년 이후 40대가 넘는 우주 탐사선이 화성을 탐사했으나, 액체 상태의 물을 발견했다고 공시한 건 그때가 처음이었다.

하지만 2015년에야 액체 물이 지표면 아래에 존재한다는 사실을 확인했다는 저널의 보도는 공시된 역사일 뿐이다. 화성 탐사의 첨단에 있는 이들은 이미 오래전에 액체 물을 발견한 것 같다. 궤도선이 보내온 과거의 자료를 살펴보면, 물의 존재를 확인할 수 있는 이미지가 있을 뿐 아니라, 물이 지표면에 고여있거나 흐르고 있다는 사실을 암시하는 자료도 있다.

화성은 물이 풍부한 행성이다. 아득한 과거에는 지구만큼이나 풍부해서 사방에 물이 흘러넘쳤고, 지금도 지표 일부에 물이 있다.

저온 저기압의 행성이어서, 지표에 물이 존재한다는 주장을 의심하는 이가 많을 것이다. 하지만 지금부터 이런 주장이 허언이 아니라는 사실을 증명할 자료들을 차근차근 제시해보겠다.

◈ 물결의 나이테

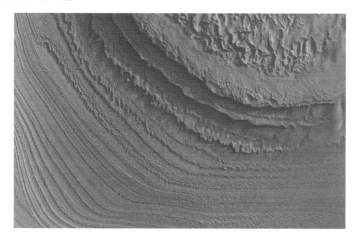

　Galle Crater 내부의 지형은 전형적인 퇴적암층이다. 이렇게 물결의 나이테가 남아있는 퇴적암은, 과거 화성에 많은 물이 있었다는 결정적인 증거이다.

◈ 황산염

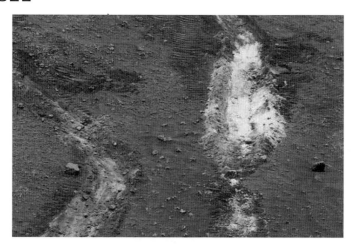

Spirit 로버가 보내온 이미지이다. Spirit이 지나간 자리에 하얀색의 토양이 드러나있다. 과학자들이 주목할 수밖에 없는 색을 띠고 있다.

Spirit이 거의 1년 가까이 컬럼비아 힐스 지역 내부의 덫과 같은 소프트 패치를 통과하기 위해 노력하면서 휘저어놓은 토양에는 미처 예상하지 못했던 황산염이 들어있었다.

이 물질의 발견을 통해서 화성이 지금은 비록 건조한 행성이나, 고대에는 액체 상태의 물에 의해 오랫동안 토양이 퇴적됐을 것으로 추측할 수 있다. 물론 이런 추측에 대한 이견도 있다. Spirit과 Opportunity의 연구 책임자인 Ray Arvidson는, 그것은 사실이기보다는, 가능한 설명 중 하나일 뿐이라고 제동을 걸었다. "이 물질은 미네랄이 지하의 용해된 물에 의해 남아있다가, 그 물이 표면에 올라와서 증발하는 과정에서 생겼거나, 고대 가스 배출구 주위에 형성된 화산 퇴적물일 수 있다"는 것이 이견의 핵심이다.

◆ 염화 퇴적물

과거에 화성에 물이 풍부했다는 증거 중 하나로 염화 퇴적물을 주목할 필요가 있다. 미국 하와이대 미키 오스털루 연구팀은 화성 탐사선 '마스 오디세이'가 보내온 열적외선 사진을 분석하여 염화 퇴적물의 증거를 찾아냈다.

지구에서는 염화 퇴적물이 주로 화산 폭발 후에, 용암에서 물이 증발하고 남은 물질이 쌓여 형성되는데, 연구팀은 화성 남부 고지대인 테라 시레눔을 촬영한 열적외선 사진을 분석해서, 25km^{2}의 넓은 지역에 염화 퇴적물이 흩어져 있다는 사실을 알아냈다.

바로 아래 이미지에 염화 퇴적물 분포 지역이 나타나있다. 밝게 보이는 부분이 퇴적물의 농도가 높은 곳이다.

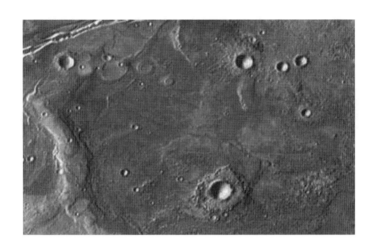

염화 퇴적물

이 퇴적층은 염분을 함유한 물이 모여있다가 증발한 곳에 생겨났기에, 화성에 생명체가 존재했다면 이러한 곳에 그 흔적이 남아있을 가능성이 크다.

소금 퇴적층은 주로 남반구의 저위도와 중위도 지역에 있는 분화구들에서 발견됐는데, 주로 움푹 파인 분지 지형 안에 존재하고 있다.

하와이 대학 연구팀은 "각각의 소금 퇴적층은 면적이 $1 \sim 25km^2$ 정도이고 서로 연결돼있지 않기 때문에, 바다 같은 큰물이 증발한 것이 아니라, 지표면으로 솟은 지하수가 흘러 모인 뒤에 증발한 것 같다"고 분석했다.

이 연구팀은 이 소금 퇴적층이 35억~39억 년 전에 형성된 것으로 추정했는데, 지질학적 지표들에 따르면, 과거 화성의 기후는 지금보다 훨씬 덥고 습기가 많았던 것으로 보인다고 했다. 물론 액체 물이 대기로 빠르게 증발하지 않을 정도로 기압도 높았을 것이다.

◆ Blue Berries

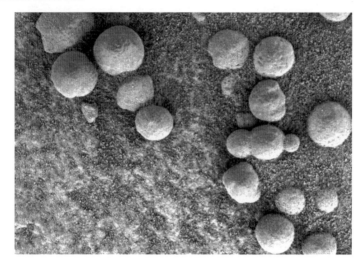

Opportunity는 착륙지점 근처에서 '블루베리' 모양의 물체들을 발견했다. 이런 알갱이가 관심을 끄는 이유는 그 형성 원인이 특별하기 때문이다. 외부의 충격이나 화산에 의해 형성된 구체는 이런 트리플베리 모양을 갖출 수가 없다. 운석 충돌이나 분화구에서 나오는 구체는, 공중으로 튀어 올랐다가 지상을 타격하기 전에 동결되기 때문에 눈물 모양이 많으며, 다른 물방울과 결합한 마그마의 방울은 일반적으로 구형, 아령, 또는 눈물방울 모양의 큰 덩어리를 이룬다.

이런 트리플베리를 형성할 수 있는 것은 응고물들이라고 봐야 한다. 응고물들은 다공성의 암석을 통해 지하수가 침투해 형성된 구형 미네랄 구조로써, 지상에서 서로 근접 성장하여, 가장자리가 삼중 비누 거품과 같은 모양으로 서로 교차하게 된다. 그런데 황량한 화성과 어울리지 않는 이 보석들은 드물지 않게 발견된다.

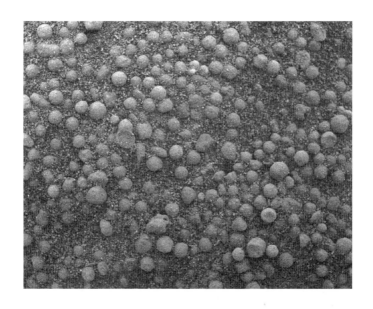

이러한 블루베리 평원은 상당히 많은 편이다. 위 이미지는 Opportunity 가 블루베리 평원을 지나면서 팬 캠으로 촬영한 것이다. 베리의 지름 이 불과 5mm 정도밖에 되지 않는 것도 있어서, 마이크로스코픽 이미저 (Microscopic Imager)로 촬영했다.

◆ **미네랄 분포**

화성 탐사 참여자들은 화성의 넓은 지역에 미네랄이 분포하고 있다는 사실을 발견하고 조금은 놀랐다. 이러한 발견은 액체 상태의 물이 과학자 들이 생각했던 것보다 훨씬 더 오랫동안 화성 표면에 남아있었다는 증거 이다.

화성 궤도 위성은 오팔(Opal, 단백석)보다 더 수화적인 실리카의 증거도 찾아냈다. 이것은 고대 화성에 물이 많이 존재했다는 또 다른 증거이다. 연구진은 궤도 위성의 소형 정찰 영상 분광계(CRISM)를 통해서 이런 사실을 알아냈다.

최근에는 Spirit이 구세브 분화구에서 다량의 미네랄을 발견하기도 했는데, 고대 화성에 예상보다 훨씬 많은 물이 있었음을 보여주는 아주 강력한 증거이다.

Spirit이 구세브 분화구에서 채취한 토양을 분석한 결과를 보면, 규산염 성분이 특별히 많다. 이처럼 많은 규산염 퇴적물이 생기려면 반드시 다량의 물이 있어야 한다. Spirit은 이전에도 구세브 분화구에서 황 성분이 많은 흙, 물에 의해 성분이 바뀐 광물질, 그리고 폭발적인 화산 활동 등, 간접적인 물 존재의 증거를 발견한 바 있다.

최근에 발견한 다량의 규산염은 또 다른 의미도 갖는데, 원시 생물의 출현에 적합한 환경이 과거에 존재했을 가능성을 암시한다. 규산염 퇴적물이 어떻게 형성됐는지 확실히 밝혀지진 않았지만, 학자들은 토양이 산성 수증기와 섞이면서 생겼거나, 열수구에서 나오는 물 때문에 생긴 것으로 보고 있다.

◈ 'Escher' Rock

화성에서 Spirit과 함께 임무를 수행하고 있는 쌍둥이 로버 Opportunity도 화성에 물이 존재했었다는 발견을 해냈다. 함몰 지역인 Endurance Crater 주변에서 옛날에 그곳이 물에 잠겨있었다는 증거를 찾아냈다.

여러 증거로 볼 때, 일부 암석들은 운석들의 영향으로 크레이터가 형성된 후에 또다시 물에 잠겼을 가능성이 큰데, 이런 증거들은 Endurance Crater 주변과 그 안쪽에 위치하는 'Escher'라고 불리는 바위에서 발견됐다.

Escher

Escher라고 불리는 평평한 바위의 표면에서, 지구의 마른 진흙땅에서 볼 수 있는, 다각형 모양의 균열 자국이 발견되었다.

"이 다각형 형태를 보았을 때 우리는 이 바위가 형성된 후에 또다시 물에 잠겼었으리라는 추정을 할 수 있었다"고 MIT의 지질학자인 John Grotzinger 박사가 주장했다. 그러면서 이 균열이 크레이터의 형성 이후에 만들어진 것인지에 대해서는 알지 못하겠다고 덧붙였지만, 이 사족은 Escher가 물에 잠겨있었다는 사실 여부에 영향을 미칠 만한 문제는 아니다.

◈ 둥근 자갈

Curiosity도 화성에 물이 흘렀던 흔적을 찾아냈다. Opportunity가 찾아낸 증거보다 훨씬 더 생생했다. Curiosity는 먼 옛날 거센 급류가 흘렀던 것으로 예측되는 마른 강 사진들을 보내왔다.

그가 전송해온 강바닥 사진에는 마치 물에 씻긴 듯 둥글게 마모된 자갈들이 보인다. NASA도 이 사진에 대해서, 바닥과 주변의 퇴적암이 물결에 휩쓸려 마모된 자갈들이 선명하게 포착됐다고, 순순히 인정했다. 물살에 깎여 둥글어진 모습이 된 지구의 자갈과 비슷해 보이고, 자갈들이 모여있는 마른 강 전체의 모습은 지구의 아로요(Arroyo)와 비슷하다.

◈ 물이 남긴 지도

다음 사진은 Mars Global Surveyor가 2006년 11월 20일에 촬영한 것으로, 과거의 화성에 물이 풍부했다는 증거가 담겨있다.

　이런 증거들이 누적되면서, 이제는 다량의 물이 화성의 지하에 존재한다는 주장이 정설이 되어가고 있는데, 최근에는 화성의 맨틀에 지구의 맨틀과 비슷할 정도의 수분이 있을 수 있다는 연구 결과까지 등장했다.

　뉴멕시코 대학의 프랜시스 멕커핀이 주도한 연구에 따르면, 지금까지 메말랐다고 알려졌던 화성의 맨틀에 70~300ppm 정도의 수분이 있다고 한다. 1ppm은 1L 내에 있는 1mg 정도의 비율을 나타내는데, 지구 맨틀의 수분량은 50~300ppm 정도이다.

　이 연구진은 화성의 맨틀이 녹으면서 만들어진 것으로 보이는 운석을 분석해서, 화성이 형성될 때부터 행성 내부에 물이 축적되었을 가능성이 있다고 추정했다. 이러한 연구 결과는 화성에 있을 거라고 추정되어온 물의 근원이 무엇인지에 대한 해답을 제시할 뿐 아니라, 화성에 생명체가 존재할 수 있다는 가설에 힘을 실어준다. 과학자들은 화성 지표면 어디엔가 물이 실제로 존재한다면, 화산 폭발 등을 통해 맨틀로부터 이동해왔을 가능성이 크다고 보고 있다.

◈ 말라버린 바다

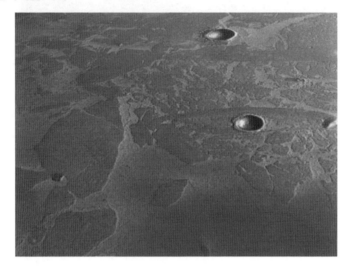

　현재까지 화성에서 발견된 얼음의 부피는 총 2천만km³ 정도로 모두 녹이면 화성을 물로 덮을 수 있다.

　한편, 물이 화성의 지표를 흘러서 형성한 계곡, 수로, 선상지, 삼각주 등의 흔적이 대량으로 발견되었고, 물이 흘렀다고 생각되는 지역과 그 주위의 토양을 로버로 탐사한 결과, 풍부한 물이 있어야지만 형성될 수 있는 점토 광물도 발견되었다.

　그래서 과거의 화성에 물이 있었다는 사실은, 학계에서 정설이 되었지만, '물의 양이 바다를 형성할 정도로 충분했는지, 바다가 있었다면 언제 있었는지'에 대한 논란은 새롭게 시작되어 현재까지 이어지고 있다.

　그런데 최근에 바다의 존재 여부와 생성 시기를 설명하는, 주목할 만한 가설이 제시되었다. 화성의 탄생과 동시에 바다도 만들어지기 시작했으며, 약 37억 년 전에는 화성에 지구처럼 완성된 형태의 바다가 존재했다는 게 핵심이다.

　캘리포니아대 마이클 맨가 교수팀은, 화성에서 가장 큰 화산 지형인 타르시스(Tharsis) 고원이 생길 때 바다도 함께 만들어졌으며, 타르시스 지역이 완성되는 과정에서 그 크기가 축소됐다고, 학술지 '네이처' 온라인판에 발표했다. 타르시스가 생성된 후에 바다가 생겼다는 기존 학설보다 형성 시기가 수억 년 빨라진 것이다.

그러나 정설로 채택되지 않고 있을 뿐 아니라, 바다의 존재에 대한 결론조차 명확히 내려지지 않은 상태이다. 바다가 없었다고 주장하는 측은, 우주로 날아가 버린 것으로 예측되는 물과 지각 속 영구 동토층 내 숨겨진 물의 양, 극지방의 만년설을 모두 합쳐도 바다를 이룰 만큼의 양이 충족되지 않는다고 지적하고 있다.

하지만 바다가 있었다고 주장하는 측은, 화성 북반구의 대부분을 덮고 있는 거대 화산 지형 타르시스 지역을 주목한다. 타르시스는 높이가 에베레스트산의 2.5배로, 태양계에서 가장 높은 올림푸스산을 비롯해 거대한 순상화산 4개를 포함한 곳이다. 37억 년 전에 완성된 지름 2,500km의 돔 형태 고원인데, 이곳에 집착하던 맨가 교수는 "타르시스 내 화산에서 뿜어져 나왔던 가스 등의 물질이 과거 화성의 전체 온도를 높여, 얼음만 존재했던 화성에 액체 상태의 물이 생길 수 있었다"라며, "북부 평지를 채울 정도의 바다도 이때 함께 만들어졌을 것"이라고 주장하고 나섰다. 강한 화산 활동이 화성의 지각 아래 분포하던 얼음을 녹여 물이 생성됐으며, 화산이 터질 때 발생한 힘으로 지형의 틈새가 생겨 지하수가 표면으로 올라오게 됐다는 분석이다.

또한, 화성의 해안선이 지구처럼 일정하지 않고 1km 안팎으로 높낮이가 들쭉날쭉한 것도 타르시스와 바다가 함께 형성된 증거라고 봤다. 타르시스 생성 초기와 후기 두 가지 형태의 바다가 존재했기 때문에 이런 해안선이 생겼다는 것이다.

그에 따르면, 40억 년 전 화성 탄생과 동시에 타르시스 지형이 만들어지기 시작하면서 물이 모였다. 그 결과 '아라비아 해'라 불리는 바다가 생겼고, 이후에 화산 폭발이 극심했던 3억 년의 세월을 거치면서, 해안선이 지역별로 끊임없이 뒤틀렸다. 그러다가 약 37억 년 전부터 1억 년에 걸쳐 화산 활동이 잠잠해지면서, 후기 바다인 '듀테로니우스(Deuteronilus) 해'의 형태가 완성됐다는 것이다.

◆ **풍부한 물**

화성이 사막처럼 보이는 것은, 액체 상태의 물을 찾기 힘들기 때문이지 물이 없어서 그런 게 아니다.

많은 곳에 물이 있겠으나, 궤도선이 보내온 사진만으로도 그 존재를 확신할 수 있는 곳은 극 지역이다. 남북극과 그 주변 지역에 있는 물은 양이 엄청나게 많다. 화성의 먼지 덮인 남북극 빙하대에 있는 수천 개 빙하군의 성분이 물이기 때문이다. 이 얼음이 녹으면 화성 전체가 1.1m 깊이의 물에 잠기게 된다.

코펜하겐대학의 나나 비욘홀트 칼손 포스닥 연구원이 화성에서 이 같은 물 성분으로 된 거대 빙하군 존재 사실을 밝혀냈고, 이 사실은 2015년 4월에 지오피지컬 리서치 레터에 게재된 바 있다.

빙하대

지금까지 촬영된 화성 이미지를 분석해보면, 화성의 지표면 아래에 엄청난 양의 빙하대가 있음을 알 수 있다. 한동안 과학자들은 이것의 성분이 물인지 이산화탄소인지 아니면 단순한 진흙 덩어리인지조차 제대로 구분하지 못했지만, 이제는 물이라는 사실에 확신을 갖게 되었다.

과학자들은 화성 궤도 탐사선의 레이더 관측 결과를 연구해 이런 사실을 확신하게 되었다. 연구진은 시간 경과에 따른 화성 남북극 얼음 구성물의 움직임을 조사하고, 이를 지구 빙하의 수리모형(水理模型, Hydraulic Model)과 대조한 끝에, 화성 빙하 속의 대규모 물 존재를 확인할 수 있게 되었다.

기상학자이자 빙하전문가인 나나 비욘홀트 칼손은 "우리는 화성의 얼

제4장 얼음과 물

음이 얼마나 두껍고 어떻게 변화해나갔는지를 보기 위해 10년간의 레이더 측정 결과를 살펴봤다. 빙하는 흘러내리면서 그 구성물이 얼마나 부드러운지에 대해 말해줬다. 우리는 이를 지구 빙하의 모습과 비교했고, 이를 통해서 물 얼음이 흘러내리는 모형을 만들 수 있었다"라고 말했다.

칼슨과 그녀의 동료들은 수천 개에 달하는 빙하 구성물의 질량도 계산해냈다. 빙하 구성물의 흐름을 연구해서 정확한 빙하의 체적을 계산해낸 것이다. 칼슨은 "우리의 계산으로는 빙하의 체적이 1천 5백억m³에 달하는 것으로 나왔다. 이 정도라면 화성 표면 전체를 1.1m 두께로 덮을 수 있다. 한편, 화성 중위도에 있는 얼음은 화성 전체에 얼마나 많은 물이 비축돼있는지를 알게 해줄 중요한 역할을 한다"고 말했다. 그들은 빙하대가 현재까지 유지된 데는, 그것을 덮고 있는 먼지층이 얼음의 증발을 오랫동안 막아줬기 때문이라고 추정하고 있다.

◆ 소금물

화성 지표 밑에 다량의 물이 존재할 가능성에 대해 최초로 확신을 준 연구팀은 스웨덴 룰레오 대학 우주기술학과 교수팀이라고 할 수 있다. 그들의 Curiosity는 적도 부근에 있는 게일 분화구 안에서 측정한 토양 성분 데이터를 분석해서, 토양에 과염소산염이 섞여있다는 사실을 알아냈다.

과염소산염은 어는 온도를 낮춰서 물이 영하에서도 얼지 않게 해주는 물질로, 눈이 올 때 길가에 뿌리는 염화칼슘과 비슷한 성질을 가지고 있다. 또한, 소금의 주성분인 염화나트륨과도 성분이 비슷해서, 과염소산염이 있는 곳에서는 얼음이 녹으면 일종의 소금물이 만들어질 수도 있다.

그들의 Curiosity는 화성 상공 1.6m에서 1년 동안 측정한 대기 습도와 기온 변화를 분석해서, 겨울밤 대기 중의 수증기가 응결된 뒤 지표면에서리처럼 내린다는 사실도 알아냈는데, 이때 과염소산염에 지표면에 내린 서리가 녹아 소금물이 만들어질 수 있다.

이 물의 일부는 다공성인 화성 토양 밑으로 흘러가 지하수를 형성하고, 일부는 아침에 다시 대기 중으로 증발할 것이다. 마르틴 토레스 교수는 과염소산염은 화성 전역에 분포하는 것으로 추정된다고 주장하면서, 이에 관한 연구를 국제학술지 '네이처 지오사이언스(Nature Geoscience)'에 게재하였다.

◈ 물이 흘렀던 협곡

이미지 속의 지형은 오빌 Chasma의 북쪽 부분에 있는 협곡 시스템 Valles Marineris이다. 화성 정찰 위성(MRO: Mars Reconnaissance Orbiter)이 2015년 8월 10일에 촬영한 것으로, 벽과 바닥에 있는 퇴적층과 생생한 물결무늬를 보여주고 있다.

바닥에 튀어나온 바위 부분은 한 번 녹은 마그마가 침입한 것일 수 있다. 이 같은 이미지는 지질학자들이 Valles Marineris 같은 큰 지각 시스템의 형성 메커니즘을 연구하는 데 도움이 된다.

◆ 호수와 개천

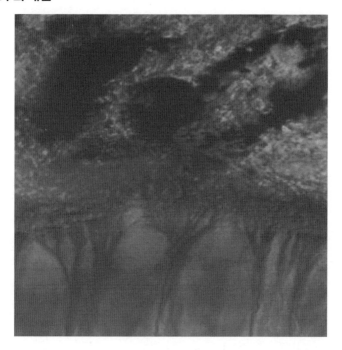

화성에 액체 상태의 물이 있었다는 증거는, 이제 더는 대단한 발견일 수 없지만, 현재에도 다량의 물이 흘러내리는 곳을 발견했다면 문제는 다르다.

위 이미지를 보면, 상부에는 호수로 보이는 지형이 있고 그곳을 근원으로 해서, 물이 크레이터 벽을 타고 그야말로 줄줄 흘러내리는 정경이 보인다.

이 이미지는 MGS 공식 사진의 일부로 NASA가 덧붙인 캡션과 함께 공개되어있다. 캡션의 타이틀은 'Evidence for Ponding in a Martian

Crater(크레이터에 물이 고이는 증거)'인데, 캡션은 크레이터의 가장자리에 나타난 현상이 지하수의 침출 현상(Seepage)으로 추정되며, 크레이터 바닥은 침출수가 흘러내리면서 형성된 퇴적 지형이라고 설명하고 있다. 그러면서 크레이터의 바닥에 나타난 지형이 용암이 흐르는 과정에 형성됐을 가능성에 대해서도 언급하고 있다. 이 크레이터 위치는 경도 15°W, 위도 65° S이다.

◆ **낙동 밸리스**

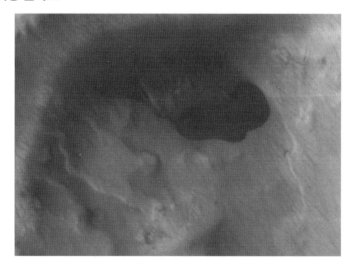

화성의 지형에는 다양한 이름이 붙어있다. 그중에는 한국 지명이 붙여져 있는 곳도 있는데, 바로 위 사진 속의 지역이다. 낙동강은 1950년 한국전쟁을 계기로 외국에도 널리 알려진 강인데, 오래전에 강물이 흘렀던 이 지역에 'Naktong Vallis'라는 이름이 붙여져 있다. 위치는 323.30°W, 0.13°N이고, 강의 양안에서는 아직 물이 스며 나오고 있다.

◆ 뉴턴 크레이터

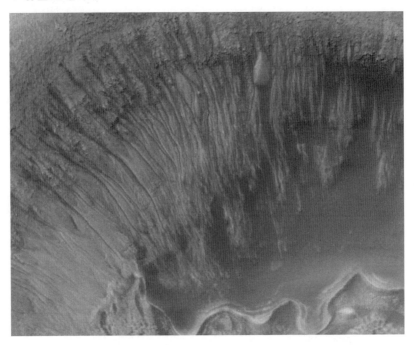

　2000년 6월 26일에 마스 글로벌 서베이어가 촬영해 보내온 사진이다. 뉴턴 크레이터 내부에 있는 작은 분화구에 다수의 좁은 운하들이 보인다. 이것들은 다른 협곡들과 연결되어있다.

　지구의 운하는 흐르는 물에 의해 형성되지만, 화성은 기온이 너무 차갑고 대기 또한 너무 얇아서, 액체 상태의 물이 흐름을 유지할 정도로 모여 있을 수 없다는 게 정설이다.

　하지만 이곳에서는 액체 상태의 물이 화성의 지하에서 터져 나와 협곡을 침식한 후에, 동결된 상태로 바닥을 채웠다가 증발한 것처럼 보인다.

◈ 북극 캡

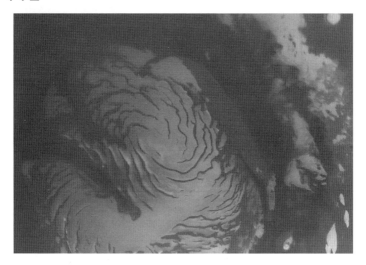

Mars Express는 2008년 7월 29일에 화성 북극 캡 가장자리의 눈 덮인 Rupes Tenuis 영역을 카메라에 담았다. 이산화탄소 얼음은 녹지 않고 바로 증기로 승화하기 때문에, 단단한 물 얼음층을 남기고 대부분 대기 중으로 빠져나갔다.

◈ 얼음과 먼지로 덮인 북극

ESA의 Mars Express 고해상도 스테레오 카메라(HRSC)로 촬영된 아래 이미지는, 화성의 물, 얼음, 빙하와 화산 활동에 대한 2005년 회의에서 공개된 바 있다.

얼음과 먼지층으로 이뤄진 화성 북극 만년설을 대중에게 보여준 최초의 사례이다.

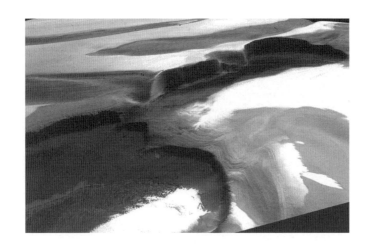

여기에서는 거의 2km나 되는 높은 절벽, 칼데라 내부의 어두운 물질(화산재로 추정)을 볼 수 있다. Mars Express는 최대 600m 높이의 화산 콘의 고원을 보여준 적도 있는데, 이것은 최근에 화산 활동이 있었다는 증거일 수도 있다.

◈ ESA가 발견한 호수

얼음 호수

경도 103°E, 위도 70.5°N 지역을 촬영한 ESA의 자료이다. 이 사진의 공개로 인해서, 화성의 얼음은 대부분 드라이아이스라는, 기존의 완강했던 주장에 치명적인 균열이 생기기 시작했다.

이름 없는 분화구에 고여있는 물 얼음의 눈부신 반짝임이, 지구인의 시야에 끼어있던 안개를 지우기 시작한 것이다. 2005년 7월 28일에 ESA가 공식적으로 이미지를 공개한 이 호수는 북극의 Vastitas Borealis 평원에 있다. 폭이 35km인 거대한 크레이터의 바닥에 푸른 얼굴을 가진 호수가 얼어붙어 있고, 분화구의 벽에는 얼음층이 커튼처럼 드리워져 있다. 이 호수는 놀랍게도 일 년 내내 거의 같은 모습으로 있다고 한다. 이 위도에서의 온도와 압력의 변화는 물을 녹이거나 증발시키지 못하기에, 그것이 가능하다고 하는데, 처음 생성된 과정이 궁금하다.

◆ **물 저장 시설**

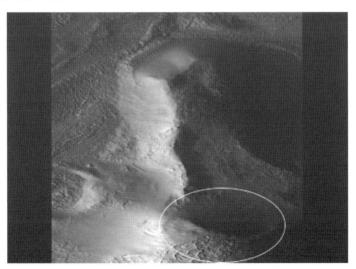

앞의 이미지는 경도 296.20°W, 위도 34.89°N 지역을 촬영한 MGS MOC SP2-54006 스트립에서 발췌한 것이다. 여기에는 이때까지 발견된 어떤 자료보다 선명하게 보이는 수면이 드러나있다. 더욱 놀라운 사실은, 2000년 7월 27일에 처음으로 발견된 이 수면이 자연 호수나 강의 수면이 아니고, 인공적으로 조성된 저수지의 수면으로 추측된다는 것이다.

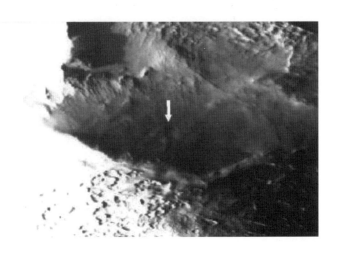

물 저장소 부분을 조금 더 확대한 것이다. 수면의 평평하고 반투명한 성질이 느껴지고, 그 수면에 비친 벽의 그림자도 보인다. 이미지의 왼쪽 필드에 강한 눈부심이 느껴지는 것은 이미지의 전체적인 명도를 높였기 때문이다.

화살표가 가리키고 있는 지점에 관계 시설 일부로 여겨지는 터널도 보인다. 이것을 자연지형 일부로 보고 의구심을 떨쳐내지 못하는 이들도 적지 않은데, 자세히 보면, 터널 입구 앞에 수위 조절용으로 보이는 구조물이 있으며, 수면 아래에 터널 입구와 같은 크기를 가진 구조물이 있다는 사실도 알 수 있다. 저장소의 물은 터널에서 흘러나온 것으로 보인다.

저수지 앞쪽에 있는 둑은 직선으로 정돈된 모서리를 가지고 있는 것으로 보아, 자연지형 일부가 아니고 누군가 쌓아올린 것으로 여겨진다.

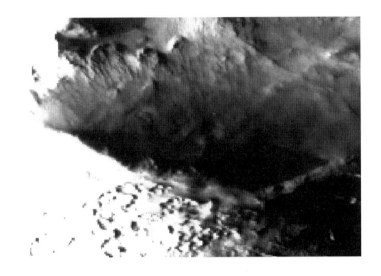

　이미지를 조금 더 확대해보면, 반투명한 수면을 통해 물속까지 시야가 확장되어, 수면에 비친 주변의 그림자도 확실하게 볼 수 있다. 그리고 이미지에 조작의 흔적이 있다는 사실도 알 수 있다. 저장소 가장자리에 블러 처리를 한 곳이 여러 군데 보인다. 특히 둑의 일부와 앞쪽 가장자리는 조작의 흔적이 확연히 드러날 정도로 심하게 조작되어있다. 왜 이렇게까지 이미지를 왜곡시켰는지 모르겠다.

　어쨌든 절대로 간과해서는 안 될 것은, 이곳이 자연적인 물웅덩이가 아니라, 인공적으로 지어진 파이 모양의 저수지이고, 크기가 작지 않다는 사실이다. 어떤 용도로 만든 것인지는 모르지만, 지적 존재가 만든 시설임은 분명하다.

◆ 거대한 노즐(Nozzle)

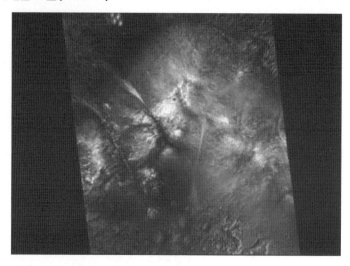

경도 19.73°W, 위도 3.08°N 지역을 촬영한 MOC M11-00009 스트립에서 발췌한 것이다. 원본은 가로 2.91km, 세로 45.31km 지역을 촬영한 것이나 인공 구조물이 있는 부분만을 발췌했다. 이곳은 누가 봐도 자연적인 지형이 아니다. 거대한 노즐을 포함한 기계 시설이 설치된, 인공적으로 조성된 지형이다.

거대한 배럴 건 노즐에서 액체를 내뿜고 있는데, 내용물이 물일 가능성이 크지만, 그렇지 않을 개연성도 배제할 수 없다. 분사되고 있는 듯한 내용물의 모양이 물보다는 점성이 큰 액체이거나 물줄기가 얼어있는 상태인 것도 같다.

그렇다고 해도 자연지형이 아니라는 사실이 바뀌는 것은 아니다. 대규모 기계 시설이 설치된 지역이 분명하다. 스프레이의 고밀도 시트 부분과 솔리드 노즐 배럴이 결합되어 공중을 향해 고정된 게 핵심 시설로 보이는데, 그렇지 않다고 해도 우연히 어떤 패턴이 땅에 생겨나 착시를 유발하고 있는 건 절대 아니다.

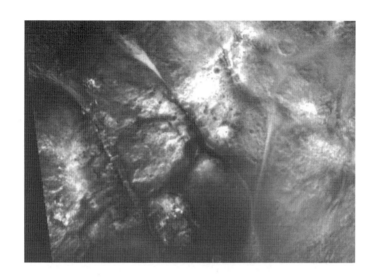

이 이미지는 노즐 주변을 더 확대한 것이다. 긴 노즐 배럴, 스프레이의 솔리드 시트 부분, 스프레이에서 분사된 액체, 바닥에 나타난 그림자 등이 잘 드러나있다.

바위틈에 자리하고 있는, 거대한 돔 같은 물체가 노즐을 단단하게 잡은 채 액체 분사를 전체적으로 제어하고 있는 것으로 보인다. 내부에 복잡한 구조를 품고 있는 기계일 것이다.

그런데 전체적인 시스템을 자세히 판독해보면, 난해한 의구심이 생겨난다. 이 거대한 시스템은 어떤 액체를 다른 곳으로 보내려고 만든 시설이 아니고, 이 지역의 표면에 액상 물질을 뿌리기 위한 것으로 보이기 때문이다. 주변 지역의 표면을 코팅하기 위해 뭔가를 뿌리고 있는 것 같은데, 그 이유를 도무지 가늠할 수 없다.

지표면을 보호하거나 자연적인 지형으로 위장하려는 것 같기는 한데, 그래야 하는 이유를 짐작할 수 없다. 이 지역의 환경과 기계를 설치한 존재들이 처한 상황을 알기 전에는, 그 이유를 알 수 없을 것 같다.

◆ 우물

경도 260.46°W, 위도 80.55°S 지역을 촬영한 MOC M09-01322 스트립에서 발췌한 것이다. 위도를 보면 알 수 있듯이 남극에 가까운 지역이다. 언뜻 보면 가운데 특이하게 생긴 지형이 자연 분화구처럼 보이지만, 가장자리와 주변 지형을 함께 살펴보면, 그럴 가능성이 적다는 사실을 깨달을 수 있다.

이 구멍은 지름이 크고 깊이도 깊다. 그리고 화성 MOC 이미지에서 물을 찾은 경험이 있다면, 이 구멍의 바닥에 물이 있다는 사실을 단번에 인지할 수 있다. 물의 양이 어느 정도인지는 모르나 주목해야 할 것은 물의 생성 원인이다.

그 원인을 밝히는 일도 중요하지만, 그에 앞서 이미지의 조작 여부부터 가려야 할 것 같다. 이 과정이 무엇보다 중요한 이유는 지형이 특이할 뿐 아니라, 공개된 이미지가 M09-001323 광각 콘텍스트 이미지에 제시된 방향과 일치하지 않기 때문이다.

공식적으로 공개된 관련 이미지 3개가 모두 뒤집힌 상태였다. 별로 중요하지 않을 수도 있으나 왜 그랬는지 이해할 수 없다. 이 지역의 가장 특이한 점은, 우물 주변 지형이 바다의 물결처럼 보인다는 점인데, 이런 사실도 자료를 뒤집어 공개한 이유가 될 수는 없을 것 같다.

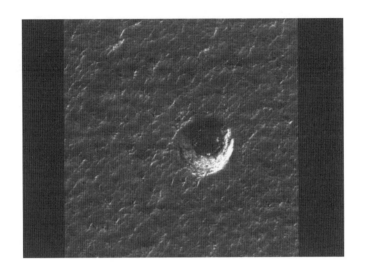

어쨌든 그 이유와는 상관없이 M09-01323 콘텍스트 이미지와 일치하도록 이미지를 바로 잡아볼 필요는 있을 것 같다. 바로 잡아보니까 위의 이미지처럼 나오는데, 다소 신비스러운 현상이 일어난다. 보는 사람에 따라 견해가 다를 수는 있지만, 이 시각에서 보면, 이전에 보았던 모습과는 전혀 다른 느낌이 든다. 선입견·때문일 수는 있으나, 다소 이상한 정도가 아니라, 우물 자체가 자연지형처럼 보이지 않는다. 인공적으로 조성된 곳이라는 느낌이 강렬하게 든다는 뜻이다. 착각일까.

하지만 이것이 인공 시설이라고 해도, 이런 시설을 만든 이유에 대해서는 마땅한 아이디어가 떠오르지 않는다. 다만 물관리 시설 일부일 거라는 막연한 느낌만 들 뿐이다.

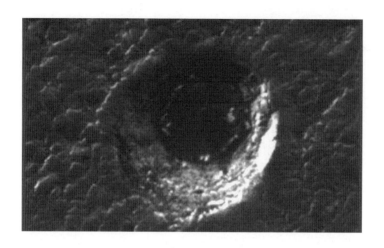

　세밀한 관찰을 위해서 이미지를 더 확대해보자. 우물의 가장자리로부터 바닥에 이르는 사면이 매끄럽게 다듬어져 있다. 주변의 지형은 울퉁불퉁해 보이지만, 부드러운 재질로 여러 번 코팅된 것 같다는 느낌이 든다. 확실히 원래의 자연지형은 아니다. 전체적으로 외부의 충격을 완화하는 동시에 내구성을 고려하여, 인공적인 손길이 가해진 것으로 보인다.

　바닥에 고여있는 액체도 확실히 보인다. 아마 물일 것이다. 이미지를 지나치게 확대한 탓에 약간 흐리게 보이기는 하지만, 반투명한 수면이 보이고 바닥의 지형도 언뜻 보인다.

　수중 지형은 평평한 형태가 아니다. 그리고 수심이 깊지 않아 작은 섬 모양의 돌출부가 수면 밖으로 나와있기도 하다. 수면이 더 잘 보이게 이미지 크기를 조절할 수는 있으나, 그러면 눈부심 현상이 생겨, 전체적인 구조를 파악하는 데 방해가 될 것 같다.

　그런데 이미지 분석에 너무 몰두하다 보니, 중요한 사실을 놓치고 있는 것 같다. 애초의 관심은 분석 대상 자료에 인위적인 조작이 가해졌는지를 살펴보는 일이었다.

　그 의구심을 되살려서 이미지를 찬찬히 살펴보면, 온전한 자료가 아닐지도 모른다는 의구심이 서서히 확신으로 변해간다. 가장 의심스러운 부분은 우물보다는 주변 지형이다. 어두운색의 지형은 우물의 가장자리까지 두꺼운 카펫 이미지로 템퍼링되어있는 것 같다. 우물 경사면에 비친 햇빛을 보면, 태양이 조금 왼쪽으로 기울어져 있는 것 같은데, 지형의 요철에 그려진 그림자는 햇빛의 경도와 일치하지 않는다.

또한, 햇빛이 왼쪽 위에서 우물의 내벽을 강렬하게 반사시킬 정도의 강도로 오고 있으나, 주변의 돌출 지형은 일부만 빛을 반사하고 있다.

주변 지역 전체에 얼룩 처리나 스탬프 처리가 되어있는 것 같다. 이런 조작을 한 이유를 정확히 알 수 없지만, 아마 이 지역에 펼쳐져 있는 어떤 구조물들을 가리기 위해서 그런 게 아닐까.

◈ 남극 근처의 호수

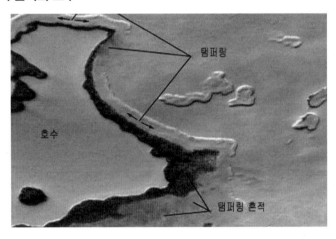

75.60°W, 86.72°S 지역을 촬영한 MOC M13-01589 스트립에서 발췌한 이미지이다. 이미지의 왼쪽 아래에 거대한 호수가 있다. 호수의 표면은 대체로 편평한 편이다. 액체는 항상 수평 레벨을 추구하는 경향이 있

다는 사실을 고려하면, 이 호수는 거의 액체 호수의 특징을 그대로 가지고 있다.

이 완벽한 평탄도를 통해서, 현재는 비록 얼음이지만, 주기적인 용융 상태를 거치면서 액체 호수의 외관을 유지한다는 사실을 짐작할 수 있다.

하지만 수면이 실제로도 이렇게 매끈한지는 여전히 의문이다. 이미지를 확대해보면, 전체적인 해상도에 비해서 낮은 레벨로 나타나는 부분이 있고, 미세한 크기로 스탬프 작업을 한 흔적도 보인다. 특히 가장자리의 어두운 밴드에는 무언가를 덮기 위해 디더링 처리가 된 흔적이 보인다. 그리고 호수 바로 앞의 전경과 어두운 해안선까지는 부드러운 안개 처리가 되어있다.

◈ **남극의 수자원**

55.12°W, 85.92°S 지역을 촬영한 M15-01242 스트립에서 발췌한 이미지이다. 저지대에 물이 고여 은은하게 햇빛을 반사하고 있는데, 지형과 접해있는 뒤쪽 가장자리를 보면, 이 물이 얼마나 맑은지 짐작할 수 있다.

문제는 이 이미지가 조작되었을 개연성이 있다는 사실이다. 물결선과 물그림자가 아주 선명한데, 이런 점이 이미지 조작에 대한 의구심을 키우게 만든다. 이렇게 선명한 증거를 NASA나 그 주변 단체가 공개한 적이 없기에, 이 비현실적으로 선명한 증거에 대해 의심을 하지 않을 수 없다. 이미지 변조는 훨씬 더 상세히 살펴야 찾아낼 수 있는데, 가장 집중해서 살필 부분은 수역을 포함한 이 지역 전체에 번져 있는 희미한 안개이다.

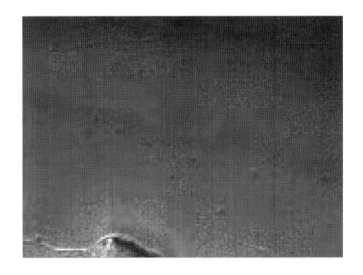

이 이미지는 중앙 부분을 400% 확대한 것이다. 이렇게 확대하면 픽셀 행을 따라 나열된 흐림 변조의 블록을 볼 수 있다. 그리고 조작의 틈새로 보이는 배경에, 작은 사각형들이 있다는 사실도 알 수 있다. 결국, 이 이미지는 무언가를 가리기 위해 많은 부분을 조작한 것으로 여겨진다.

과연 무엇을 감추기 위해 이런 조작을 한 것일까. 어떤 구조물들을 감추기 위해 그런 것 같은데, 흰색 선과 언덕이 반사율이 높은 하단 가장자리에 있고, 흐림 변조 블록이 너무 두꺼워서, 세부적인 판독이 쉽지 않다. 더욱이 작은 직사각형 자체가 템퍼링의 또 다른 형태일 가능성도 있다.

분명한 점은 이미지 조작은 분명히 있고, 그 목적은 어떤 문명의 증거를 숨기기 위한 것이라는 사실이다. 그렇다면 물은 실제로 없는 것일까. 거대한 문명의 증거를 쉽게 가리기 위해, 지역 전체를 호수처럼 만든 것일까. 아마 그렇지는 않을 것이다.

이곳은 물도 존재하고 문명의 증거도 존재하는 곳일 가능성이 크다. 아마 문명의 증거가 수면 위로 드러난 상태일 것 같다.

◈ 고체가 된 폭포

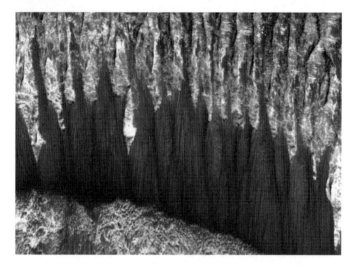

75.30°W, 10.15°S 지역을 촬영한 MGS MOC 스트립 M11-00111에서 발췌한 사진이다. 가파른 벽에 마치 폭포처럼 액체가 결빙되어있다. 이러한 모습을 'Waterfall Forms'로 표현하는 것은 당연하다. 그 이유는 그런 종류의 모습일 뿐만 아니라, 이곳의 실체가 어느 정도까지는 그렇기도 하기 때문이다.

인간은 이러한 환상적인 자연 정경을 실제보다 작은 것으로 해석하려는 경향이 있다. 하지만 이 정경은 엄청나게 규모가 크다. 그래서 이 스트립의 해상도가 열악한데도 세부적 모습까지 볼 수 있는 것이다. 하지만 이런 모습보다 중시해야 할 사실은, 이러한 얼음 조각이 자연스러운 액체 지표수의 흐름에 의해 형성됐다는 점이다.

주기적인 온도 변화로, 작은 계곡의 경사면에서 녹은 물이 협곡의 바닥에서 합쳐져 흐름을 형성하고, 더 낮은 지대로 이동한다. 이런 과정이 진행됨에 따라 흐름의 속도는 증가하나 토양으로 흡수되는 물의 양이 늘어나면서 수위는 점차 낮아지게 된다. 그렇게 어떤 물리적인 작용을 일으키기에는 부족한 상태로 되어가겠지만, 바닥에 쌓이는 퇴적물은 늘어나면서 단단해져 갈 것이다.

이러한 조건이 장기간 지속되면, 퇴적물은 경로의 바닥뿐 아니라, 위 이미지에서 볼 수 있는 것과 같은, 수직으로 드리워진 로프 가닥도 형성하게 될 것이다. 이것은 천장에 매달려 암석을 형성하면서, 석회동굴의 종유석과 유사하게 되어간다. 그러나 종유석처럼 완전한 수직으로 형성되지는 않고, 가파른 경사를 유지하는 정도로 형성된다. 이러는 과정에서 표면은 꾸준히 부풀려지고, 퇴적물의 변화에 따라 성분이 변하기도 한다.

이렇게 수직 구조물들이 생겨나면서, 액체의 흐름은 성장하는 장애물을 피하여 새로운 경로를 찾게 된다. 이 새로운 경로에서 로프 가닥과 유사한 또 다른 퇴적물 구조체를 형성하기 시작한다. 이러한 프로세스는 계속되고, 시간이 지남에 따라 여러 번 반복해서 일어난다.

이러한 증거가 있는 스트립이 몇 개 더 있지만, 위에 게재한 거대한 크기의 이미지는 흔하지 않다. 지질학적 원인으로 바라보면, 이것은 온도, 물, 지형 경사 등의 요소가 적절하게 조합된 결과라고 볼 수 있다.

왼쪽 이미지는 같은 스트립에 있는 다른 위치를 촬영한 것으로, 원본을 90° 회전하여 수직으로 세운 것이다. 이 장면을 게재한 이유는 특이한 형태 때문이다. 밝은 색의 Ropey Strand가 이미지 위쪽 부분의 경사를 따라 형성되어있고, 아래에는 어두운색의 Ropey Strand가 있으며, 그 사이에 Ridge 형태의 지형이 존재한다. 주지하다시피 이 지형의 표면으로 얇은 액체 물이 흘러내려서 형성된 것이다.

여기서 우리가 가장 주목해야 할 부분은 크고 작은 능선이다. 밝은 색상이든 어두운 색상이든 간에 이런 능선 형태의 존재는 액체 상태의 물흐름이 있다는 증거이다.

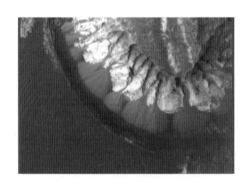

경도 27.49°W, 위도 4.01° S 지역을 촬영한 MGS MOC E15-00946 스트립에서 발췌한 것이다. 앞에서 제시한 M11-00111 스트립 안의 증거가 그렇게 특별한 경우가 아니라는 것을 증명하기 위해서, 완전히 다른 로케일에서 이 스트립을 가져왔다.

앞의 자료와는 모습이 조금 다르다. 너무 멀리 있는 정경이어서 원본을 200% 확대했는데 Ropey가 약간 무너진 모양이다. 밝은 부분과 어두운 부분 사이에 선명한 경계선이 보이는 것은, 둘러싸인 림 능선에서 그림자가 드리워졌기 때문인데, 이로 인해 바닥 일부도 어두운 영역에 잠겨있다.

이전의 스트립에 비해 훨씬 더 먼 거리에서 촬영된 자료이지만, 폭포 형태 위쪽이 물 침식 지형이라는 사실은 쉽게 알 수 있다. 폭포 형태 바로 위에 있는 높은 알베도 지형은 암석이기보다는, 오래된 퇴적물을 품고 있는 얼음인 것으로 보인다.

어두운 능선은 얕은 물의 흐름이 존재한다는 사실을 알 수 있는 근거이고, 여기에 능선 형태가 존재한다는 것은 물이 림 위로 넘쳐서 능선의 경사를 따라 내려갈 가능성이 있음을 암시한다.

전반적으로 이 지역은 자연의 힘만으로 조성된 곳이 아니고, 누군가의 디자인이 가미되어있는 것 같다. 달리 말하면, 누군가 수자원을 이용하기 위해 조성하여, 긴 시간 동안 안정화된 상태로 사용했던 곳 같다는 뜻이다.

◈ 남극의 호수

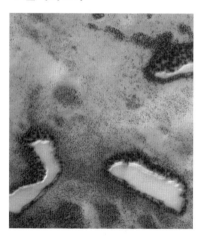

남극 근처에는 얼어있는 호수가 많이 있다. 물이 얼어있는 호수도 있으나, 위의 MOC narrow-angle image R07-01100 스트립에 담겨있는 호수의 표면은 드라이아이스이다.

이런 호수를 관찰하는 학자들은 호수의 성분보다 그 가장자리와 주변의 얼룩에 관심이 더 많다. 거무스름한 물질들이 호수 근처에 밀집되어있는데, 지구의 이끼와 유사한 생물로 추정하는 학자들이 적지 않다. 이런 지역은 이곳 말고도 여러 군데 존재한다. 이런 사실은 화성에 계절의 변화가 존재하며, 생명 존재의 가능성이 충분하다는 점을 암시한다.

지구 이끼들의 경우, 약간의 물만 있으면 극한 온도에서 버티며, 이산화탄소를 소비하고, 산소를 방출한다. 그렇기에 사진 속의 물체가 지구의 이끼류와 유사한 것이라면, 지구인의 화성 거주 시기를 앞당기는 데 도움을 줄 것이다.

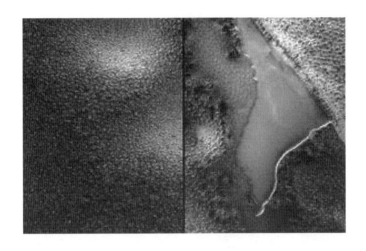

이 이미지는 MGS MOC-M0901354 스트립 일부를 편집한 것으로 결빙 상태의 호수로 보이는 지형이다. 물론 하얗게 보이는 것이 액체 상태의 물이 아닌 드라이아이스일 수 있다.

하지만 호수 주위가 울창한 숲 같은 것으로 뒤덮여있다는 사실은 누구도 부정할 수 없다. 앞에서 본 남극 근처의 지형과 유사해 보이지만, 주변의 검은 덩어리 양이 훨씬 많다. 이와 유사한 지역은 여러 곳에서 발견되는데, 형태도 다양하며, 숲의 풍성함 정도 역시 그렇다.

◈ Reull Vallis

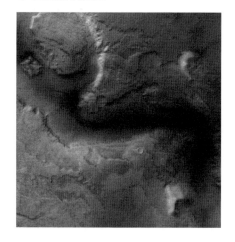

유럽 우주국에서 화성에 관한 자료를 올리는 사이트(www.esa.int)가 있다. 이곳에는 경이로운 자료들이 많이 있는데, 물과 관련된 자료 중에는 Reull Vallis를 촬영한 사진들이 가장 인기가 높다.

2004년 1월 15일에 촬영한 Reull Vallis의 길이 900m, 폭 30~40m 정도인 협곡(Getty Images)을 살펴보면 아주 신비롭다. 건조한 골짜기와는 확실히 차별되는 정경으로 보인다. 물이 가득 차있다. 계곡을 채우고도 남을 만한 양이다.

◈ 빛나는 퇴적물

빛나는 퇴적물

Iani Chaos는 '빛나는 퇴적물(LTDs)'이 보이는 지역이다. LTDs는 1970년대 바이킹호에 의해 처음 발견됐는데, 지구의 물 퇴적물과 아주 유사한 것으로, 신비한 발견 중의 하나로 인정받은 바 있다.

오랫동안 LTDs 기원에 관한 연구를 했으나 제대로 알아내지 못했고, 화산 진행을 포함하는 다양한 메커니즘이 그 형성의 원인으로 추정되고 있을 뿐이다.

현재는 ESA의 Mars Express가 수집한 데이터가 누적되면서, LTDs가 애초에 짐작했던 것보다 나이가 훨씬 어려서, 외부에서 꾸준히 유입되어 퇴적되었기보다는, 지하수가 표면으로 터져 나와 그 속의 미네랄이 비교적 단시간에 퇴적된 것으로 짐작하고 있다.

◈ 분화구 속의 물

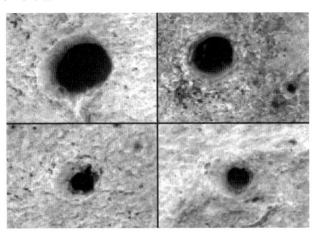

이 이미지는 경도 357.34°W, 위도 1.80°N 지역을 촬영한 MGS MOC M01-00253 스트립에서 발췌한 것이다. 이 지역에는 유별나게 분화구로

보이는 작은 구덩이들이 많이 있다.

이곳의 구덩이들은 그 수가 많을 뿐 아니라 대부분 물을 품고 있다. 위의 이미지들은 원본을 250% 확대한 것인데, 왼쪽 아래의 분화구를 제외하고는 모두 물이 고여있는 것으로 보인다. 반투명하게 보이는 물웅덩이의 모습이 빛과 그림자의 단순한 조화로 보이지 않는다.

작은 충돌 크레이터로 보이는 웅덩이들은 수심이 그렇게 깊어 보이지는 않는다. 중앙에서 가장자리 쪽으로 얼룩진 분사 패턴이 나타나있는데, 이는 끈적한 액체나 흙이 튀어나온 것으로 보인다. 이 이미지를 게재한 이유는, 불순물이 거의 없는 청수를 쉽게 구할 수 있는 또 하나의 가능성과 함께, 지하에 있을 수도 있는 생명체 서식지에 대한 가능성을 상상할 수 있기 때문이다.

그런데 이와 유사한 곳이 한 군데 더 있다.

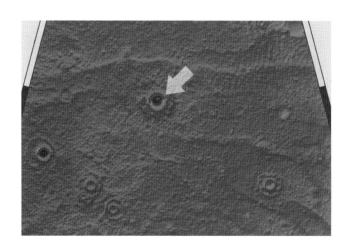

분화구 속의 물

이것은 경도 103°E, 위도 70.5°N 지역의 Vastitas Borealis 평원을 ESA 탐사선이 광각 이미지로 촬영한 것이다. 물이나 얼음이 담겨있는 듯한 분화구들이 널려있다. 특히 흰색 화살표로 표시한 분화구에는 물이 넘쳐흐를 것 같다. 색 보정에 문제가 있었던지, 웅덩이 안쪽이 너무 파랗고 햇빛의 반사 또한 강렬하다. 다른 곳은 몰라도 이 푸른 눈을 가진 분화구에는 액체 물이 넘실대는 것 같다. 색 보정이 잘못되었다고 해도 드라이아이스가 저런 색깔을 낼 수는 없다. 그리고 다른 액체가 담겨있다고 볼 마땅한 근거도 없다. 만약 그렇다면 더 이상한 일이다.

◆ 남극의 홍수

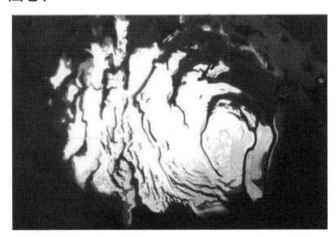

MGS MOC2-22527 스트립에서 발췌한 이미지이다. '홍수'라는 단어는 지구같이 온화한 행성에나 어울리는 것이지 화성처럼 메마르고 추운 행성에는 어울리지 않는다.

하지만 앞의 이미지를 보면, 화성 전체 지역은 아니더라도, 화성 남극 극지방에서는 액체 물의 범람이 실제로 일어나고 있다는 것을 알 수 있다. 그렇다고 해서 남극 극지가 항시 액체 물이 존재할 정도로 따뜻하다는 뜻은 아니다. 그러나 사계절이 뚜렷하게 존재하고, 적어도 여름에는 액체의 물이 존재할 수 있으며, 계절에 따라 빙결과 해동이 반복되면서 국지적으로 홍수가 일어나기도 하는 것 같다. 이런 자연환경의 조건은 생명체가 번성할 수 있는 엔진이 될 수도 있다.

물론 이런 환경임을 객관적으로 증명해내자면, 더 확실한 증거가 제시되어야 할 것이다. 다만 제시된 증거가 부족해도, 이 자료만으로도 화성의 표면에 보이는 얼음 거의 전부가 드라이아이스일 거라는 선입견에서 벗어날 수는 있다.

사실 냉정하게 생각해보면, 이런 종류의 선입견들은 과학적 연구에서 비롯된 것도 있지만, 화성의 대기 조성에 관한 지식에서 파생된 것도 적지 않다.

공식적인 과학 자료에 따르면, 화성 대기는 95.32%의 CO_2와 0.13%의 O_2와 0.03%의 H_2O, 그리고 그 밖의 화합물로 구성되어있다고 한다. 화성의 대기에는 다른 원소들은 흔적만 있고 CO_2가 압도적으로 많은 것이다.

그래서 이 데이터에 기초하여, 화성 극지방의 얼음이 고체 미립자 CO_2로 이루어져 있다는 주장의 기틀이 형성된 것이다. 그리고 1970년대에 화성 남극 지역의 온도를 측정한 바이킹호의 프로브 계측기 판독 값이 영하 143°C이었는데, 이런 극저온의 값이 과학자들의 활발한 사고를 얼어붙게 했다.

그러나 궤도선과 로버를 통해서 얻은 최근의 데이터에 의하면, 겨울 극지방의 온도는 영하 133°C이고 여름철 평균 기온은 27°C 정도이다. 이런 조건이라면 화성의 얼음이 대부분 드라이아이스라고 단정 지을 수 없다. 대기압 조건에 따라 다르지만, 지구 상에서는 이산화탄소의 비등점이 영하 78.5°C이기에, 대기압이 현저하게 낮은 화성에서는 이보다 비등점이 높을 것으로 보인다. 그렇다면 화성 극지방의 얼음은 드라이아이스가 아닌, 다른 화합물일 가능성이 훨씬 커진다.

더구나 이곳처럼 맑고 투명한 액체가 엿보인다면, 이것이 이산화탄소일 수 없다. 이산화탄소는 그 고유의 특성 때문에 액체 상태로 존재할 수 없다. 또한, 우리에게는 물 얼음으로 보여도 순수한 물 얼음 상태가 아닐 가능성이 더 크다.

과연 사진 속에 보이는 물 얼음의 정체는 무엇일까. 기존의 지식이 잘못된 것은 분명한데, 뭐가 잘못됐는지 모르겠다.

◆ **남극의 링**

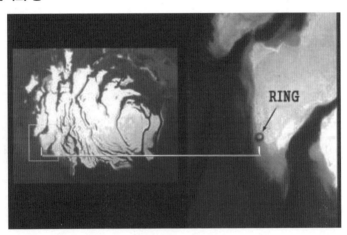

이 이미지는 경도 110.59°W, 위도 86.77°S 지역을 촬영한 것으로, 앞에 소개한 지역의 위치와 거의 같다. 이 MGS MOC E14-01276 스트립

을 공개한 이유는, 우연히 발견하게 된 이상한 모양의 고리 때문이다.

거대한 고리가 있는 South Polar Cap의 가장자리와 고리 부분의 확대 이미지를 함께 살펴보자. 이미지 속의 얼음 덩어리는 엄청나게 크기에 이 고리 역시 적지 않다는 걸 알 수 있는데, 다른 지역에서는 볼 수 없어서 주목하지 않을 수 없다.

이것의 특징을 살펴보면, 우선 충돌 분화구가 아닌 건 분명하다. 거의 완벽하게 둥글고 주변에 높은 벽이나 충돌 흔적이 없기에 분화구라고 볼 수 없다. 그리고 호수의 가장자리에 있어서, 계절에 따라 호수의 수위가 높아지면 물속에 잠길 수 있고, 수위가 떨어지면 대기에 노출될 수 있는 상태이다. 정보를 더 얻기 위해, 좀 더 근접해서 촬영한 이미지를 살펴보자.

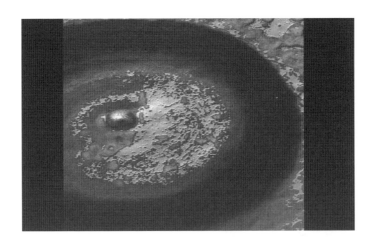

MGS MOC E14-01276 스트립이다. 하지만 지형이 너무 커서 그런지 네거티브 앵글 이미지에는 전체가 담겨있지 않다. 링의 여러 부분이 잘려 나가긴 했으나, 다른 자료보다 해상도가 훨씬 높다.

어두운 테두리가 고른 경사로 중심 쪽으로 기울어져 있고, 원의 중심은 상대적으로 평평한 편이나 요철이 있으며, 가운데는 반구형의 돌출부가 있다. 드러난 모습의 개요는 이러한데, 자연적으로 만들어진 웅덩이라고 보기엔 너무 기하학적이다.

전체적인 평면도가 원에 너무 가깝고, 테두리의 색깔 변화가 마치 그러데이션이 적용된 것처럼 일정하다. 하지만 충돌 분화구는 아닌 게 분명해도, 인공적으로 만들어졌다고 주장하기도 모호하다. 링의 중심 영역을 집중해서 살펴보면, 얼어있는 부분과 용융된 부분이 섞여있는 듯한 얼룩이 바닥을 덮고 있다. 이것은 드라이아이스의 상태 변화 흔적이라기보다는, 물 얼음의 상태 변화 흔적이라고 봐야 한다.

그리고 고리의 가장자리에는 잔물결의 모양이 남아있다. 고여있던 액체의 수위가 변한 흔적인 것 같다.

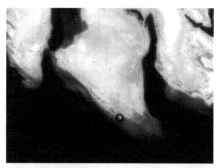
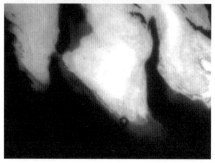

경도 108.11°W, 위도 87.00°S 지역을 촬영한 MGS MOC R13-01098 스트립에서 발췌한 자료들이다. 2000년 3월, 2002년 2월, 2004년 1월에 각각 촬영한 것으로, 대략 2년 간격으로 촬영한 자료들을 나열해보았는데, 이것들을 보면, 액체 상태가 적어도 특정 시간 동안은 유지된다는 것을 알 수 있다.

진한 색조의 어두운 부분이 액체이고, 이 액체의 투명도는 잠겨있는 얼음 덩어리의 하부를 통해 알 수 있다. 액체의 깊이는 정확히

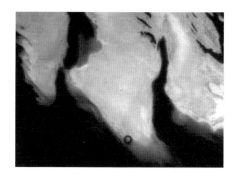

알 수 없으나, 잠긴 얼음이 곧 지면에 닿은 것으로 보아, 그리 깊은 것 같지는 않다. 물론 이 수위는 계절적인 온도 변화에 따라 변할 것이다.

이런 모습은 지구 극지방의 모습과 매우 유사하다. 차이점이 있다면 다소 어두운 물의 색조이다. 지구 극지방의 해빙기에는 훨씬 맑은 물이 고인다. 화성의 액체가 상대적으로 탁한 것은, 부유물이 많다는 뜻인데, 그것은 흙의 입자일 수도 있으나 생명의 씨앗일 수도 있다.

이 지역을 촬영한 사진들을 종합적으로 살펴보면, 12월 중순이나 후반에 물이 증가하기 시작해서, 2월이나 3월에 최고 수위에 이른 후에 5월까지 대체로 수위가 유지된다. 건조한 시기는 대략 7월에서 10월까지인 것으로 보인다. 6월의 상황을 촬영한 이미지가 공개되지 않아서 그때가 어떠한지는 알 수 없다.

이처럼 얼음의 용융이 계절의 변화와 상관있는 것은 분명하지만, 그 요인이 태양열 때문만은 아닌 것 같다. 액체 표면의 많은 부분에 존재하는 어두운 색조와 무관하지 않을 것이며, 그 어두운 색조가 어쩌면 유기체의 색조일 수도 있다.

액체 매질의 현탁된 고형 미립자 같은 유기체는 태양열을 흡수하여, 많은 양의 에너지를 축적한 후에 방출하여, 액체의 온난화를 가속시키고, 이 유기체의 죽어가는 몸체는 물방울의 바닥과 측면을 코팅하여, 그곳의 어두운 색조를 유지시키면서 태양열의 흡수와 보존에 도움을 줄 것이다.

◈ Shoreline

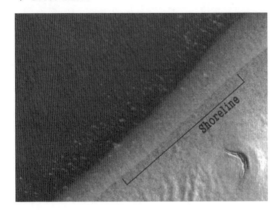

경도 126.00°W, 위도 86.96°S 지역을 촬영한 MGS MOC M09-02507 스트립에서 발췌한 이미지이다. Shoreline 근처인데, 육지와의 명확한 경계선과 함께 지상을 덮고 있는 패턴이 담겨있다.

우리가 주목해야 할 것은 뚜렷한 Shoreline이다. 이것은 드라이아이스가 만들 수 있는 라인이 아니다. 고체에서 기체로 바로 승화하는 물질은 이렇게 뚜렷한 라인을 만들 수 없다.

◈ Aram Chaos

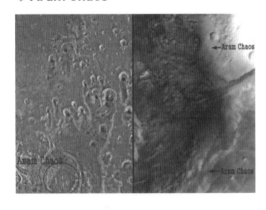

이 이미지는 경도 19.32°W, 위도 2.59°N 지역을 촬영한 MGS MOC R22-00156 스트립에서 발췌한 것이다. Aram Chaos 지역인데 거대한 배수 흔적이 나타나 있는 곳으로 유명하다.

Aram Chaos는 2.6°N, 21.5°W를 중심으로 심하게 침식된 충격 분화구이다. 큰 협곡 발레스 마리너리스의 동쪽 마가리티퍼 테라(Margaritifer Terra)와 아레스 발리스(Ares Vallis) 사이에 있는데, 다양한 지질학적 과정을 겪으면서 분화구 가장자리가 많이 무너진 상태이다.

Aram Chaos는 많은 수로를 통해 홍수가 고원 지대에서 북부 저지대로 쏟아져 나왔다는 증거를 담고 있다. 화성 궤도선의 열 방출 이미징 시스템(THEMIS)은 Aram Chaos의 바닥에 회색 결정성 헤마타이트(Hematite: 지하수가 철이 풍부한 바위를 통해 순환할 때 침전할 수 있는 산화철)를 발견한 바 있다.

화성의 다른 곳에서 지하수가 쏟아져 나와 아레스 발리스의 수로를 침식시키는 홍수가 발생한 것 같은데, 그 과정에서 Aram Chaos에 오랫동안 물이 머물러있었던 것 같다.

헤마타이트 황산염 광물과 규산염을 포함한 여러 광물이 관측되는 것으로 보아, 한때 분화구 내에 호수가 존재했음을 알 수 있다. 또한, 헤마타이트가 형성되려면 액체 물이 필요하기에, 화성이 과거에 액체 물을 보존할 수 있는 두꺼운 대기를 가지고 있었다는 사실도 유추할 수 있다.

Aram Chaos는 특이한 정보를 많이 가지고 있어서, 화성을 연구하는 학자들에게 많은 영감을 불어넣고 있다.

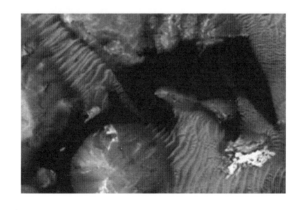

이 이미지는 경도 20.45°W, 위도 3.46°N 지역을 중심으로 촬영한 MGS MOC R15-01663 과학 데이터 스트립에서 가져온 것이다. 물이 고여있는 Aram Chaos의 저지대이다. 여기서 볼 수 있는 '릿지 형태'는, 얕은 물의 흐름이 존재하는 곳에서 전형적으로 나타나는 것이다. 해상도가 너무 낮아서 흐르는 물을 볼 수는 없지만, 깊은 풀이 존재하는 것으로 보아 물이 흐르는 부분도 있을 거라고 유추할 수 있다.

그런데 주변의 자연적 지형이 너무 이상하다. 해상도를 고려하더라도 지형의 모습이 평범해 보이지 않는다. 어떤 조작이 가해진 느낌은 드는데, 근거를 제시하기가 쉽지 않다.

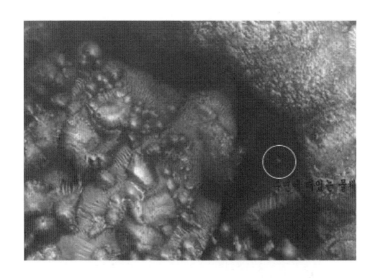

이 이미지는 경도 19.70°W, 위도 2.63°N 지역을 촬영한 MGS MOC R22-00156 스트립 일부로, 앞의 R15-01663 기반 이미지가 드러나있는데, 물 표면 아래로 잠긴 물줄기 모양이 있음을 밝히기 위해 원본의 밝기를 조금 높였다.

수면에 떠있는 물체가 보여서, 불투명하게 보이는 부분이 물체의 그림자 부분이 아니고, 물이 채워진 부분이라는 사실을 쉽게 알아챌 수 있다.

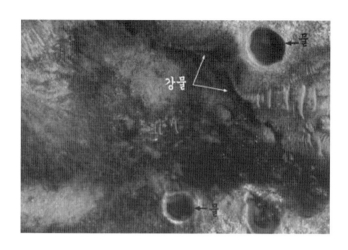

경도 341.24°W, 위도 47.20°S 지역은 확실히 이상하다. 이 이미지는 앞에 소개한 지역의 조금 더 아래쪽을 촬영한 것이다. 이곳에서 가장 주목해야 할 것은 지표수의 실루엣이다.

하나의 프레임에 웅덩이 여러 개가 들어있어, 다른 자료와는 달리, 스트립의 크기를 조금 줄여야 했지만, 위쪽의 큰 구덩이에 물이 담겨있다는 사실은 명확하게 알아볼 수 있다. 벽 안쪽의 왼쪽 부분 수위는 지표면과 분명한 거리를 두고 있어서, 물이 고여있다는 사실을 쉽게 알아볼 수 있게 해준다. 수면을 통해 밑바닥을 볼 수 있다. 혹여 고여있는 것이 물이 아닐지는 모르나 액상 물질인 건 분명하다.

이미지 하단의 왼쪽에 있는 작은 구덩이에는, 물이 고여있다고 확신할 수는 없으나, 그러한 의심을 품을 만큼의 증거는 지니고 있다.

위쪽 구덩이 아래의 화살표가 있는 곳을 보면, 물이 흐르는 작은 강이 있다. 그리고 그 바로 위와 오른쪽에 밝은 색상의 물체들이 모여있다. 이 중 일부는 건물인 것 같은데 해상도가 너무 낮아서 확신할 수는 없다.

◈ 대기 중의 수증기

위에서 제시한 증거처럼 화성의 곳곳에 물이 있다면, 화성의 대기도 상당한 물을 품고 있어야 하는 게 상식이다. 이제 그에 관한 증거를 찾아보자.

이런 면에서 우선 생각나는 건 Phoenix의 자료이다. 일반적으로는 Phoenix 미션이 성공적이지 못했다는 게 중론이나 성과가 없었던 건 아니다. 그 성과 중의 하나가 Phoenix 몸에서 발견된 물방울에 관한 것이었다. 몸체의 랜딩기어 스트럿에는 육안으로 쉽게 알아볼 수 있을 만큼 또렷하게 물방울이 맺혀있었다.

이 물방울은 조금씩 부풀었는데, 이런 현상은 대기의 습기가 액적에 모이면서 크기가 커지고 있음을 의미했다. Phoenix가 착륙한 남극 지역 주변은 온도가 극히 낮고 대기도 얇은 것으로 알려져 있기에, 상식적으로는 이런 현상이 일어나기가 불가능하다.

이 사진들은 Sol 31-Image Ig_7983과 Sol 44-Image Ig_11900로 13일의 간격을 두고 촬영한 것이다. 각 사진 귀퉁이의 검정 화살표가 가리키는 곳에 물방울들이 보인다.

물방울들이 그늘에 있고 사진의 해상도도 낮지만, 다행히 주변 지형에 쏟아지는 햇살이 워낙 밝아서 객체가 무엇인지 확실히 알아볼 수 있다. 이 물방울 증거는 착륙선 밑면의 스트럿에 맺혀있다.

Sol 97에 촬영한 Ig_26263 이미지이다. 햇빛이 들어오는 시간이어서 그런지 스트럿에 있던 물방울 껍질 일부가 무너져 있다. 이런 모습은 방울 일부가 증발했음을 의미하기에, 이것이 액체 방울이었다는 강력한 증거가 된다. 한편 화살표가 가리키는 구덩이도 주목할 필요가 있다. 무언가 고여있다.

이 이미지는 Sol 5에 촬영한 Image Ig_1018이다. 잘 보이지 않으나, 2개의 흰색 화살표가 가리키는 왼쪽 구석에 물방울이 있다. 가운데 부근에 작은 구덩이가 보인다. 액체가 얼어붙은 채 채워져 있다. 드라이아이스라고 주장할 수도 있으나, 앞에서 액체 상태로 있는 걸 보았기에, 이것이 드라이아이스일 수는 없다.

고여있는 것이 물일 가능성이 크다는 좀 더 확실한 증거도 있다. 바로 아래 이미지에 그 증거가 담겨있다.

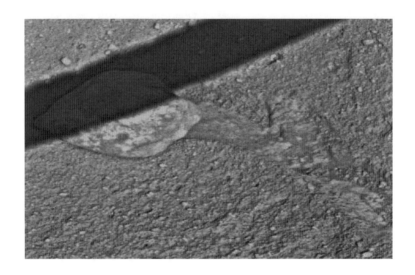

NASA 홈페이지 중에, Phoenix 미션 때 촬영된 이미지를 모아놓은 카테고리의 MOSAICS_010EFF_CYL_SR01038_RAAAM1 이미지이다. 햇빛에 녹아 Phoenix 하부의 저지대로 흘러들어 가는 액체의 흐름이 아주 선명하게 나타나있다. 이 액체는 화성의 지하에서 스며 나온 것이 아니기에, 화성의 대기에서 유리되어 나온 서리나 이슬의 결과물이다. 화성의 대기가 풍부한 수증기를 품고 있지 않다면 이런 현상이 나타날 수 없다.

◆ 트랙과 물

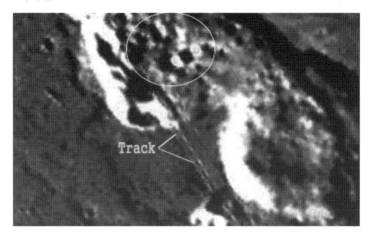

경도 41° 27′ 54.67″W, 위도 20° 54′ 35.84″S 지역을 촬영한 사진이다. 위로부터 내려온 트랙 시스템의 북쪽 끝이 보인다. 트랙의 끝이 돌출된 구조물 속으로 들어가 있는데, 그 구조물은 자연지형을 적절히 이용하여 누군가 지어놓은 것으로 보인다. 아마 물류를 보관하는 곳이거나 거주지일 것이다.

이미지 대부분이 다양한 종류의 얼룩 처리로 덮여있으나, 원으로 표시된 곳을 보면, 인공적인 구조물로 보이는 물체가 드러나있다. 주변의 지형과는 구별되는 예리한 모서리를 가지고 있고, 입체감이 느껴지는 그림자도 있다.

전체적인 모습으로 보건대, 이곳의 트랙 시스템과 부속된 구조물들은 지하에 감춰져 있는 거대한 산업 네트워크 일부분으로 여겨진다. 이 장에서 주제로 다루는 물과 무관할 것 같은 이 지역을 소개한 이유는, 다음에 소개할 거대한 물 저장 시설의 용도와 관련이 있기 때문이다.

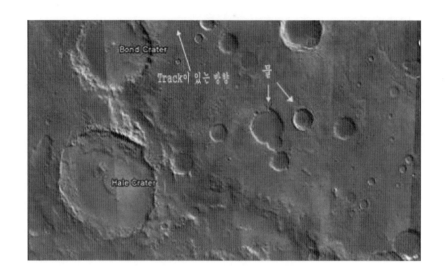

　경도 33° 03′ 33.77″W, 위도 33° 57′ 42.70″S 지역을 촬영한 광각 콘
텍스트 뷰이다. 앞에서 제시한 트랙 사이트의 아래쪽이다. 언뜻 보기에
는, 분화구가 널려있는, 화성에서 흔히 볼 수 있는 지역 같지만, 분화구를
자세히 보면, 햇빛을 반사하고 있는 정도가 일반적인 지면과 확실히 다를
뿐 아니라, 반투명한 물그림자도 느껴진다.

　이미지 원본에 여러 가지 조작이 가해진 흔적이 엿보이기에, 지형의 상
당 부분이 실제와 다를 수 있겠지만, 그렇다고 해서 물그림자까지 만들어
넣지는 않았을 것이다. 메말라 있는 크레이터 바닥에 일부러 물 이미지를
만들어 넣었을 리 없다는 뜻이다.

　물론 이런 판단에 필자의 주관이 상당히 들어있는 건 사실이다. 그렇기
에 저런 개방된 장소에 물이 저장되어있을 거라는 발상 자체가 과도하다
는 비판이 있을 수 있다. 하지만 분화구를 더 확대해서 살펴보면, 생각이
달라질 것이다.

경도 31° 52′ 50.50″W, 위도 34° 38′ 52.52″S 지역을 촬영한 사진이다. 물이 담겨있는 것이 가장 확실해 보이는 분화구 중심 부분이 보인다.

듀얼 임팩트 크레이터의 내부에서, 물 표면이 매우 두드러진 레벨링 효과를 보이면서, 분화구의 내부 벽면에 일정한 높이의 수위선을 그리고 있다.

수면 아래에 있는 분화구 바닥의 지질학적 특징이 보일 만큼 물이 투명한데, 물이 자연스럽게 고이게 되었다기보다는, 누군가 인위적으로 정수하여 보관해놓았다는 느낌이 들 정도로 맑고 깨끗하다. 다만 물을 저장해놓은 곳이 거대한 용기나 탱크가 아니고 저수지라는 게 마음에 걸릴 뿐이다.

그런데 이상하게도 이 지역에는 물이 저장된, 이와 유사한 모양의 크레이터가 많이 존재한다. Hale Crater 근처의 지하에 대규모 산업 시설이 존재하는 것은 아닐까.

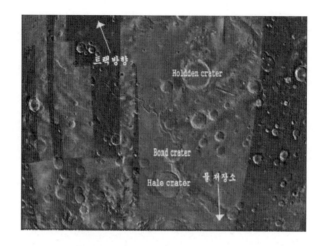

경도 37° 08′ 00.89″W, 위도 29° 09′ 11.99″S 지역을 촬영한 사진이다. 앞에서 소개한 크레이터 주변을 광각으로 촬영한 것이다. 크고 작은 크레이터가 산재해있다. 화성에 이렇게 크레이터가 많은 지역은 흔하지 않다.

물이 고여있는 크레이터가 많이 있고, 이 모든 게 외기에 노출되어있는 것으로 보아, 크레이터를 대규모 공업용수 저장고로 사용하고 있는 것 같다. 이 지역 전체는 주거 지역이라기보다는 산업 지역일 것이다.

앞에서 보았던 트랙 시스템도 어떤 물건을 나르는 용도보다는 물을 운송하는 데 사용하는 게 아닌가 싶다.

그리고 트랙 시스템에 눈이 쏠려 중요한 사실을 간과하고 있었는데, 지표에 물이 액체로 존재한다는 사실은, 중요한 암시를 내포하고 있다. 우선 물이 외기에 완전히 노출된 것으로 보아, 지열이나 기계 시설로 임시로 녹여진 물이 아닌 자연수일 가능성이 크다. 그리고 화성의 대기 상태도 우리가 알고 있는 사실과는 다른 것 같다. 적어도 액체의 물이 존재할 수 있을 만한 크기의 대기압은 가지고 있고, 우리가 알고 있는 것처럼 대기가 건조하지도 않은 것 같다. 그러니까 화성에 관한 기본적인 데이터의 상당 부분이 잘못 알려진 것 같다는 뜻이다.

도대체 왜 이런 일이 벌어졌는지 모르겠고, 잘못된 데이터가 왜 수정되지 않는지도 모르겠다. 화성 궤도선과 화성에서 활동하고 있는 로버가 보내온 데이터가 기존 정보가 잘못되었음을 강력하게 암시하고 있는데 말이다.

◈ 캔틸레버(Cantilever) 그림자

캔틸레버 그림자

위 사진을 보면, 얇은 암석 판이 만든 그늘 밑에 물 그림자가 보인다. 캔틸레버(Cantilever) 형태로 버티고 있는 암석층 아래를 보면, 암석의 그림자를 담고 있는 투명한 물웅덩이가 분명히 보인다.

물이 너무 투명해서 물이 없는 것처럼 보일 수도 있으나, 암석 판의 그림자 주위를 자세히 보면, 그곳에 얕은 물이 고여있다는 사실을 확인할 수 있다.

일단 이런 사실을 인지하기 시작하면, 그 아래 여러 곳에도 잔잔하게 물이 고여있다는 사실도 느낄 수 있다. 지역 전체에 물 특유의 반투명한 그러데이션 음영이 신비롭게 펼쳐져 있다.

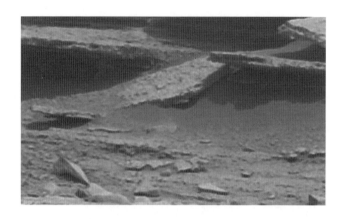

위의 이미지는 원본을 300% 확대한 것이다. 작은 물웅덩이의 가장자리를 볼 수 있고, 물에 드리워진 암석의 반그림자도 볼 수 있다. 물이 고여있다는 사실을 확인할 수 있다.

지표수는 분명히 존재하는 것 같다. 그렇다면 적어도 화성의 특정 지점은, 온도가 우리가 알고 있는 것보다 훨씬 높고, 대기압 역시 그렇다고 볼 수밖에 없지 않은가.

◆ 간헐천

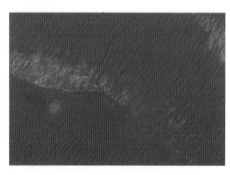

경도 74.64°W, 위도 10.35°S 지역을 촬영한 MGS MOC M03-01869 스트립에서 발췌한 이미지이다. 간헐천과 그 그림자를 볼 수 있다. 이것은 MGS MOC 과학 데이

터가 공개되기 시작한 지 며칠 지나지 않아서 찾아낸 것이다.

많은 사람이 이것을 또 다른 지표수 증거로 보고 있지만, 모두가 그런 것은 아니다. 화성이 생명이 존재하지 않는 건조한 세계라는 사실을 강조하며, 지하에서 분출되는 물기둥이 아닌 '먼지 악마'일 거라고 주장하는 사람의 수도 적지 않다. 뚜렷한 그림자가 있기에 렌즈의 오물이라고는 할 수 없으나, 이것이 분출되는 물줄기라면 주변에 그 흔적이 남아있어야 하는데, 그것이 없다는 것이다.

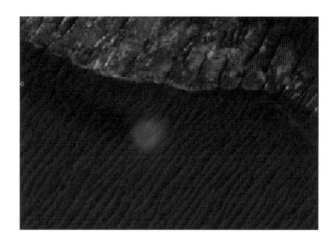

간헐천을 중심으로 200% 확대한 이미지이다. 정말 이것이 간헐천이 아니고 '먼지 악마'라고 불리는 화성 특유의 회오리바람일까. 윗뿔을 뒤집어놓은 것처럼 전체적인 외형이 너무 말끔하고, 가장자리가 중심에 비해 현저히 밀도가 낮은 것으로 보아, 회오리바람은 아닌 것 같다.

그리고 혹자는 간헐천이 맞긴 해도, 물이 아닌 화성의 내부 압력으로 분출된 모래일 거라고 주장하는데, 그렇게 보기엔 색깔이나 질감이 모래나 흙과는 너무 다르다. 지면 아래에 입자가 고운 흰모래가 축적되어있을 거라고 주장할 수도 있다. 하지만 그렇다면 주변에 그런 모래가 누적되어

있을 텐데, 그런 상태가 아니다.

물론 같은 이유로 이것이 물 간헐천이 아니라고 주장할 수도 있다. 그러니까 주변 토양에 물에 젖은 흔적이 없기에, 여기서 물이 분출하고 있다는 근거가 약하다는 것인데, 우리는 이곳이 화성이라는 사실을 잊어서는 안 된다. 지구보다는 현저히 대기압이 낮기에 증기 형태로 분무 되는 물의 입자는 순식간에 대기로 증발할 가능성이 크다.

그리고 우리는 과거의 역사를 반추해볼 필요도 있다. 화성의 표면에서 최초로 발견된 액체 물의 증거는, Leonard J. Martin 박사가 1970년대에 Viking 과학 데이터에서 발견한 물 간헐천이었다. 그 후에도 물 간헐천은 화성의 자료를 통해서 사방에서 이미 발견된 바 있다.

앞에서 제시한 여러 사실을 고려해볼 때, 화성 전체가 늘 그렇지는 않을지 모르나, 계절과 지역에 따라 대기 상태가 온습해지는 것 같다.

이런 증거가 속출하는데도 NASA를 비롯한 화성 정보를 독점하고 있는 기관에서 화성의 환경이 인간이 도저히 살 수 없는 황폐한 곳이라고 지속해서 주장하는 이유가 무엇일까. 아마 그들은 우리가 의심하고 있는 내용 이상으로 중대한 사실을 알고 있고, 그것을 감추기 위해서, 그러한 주장이 반드시 전제되어야 한다고 여기고 있는 건 아닐까.

제 5 장

초원과
숲

생명체가 도저히 살 수 없을 거라고 생각되는 환경을 '극한생존환경 (Extremophile)'이라 한다. 그런데 지구 상에서는 극한생존환경일지라도 많은 생명체가 발견된다. 사막, 심해, 지하 580m의 암반에도 미생물이 산다. 특이한 미생물들은 pH가 11을 넘거나 pH 1보다 낮은 환경, 우주방사선이 가득한 곳, 염분 농도가 극도로 높은 곳, 끓고 있는 온천물에서도 발견된다.

하지만 화성은 지구의 어떤 험지보다 더 극한적이어서, 생명이 존재할 가능성이 거의 없어 보인다는 게, 학계의 공식적인 입장이었다. 이들 반대편에서 음모론자 중심의 민간 그룹과 일부 생물학자들이 화성에도 생명체가 존재할 거라며 대치했으나, 크게 주목을 받지 못했다.

그럼에도 비주류 측은 화성의 지하에는 생명체가 존재할 거라는 주장을 포기하지 않고 있다. 과거에는 화성의 환경이 지금보다 좋았기에 생명체가 존재할 수 있었다. 화성의 환경이 열악해지고 기온이 내려가자, 생명체들은 지표보다 조건이 나은 지하호수를 피난처로 삼아, 그곳에서 휴면하고 있거나 활동하고 있을 거라고 주장한다.

그러나 오랫동안 학계 기류는 바뀌지 않았고, 대중들 역시 백안시해왔다. 기류가 조금씩 바뀔 조짐이 보인 것은 최근이다. 남극대륙 서쪽에 있는 미국의 남극기지 아래 800m 깊이의 윌리안스(Whilians) 아빙하호(亞氷河湖, Subglacial lake)에서 미생물을 발견한 게 변곡점이 되었던 것 같다. 과학자들은 윌리안스 아빙하호에서 퍼 올린 물에서 무려 4,000여 종의 미생물을 찾아냈는데, 이곳의 환경은 화성과 크게 다름이 없다.

화성의 남극 지하 1.5km 깊이에서 얼지 않은 액체 상태의 물이 가득한 호수가 있다는 연구가 2018년 7월 25일 자 「사이언스」에 발표된 후에는, 화성 생명체의 존재 가능성을 믿는 천체생물학자(Astrobiologist)들이 늘어나고 있다. 얼지 않은 액체상의 물이 화성에 존재한다면, 저온일지라도 생명체가 존재할 가능성이 크다.

그런데 위에 열거한 건 역사의 표면적인 진행일 뿐이다. 우리는 이미 앞 장에서 화성의 환경이 우리가 생각하고 있던 만큼 열악하지 않으며, 지표수 역시 여러 곳에 있다는 증거를 찾아냈다. 그리고 생명 존재의 흔적뿐 아니라, 지적 생명체가 만들었을 법한 문명의 실루엣도 언뜻 보았다.

탐사선이 보내온 자료를 찬찬히 살펴보면, 생명의 씨앗만 볼 수 있는 게 아니고 살아있는 생명체의 실루엣도 발견할 수 있다. 그리고 마음의 문을 더 열면, 화성 생명체의 힘겨운 생존 투쟁과 그 성과를 발견할 수도 있다.

◈ 확산하는 검은 점

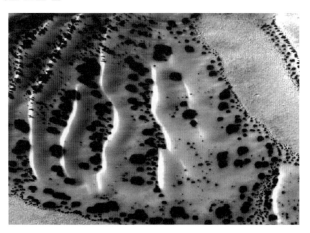

경도 9.59°W, 위도 64.87°S 지역을 촬영한 MGS MOC M04-01718 스트립에서 발췌한 이미지이다.

화성에 봄이 오면 하얗게 얼어있던 땅에 검은 구름 같은 반점들이 피어 난다. Dark Dune Sports(DDSs)라고 불리는 이 현상은, 학계의 뜨거운 논쟁거리인데, 이 논쟁의 시작점에는 헝가리 과학자들이 서있다.

자스메리(Eörs Szathmáry)와 그를 추종하는 과학자들은, 화성의 늦겨울부터 초여름에 해당하는 기간에 촬영된 65°S~71°S 지역의 사진들을 검토한 후에, 이 현상이 생명 활동의 일종이라는 주장을 내놓았다.

DDSs가 지형과는 무관하게 원형으로 성장하고, 봄 동안 구릉지의 경사면을 따라 흘러내리는데, 이는 DDSs의 발생이 액체의 출현과 관련이 있다는 증거이며, 이런 현상은 단순히 기온의 상승에 기인한 드라이아이스의 승화로 설명할 수 없기에, 생물학적 활동에서 그 원인을 찾아야 한다는 것이다. 그러면서 또 다른 쟁점이 될 개연성이 높은, 그 생물학적 활동에 대한, 구체적인 가설도 내놓았다.

화성 생명체는 극한의 환경에서 생존 확률을 높이기 위해, 태양광선의 효율적인 흡수를 위한 색소체를 진화시켜왔을 것이다. 겨울에는 생명체들이 반투명한 얼음층과 동결된 토양의 사이에서 얼음을 투과한 햇빛으로 연명하기에 급급하지만, 봄이 오면 햇빛 외에 해빙된 토양으로부터 영양분을 얻게 되면서 성장을 꿈꾸게 된다.

해빙된 토양과 물 위를 덮고 있는 얼음층은 단열효과를 제공해주고, 낮은 대기압으로 발생하게 되는 물의 기화를 막아준다. 그리고 극 지역의 긴 일조시간은 물이 밤에 결빙되는 것도 막아준다. 그러는 사이에 마치 지구의 얼음층 안에 사는 광합성 박테리아군처럼 서서히 군집의 덩치를 키워나갈 것이다.

다시 말하면, 화성에는 액체 상태의 물이 존재하며, 그것을 기반으로 번식하는 생명체도 있다는 얘기인데, 이런 파격적인 선언이 학계에 쉽게 받아들여졌을 리 없다.

이에 대해 강력한 대립각을 세운 쪽은 미국 학자들이었고, 그 주장을 선도한 학자는 글로벌 서베이어호의 열 방출 분광계 분석팀의 티모시 티터스(Timothy N. Titus)였다.

그는 흥미로운 현상이 일어나고 있는 건 사실이지만 생명체의 활동과는 무관하다고 단호하게 부정했는데, 그 논거는 NASA가 화성에 대해 보여준 태도와 맥락이 같았다. 화성의 양극 지역에 나타나는 극관은 드라이아이스가 대부분이고, 소량의 물이 존재하더라도 얼음 형태여서 생명체가 존재하기에는 부적합하다며, DDSs는 해빙 과정에서 노출된 토양이거나 어두운색을 띤 드라이아이스일 거라고 주장했다. 하지만 특별히 부가된 내용이 없어서 상대방을 설득하기에는 역부족이었다.

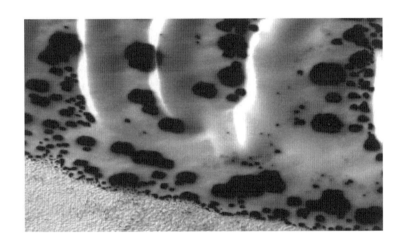

M04-01718 스트립의 두 번째 이미지는 원본을 200% 확대한 것이다. 앞의 이미지에서 보았듯이 검은 얼룩이 모여있는 곳은 저지대이고 표면도 아주 매끄러운데, 그 질감이나 반사광을 고려해볼 때 드라이아이스라기보다는 물 얼음으로 보인다.

기존의 지식을 바탕으로 하면, 물 얼음이 아니고 드라이아이스여야 하지만, 그렇다면 이렇게 저지대에 고여서 응고되어있을 수 없고, 녹아내린 흔적이 있을 이유도 없다. 왼쪽 경사면이 상대적으로 강한 태양 복사로 인해서, 다른 능선의 완만한 경사와는 달리, 날카로운 경사를 가지고 있다는 사실도 이것이 드라이아이스가 아니라는 증거가 될 수 있다.

액체 또는 반액체 슬러시 물이 높은 곳에서 낮은 가장자리 구역을 향해 흘러내린 후에 평평한 가장자리 영역으로 확산하고 있다. 매끄러운 표면은 미세한 용융물의 자체 수평 조절 과정에 의해 생성되며, 주기적인 미세 용융 및 동결 상태의 반복을 통해서, 물 얼음의 특징을 갖게 된다. 그리고 추정대로 하얀 바탕이 물 얼음이라면, 검은 반점은 용융물의 흐름에 의존하는 생물체일 가능성이 커진다.

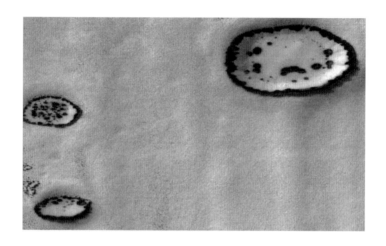

경도 324.54°W, 위도 66.47°S 지역을 촬영한 MGS MOC M07-02775 스트립에서 발췌한 이미지이다. M04-01718 스트립 속의 풍경과 유사한 곳을 멀리서 본 스트립인데, 이 자료를 보면, 생각이 또 달라진다.

이곳의 정경을 관찰해보면, 액체가 오래 고여있었을 것으로 보이는 저지대의 가운데 부분은 검은 반점들의 분포가 고르지 않고, 저지대 가장자리에 상대적으로 고르게 농축된 고리가 그려져 있다. 이런 사실엔 중요한 암시가 내포되어있다.

이 덩어리는 적어도 부분적으로 고체 상태에서 액체 흐름 상태로 변환되고, 얼음의 표면과 밀접한 관계를 맺고 있으며, 개체가 뿌리를 가지고 있지 않을 가능성이 크다. 그렇기에 이 반점은 생명체의 증거라기보다는 지질학적 화학 반응으로 느껴진다.

과연 진실은 무엇일까. 형가리 과학자들은, 생명체가 태양열을 흡수하면서 주변의 얼음을 녹이는 현상으로, DDSs의 발생 과정을 설명하고 있고, 티터스는 드라이아이스의 승화로 유발되는 현상으로 설명하고 있는데, 남극 지역은 극한 지역이기에 기온만을 고려하면 티터스의 설명이 더 논리적이다.

그러나 위성사진에는 티터스의 견해를 지지하기 어렵게 만드는 증거가 적지 않다. 액체가 지표면을 따라 흐른 모습이 사방에 있는데, 액체 상태의 이산화탄소는 화성에 존재할 수가 없기에, 액체가 흐른 모습은 이산화탄소가 아닌 물에 의한 것으로 보는 게 합리적이다.

DDSs의 발생이 생명체의 활동과 관련이 있는지를 따져 보는 일도 중요한데, 얼음층 밑에서 겨울을 보낸 광합성 미생물들이 봄이 되면 햇빛과 토양에서 적극적으로 에너지를 흡수하여, 주변의 온도를 상승시킨다는 게 사실일까.

그렇다면 얼음층이 얇아지게 되어 반점들이 보이기 시작하는 게 당연하다. 그리고 얼음이 완전히 녹게 되면, 급격한 증발로 건조 현상이 나타나서 짙은 검은색도 드러나게 되는데, 이는 DDSs의 중앙이 주변보다 짙게 나타나는 이유를 설명해주기도 한다.

하지만 비록 봄이 되어 기온이 상승한다고 하더라도, 위도 $65°$ 이상의 초봄 기온은 $-70°C \sim -120°C$에 이르며, 늦봄이 되어야 지표면 온도가 섭씨 $0°$에 근접한다. 그렇기에 봄이 되어 날이 따뜻해져도 얼음이 녹을 정도까지 기온이 올라가기 어렵다. 설사 얼음 일부가 일시적으로 녹더라도 긴 거리를 흘러가기는 불가능할 것 같다.

그렇다면 혹시 알려진 기온보다 화성의 실제 온도가 훨씬 높은 것은 아닐까. 일부 학자들은 NASA에 의해서 제공되고 있는 각종 데이터에 의문을 제기하고 있다. 하지만 글로벌 서베이어가 전송해오는 데이터를 꾸준히 살펴봐도 기존 데이터와 별 차이가 없다. 그렇다면 극관을 녹이며 액체 상태의 물이 지면을 흘러내리는 현상은 어떻게 설명할 수 있는가. 아마 여러 가지 요인이 복합적으로 작용하고 있는 것 같다.

먼저 DDSs가 나타나는 지역이 남극 전체가 아니고 위도 $65°\sim71°$ 사이에서 국지적으로 발생한다는 사실을 주목할 필요가 있는데, 이런 사실은 얼음으로 덮여있더라도, 지열의 차이가 DDSs의 발생에 간여할 수 있을 거로 추정하게 한다. 또 하나의 가능성은 액체 물의 성분에 관한 것이다. 순수한 물보다 염화나트륨이 용해된 물은 어는점이 낮기에, 미네랄 농도가 높은 물이라면 녹는점이 상당히 낮아질 수 있다.

그리고 생물학적 원인도 염두에 둬야 한다. 물이 존재하는 곳에는 생명체가 존재할 가능성이 크다. 많은 양은 아니더라도 극관에 물 얼음이 포함되어있다는 것이 밝혀졌기에, 이 지역에는 생명체의 존재 가능성이 상대적으로 높다고 봐야 한다. 그래서 겨울 동안 얼음층 밑에서 웅크리고 있던 생명체가 봄이 되어 활동을 시작한다면, 이 과정에서 나오는 열이 주변의 온도를 상승시켜 얼음을 녹이고 검은 반점들을 발생시키는 데 영향을 미칠 수 있다.

하지만 이것도 어디까지나 추정일 뿐이다. DDSs의 발생에 관한 어떤 의견도 모두의 공감을 얻지 못하고 있다. 결국, 지금까지 알려진 자료로는 진실을 찾아내기에 역부족이다.

하지만 DDSs의 발생 원인은 화성 생명체를 찾아내는 문제와 맞물려있어서 매우 중요하기에 그에 관한 연구를 멈출 수 없다.

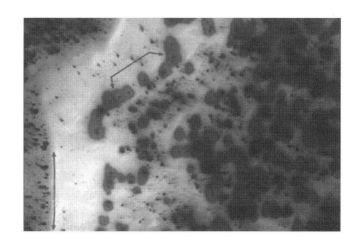

　206.97°W, 69.95°S 지역을 촬영한 MGS MOC M04-03317 스트립에서 추출한 이미지이다. 화살표로 표시된 샘플을 주목하라. 위의 짙은 색조의 투명한 부분과 중심 근처 지역의 투명도를 비교해보자.

　아마 투명도가 높은 부분은 어둡고 단단한 부분의 초기 발달 단계일 것이다. 이렇게 발달하기 시작한 얼룩이 이 산등성이 아래의 넓은 골짜기까지 내려간다.

　이 지역은 유기물이 풍부한 지역이고, 검은 얼룩은 원시적인 생명체일 것 같다. 혹독한 환경에서도 살아갈 수 있는 강한 생명력을 가진 존재일 것이다. 그리고 이것의 다음 진화 단계가 다른 지역에서 볼 수 있는 특정 나무 모양의 균류식물일 것 같다.

　물론 여기에서 물의 존재는 핵심적인 생존 조건이며, 수분을 충분히 흡수할 수 있는 포자가 물 표면이나 얼음 덩어리에 떨어지면 발아할 것이다. 그리고 그 후에는 점유 면적을 확대하면서 더 많은 열을 발생하여 주변의 얼음을 녹일 것이다.

　위 사진을 자세히 살펴보면, 어두운 색조의 액체로 채워진 각 저지대의 어두운 중심점이 유기적으로 연결되어있다는 사실을 알 수 있다.

이러한 메커니즘이 발달에 유리한 토양에서 발생하면, 액체 영양염 풀이 확산하는 형태로 발달하겠지만, 그러지 못할 경우라면, 영양염 저장소가 더 짙고 어두운 형태로 변해갈 것이다.

확률로 따져 보면, 초기 형태는 높이가 너무 낮아서 어두운 곰팡이처럼 나타날 것이다. 퇴적물이 없는 곳이어서 영양물 이용이 가능하지 않기 때문에, 솜털 단계를 넘어가지 못할 것이다. 그래서 대부분 지점은 어둡고 평평하게 보일 것이다.

흔하지 않은 경우이지만, 바람에 날린 퇴적물이 공급되는 얼음 덩어리에서는, 초기 생명체가 번성하여 식물 모양을 갖출 수 있을 것 같다. 그래서 약간의 그림자를 드리우고 포자를 던질 정도로 성장해서 도약을 꿈꿀 것이다.

그다음 단계는, 확산하는 연기와 같은 형태로 보일 가능성이 크다. 유동성 있는 얇은 덩어리이기에 병합된 확산 모양을 갖게 될 것이다. 이런 디자인은 공기 접촉면과 시간을 늘리는 덩굴손 같은 모양으로 천천히 변해갈 것이다. 점차 짙어지는 개체의 색은 햇빛으로부터 여분의 열을 흡수하는 데 유리하게 작용하여, 주변에 액체 물을 늘여갈 것이다.

물과 태양열의 도움을 받으며 유기체 덩어리는 확산하겠지만, 저지대의 평탄한 곳에서는 바람이 종종 심각하게 몰아쳐 생존 고도를 제한할 것이므로 위로 발달하기보다는 수평적으로 뻗어나갈 것이다.

하지만 산등성이의 바람이 불어오는 위쪽에서는, 저지대에서 끊임없이 상승하는 공기가 차가워지면서 눈의 형태로 침전되어 수증기 공급이 자연스럽게 되기에, 추위에 강한 이 식물은 직립할 것이며 형태도 조밀해질 것이다.

그렇게 몸체가 거대해지면 능선 꼭대기에서 습기와 눈을 넓은 상부 표면에 붙잡게 된다. 그리고는 태양 복사를 흡수하여 눈 코팅을 녹여서 녹은 물의 일부를 저지대로 흘려보낼 것이다.

열악한 지상 환경 때문에 물 자원이 지속해서 증발하여도, 이러한 식물군의 작용이 화성의 환경이 더는 악화하지 않게 도움을 주는 동시에, 점진적으로 개선해주는 역할을 하는 것으로 보인다. 물론 이런 역할은 의도적으로 한 것이 아니고, 그들의 생존 전략에서 파생된 효과이다.

이런 식물군은 다중 적응 솔루션으로 해결한, 성공적인 틈새 적응형 생물체라고 할 수 있다. 그들은 지표 수자원이 줄어들어 환경이 점점 열악해지자 스스로 생존 방식을 체득했을 것이다.

◈ 숲의 시작

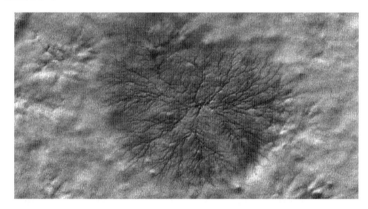

경도 293.75°W, 위도 81.83°S 지역을 촬영한 MGS MOC E13-01971 스트립에서 발췌한 이미지이다. 이 지역 역시 생명체 활동 여부에 대해서 많은 논란이 있는 곳이다. 이미지의 가운데 부분에 있는 복잡한 선을 주목해보자. 생명 활동의 표시일까, 아니면 단순한 지각의 균열일까.

얼핏 보기에는 그냥 지각의 균열 같다. 지구처럼 생명이 번성하기 적합한 환경을 갖추고 있는 곳이 아니고, 메마르고 추운 환경을 지닌, 생명체가 번성하기에는 너무도 열악한 화성이기에, 그냥 그렇게 보고 넘기면 될 것 같긴 한데, 그렇게 넘어가기에는 왠지 찜찜하다.

생명체의 실루엣이라고 단정하기 어렵지만, 그렇다고 지각이 방사형으로 균열되었을 뿐이라고 간주해버리기에는, 주변의 토양과 색깔이 너무 다르고, 그 모양도 지각의 균열로 보기 어려울 정도로 조직적이고 조밀하다.

모든 상황을 고려해보건대, 지각의 균열이라기보다는 생명체 번성의 초기 모습에 가까워 보인다. 물론 지구의 식물처럼 화려한 색깔을 가지고 있지 않고 풍성하지도 않지만, 화성의 식물은 지구의 그것과는 다른 진화 과정을 겪었을 거라는 사실을 고려하면 의구심이 잦아든다.

이것은 화성 고유의 생명체 형태인 거대한 곰팡이나 이끼류 또는 그것이 조합된 것과 유사한 생명체의 초기 모습이 아닐까. 물론 이런 주장을 강력하게 내세울 수는 없다. 무엇보다 거대한 범주에 비해서 너무 앙상해서, 살아있는 개체로 보이지 않고, 전체적인 모습이 균열한 지각과 흡사하다는 의구심이 완전히 지워지지 않기 때문이다.

293.47°W, 81.93°S 지역을 촬영한 MGS MOC E12-01762 스트립에서 발췌한 이미지로, 앞에서 제시한 지역과 인접한 곳이다. 이 스트립은 생명체 클러스터 지역과 토양의 경계 지역을 확대해서 촬영한 것이어서, 의구심을 줄일 수 있는 참고자료로 적합할 것 같아서 관찰해보았다. 하지만 안타깝게도 기대했던 것만큼 도움이 될 것 같지 않다.

경계를 중심으로 양쪽의 색깔이 확연히 다르고, 이미지의 색깔이 조작되지 않은 것도 확실하지만, 생명체가 하얀 토양 쪽으로 가지를 뻗고 있는 것인지, 경계 양쪽 토양의 질이 달라서 균열의 정도가 다른 것인지를 구분하기가 여전히 어렵다. 다만 클러스터의 중앙부의 색깔이 더 짙고, 가장자리로는 색깔이 엷어지며, 전체적인 모습이 평면적이 아닌 것은 확실하기에, 입체적으로 모양을 갖추어가고 있는 생명체일 거라는 느낌이 들기는 한다.

◆ 숲의 발견

201.39°W, 81.86°S 지역을 촬영한 MGS MOC S06-00607 스트립에

서 발췌한 이미지이다. 이 정도면 자연지형이 아니고 식물의 군집이라는 사실은 부정할 수 없을 것 같다. 앞에서 본 E13-01971 스트립 속의 빈약한 존재가 성장한 형태일 가능성도 있어 보인다.

　해상도가 좋지 않아서 원본 이미지에 조작을 가한 게 아닌가 의심할 수 있으나, 편하게 보기 위해 시계 방향으로 조금 회전시킨 것 외에는 아무런 조작을 가하지 않은 것이다. 숲 외의 토양 부분이 너무 밝아서 그 부분의 세부 모습은 보이지 않지만, 숲의 전경을 살피기에는 오히려 수월하다.

　나무와 유사해 보이는, 어두운색을 띠고 있는 직립 물체들은 암석이나 토양을 닮지 않았을 뿐 아니라, 지역 전체의 모습이 지구의 전나무 숲과 닮아있어서 친근감이 든다. 나무와 유사한 직립 물체들이 서있는 배경에는 가느다란 가지나 덩굴을 가진 식물의 그림자도 보인다.

　이 장면은 앞에서 보여준 지역의 바로 오른쪽 지역인데 150% 정도 확대한 것이다. 직립하고 있는 커다란 개체들이 암석이나 흙더미가 아니라

는 것을 분명히 알 수 있다. 하지만 이것이 나무와 유사한 종류의 생명체인지는 여전히 확신할 수 없다.

이것이 지구의 어느 곳에서 촬영된 것이라면, 화질이 좋지 않은 전나무나 소나무 숲의 사진으로 판단했을 것이다. 그러나 이곳은 화성이고 이곳에 모여있는 개체들은 지구인이 처음으로 보는 것들이다.

키 큰 개체들 너머로 작은 개체들이 자라고 있는 광경이 보이고 비어있는 공간을 향해 팔을 뻗고 있는 모습도 보이기에, 이것들이 살아있는 생명체라는 사실은 확실히 알 수 있다. 이런 모습은 지구에서도 흔히 목격되는 정경이다.

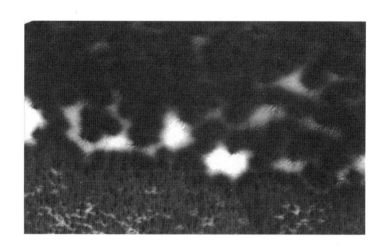

앞에서 본 지역과 거의 같은 지역을 촬영한 MGS MOC S06-00607 스트립에서 발췌한 이미지로, 201.39°W, 81.86°S 지역의 전체적인 모습을 멀리서 바라본 것이다. 앞에서 본 이미지는 이 전경의 앞쪽 부분에 해당하는 곳이기에, 그 뒤쪽에 거대한 크기의 개체들이 모여있을 거라는 사실을 짐작할 수 있는 상황이었다.

위쪽의 거대한 개체들의 모습을 보면, 이들이 왕성한 생명력을 가진 개체들의 집단이라는 사실을 확인할 수 있을 뿐 아니라, 이들의 번식 방법도 짐작할 수 있을 것 같다. 이 개체들은 덩굴손 같은 것을 주변으로 뻗으면서 자신들의 세력을 확장하고 있다. 화성에 생명체가 존재하지 않을 거라고 믿고 있거나, 박테리아 이상의 고등생물 존재를 완고하게 부정하는 사람일지라도, 이 자료를 보면 고집을 꺾을 것으로 보인다. 이것이 어떤 종류의 개체인지는 알 수 없지만, 그렇다고 해서 이것이 생명 현상의 결과가 아닌, 다른 자연 현상이라고 말하기는 더욱 어렵다.

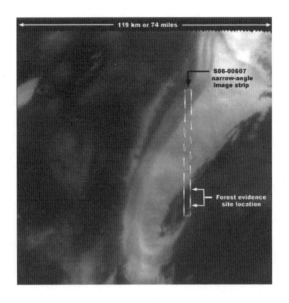

S06-00608 광각 콘텍스트 스트립이다. 이것을 보면 S06-00607 협각 스트립으로 촬영된 지역의 위치와 넓이를 알 수 있고, 개체가 집단으로 모여 서식하고 있는 위치도 알 수 있다.

현재 숲이 있는 지역은 경사지인데, 그 아래 평지는 애초부터 생명체가 존재하지 않은 곳이 아니라, 있던 생명체가 죽었거나 누군가 벌채했을 수도 있겠다는 생각이 든다. 지형적으로 경사지에도 저렇게 무성한 숲이 형성되었는데, 그 아래의 평지에 식물이 자라지 않았을 리 없다.

S06-00608 스트립에 관한 공식 통계에 따르면, 이 지역을 수평으로 측정했을 때 약 119km 정도가 된다. 그리고 광각 사진을 보면, 숲이 S06-00607 협각 띠에만 존재하는 게 아니라, 매우 많은 양이 이 지역 전반에 분포하고 있다. 적어도 S06-00607 스트립 윤곽선의 왼쪽에 있는, 짙은 색의 지형 대부분은 S06-00607과 같이 울창한 산림이 형성되어있을 것 같다.

지구 상의 수많은 탄소 기반의 식물은 이산화탄소를 흡수하고 산소를 생산해내는 엔진처럼 살아가는데, 화성의 식물도 그런지는 모르겠다. 어떤 형태로 살아가며 번식하는지도 알 수 없다. 태양계의 다른 행성들에 사는 생명체는, 지구와는 다른 환경 속에서 다른 진화의 길을 걸어왔겠으나, 살아가는 방식이 지구 생명체와 크게 차이 나지는 않을 것이다.

◈ 거대한 식물

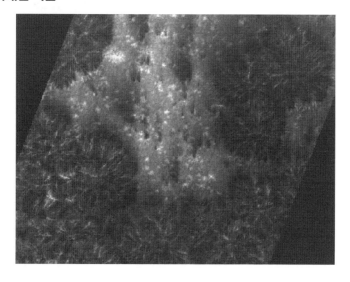

284.34°W, 82.02°S 지역을 촬영한 MOC M08-04688 스트립에서 발췌한 이미지이다. SPSR(Society for Planetary SETI Research)의 회원인 Tom Van Flandern 박사가 워싱턴 DC의 프레스 클럽(Press Club)에서 그의 팀의 예외적인 발견을 발표하면서 공개한 것인데, 그는 이 이미지 속의 물체가 거대한 식물의 집단으로 보인다고 주장했다.

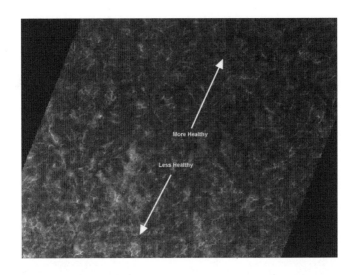

Tom 박사가 공개한 동일 지역의 다른 이미지이다. 원본을 180% 확대한 것이다. 이와 유사한 이미지는 이미 많이 공개되었으나 이처럼 선명한 것은 드물다. MSSS 웹 사이트의 계산에 따르면, 이 이미지 스트립의 실재 너비는 2.83km이다. 이를 기준으로 식물로 추정되는 이 집단의 크기를 계산해보면, 너비가 1.02km 정도이다.

그런데 이것이 식물이 맞을까. 외형상 그렇게 보이기는 하지만 Tom 박사의 주장에 동의하지 않는 학자가 적지 않다. 부정적 시각을 가진 학자들이 비판 증거로 내세우는 건 바로 그림자이다. 카메라의 각도와 거리를 고려하더라도, 식물에 의해 땅에 드리워지는 그림자 모습이 터무니없이 작다는 것이다. 거대한 식물이든 식물의 군집이든 어느 정도 입체적인 모습을 갖추고 있을 텐데, 마치 특이하게 생긴 평원처럼 그림자의 모습이 보이지 않는다는 것이다. 거대한 부피를 지탱하기 위해 지면에 낮게 붙어 있다고 해도, 기본적인 덩치가 있기에 거대한 그림자가 보일 듯한데, 그렇지 않다.

하지만 거의 같은 이유를 이것이 식물이라는 증거로 내세우는 측도 있다. 너무나 거대해서 지면에 거의 달라붙어 있기에 그림자가 보이지 않고, 지구와는 환경이 다른 화성에서 진화해온 식물이어서, 거대해도 이끼처럼 스스로 습기를 보호하기 위한 형태를 가지고 있을 것이며, 카메라의 각도가 거의 수직이어서 입체적으로 보이지 않는다는 것이다.

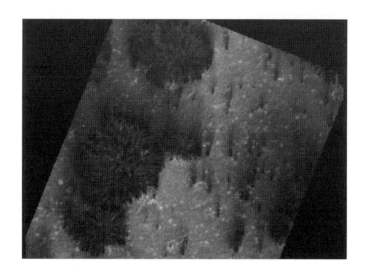

이 이미지도 경도 284.34°W 위도 82.02°S 지역을 촬영한 것이나 앞의 지역보다 조금 아래쪽 지역이다. 확대해보니 적어도 토양이 완전히 노출된 지역은 아니라는 확신이 생긴다. 바닥을 채우고 있는 식물의 밀도가 얼마나 높은지도 알 수 있다. 위쪽은 무성하고 아래쪽은 상대적으로 그 세력이 약해 보이는데 아직 미성숙해서 그런지 성숙한 후에 쇠퇴한 것인지는 알 수 없다.

옆의 사진은 위와 같은 지역을 촬영한 MOC M08-04688 스트립이다. 전체 스트립을 27% 정도 축소하여 광역을 볼 수 있게 한 것인데, 숲이 얼마나 넓은 지역에 분포되어있는지 알 수 있다. 그리고 평탄한 지역과 함께 숲을 볼 수 있어, 그 입체감도 함께 느낄 수 있고, 숲 지역이 이상하게 생긴 지형에 불과하지 않다는 사실도 알 수 있으며, 식물 성장의 여러 단계를 함께 볼 수 있어서, 이곳이 식물 생태계임을 확신할 수 있다.

죽은 식물들은 창백해지는 것을 제외하고는 건강한 식물과 비슷해 보이는데, 지구에서 흔히 볼 수 있는, 줄기가 있는 키가 큰 나무의 경우는, 죽으면 적어도 일부가 없어지거나 썩어서 사라진다.

하지만 이곳의 식물군은 핵을 중심으로 방사형으로 자라며, 방사형 가지의 대부분이 지면에 의해 지지 되고, 조금 높은 곳에 있는 가지는 아래쪽에 있는 가지에 의해 지지 되는 것으로 보인다. 이러한 식물들은 위도 75°~85°S 사이에 주로 분포한다. 더 위쪽으로 가면 얼음이 나오고, 그 아래쪽은 사막이 시작되는데, 왜 이러한 분포를 보이는지는 모르겠다.

◆ 숲과 호수

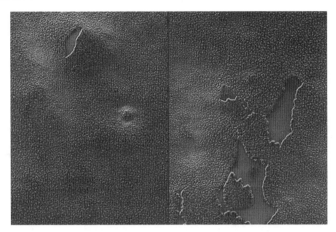

경도 296.07°W, 위도 80.96°S 지역을 촬영한 M09-02042 스트립에서 발췌한 이미지이다. 물 호수가 보이고 그 가장자리에 광범위한 고밀도 숲이 보인다. 이 호수에 있는 물은 반투명해 보이는데, 암석 일부가 호수 표면으로 드러나있다.

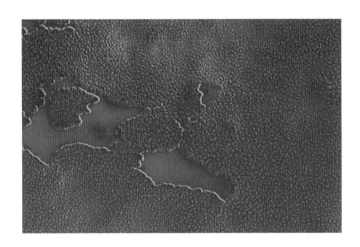

앞에 게재했던 곳과 같은 지역인데, 200% 확대하여 보기 편하게 90°
회전시켜놓은 것이다. 이 이미지에서는 숲이 호수의 주변을 어떻게 감싸
고 있는지 쉽게 알아볼 수 있다.

◈ 거대한 지의류

J337.20°W, 77.24°S를 촬영한 MOC M08-04110 스트립에서 발췌한
이미지이다. 여기에는 거대한 크기의 지의류와 유사한 식물들이 군집을
이루고 있는 고지대 모습이 촬영되어있다.

이 이미지를 공개한 이유는, 앞에서 소개한 것과는 전혀 다른 환경이기
때문이다. 대부분의 지의류는 저지대에서 발견되는데 이곳은 예외적으로
고지대이다. 물론 이곳에서도 고지대에서 자라난 식물이 협곡을 거쳐서
다시 저지대로 확장되어있긴 하지만, 고원의 높은 지점과 협곡에 의해 형
성된 경사면의 꼭대기에 이끼류 숲이 번성해있다.

위쪽 영역에 흩어져 있는 검은 반점의 대부분은 습기의 존재를 증명하
는 물 얼룩이며, 이것이 이끼류의 성장을 촉진하고 있다. 위쪽 화살표는

스머징 도구를 이용해서 이미지 조작이 가해진 부분을 가리키고 있고, 왼쪽 아래의 화살표는 구조물과 그 부속 공간을 가리키고 있다.

앞 이미지 속의 지역으로부터 조금 아래쪽에 전개된 급경사 주변을 180% 확대한 것이다. 이 이미지를 통해서 숲이 고산 지대에 있다는 것을 확실히 알 수 있다. 혹여 지의류와 유사한 식물들의 군집이 아니라 특이한 형태의 암석일 가능성도 있다는 의심도 머릿속에서 말끔히 지울 수 있다.

숲의 가장자리는 날카로운 경사가 있는데, 그 경사로 인해서 식물의 입체감도 확연히 드러난다. 골짜기 아래에 식물이 거의 없는 것으로 보아, 이 식물은 적당한 햇빛을 요구하고 있으나 많은 수분을 요구하지 않으며, 적당한 수분을 스스로 유지하는 능력을 지닌 것으로 여겨진다. 그렇기에 지구의 지의류와 흡사해 보이는 것은 사실이지만, 성질은 크게 다를 것으로 여겨진다.

◈ 관목 혹은 거대한 버섯

159.67°W, 38.32°N 지역을 촬영한 MOC M04-04070 스트립에서 발췌한 것이다. 사진에서 볼 수 있듯이, 이 지형엔 알 수 없는 개체들이 밀집되어있어서 기반 지형을 알아볼 수조차 없다.

부감하는 시각에서도 개체의 입체감이 확실히 느껴지고, 그것이 결코 특이한 암석들의 집합이 아니라는 사실도 알 수 있지만, 개체의 모양이 지구의 것과 너무 달라서 문자로 설명하기가 모호한 것도 사실이다.

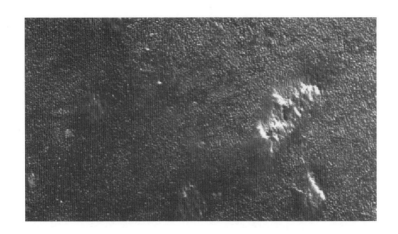

앞 사진 속의 지역보다 조금 위 지역을 확대한 것이다. 이미지 속의 개체들이 너무 밀집되어있고, 모양과 크기가 유사해서 확대해서 봐도 각각을 구별하기 쉽지 않다.

하지만 밝게 빛나는 작은 점이 특이한 지형의 잔잔한 반사광들의 집합이 아니고, 개별 물체의 반사광이라는 것은 확실하게 알 수 있다. Arcadia 평원의 다른 지역과 확연히 구별되는 광 반사율의 차이를, 태양의 고도로 부분적인 설명은 할 수 있을지 모르지만, 그것으로 모두를 설명하기는 불가능하다.

원본 해상도의 한계로 인해 더는 확대하기 어렵다는 것이 아쉽다. 이 이미지는 원본 이미지를 140% 확대한 것인데, 더 확대하면 이미지 전체가 무너진다. 이미지 속의 개체들이 지구 상의 거대한 버섯이나 관목을 닮기는 했지만, 냉철하게 살펴보면 그것들과는 분명히 차이가 있다. 그런 탓인지 물리적으로 매끄럽고 단단해 보인다는 점을 들어서 인공적인 구조물로 보는 이들도 있다. 그러니까 이 정경이 거대한 건물의 바다로 보인다는 것이다.

◆ **선태식물(Bryophyta)**

250.77°W, 84.12°S 지역을 촬영한 MGS MOC R07-02245 스트립 일부이다. 앞에서 제시한 식물과는 다른, 선태식물과 유사한 개체가 들판을 가득 채우고 있다. 지구 상의 선태식물은 대체로 돋보기로 보아야 할 정도로 크기가 작긴 하지만 강물이끼속(屬)이나 다우소니아속처럼 길이가 30cm 이상 되는 것도 있다.

이미지 속의 지역은 비교적 큰 개체들이 모여 사는 곳인데, 지구의 그것처럼 풍부한 물을 품고 있는 것처럼 보인다. 물론 지구의 선태식물과는 다른 개체이겠지만, 바위나 토양이 만든 패턴이 아니고, 생명체 존재의 증거인 것은 틀림없다.

지구의 초원과는 풍경이 달라서 다소 생소하지만, 개체들의 밀도가 믿을 수 없을 정도로 높아서 생명체 특유의 활력도 느껴진다. 표면에 드러나있지는 않지만, 물을 공급해주는 강력한 수원이 주변에 존재하지 않고서는 이런 생명체의 군집이 만들어질 수 없다.

◆ 양치류 혹은 지의류

225.65°W, 위도 80.62°S 지역을 촬영한 MGS MOC R08-01722 스트립에서 발췌한 것이다. 앞에서 제시했던 생명체 증거보다는 조금은 증거력이 떨어져 보이는 개체들이 담겨있다.

확실한 자료들이 많이 있는데도, 굳이 이 자료를 게재하는 이유는, 식물의 군집으로 볼 수 있는 풍경 중에 이와 유사한 것이 화성의 궤도선에 가장 많이 촬영되기 때문이다.

화성은 불모지여서 생명체의 군집이 있을 수 없다는 선입견 때문에 간과하는 경향이 있지만, 이 정경은 화성에서 가장 흔하게 볼 수 있기에, 가장 일반적인 식물 서식 형태일 가능성이 크다. 앞에서도 말했지만, 지구와는 환경이 전혀 다른 행성이기에, 식물들이 전혀 다른 진화의 길을 걸어와, 그 모습이 낯설 수 있다. 하지만 생명체가 아닌, 독특한 지형으로 치부할 수는 없을 것 같다.

그리고 이와 유사한 수많은 지역 중에 굳이 이 지역을 선택하여 게재한 이유가 하나 더 있다. 바로 숲 주변에 있는 이상한 구조물이 있기 때문이다. 마치 숲을 생존의 터전으로 삼고 있는 누군가의 주거 시설 같은 구조물이 보인다.

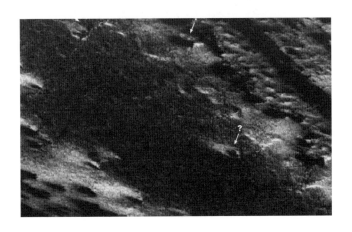

앞 이미지 속의 지역보다 조금 우측에 있는 지역을 촬영한 이미지로, 원본을 150% 정도 확대한 것이다. 왼쪽 아래 초목들의 모습이 일부 보이는데, 숲을 벗어난 위쪽을 보면, 물음표 표시를 해둔 곳에 인공 구조물들이 보인다.

해상도가 좋지 않아서 상세한 구조를 알 수는 없지만, 이 3개의 개체가 자연지형이나 암석이 아니라는 사실은 확실히 알 수 있다. 물론 이 구조물의 존재가 숲의 존재와 직접적인 관련이 없기는 하다.

하지만 인공적으로 만들어진 구조물이 있다는 것은, 적어도 그 주변 지역이 살 만한 지역이라는 사실을 암시하는 동시에, 숲을 이루는 식물보다 훨씬 고등 생명체가 존재한다는 사실도 암시하는 것이다.

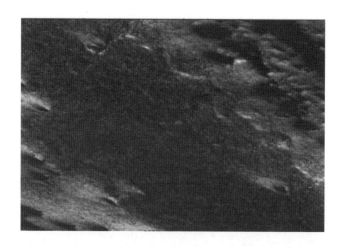

이것은 원본을 200% 확대한 이미지이다. 이렇게 보니 애초에 숲으로 인식했던 지역 이외의 전 지역이 다양한 식물로 덮여있는 것 같다.

구조물 앞쪽에는 이끼나 조류 비슷한 것들이 낮게 깔려있고, 뒤쪽으로는 거친 질감을 가진 숲이 넓게 전개되어있는 것으로 보인다.

◆ 또 다른 초원

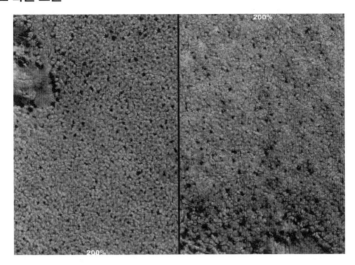

210.36°W, 79.19°S 지역을 촬영한 MGS MOC S08-00170 스트립에서 발췌한 이미지이다.

잔잔한 이끼 같은 것이 카펫처럼 지면에 깔려있다. 이미지의 해상도가 좋지 않을 뿐 아니라, 개체의 밀도가 고르지 않고 바탕이 되는 지형 자체도 요철이 많아서, 생명체가 서식하고 있다고 확언하기는 어렵다.

하지만 토양이 그대로 노출되어있지 않고 어떤 개체들이 지면을 덮고 있는 것은 확실하다. 지표면의 암석이나 토양이 그대로 드러나있지 않고 그 위에 뭔가가 덮여있다.

◈ 거대 식물군

284.38°N, 82.02°S 지역을 촬영한 MGS MOC M08-04688 스트립에서 발췌한 이미지이다. 이곳의 개체들을 보면, 그것들이 주변의 지형과는 확연히 구분되며, 그 본질적인 특성이 식물과 거의 같다는 사실을 알 수 있다.

이 이미지의 확장자는 GIF로 MSSS에서 가져온 것이다. 증거물을 입체적으로 볼 수 있는 시각이어서 해상도가 낮은데도 개체의 특징을 금방 알아볼 수 있다. 거대한 나무와 지의류의 특성을 함께 가지고 있는 듯한데, 지구의 나무처럼 수직으로 공간을 확보하기보다는 수평으로 영역을 넓혀가는 습성을 가지고 있는 것 같다. 하지만 개체의 수가 더 많아지면 또 다른 행태를 보여줄 가능성이 있어 보인다. 그 근거는 군집에서 분리된 채 서식하고 있는 개체들을 보면, 마치 지구의 나무처럼 수직으로 가지를 뻗고 있다는 사실에서 찾을 수 있다.

어쨌든 이 이미지들만으로 이 안에 담겨있는 개체의 속성을 충분히 알아내기는 불가능하지만, 이 개체가 자연 토양이나 특이한 모양의 암석이 아니라는 것은 확실히 알 수 있다. 이것만큼 중요한 사실이 어디 있겠는가.

화성에 생명체가 분명히 존재하며, 우리가 생각하는 것보다 훨씬 다양하기도 하다는 사실을 일반화할 수 있는 샘플을 찾는 일이 무엇보다 중요하다. 그래야 화성의 참모습을 직시할 수 있게 되어, 더 진전된 논의를 시작할 수 있지 않겠는가.

하지만 그게 쉽지는 않을 것 같다. 이런 확실한 증거가 있는데도 과학계 주류의 의견은 요지부동이기 때문이다. 화성에 생명체가 있다는 증거는 없으며, 이 이미지 속의 개체도 생명 현상과는 무관한 자연지형의 일부라는 것이다.

이것은 MRO HiRISE PSP_003443-0980 흑백 과학 데이터 이미지 일부이다. 고해상도 MRO 이미지인데도 안개가 덮여있는 듯 희미하다. 애플리케이션의 헤이즈 제거 도구를 사용하면 제거할 수 있겠지만, 그렇게까지 하지 않아도 실체를 알아볼 수 있다.

이 이미지 역시 생명체의 뚜렷한 증거를 담고 있는데, 이에 대한 과학계 주류 의견은 상상을 초월할 정도로 보수적이다. 이 이미지에 대한 그들의 공식 설명은 다음과 같다.

"이 사진은 2007년 12월에 촬영한 AGU 프레젠테이션 '화성 남극의 봄' 일부이다. 반투명의 이산화탄소 얼음은 계절적으로 화성의 극지방을 덮고 있으며, 햇볕에 데워져 승화된 가스는 수많은 채널 형태를 조각한다. 이 예에서 채널은 '별 폭발' 패턴을 형성하여 깃털 모양으로 발산되고 있다. 패턴의 중심부에 가스를 품은 흙먼지가 누적되어있고, 진한 흙먼지 가스가 팬 모양을 그리며 바깥쪽을 향하고 있다. 이것은 채널이 형성된 후에, 더는 승화 가스를 강력하게 내보내지 않는 형태이다"

그러니까 사족을 떼어내고 정리하면, 드라이아이스가 승화되면서 만들어낸 특이한 지형이라는 뜻이다. 그러면서 화성 대기의 95.35%가 이산화탄소여서 대부분 생명체에 치명적이라는 사실을 은근히 상기시키고 있다. 화성이 이산화탄소와 먼지로 인해 죽어가는 세상이라는 개념을 강화하면서, 생명체 존재 따위는 언급도 하지 말라는 강력한 암시를 주고 있다.

그런데 정말 화성의 대기가 이산화탄소로 가득 차있을까. 화성의 어느 곳에서나 계절에 상관없이 대기의 상태가 그럴까. 그럴 가능성이 크기는 하지만, 기존의 선입견을 버리고 정밀한 조사를 할 필요는 있을 것 같다.

그런데 대기의 상태가 그렇게 열악하다고 해도 생명체가 정말 존재할 수 없을까. 너무 지구 생명체 기준으로만 생각하고 있는 것은 아닐까. 생명체 중에는 의외로 강인한 생명력을 가진 종류가 있어서, 화성의 대기보다 더 열악한 환경에서도 살 수 있는 생명체가 있다는 사실을 고려해야 한다.

미크로코쿠스 라디오필루스(Micrococcus Radiophilus)라는 박테리아는 치명적인 엑스선에 노출되어도 생존할 수 있으며, 슈도모나스(Pseudomonas)는 핵 반응로 안에서도 왕성하게 살고 있다. 그리고 스트렙토코쿠스 미티스(Streptococcus Mitis) 종의 박테리아는 무인 우주선 서베이어 3호에 실려 달에 보내졌다가, 이 우주선의 TV 카메라를 회수한 아폴로 12호의 승무원에 의해 2년 후에 구조된 적이 있다. 아주 낮은 압력과 영하 100°C의 저온에서도 살아있었던 것이다.

그리고 한스 플루크 박사는 호주에 떨어진 운석 안에서 피도미크로비움(Pedomicrobium)이라는 박테리아와 아주 유사한 미생물을 발견하기도 했다. 물론 이러한 예들은 모두 미생물 수준의 것들이지만, 화성보다 훨씬 열악한 환경에서도 생명체가 존재할 수 있다는 증거로는 충분하다.

◈ 광합성을 위하여

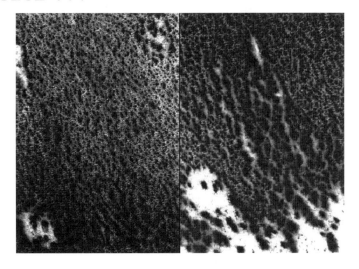

201.54°W, 79.05°S 지역을 촬영한 MGS MOC R08-01745 스트립 일부에서 발췌한 이미지이다. 오른쪽 프레임은 관찰의 편의를 위해서 원본을 107% 정도 확대했다.

이 지역의 실제 폭은 2.94km로 꽤 넓은데, 개체들과 그들 사이의 지면이 반사하는 햇빛의 강도가 완연하게 차이 난다. 생물들은 생존에 필요한 빛을 흡수하므로 무생물체보다 반사광을 적게 내는 방향으로 외형이 진화한다. 이런 경향은 지구의 생명체만이 아니라 화성의 생명체에게도 있다.

◈ 인공조림(Artificial Forestation)

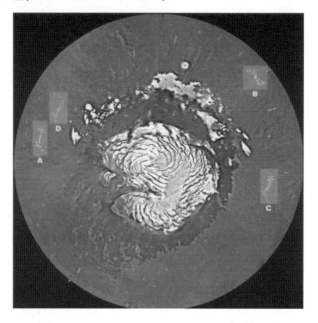

이 이미지는 화성의 북극 지역으로, 알파벳으로 표시된 곳은 Phoenix 렌더의 착륙지점 후보지였던 곳들이다. 실제로 착륙한 곳은 B 지역이었고 착륙은 성공적이었다.

이 장의 주제와는 상관없어 보일 수도 있는 이미지를 갑자기 제시한 이유는, 궤도선이 Phoenix 착륙 후보지를 탐색하던 중에 아주 이상한 지형을 발견했기 때문이다. 착시일 수도 있겠지만, 단순히 식물의 분포로 의심되는 지형이 아니라, 인공적인 손길이 느껴지는, 조성된 숲의 모습을 발견했다.

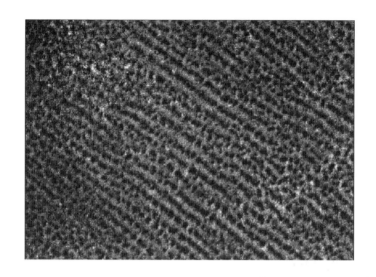

277.60°W, 70.55°N를 촬영한 MGS MOC R22-01069 스트립에서 발췌한 이미지로, 관찰의 편의를 위해 원본을 140% 정도 확대해놓은 것이다. 이 지역은 Phoenix의 착륙 후보지의 하나였던 'C' 지역으로, 착륙 적합 여부를 조사하기 위해 정밀 탐사하는 과정에서 이 정경을 발견하게 되었다.

첫눈에 보기에 마치 누가 인공조림을 해놓은 것처럼 개체들이 질서 정연하게 서있다. 나란히 서있는 개체들이 수목 종류가 아니라고 해도, 결코 자연지형일 수는 없을 것 같다. 도대체 어떤 경우에 이런 지형이 저절로 생길 수 있을지 아무리 생각해봐도 그 경우를 떠올릴 수 없다.

이것이 생명체의 집합이라면, 그리고 누군가 인공적으로 조성한 것이라면, 큰 성과를 거두지는 못한 것 같다. 전체적으로 개체들의 발육 상태가 좋지 않아 보이고, 부분적으로 죽어가는 것들도 있는 것 같다.

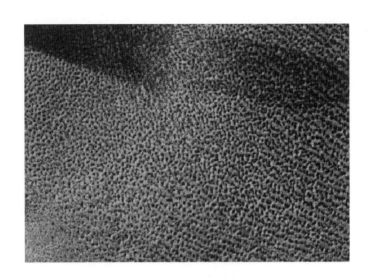

경도 303.18°W, 위도 75.09°N 지역을 촬영한 MGS MOC S02-00368 이미지에서 발췌한 이미지이다. 앞의 이미지보다 조금 북쪽이나 여전히 Phoenix 'C' 지점 근처이고, 앞에서 보았던 것과 같은 인공조림의 풍경도 담겨있다.

이 이미지는 같은 유형의 증거가 카메라의 원근에 따라서 다르게 보일 수 있다는 사실을 보여주기 위해 제시했는데, 이렇게 멀리서 보니까, 개체들이 수목이라고 주장할 자신감이 확실히 줄어든다. 그렇지만 왼쪽 지역은 다소 패턴이 어지러우나 오른쪽으로 갈수록 질서정연한 행 패턴이 분명하게 드러나기에, 인공조림 지역일 가능성이 크다는 견해는 유지하고 싶다.

사실 이것과 유사한 개체들의 집합은 밀도의 차이는 조금 있으나 C 지역 외에 A, B, D 지역 모두에 존재한다. 그러니까 다른 지역보다 더 건조해 보이는 북극 지대 중에, 드라이아이스나 물 얼음으로 덮여있는 지역을 제외한 다수의 지역에 이런 개체들이 즐비하다는 뜻이다.

그렇다면 이것은 이 지역의 환경에 적응하며 스스로 서식하고 있는 생명체라기보다는, 누군가 이 지역의 환경에 적합한 수종을 계획적으로 조림하여, 황폐한 북극 지대에 생명력을 불어넣으려고 한 것은 아닐까.

◆ **또 다른 지의류**

1.8°W, 0.4°S 지역을 촬영한 MRO HIRISE Image PSP 006148 1820이다. 조금 특이한 지형이 있는 정도로 보이는데, 여기에 생명체 그림자가 보인다고 주장하는 이들이 있어 분석해보았다.

가장 특이한 점은 능선 형태인 것 같다. 커다란 주 능선이 있고 이것과 교차하는 방향으로 각을 세우고 있는 작은 능선들이 무수히 존재하고 있다. 물론 이런 능선 양식은 지질학적 특성과 물흐름의 유형이 복합적으로 작용한 결과일 것이다. 사면 아래로 얕은 물이 안정적으로 흐를 때 이러한 경사면이 만들어지는데, 이 경우에는 주 능선이 형성되기에 앞서 작은 능선들을 만든 물이 안정적으로 흘렀을 가능성이 크다. 그렇게 형성된 작은 능선 줄기들이 가장자리의 거대한 경사면에 모이면서 주 능선을 형성했을 것이다. 이러한 형성 과정에 대해서는 대체로 모든 학자가 동의하고 있는데, 이들 중에 생명 현상을 찾아내려는 이들은 전체적인 지형보다는 큰 능선의 아래쪽 경사면을 주목하고 있다.

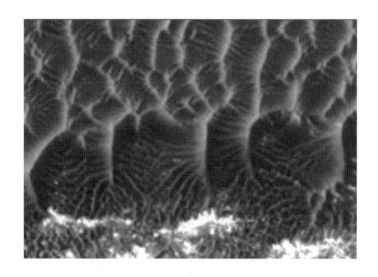

바로 위의 지역이 그들의 시선이 쏠려있는 곳이다. 그들은 경사면 아래쪽의 입체적으로 형성되어있는 가지 모양과 하얗게 반사되는 덩어리들이 생명 현상일 가능성이 크다고 말한다.

흐르는 물에 실려온 물질들이 이 지점에 쌓이게 되었고, 그 퇴적물에서 생명이 싹터서 복잡한 가지 모양과 함께 균류로 보이는 덩어리를 형성하게 되었다는 것이다.

긴 가지 모양의 지형은 그냥 말라버린 능선으로 보아 넘기기에 찜찜한 면이 있긴 하다. 우선 너무 가늘고 길뿐 아니라, 기저 지형에 붙어있지 않고 입체적으로 공중에 떠있는 것 같기 때문이다. 그리고 하얗게 반사되는 부분은, 언뜻 보기에는 토양이 드러난 것 같지만, 자세히 보면 가지 모양의 물체 위에 얹혀있다는 것을 알 수 있다.

그렇기에 이것을 그냥 자연적인 지형지물로 보아 넘길 수는 없다. 물론

가느다란 가지 같은 지형 위에 새로운 토양 성분이 얹혀있는 상태라고 할 수도 있지만, 자연적으로 형성된 지형이 저렇게 얽혀있는 그물 같은 모습을 갖추기는 어렵고, 바닥에 덩어리를 이루고 있는 물질이 토양이라면, 주변 토양과 저렇게 색깔이 달라야 할 이유가 없다.

그물 모양으로 형성된 지형 위에 다른 곳에 떠내려온 토양이 자연스럽게 얹혀있다기보다는, 생명력 있는 존재가 어떤 메커니즘을 이루며 서식하고 있는 모습일 가능성이 크다. 하지만 그렇다고 하더라도, 이것이 화성에만 존재하는 생명 현상인지 지구에서도 생길 수 있는 현상인지는 여전히 의문이다.

화성이 지구와는 완전히 다른 진화 경로를 통해 성장해왔기에, 이 행성에 대한 지구인의 지식은 미흡할 수밖에 없다.

◈ 나무 혹은 환상

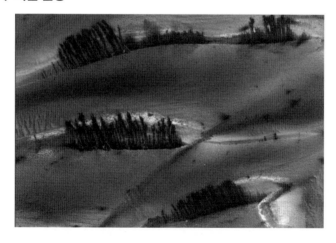

MRO HiRISE 과학 데이터의 PSP_007962_2635 스트립에서 발췌한 이미지이다. 이미 전 세계의 많은 사람이 이 이미지를 인터넷과 다양한 저

널을 통해서 보았을 거고, 저널 대부분이 이미지 안의 개체가 나무처럼 보이나 실제로는 그렇지 않다고 주장한다는 것도 알고 있다. 이 이미지를 공개한 사이트의 캡션 역시 여느 저널의 주장과 거의 일치한다.

주류의 설명은 대체로 다음과 같다. "화성의 북반구 고위도 지역에는 광대한 크기의 사구가 있다. 겨울에는 이산화탄소 얼음층이 모래로 덮여 있는데, 태양이 따뜻해지는 봄에는 드라이아이스가 승화한다. 이 과정에서 모래가 언덕에서 흘러내려 어두운 줄무늬를 만든다". 다시 말하면, 이미지 속의 줄무늬가 나무처럼 보이는 것은 착시라는 뜻이다.

해상도가 선명하지 않으나 줄무늬 모양이 지구의 나무와 많이 다른 것은 사실이다. 하지만 이산화탄소 가스에 밀려 언덕에서 떨어져 나온 모래들의 행렬이라고 보기에는 왠지 석연치 않다. 자세히 보면, 개별 물체의 아랫부분에 견고한 종 모양이 있고, 어떤 부분에는 식물의 덥수룩한 머리처럼 보이는 것도 있으며, 입체적인 물체만 가질 수 있는 그림자도 보인다.

확대하며 살필수록 의구심도 확대된다. 이것이 어떤 종류의 뿌리를 둔 '나무'일지도 모른다는 생각이 점점 짙어진다.

주류 학자들의 주장대로, 드라이아이스가 기체로 승화하며 모래를 밀어내어 만든 작품이라면 이런 모양이 만들어질 수 있을까. 모두가 알다시피 드라이아이스는 액체 상태가 없다. 온도와 압력의 변화에 따라 고체가 바로 기체가 되거나 기체가 고체로 바로 변하며, 두 경우 모두를 승화라고 부른다.

개체를 확대해서 살펴보면, 승화되는 기체가 내부 토양을 밀어내면서 만든 것 같지 않다. 그리고 개체의 모양이 지면에 밀착된, 평면적인 형태도 아니다.

지구의 나무처럼 중력을 거스르면서 직립해있는 상태는 아니나 입체감은 분명히 느껴지고, 아래쪽에 그림자도 있으며, 전체적인 모양에서 언뜻 생명력도 느껴진다.

그렇기에 지구의 나무와 같은 존재는 아니겠지만, 화성에 봄이 와서 물얼음이 녹아내릴 때, 그 줄기를 타고 발아하여 번식한 생명체의 집합일 수도 있다고 여겨진다.

◈ 다양한 Canopies

12.28°W, 65.64°S 지역을 촬영한 MGS MOC 데이터 M07-03768 스트립에서 발췌한 이미지이다.

초목이 우거진 숲의 캐노피처럼 보이기도 하지만, 냉철하게 살펴보면, 개체들의 높이가 그리 높지 않고 지면에서 완전히 분리된 상태도 아닌 것 같다. 일부 호사가들은, 수종이 다른 나무들이 혼합된, 고밀도의 숲이라고 주장을 굽히지 않고 있으나, 화성의 열악한 환경에 대한 선입견 때문인지 동조하기 어렵다.

더구나 이 지역은 남극 근처로, 계기 측정에 의하면 온도가 -80°C~-110°C 정도여서, 강철에 균열을 낼 수 있는 온도이다. 그렇기에 이 측정치가 잘못된 거라는 증거가 제시되지 않는 한, 추운 환경에 잘 적응한 생물이 있을 수 있다고 해도, 이런 환경에서 번성하여 군집을 이루기는 불가능하다고 봐야 한다.

다만 우거진 숲이라는 주장을 완전히 백안시할 수 없기는 한데, 그 이유는 극지방을 포함한 화성 대기가 우리가 알고 있던 것보다 따뜻하고 친숙할지도 모른다는 증거가 조금씩 드러나고 있기 때문이다.

과거에는 우주에 대한 지식이 특정 국가의 특정 집단에 의해서 독점되었으나, 우주 탐사 국가가 늘어나면서, 여러 가지 허구가 드러나고 있는 게 현재 상황이다. 화성에 대한 정보 역시 예외는 아니어서, 극저온의 불모 행성이라는 기존 인식을 깨트릴 만한 증거가 나타나고 있다. 그리고 NASA를 중심으로 한, 과거에 정보를 독점하던 세력들도 화성에 온난화 추세가 나타나고 있다고 주장함으로써, 과거의 거짓 주장에 대한 책임을 회피하려는 혈로를 만들고 있다.

물론 과거의 주장이 의도된 거짓말이 아니고, 지식의 부족이나 기술의 한계에서 비롯된 오류일 수도 있다. 하지만 화성에 온난화 추세가 진행되고 있다면, 그것이 단지 수십 년이나 수백 년 동안에만 일어난 일이 아닐 개연성이 높지 않을까.

　MGS MOC 데이터 M07-03768 스트립 속의 풍경이 초원이든 숲이든, 이런 풍경이 만들어지려면 적어도 수 세기가 걸렸을 것이다. 과연 화성의 온난화는 언제부터 진행된 것일까. 그리고 어떤 이유로 온난화가 진행된 것일까. 혹여 애초부터 화성이 그렇게 추운 행성이 아니었던 건 아닐까.

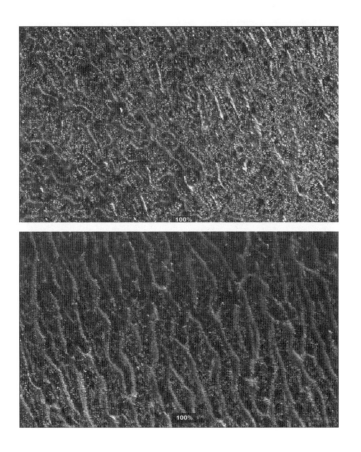

　200.22°W, 80.72°S 지역을 촬영한 MGS MOC S08-00425 스트립에서 발췌한 이미지들이다. 식물들로 보이는 생명체가 군집을 이루고 있으나, 앞의 이미지처럼 땅 전체를 차고 넘치게 덮고 있는 형태는 아니다. 하

지만 분명한 것은 토양이 그대로 드러나있는 지형은 아니라는 사실이다. 그래도 생명체의 증거가 조밀하게 토양을 포장하고 있고, 그 범위도 상당히 넓으며, 분포하는 종 역시 다양한 것 같다.

224.48°W, 75.73°S 지역을 촬영한 S07-02623 스트립에서 발췌한 이미지들이다.

앞에 게재한 이미지와는 또 다른 식물의 모습이 보인다. 침엽수처럼 보이기도 하고, 초대형 고사리류나 우산이끼 같은 개체들이 군집을 이룬 것처럼 보이기도 한다.

◈ 화성의 늪

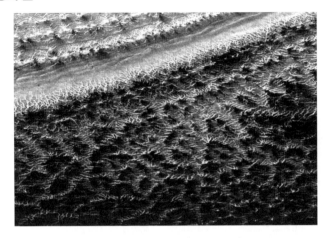

169.77°W, 79.40°S 지역을 촬영한 MGS MOC M03-05795 스트립 일부이다. 앞에서는 생물학적 증거로 숲과 유사한 이미지들을 제시한 바 있는데, 이번에는 이와는 조금 다른 형태의 생명체 증거를 제시하고자 한다.

물론 전경이 지구인의 눈에 익숙하지 않을 뿐 아니라, 이것들의 특질에 관한 구체적인 자료도 충분하지 않다. 하지만 자연적인 지형이 아닌 건 분명하고, 언뜻 역동적인 생명체의 향기가 느껴지기에 생명체 군집이라고 추정해볼 수 있다.

남극 지역 중서부에 널려있는 이와 같은 정경을 보면, 개체들은 상당히 균일한 높이를 가지고 태양 빛을 고르게 흡수하기 위해 노력하는 듯한 배열을 보이며, 개체 간에 유기적 관계를 맺고 있는 듯하다.

위쪽의 군집은 아래쪽보다 여린 개체들이 모여있는 듯, 개체들 사이의 거리가 멀고, 개체들의 키도 작은 편이나, 오른쪽 아랫부분에 있는 개체들은 제법 양감을 갖추고 있다. 지역 대부분에 맑은 물이 고여있는 것 같은데 확실하지는 않다.

개체들의 모습을 보고 있으면 얕은 늪지대에 사는 생명체 같다는 느낌이 강하게 든다. 이것들은 수생이거나 반수생일 가능성이 커 보인다. 어쩌면 수중에서는 활발하게 살아가다가, 주변 환경이 어떤 이유로 건조해지면, 수동적으로 이런 환경에 적응하며 살아가는 생명체일지도 모른다.

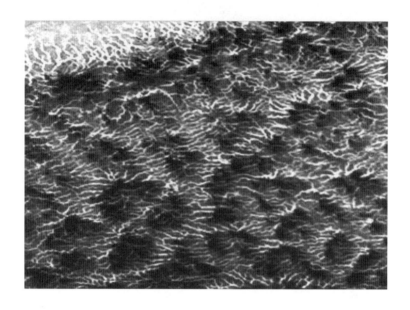

앞에서 제시한 이미지와 같은 스트립에 있는 것으로, 그 바로 아래 지역을 담은 것이다. 생명체 증거에서 전형적으로 나타나는 능동적이고 역동적인 성장 형태가 드러나있다. 지구인의 눈에는 생소한 형태일 수밖에 없겠지만, 태양광을 흡수해서 끈질기게 번성해가는 생명체로 보인다.

멀리서 찍은 사진이어서 확신할 수 없으나, 부분적으로 투명한 물이 고여있는 것으로 여길 만한, 물그림자와 빛의 굴절이 느껴진다.

◈ 계절에 적응하는 생명체

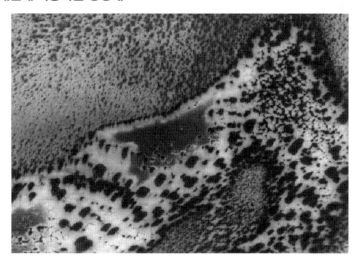

275.39°W, 76.45°S에 있는 South Polar Region을 촬영한 MGS MOC E07-02038 스트립 일부이다. 이곳의 일반적인 지형은 대부분 특정 계절에는 얇은 물에 젖은 상태가 되었다가, 차가운 건조기가 오면, 표면에 남아있는 물은 얼고 일부는 물 얼음인 상태로 지하로 유입되는 것 같다.

밝은 반사 영역은 지표면의 저수면 얼음이고, 반사가 적은 영역은 건조 지형이다. 논리적으로 추측할 수 있듯이, 이 지형에서 수분이 상당히 풍부하게 존재하므로, 생명의 생성이나 유지를 위한 환경이 충분히 될 것 같다. 실제로 이미 생명체가 서식하고 있는 것으로 보이는데, 물 얼음 지역에서 생존할 수 있는 법을 충분히 터득한 것으로 보인다. 아래에 확대해 놓은 이미지 속의 지역을 살펴보면, 그 표본으로 삼을 만한 증거가 있다.

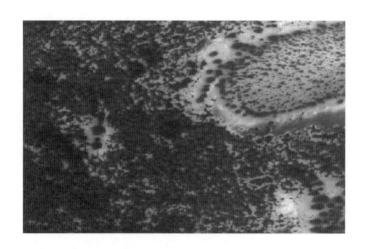

앞에 제시한 지역보다 조금 아래 지역이다. 왼쪽과 가운데 부분에 생명
체의 증거로 삼을 만한 개체들이 보인다.

얼핏 보면 지구의 어떤 내수면과 수변 식물들이 모여있는 지역처럼 보
이는데, 냉철하게 생각해보면, 지구의 특정 지역과 같을 리 없고, 생명체
가 지구의 생물과 같은 방식으로 서식할 리도 없다. 이곳에 사는 생명체
들은 매우 차갑고 건조한 지역에서 살아갈 수 있는 유전자를 보유하고 있
을 것이다.

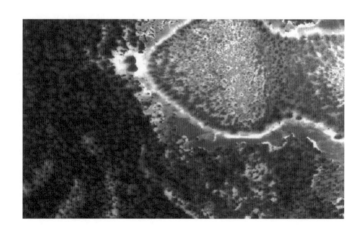

이 이미지 속의 개체들은 더 성숙한 형태여서 서식 밀도가 더 높다. 어둡게 보이는 덩어리들이 자연적으로 생성된 암석이나 토양이 아니고, 살아있는 생명체의 모습이라는 걸 누구도 부정하기 힘들 것 같다.

화성 남극의 일부 저지대 지역은 계절적인 홍수의 영향을 받는다. 이것은 남쪽 극지방에 존재하는 생물들이 북쪽 극지방보다 다양하게 번성하기 위한 유리한 조건을 가졌다는 것을 의미한다. 남극 지역의 일부 저지대는 연중 높은 잔류 수분 함량을 유지하고 있고, 카펫 형태와 어두운색으로 햇빛을 충분히 흡수하려고 한다.

지구인은 식물이라는 단어를 떠올리면, 숲과 나무를 떠올리는 경향이 있다. 하지만 화성에는 관목이나 양치류와 유사한 개체들이 보이지 않는 건 아니나 차갑고 건조한 환경에 적응한 곰팡이와 이끼류처럼 보이는 식물들이 훨씬 더 많다.

◈ **식물 카펫**

123.50°W, 87.02°S 지역을 촬영한 MGS MOC M09-00068 스트립 일

부이다. 이 지역의 지표면 위에 암석이나 흙이 아닌, 다른 뭔가로 덮여있다는 사실을 단번에 알 수 있다.

남극의 가장자리인 이곳이 조밀한 카펫으로 덮여있는 것을 본 순간, 이미지 조작이 가해졌을 거라는 의심이 먼저 뇌리에 떠올랐다. 생물학적 증거나 인공적인 구조물을 감추기 위해, 이미지를 조작한 것은 아닐까.

하지만 무언가를 감추기 위해, 카펫 패드로 지면을 가리는 작업이 그렇게 쉽지는 않다. 어딘가에 같은 패턴이 나타나거나 패턴의 가장자리가 겹치는 현상이 나타나기 마련이다. 그러나 패턴을 세심하게 살펴봐도 그러한 흔적이 드러나지 않는다.

그래서 실제로 이곳이 이렇게 생겼을지도 모른다는 가능성을 떠올리지 않을 수 없게 만든다. 그런데 지형이 정말 저렇게 생겼다면 문제는 아주 복잡해진다. 카펫을 구성하고 있는 요소가 우리가 아는 일반적인 암석이나 흙이 아니기 때문이다.

◆ Allan Hills의 추억

화성에 식물과 유사한 생명체가 존재한다는 증거들을 많이 관찰했는데도 여전히 확신이 생기지 않는 건 무엇 때문일까. 그 이유는 학계 주류가 아직도 대립되는 위치에서 완고하게 버티며, 위의 증거를 부정하는 자료들을 제시하고 있기 때문일 것이다. 화성에 관한 정보들을 독점하고 있는 선진국 기관이나 주류 과학자들이 생명체 존재에 대한 부정적인 의견으로 일관하고 있는 게 주된 이유라는 말이다.

하지만 생명체 존재를 연구하는 자료들이 해상도가 낮은 이미지들이거나 모호한 데이터인 것도 무시할 수 없는 원인이다. 달 탐사처럼 인간이 직접 천체에 가서 눈으로 그곳을 탐사한 일이 없고, 그곳에 있는 암석이나 흙을 가져온 적도 없기에, 이런 상황은 어쩌면 예상할 수 있는 결과이기도 하다. 직접 가서 함께 보거나 가져온 천체의 일부를 함께 관찰하고 연구하면, 어떤 방향으로든 확신에 찬 결론을 내릴 수 있을 것이다.

그렇기에 우리는 과거의 추억을 회상하지 않을 수 없다. 한때 전 지구인이 화성에 생명체가 살고 있다는 확신에 찬 결정을 내릴 뻔한 적이 있다. 그 사건은 지구의 남극에서 화성의 일부를 발견한 직후에, 그것을 함께 연구한 학자들에 의해 주도되었는데, 당시에는 대규모 화성 탐사가 집중적으로 일어나 곧 지구인과 화성인이 만날 것 같은 분위기가 조성될 것 같았다.

화성 운석 ALH84001을 촬영한 사진

1984년에 남극 대륙 앨런힐스에서 화성에서 떨어져 나온 것으로 추정되는 1.9kg짜리 운석이 미국 국립과학재단(NSF) 연구진들에 의해 발견되었는데, NASA의 과학자들이 1993년부터 2년 동안 이 운석을 새로 개발된 레이저 질량분석법으로 면밀히 분석하였다. 그 결과, 풍부한 다환식 방향족 탄화수소군(Polycyclic Aromatic Hydrocarbons, PAHs)을 발견했다고 발표했다.

PAHs와 더불어 탄산염알갱이와 자철광(Fe3O4), 황화철(FeS) 등이 발견되었는데, 이 가운데 PAHs가 바로 화성 생명체 존재의 간접 증거라는 것이 NASA의 의견이었다. 그런데 PAHs가 어떻게 생명의 존재를 증명할 수 있는 것일까?

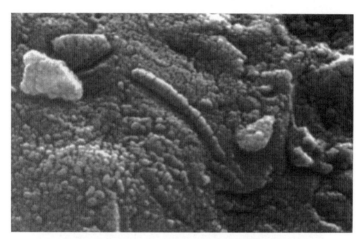

ALH84001에서 발견된 튜브 형태의 덩어리를 촬영한 현미경 사진

PAHs는 탄소와 수소로 이루어진 육각형이 고리 모양으로 연결돼있다는 뜻이다. 탄소와 수소가 결합돼 육각형 구조를 이루면 방향족(芳香族) 원소가 되는데, 벤젠이나 나프탈렌이 바로 방향족탄화수소이다. PAHs는 석탄이나 석유 등 화석연료가 연소할 때 생성되고, 유기물질이 불완전 연소할 때에도 만들어진다. 즉, 자연계에서 흔히 볼 수 있는 물질이라는 얘기다.

한편, PAHs는 박테리아처럼 매우 간단한 유기체가 오랜 시간에 걸쳐 분해되는 과정에서도 생성될 수 있다. 동식물이 화석화되면 석탄이나 석유가 되듯이, 미생물이 화석화되는 과정에서 남는 물질이 바로 PAHs이다. 이 물질이 생명체 존재의 증거로 등장하게 된 것은 이러한 이유에서였다.

NASA의 과학자들은 이 물질이 유기체의 화석인지, 아니면 자연계의 평범한 물질인지를 정밀검사했는데, PAHs의 모양이 분명하지는 않으나 35억 년 전 지구 박테리아의 모습과 유사하다는 결론을 내렸다.

그런데 앨런힐스 운석이 화성에서 온 거라고 단정 지은 근거가 무엇인가. 1976년에 바이킹호가 화성에 가서 토양 샘플을 채취하여 분석한 적이 있는데, 이때 분석 결과와 앨런힐스 운석의 조성비가 비슷하기에 화성에서 온 것으로 추정한 것이었다. 이와 같은 방법으로 현재까지 지구 상에서 발견된 화성 운석은 12개 정도라고 한다.

한편, 1969년에 오스트레일리아의 머치슨 지방에 떨어진 운석에는 지구에서 발견되지 않은 아미노산이 발견된 적이 있는데, 아미노산은 단백질의 재료로서 외계 생명체를 연구하는 데 상당히 중요하다고 할 수 있다. 하지만 머치슨 운석은 앨런힐스 운석의 조성비가 다르다는 이유로, 화성에서 온 암석은 아니라는 판정이 내려졌다. 정말 이런 식으로 판단을 내려도 되는 건지 모르겠다.

어쨌든 앨런힐스 운석이 화성에서 온 것이라 하더라도, 운석 속의 PAHs가 화성에서 생성된 것이 아니고, 지구에 떨어진 후에 오염된 것일 수도 있다는 의견이 있는데, 이에 대해 NASA는 운석의 겉이 아니라 중심부에 PAHs가 풍부하게 존재하기 때문에, 화성에서 생성된 것이 분명하다고 강변했다.

그러나 NASA의 반복된 역설에도 불구하고, 이 운석이 화성 생명체의 흔적을 담고 있다는 주장에 대해서는 많은 비판이 제기되었다.

톰 밴 플랜던(Tom Van Flandern)은 운석이 화성에서 온 것이라는 사실 자체에 의문을 제기했다. 운석이 화성의 중력권을 벗어나기 위한 탈출 속도는 초속 5km 이상이므로 오로지 엄청난 크기의 소행성이 충돌하는 경우에만 그런 일이 생길 수 있다. 그 과정에서 충격파에 의해 지각에서 튀어나온 암석이 증발하지 않고 초속 5km 이상의 속도로 가속되어야만 화성의 중력권을 벗어날 수 있다. 이때 탈출 속도에 이르기 위해 운석에 전달되어야 하는 에너지와 가속 시간을 고려해보면, ALH84001 같은 작은 크기의 암석은 충격파에 의해서 증발할 수밖에 없다. 증발하지 않고 보존될 정도의 크기를 가진 암석들도 탈출 순간 내부에 엄청나게 큰 충격을 받게 된다.

그런데 ALH84001은 증발하지도 않았고 내부에 큰 충격을 받은 흔적도 없다. 그렇다면 이 암석은 매우 큰 암석 덩어리의 일부였다는 결론이 나오고, 실제로 이런 사건을 일으키려면, 소행성이 충돌하여 초대형 크레이터를 화성에 만들어놓아야 한다. 물론 화성의 표면에 이런 크레이터들이 있기는 하다. 그러나 초대형 크레이터는 2억 년 이전에 형성된 것들뿐이다. 그렇다면 이벤트는 그 이전에 일어났고, 이 운석도 그 정도 기간을 우주에 떠돌아야 하는데, ALH84001은 1,600만~1,700만 년 정도 우주여행을 한 것으로 알려졌기에 모순이라는 것이다.

제기되는 또 다른 의문은, 이 운석이 화성에서 유래했다는 근거로써 제시되었던, 화성 착륙선 바이킹호가 채취하여 분석한 토양과 ALH 84001의 화학적 구성이 유사하다는 내용에 대한 반론이었다. 이에 대해 제임스 어저벡(James Erjavec)은 탐사선들이 두 지역의 토양을 분석하여 얻은 결과를 이 운석에 그대로 적용하는 데 대해서 회의적인 입장을 나타냈다. 지역에 따라 토양 성분이 다를 수 있을 뿐 아니라, 토양과 암석을 동일시하는 태도에도 문제가 있다는 것이다.

그리고 어떤 전문가들은 화석이라면 몰라도 PAHs만으로는 화성 생명체의 증거가 될 수 없다고 말한다. 생명체의 기본은 단백질과 핵산으로, 이런 물질이 발견된 것도 아닌데, 왜 소란을 피우는지 알 수 없다는 반응이다. 그러면서 이 물질이 생명체 화석이라고 하더라도, 최소한 세포벽 같은 세포 기관의 흔적은 발견되었어야 한다고 주장한다.

사실 박테리아와 같은 미생물만 하더라도 핵산과 단백질을 갖추고 있는 건 사실이다. 그렇기에 ALH84001의 증거들이 생명체의 흔적이 될 수 있느냐에 대한 의구심은 쉽게 잦아들지 않았다. 그렇게 논쟁이 길게 늘어나면서 학계의 분위기는 ALH84001가 평범한 운석 중의 하나로 자리 잡아 가는 듯했다.

그런데 2002년 8월에 NASA가 인터넷 홈페이지에서 앨런힐스 운석에서 세균이 만든 것으로 보이는 자철광을 발견했다며, 식어가던 논란에 다시 불을 붙였다. 이전에도 이와 유사한 발표가 있었으나 이번 결과는 정밀검사를 해서 얻은 거라고 강조했다. 운석에서 발견된 자철광의 결정구조가 자연적으로 만들어진 것과는 완전히 다르고, 운석 속의 자철광 25%를 생물체가 만든 것으로 보인다고 밝혔다. 생체 자철광 결정은 물에서 사는 세균의 몸에서 만들어지며 세균이 나침반처럼 먹이를 찾을 때 이용한다.

과거 화성에 자기장이 존재했었다는 사실이 밝혀졌으며, 이 연구로 화성에 자성을 띠는 박테리아가 존재했을 가능성이 커졌다고, NASA는 주장했다. 하지만 NASA가 의도했던 것만큼 논의가 부풀어 오르지는 않았고 현재까지 소강상태다.

ALH84001 운석에 대해 많은 연구논문이 많이 발표되었지만, 이 운석이 정말 화성에서 온 것인지, 운석 내부에서 발견된 유기물질들과 튜브 형태의 덩어리들이 과거 화성 생명체가 남긴 흔적들인지는 여전히 논란거리이다.

운석과 화성 생명체에 논란은 ALH84001 사건 말고도 더 있다. 대부분 해프닝으로 끝났지만, 그중에는 ALH84001 사건에 버금가는 논란도 있다.

◈ 생명체의 알

2012년에 화성에서 온 운석에서 '생명체의 증거'를 발견했다는 주장이 나온 적이 있다. 위의 이미지 속에 있는 물체가 그것이다. '화성인의 알' 혹은 '화성 생명체 알'로 불리는 이 증거물은 2011년에 모로코 사막에서 발견된 화성 운석에 포함되어있던 것인데, 영국 카디프 대학교 연구팀이 이 운석을 전자현미경으로 분석하여, 그런 놀라운 결과를 발표했다.

그 연구의 핵심은 구체에 다량의 탄소 및 산소 성분이 함유되어있다는 점이다. 일반적인 암석과 운석에는 탄소와 산소 성분이 그다지 높지 않기에, 성분, 모양 등을 종합적으로 고려하면, 이 구체가 생명체에서 비롯된 것일 가능성이 크다는 것이다.

발견된 지역의 이름을 따서 '타이신트'라고 이름이 붙여진 이 운석은, 수백만 년 전에 화성 지표면이 폭발하면서, 지구로 날아왔다고 한다. 그런데 그런 대규모 폭발이 실제로 화성에 발생했었는지는 의문이다.

어쨌든 화성 생명체에 관한 이러한 자질구레한 논란들은 쉽게 종식되지 않을 듯하다.

제 6 장

생명의
숨소리

화성 생명체의 존재 여부를 가려내는 일은 인류의 최대 관심사 중의 하나이다. 과학자뿐만 아니라 과학 분야에 종사하지 않는 일반인들도 많은 관심을 두고 있다. 그래서 많은 이들이 이에 관한 탐사와 연구에 매진하고 있다. 만약 화성 생명체의 존재가 확인된다면, 인류는 엄청난 충격을 받을 것이다. 정치, 사회, 종교 등 다양한 방면에 많은 변화가 일어날 것이다. 최근 화성 표면에 물이 존재한다는 사실이 확인된 후에는 화성 생명체에 관한 관심이 더욱 높아졌다.

오랫동안 액체 물의 존재에 대해서 보수적인 입장을 취하던 NASA가 2015년 9월에 화성에서 액체 상태의 소금물이 개천 형태로 흐르는 증거를 찾았다고 공식적으로 발표한 바 있다. 화성 정찰 위성이 보내온 고해상도 사진을 분석해오던 NASA의 과학자들은 겨울에는 사라졌다가 따뜻한 여름에만 모습을 드러내는 어두운 경사면을 주목했다. 그러다가 광 스펙트럼 정보를 분석하여, 염화나트륨이나 염화마그네슘 등 염류를 포함한 물이 땅 표면으로 흘러나오면서 이런 현상이 나타나게 된다는 사실을 알게 되었다. 액체 물의 존재가 공식적으로 확인된 이상, 화성에 생명체가 존재할 가능성도 커졌다고 봐야 한다.

한편, 다른 장에서도 밝힌 바 있지만, 화성에 생명체가 존재할 가능성에 대한 증거는, 앨런힐스 운석에서 이미 발견된 바 있다. 이 운석을 레이저 질량분석법으로 면밀히 분석하여, 풍부한 다환식 방향족 탄화수소군(Polycyclic Aromatic Hydrocarbons, PAHs)을 발견해냈다. 동식물이 화석화되면 석탄이나 석유가 되듯이 미생물이 화석화되는 과정에서 남는 물질이 바로 PAHs이다. NASA의 과학자들은 이 물질이 유기체의 화석인지 아니면 자연계의 물질인지를 정밀검사하여 지구 박테리아의 모습과 유사하다는 결론을 이미 내린 바 있다.

그리고 이보다 강력한 증거도 제시된 바 있다. ESA에서 그런 증거를 제시했다. ESA의 화성 탐사 위성 Mars Express는 푸리에 분광계(Planetary Fourier Spectrometer)를 사용하여 화성 대기에서 메테인 가스와 암모니아를 찾아냈다고 발표한 바 있다. 그것을 그렇게 강력한 증거라고 할 수 있을까. 할 수 있다. 이 기체들이 존재한다는 사실은 아주 중요한 의미를 내포하고 있다.

두 기체는 매우 불안정한 상태의 입자이기에, 이 기체들이 대기에서 탐지되었다는 것은, 두 기체를 계속해서 대기에 방출하는 공급원이 있다는 것을 의미한다. 이 공급원에 대하여 과학자들은 두 가지 가능성을 제시하고 있다.

첫 번째는 화산 활동에 의해 공급되었을 가능성이다. 지표면 근처까지 올라온 용암은 여러 가스를 만들어내는데, 이 안에 두 기체가 포함되어있을 수 있다. 그러나 현재의 화성에는 화산 활동이 관측되지 않고 있기에 이럴 가능성은 적어 보인다.

두 번째는 생명체에 의해 생성되었을 가능성이다. 메타노겐(Methanogen)이라는 미생물은 수소와 이산화탄소로부터 메테인 가스를 생성하는데, 이 미생물은 산소가 없는 곳에서도 생존한다. 따라서 이와 유사한 성질을 가진 미생물이 화성 대기의 메테인 공급원일 가능성이 있다.

암모니아의 발견은 그것이 질소와 수소의 화합물이기에 주목할 수밖에 없다. 질소는 생명체 형성의 필수적인 원소이기에, 이것의 화합물인 암모니아가 검출되었다는 사실은, 화성에 생명체가 존재한다는 중요한 근거가 될 수 있다.

이런 근거에 더욱 힘을 실어주는 데이터도 있다. 마스 익스프레스가 전송해온 푸리에 분광계의 데이터 분석 결과에 의하면, 수증기와 메테인 가스의 농도가 높은 지역의 분포가 지리적으로 거의 일치한다.

화성 대기의 상층 10~15km 고도에는 물 분자가 대체로 균일하게 분포되어있다. 그렇지만 적도 부근의 특정한 세 지역(Arabia Terra, Elysium Planum, Arcadia-Memnonia)에서는 수증기의 밀도가 다른 지역보다 2~3배 정도 높게 측정되는데, 이 지역들은 이미 NASA의 화성 탐사 위성인 마스 오디세이가 광범위하게 존재하는 얼음층을 발견했던 지역인 동시에 메테인 가스 밀도가 가장 높은 곳이기도 하다.

이는 아주 중대한 발견이다. 수증기와 메테인 가스의 공급원이 지역적으로 일치한다는 것은, 지하의 얼음층이 지열에 의해 녹으면서 대수층을 형성하고 있고, 이것을 이용해 생존하는 박테리아 형태의 생물들이 존재하고 있을 가능성이 크기 때문이다. 분광계에 의해 측정된 메테인도 그들이 만들어냈을 가능성이 크다.

지하의 얼음층, 대기 중의 수증기, 메테인 가스의 상관관계를 충분히 이해하기 위해서는, 더 많은 연구가 필요한 것이 사실이지만, 앞에서도 말했듯이, 현재의 화성에 화산 활동이 없다는 사실을 감안하면, 이 기체들은 생명 활동의 결과일 가능성이 큰데, 최근에 검출된 포름알데히드(Formaldehyde)는 이런 추정에 조금 더 힘을 보태준다.

최근에 마스 익스프레스에 탑재된 푸리에 분광계의 책임 과학자인 비토리오 포르미사노 박사가 다량의 포름알데히드를 발견했다는 발표를 한 바 있다. 이것은 메테인이 산화하면서 생성되기에 놀라운 발견이 아닐 수도 있지만, 학계의 시선을 잡아당긴 이유는 그 엄청난 양 때문이었다. 포르미사노 박사는 기존의 메테인 가스로 만들어질 수 있는 포름알데히드의 양보다 10~20배나 많아서, 이 정도가 만들어지려면 한 해에 250만 톤이 새롭게 생산되어야 한다며, 새롭게 생성되는 메테인 가스가 생명체 활동에서 비롯됐을 가능성이 크다고 주장했다. 실제로 포름알데히드는 대기 중에서 7시간 반 정도 있으면 자연 분해되기에, 현재 화성에서 다량의 포름알데히드가 검출되고 있다면, 어떤 원인에 의해서 메테인 가스가 지속해서 생성되고 있다고 봐야 한다.

정말 어디에선가 지속해서 생성되고 있는 건 아닐까. 최근에 이에 관한 획기적인 연구 발표가 있었다. 2021년 6월에 캘리포니아 공과대학 연구원들은 큐리오시티에 탑재된 SAM(SAMPLE ANALYSIS AT MARS)과 레이저 분광기가 감지한 메테인 신호 데이터를 연구해서 RESEARCH SQUARE에 획기적인 발표를 했다.

기기가 가스를 감지할 당시의 바람의 방향과 풍속을 고려하여, 메테인 가스의 발생한 지점을 찾아냈다는 것이다. 정말 놀라운 접근 방식이다. 그들은 장기간 메테인을 추적하면서, 삼각측량을 통해 지점의 범위를 좁혀나갔다. 그렇게 특정하게 된 지점은 큐리오시티가 서있는 곳에서 남서쪽 20~100km 지점이었는데, 이곳은 메테인을 발생시킬 만한 지질학적 원인이 없는 곳이었다.

화산 활동과 같은 지질 활동이 없는 곳이어서, 미생물의 그 발생 원인일 가능성이 커 보였다. 그리고 그들의 분석에 따르면, 이 메테인은 330년 안에 생성된 것이어서, 과거의 그 시간 안에 화산 활동이 없었다면 미생물에 의해 생성된 것일 가능성이 크고, 그 양도 매년 $8.4 \times 10{-}4$ppbv(Parts Per Billion by Volume) 이하여서, 미생물이 생성해내기에 적합한 수준이라고 한다.

그러니까 여러 가지 상황으로 보아 화성에서 검출해낸 메테인 가스는 지질 활동에 의한 생성이라기보다는, 미생물에 의한 생성이라는 게 더 합리적으로 여겨지는 것이다. 물론 지금까지 이런 주장은 캘리포니아 공과대학 연구팀만의 주장이다. 이와 관련된 연구를 한 다른 팀은 없는 상태이고, 그들의 연구 결과는 화성 궤도선 운용팀과의 교차 검증에도 성공하지 못한 상황이어서, 국제적으로 공인된 상태는 아니다.

하지만 많은 변화가 감지되고 있는 건 사실이다. ESA의 화성 탐사 회의에 참석한 과학자들을 대상으로 한 설문 조사에 의하면, 75%가 과거 화성에 생명체가 존재했다고 믿고 있으며, 25%는 현재에도 생명체가 존재한다고 믿고 있는 것으로 드러났다. 획기적인 변화라고 할 수 있다. 보수적인 주류 과학자들도 점차 화성에 생명체 존재 가능성에 대해 전향적인 태도를 보이고 있는 것이다.

하지만 여전히 답답한 수준이다. 생명체에 대한 공식적인 증거가 아직도 간접적인 수준에서 벗어나지 못하고 있는 게 주된 원인이겠지만, 이미 수집된 화성 관련 자료들에 대한 공적 기관의 시각이 긍정적으로 변한 상태가 아니고, 화성 생명체 존재를 부정하는 학계의 대세가 바뀐 것도 아니다. 정말 화성 생명체 존재에 대해서 보수적인 태도를 취할 수밖에 없는 것일까.

그렇지는 않은 것 같다. 이미 수집된 자료만 잘 살펴보아도, 생명체가 존재한다는 사실을 더 자신 있게 말할 수 있을 것이다. 지금부터 지난 화성 탐사 중에 수집한 자료들을 펼쳐서 그곳에 숨어있는 생명체의 숨소리를 찾아보도록 하겠다.

◈ Opportunity가 찾아낸 화석

사실 생명체 증거를 찾기 위한 노력은 이미 다른 장에서 시도한 바 있다. 생명체 존재 여부 자체가 불확실한 상태이기에, 계(界, Kingdom)를 나눠 조사한다는 게 난센스 같기는 하지만, 앞 장에서는 식물계, 유색조 식물계, 균계에 속할 것 같은 증거부터 찾아보았다. 그랬기에 이 장에서는 동물계, 원생 동물계에 속할 것 같은 증거 위주로 찾아볼 것이다. 우선, 우리에게 친숙한 Opportunity와 Spirit가 수집한 증거부터 살펴보자.

2004년 1월에, Spirit은 한때 호수였을 것으로 짐작되는 구세브 분화구에, Opportunity는 메리디아니 평원에 착륙한 후에, 토양과 암석의 샘플 조사, 지역 촬영 등의 임무를 시작한 바 있다.

Opportunity가 Sol 1144에 촬영한 이미지 중에는 위와 같이 어수선한 지형을 담은 것이 포함되어있다. 전란이 지나간 것처럼 어지러운데, 이 지형을 잘 살펴보면 보물이 숨어있다.

앞의 이미지의 아랫부분을 확대해보았다. 화질이 팬찮은 편이어서 개체의 형태가 뚜렷이 보인다. 그중에 화석으로 의심되는 2개의 샘플만 집중해서 살펴보자.

우리 행성에서 자주 볼 수 있는 Turritella와 유사한 존재가 시야에 들어온다. 상당 부분이 외부로 노출된 것으로 보아, 이것이 생물의 골격이라면, 존재했던 시기가 아득하게 멀 것 같지는 않다. 그랬다면 이미 사라져 버렸을 테니까 말이다.

머리 부분에 길게 나온 사각기둥뿐 아니라, 가늘고 긴 부분도 자세히 살펴보자. 원뿔 나선 기둥 모양이 매우 선명하다. 저 모양은 Turritella의 일부분과 거의 같다.

그리고 Sol 1144에 촬영한 원본에는 왼쪽과 같은 부분도 있는데, 바위 주변에 화석들이 쌓여있는 듯한 모습을 보여주고 있다. 물론 모두 Turritellas와 비슷한 건 아니고, 다른 복족류나 갑각류의 화석들과 섞여있는 것 같다.

왼쪽과 같은 지역도 있는데, 이 모습이 어떻게 형성된 것인지 알 수는 없으나, 정말 자연적으로 형성되긴 어려운 모습이다. 누가 일부러 어떤 개체들을 모아놓았거나, 생명체들이 이 주변에 머물렀던 흔적들이 남아있는 것 같다.

살펴볼수록 궁금증은 더욱 증폭되는데, 이런 궁금증을 극적으로 증폭되는 자료는 바로 아래의 사진이 아닐까 싶다. 사진이 선명할 뿐 아니라, 샘플들이 밀집되어있어서 매력적이다.

◈ Rotelli 화석들

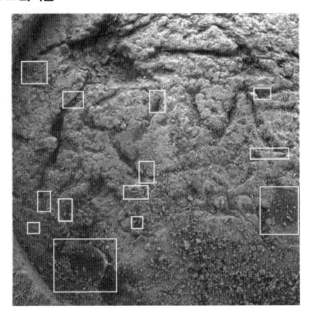

Sol 30

Opportunity Rover가 Sol 30에 촬영한 사진 중에 위와 같은 것이 있다. 이 중 일부에는 아주 진귀한 보물들이 숨겨져 있다. 이것을 자세히 살펴보려면, QR코드로 링크를 걸어놓은 사이트에 들어가서 자료들을 열람해보면 될 것 같다.

특히 위의 암석에 다양한 보물이 들어있는데, 세부적으로 탐사하기 위해서 Opportunity가 며칠 동안이나 드릴링 작업을 했다고 한다.

이 이미지에 담겨있는, 이상한 물체 중에 가장 자주 언급되는 것은 'Rotelli'이다. 이 화석은 화성에 생명체가 있었다는 결정적 증거로, 호사가들이 자주 인용하고 있다.

모양이 로테리 파스타와 아주 비슷하게 생겨서 로테리라고 부른다. 로테리의 진짜 모습은 앞의 그림과 같다.

위의 이미지는 바위 일부분을 확대한 것이다. 곡선형의 마카로니처럼 생긴 물체가 바위에 화석처럼 박혀있는데, 이것의 실체가 무엇이든, 존재 자체가 미스터리라고 할 수 있다.

아래 사진을 보면, 비슷한 모양을 가진 또 다른 개체가 바위에 박혀있는 모습이 보이는데, 이것 역시 자연 암석의 일부로 보기에는 너무 부자연스럽다.

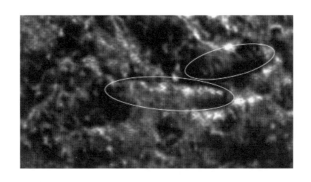

◈ Spirit이 찾은 Cyclomedusa

NASA Spirit Rover Data: 2M160631572EFFA2K1P2936M2M1

Spirit이 Gusev Crater에서 Sol 386에 마치 지금도 살아있는 것 같은, 이 끼와 유사한 모양의 개체를 발견했다. 바위에 박혀있던 화석이 오랜 풍파로 대기에 노출된 것 같다.

이 개체가 로버의 도구로 만들어진 것은 아닌 게 분명하다. 그렇다고 누군가 의도적으로 만든 것도 아닌 것 같다. 만약 그렇게 만들어진 것이라면 더 놀라운 일이겠지만 말이다.

Fossil Flower - Earth   Lichen - Earth

위의 두 사진은 지구에서 발견되는 유사한 개체인데, 꽃의 화석과 이끼의 한 종류이다. 혹시 화성에서 발견된, 위의 개체도 이와 유사한 것이 아닐까.

Spirit은 컬럼비아 언덕에서 작업하는 동안, 화성의 바위를 탐침 하기 위해서 팔에 장착된 장치를 사용했다. RAT(Rock Abrasion Tool)로 알려진 바위 연삭 도구로 화성 바위의 속을 노출시켰다.

RAT은 바위 표면을 파기 위해서 다이아몬드 메트릭스 휠을 사용한다. 원하는 깊이까지 도달하기 위해 조심스럽게 점진적으로 이 작업을 수행한다. 연마된 표면은 적극적인 과학 시험 준비를 위해 브러시로 청소하게 된다. 바위 조사가 끝나는 즉시 Spirit은 그 결과를 사진으로 촬영한다.

이런 작업을 하는 과정에서 생물학적 흔적으로 보이는, 위와 같은 개체를 찾게 된 것이다. 지구 상의 이끼 화석과 유사해 보인다는 주장이 우세하지만, 이에 대한 반론도 만만치 않다.

영국 우주생물학 Cardiff Centre의 연구원인 Barry Di Gregorio는 과거의 경험으로 미뤄볼 때 착시일 가능성이 크다고 주장했고, 화성 탐사 로버 프로젝트팀 RAT을 이끄는 Stephen Gorevan는, 퍼지 패치가 잔잔한 비트들이 축적된 모자이크의 뫼비우스에 의한 것으로 의심된다고 말했다.

하지만 이런 이견에도 불구하고, 생명체 흔적이라는 주장이 여전히 우세한 상태이다. 시간이 흐를수록 생명체라는 주장에 더욱 힘이 실리는 경향이 있는데, Cyclomedusa 화석이 발견된 후로는 가속이 더 붙는 것 같다.

Cyclomedusa 화석

대부분 화석은 생물들의 유해 중에 딱딱한 골격 부분이 남아서 형성된다. 그런데 아주 특별한 경우, 부드러운 몸체를 가진 생물이나 배아세포(Embryo)도 화석으로 보존되는 경우가 있다. 그중에서도 가장 놀라운 발견이 바로 선캄브리아대의 지층에서 발견된 에디아카라 동물군 화석이다. 이 동물들은 화석화되기 어려운 부드러운 몸을 가졌는데도 화석이 세계 곳곳에서 발견되고 있다.

에디아카라 화석들은 매우 다양한 형태를 가지고 있으며 크기도 수 밀리미터에서 1m가 넘는 것까지 다양하다. 이 생물은 해저의 미생물 매트에 고착해서 살았거나 바닥을 기어 다니며 살았을 것이다. 에디아카라 동물군의 상징적 존재인 사이클로메두사(Cyclomedusa)는 방사대칭의 형태로 해파리의 일종 또는 미생물 군집의 흔적으로 해석되고 있다.

호사가들의 주장은, Spirit이 발견한 것이 바로 이 사이클로메두사와 유사한 종류의 동물 화석이라는 것인데, 동조하기에는 왠지 증거가 부실해 보인다. 하지만 풍화나 침식으로 자연스럽게 변한 바위의 모습이라는 주장에는 더욱 동조할 수 없다.

◈ Endurance Crater의 화석들

위 사진은 Endurance Crater 일부의 모습으로, Opportunity는 이곳을 탐사하면서 암석 일부를 채취해서 성분 분석 작업을 주로 했는데, 이 작업 중에 예상하지 못했던 성과를 거두었다.

EDR 정밀사진

앞의 사진은 비선형 EDR 정밀사진으로 Opport unity가 Meridiani Planum에서 촬영한 것이다. 바위 표면이 다소 매끄러워 보이나 이것은 RAT에 의해 연마된 표면이 아니고 바위의 원형 그대로를 촬영한 것이다.

Rover의 팔에 부착된 정밀 분석 장비인 B&W CCD Camera를 사용하여, 바위에 기계적인 작업을 하지 않은 채, 표면을 확대하여 현미경적 촬영을 선행했는데, 네모 상자로 표시해둔 곳을 비롯해 곳곳에 생물 화석 같은 것들이 박혀있는 것 같다.

가운데 둥근 원은 바위 원형의 일부가 아니라 그라인더 자국이다. 그런데 불행하게도 그라인더(RAT)가 작업한 곳에 귀중한 자료가 담겨있어 손상되고 말았다. 화석으로 보이는 특별한 조직이 그곳에 있을 거라고 누가 예상했겠는가. 더구나 이 작업을 한 것이 인간이 아니고, 지능이 없는 기계였기에 일어날 수밖에 없는 사고였다.

훼손된 부분이 다시 복원될 수 없어서 너무 안타깝지만, 다행스럽게도 주변에 유사한 자료들이 많이 있을 뿐 아니라, 훼손된 자료보다 상태가 좋아 보이는 자료들도 있어서, 그것으로 위안 삼을 수 있었다. Endurance Crater 내부에 있는 바위들은 진귀한 보물들을 많이 담고 있어서, 현재까지도 화성 생물을 연구하는 데 소중한 자료로 쓰이고 있다.

이 이미지가 Endurance Crater 내부의 암석에서 취득한 자료 중에서 가장 소중하게 취급되고 있는 1M131201699EFF0500P2933M2M1이다. 한눈에 보아도 범상치 않은 요소들이 가득 차있다. 이 이미지가 공개되자, 화석 전문가 James Calhoun은 이것과 유사해 보이는 지구에서 찍은 사진 한 장을 공개하면서, 이 바위에 박혀있는 것들이 생물 화석으로 갖춰야 할 요소들을 잘 갖추고 있다며, 화성에 생명체가 있었다는 중요한 증거라고 주장했다.

　화석 중에서도 해양 생물 화석이라고 했는데, 해양 화석의 수집과 연구
에 대한 풍부한 이력이 있는 인물이어서, 단번에 세인들의 이목이 집중되
었다.

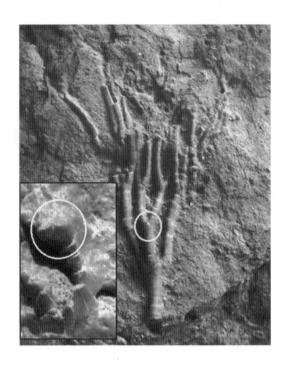

　바로 위의 사진이 James Calhoun이 공개한 지구의 해양 화석인데, 원형
으로 표시된 부분과 작은 상자 안의 화성 자료를 비교해보면 아주 유사해
보인다. 그는 이 개체가 환형동물(Annelid)이나 갑각류(Crustacean) 화석 같다
고 했다. 그러면서 해양의 석회질 외골격을 가지고 Filter Feeding을 하는,
식물같이 보이는 동물인 크리노이드(Crinoid)의 조상 정도로 보인다는 말
을 덧붙였다.

　Endurance Crater 내부의 바위에서 촬영한 이미지는 JPL Mars

Exploration Rover Mission 홈페이지에 게시되어있다.

◈ Stromatolite

이 이미지는 Opportunity가 Sol 249에 촬영한 것이다. 얼핏 단순한 암석으로 보이는 이 물체가 Stromatolite와 형태가 유사하다는 학자들이 있는데, 이 지역이 오래전 바다였기에, 그 개연성에 관한 연구가 늘어나는 추세이다.

Opportunity가 이 물체에서 황산염의 일종인 석고를 발견한 후에는 연구가 더욱 심화되었고, 마침내 외계 지적생명체 탐사연구소(SETI)의 애드리언 브라운 박사팀이 화성의 닐리 포세(Nili Fossae) 지역에 있는 40억 년 전 암석에서 Stromatolite와 유사한 형태를 확인했다고 공식적으로 발표하기에 이르렀다.

Stromatolite는 원시 생명체인 박테리아에 의해 만들어진 퇴적 화석층으로, 초기 지구의 형성 과정에서 박테리아와 미세조류의 진화 과정을 밝히는 데 유용한 자료를 제공한다.

브라운 박사팀은, 닐리 포세 암석은 지구 상에서 가장 오래된 생명체의 흔적으로 알려진 Stromatolite 화석인 호주의 '필바라(Pilbara) 바위'와 유사한 형태이며, 이는 화성에 존재했던 초기 생명체의 잔해가 닐리 포세 지역에 묻혀있을 가능성을 내포한다고 설명하였다.

이에 덧붙여 브라운 박사는 화석층이나 산호층처럼 미생물 집합체를 이룰 만큼 충분한 생명체들이 화성에 묻혔다면, 지구 상에서 일어난 것과 같은 현상이 화성에서도 진행됐음이 틀림없다고 주장했다.

지구의 지중해에서 발견된 화석에서도 석고가 다량 검출된 것으로 보아, 이런 주장은 충분한 근거가 있다. 그리고 닐리 포세 암석에서 탄산염도 발견됐는데, 생명체가 죽은 후에 변한 기름에서 생성되거나, 오랫동안 고여있던 물에서 생성되는 것이기에, 생명체 존재 가능성에 대한 또 다른 증거라고 할 수 있다.

여러 의견을 종합해보면, 위 이미지 속의 물체는 Stromatolite가 아니더라도, 그것과 유사한 물체인 게 거의 확실한 것 같다. 물론 아주 오래전에 형성된 것이겠지만 말이다.

아래 이미지는 단세포 광합성 미생물(Photosynthetic Microbe)인 남세균(Cyanobacteria)의 성장으로 생성된 지구의 스트로마톨라이트로, 약 37억 년 전의 것으로 여겨지는데, 화성에서 발견된 위의 샘플과 비교해볼 필요가 있다.

◈ **Opportunity가 발견한 유골**

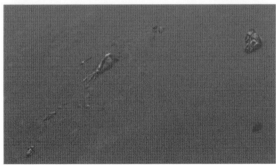

Opportunity가 촬영한 이미지에 분화구 내부의 경사면에 반쯤 삐져나온 이상한 물체가 담겨있다. 마치 터미네이터 영화에 나오는 로봇의 팔 같기도 하고 공룡의 발뼈 같기도 하다.

◆ 또 다른 유골

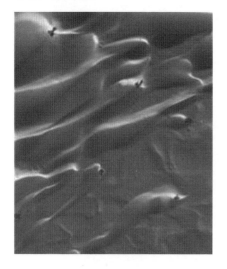

이 지역의 위치는 위도 24.26°W, 경도 84.79°N이고, 사진 번호는 M1700612이다. MSSS 스트립 속에서 찾아낸 것이다. 이미지가 너무 작아서 비교가 곤란하지만, 위에서 게재한 자료 속의 물체들과 흡사하다. 왜 이런 물체들이 화성에 널려있는 걸까.

◆ 암석인가, 화석인가

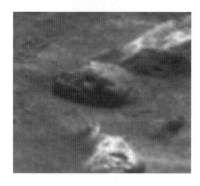

Spirit 로버가 촬영한 이미지 중에도 동물의 두개골 같은 형태의 물체가 발견된 적이 있다. 물론 바위일 수도 있으나, 전체적인 모양, 동공의 위치, 표면의 질감 등을 고려해볼 때 어떤 동물의 두개골처럼 보인다.

이 물체가 발견된 지역은 화성의 적도 남쪽 Gusev Crater 주변으로 Spirit 착륙지와 멀지 않은 곳이다. 이곳에서는 이 물체 외에도 자연물 같지 않은 물체들이 많이 발견되었다.

이 이미지에는 아주 기이한 물체가 담겨있다. 동물의 관절 부위나 장골 부위 같은 모양도 있고, 장방형 주물과 기계의 연결 장치의 일부 같은 모양도 뒤섞여있다. 동물의 유골 같기도 하고 낡은 기계 부속 같기도 한데, 도무지 물체의 정체를 가늠하기조차 어렵다. 하지만 이것이 무엇이든, 자연에 존재할 수 있는 암석의 파편이 아닌 것은 분명하다.

주변에 이와 유사한 모양을 가진 암석이 없고, 표면의 질감도 토양이나 암석과는 확연히 달라 보이는데, 형상이 너무 뚜렷해서 자연 암석에 대해 착시를 일으켰을 가능성도 거의 없다.

그리고 무엇보다 구조가 아주 복잡하다. 풍화나 침식 같은 자연 현상이 암석을 이렇게 복잡한 형태로 깎을 수는 없을 것이다.

위의 자료는 이 지역에 산재해있는 여러 물체를 모아놓은 009/2P1 28948498EFF0327P2380L4M1 파일이다.

동물 유골이나 화석 같은 것도 있고, 기계 부속으로 보이는 것도 있으며, 도저히 그 연원을 가늠조차 할 수 없는, 기이하게 생긴 물체들도 있다.

앞의 이미지는 184.5°W, 14.7°S 지역에서 Spirit이 촬영한 것이다. 좌표를 봐서 알겠지만, 이것 역시 Gusev Crater 근처로, 고생물학 증거일 수 있는 물체들이 담겨있다. 주변 전체에 아주 이상한 모양을 한 암석들이 널려있는데, 특히 동그라미 표시 안에 있는 물체는 자연 암석으로 볼 수 없는, 동물의 유골 같은 모양을 갖추고 있다.

이 두 개체 중 하나 또는 둘 모두가 동물의 두개골일 가능성이 매우 커 보이는데, 지구의 동물 화석과 같은 성분일 수도 있지만, 다른 원소들로 구성되어있을 수도 있을 것이다.

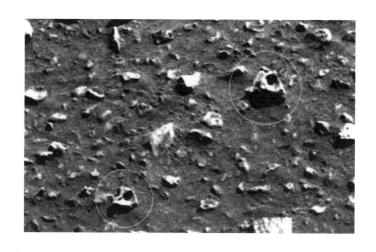

이 이미지는 원본을 200% 정도 확대한 것이다. 관심을 두었던 두 개체를 더 자세히 볼 수 있다. 자연 암석이 아니라는 생각이 조금 더 짙어진다. 전체적인 형상도 그런 느낌을 들게 하지만, 개체의 아래쪽에 짙은 그림자가 드리워진 것으로 보아, 땅과 접해있는 아랫면이 위쪽보다 훨씬 더 좁다는 것을 알 수 있는데, 자연 상태에서 풍화된 암석은 대부분 아래쪽이 더 넓다.

그리고 아래에 놓여있는 개체의 경우, 대칭적으로 커다란 동공이 나있다. 자연 상태의 암석에서 이런 형태가 만들어지기는 거의 불가능하다. 이 개체는 해부학적으로 동물의 두개골에 가깝다. 전방을 바라보는 눈구멍은 우묵하게 보이고 양쪽 면의 거의 같은 위치에 자리 잡고 있다. 이러한 유형의 대칭적 균일성은 생물의 유해에서만 나타날 수 있으며, 자연 지질학에서는 그 원인을 찾기 어렵다. 이 개체는 정방향으로 가리키는 날카로운 비강이 있으며, 머리 뒤쪽으로 이어지는 가장자리는 부드러운 곡선을 가지고 있어, 전체적인 모양이 조류처럼 보인다.

한편 위쪽에 놓여있는 개체의 모습은 구체적으로 묘사하기 어렵다. 다만 눈 소켓 영역으로 보이는 동공이 아래 개체보다 훨씬 크고 전체적인 크기 또한 그렇다.

◆ Gusev Crater의 생명체 흔적들

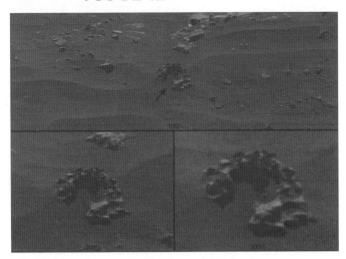

이 사진은 Spirit이 Gusev Crater 안의 'Winter Haven'에서 파노라마 카메라로 촬영한 것이다.

화살표로 표시해둔 곳을 보면, 토양에 부분적으로 묻혀있는 작은 동물의 유골 같은 것이 보인다. 포유류를 닮은 것 같지는 않고 파충류가 연상된다. 마모된 두개골이 척추의 끝에 매달려있는 것 같고, 토양에 묻혀있는 것은 꼬리 부분으로 보인다. 하지만 이러한 추정은 이것이 동물의 유골이라고 전제했을 때만 가능하다.

이 물체가 동물의 유골이라고 단언하기는 증거가 부족한 게 사실이다. 냉철하게 생각해보면, 동물의 유골처럼 보이는, 풍화된 바위일 개연성이 크지만, 유골에 매달린 끈을 완전히 끊어낼 수 없다. 그 이유는 Gusev Crater 안에 널려있는 개체 중에 다수가 자연물로 보이지 않기 때문이다.

이 이미지는 Spirit이 Sol 527에 Gusev Crater 안에서 촬영한 것으로, 앞에서 제시한 지역과 멀지 않은 곳의 정경이다. 개체 대부분이 수상하다. 2~3개는 암석이 아닌 게 확실한데, 형태도 아주 기이하다.

특히 확대한 이미지의 가운데 있는, 좁은 몸체와 꼬리를 가진 개체는 입 모양과 눈알이 박혀있었을 것 같은 소켓까지 있어서, 전체적인 모양이 지구 상의 곰치나 뱀장어 같은 수생 생물처럼 생겼다. 물론 이 개체가 생명체라고 해도 이미 죽은 상태이며, 주변 환경 역시 메말라 있기에, 착시일 가능성이 크다. 하지만 한때 이 지역에 물이 고여있던 시절이 있었을 것이기에, 이것이 생물의 미라이거나 화석일 개연성은 있다고 본다. 그리고 그 옆에 있는 타원형 구멍이 나있는 개체는 생물과는 거리가 멀어 보이나, 자연 암석은 아닌 게 분명하다. 재질이 금속인 것 같고, 가공의 흔적도 진하게 느껴진다. 특히 개체 내부 그림자로 보건대, 속이 빈 게 확실해서 자연 암석이 아닐 거라는 확신이 든다.

이 이미지 역시 Spirit이 Gusev Crater 안에서 촬영한 것이다. 멀리서 보면 거친 표면을 가진 암석처럼 보이지만, 확대해보면 생명체 흔적이 엿보인다.

거친 질감으로 느꼈던 표면의 실상은, 암석 위에 붙어있는 생명체의 실루엣에서 비롯된 것이다. 그것은 작은 초목이나 이끼와 유사해 보이는데, 전체적인 모습이 마치 지구에서 볼 수 있는 정경처럼 낯이 익다.

더구나 이것은 NASA/JPL 보도자료 이미지에서 가져온 것이어서 신뢰할 만한 것이다. 주요한 자료를 습관처럼 은폐하는 NASA에서 무슨 이유로 이런 자료를 공개했는지 모르겠다.

아랫부분의 150%, 200% 확대한 패널을 보면, 암석에 붙어있는 생명체가 심하게 탈수된 상태이긴 해도, 죽은 상태는 아닌 것 같다. 물만 부어주면 금방이라고 피어오를 것 같다.

◈ 이동한 자취

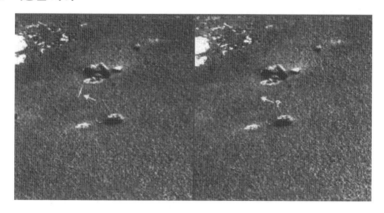

Opportunity가 Sol 1832에 파노라마 카메라로 촬영한 이미지의 분할 프레임 속에는, 어떤 개체가 이동하는 모습이 담겨있다. 미세한 흔적이나, 이것이 생물의 자취일 수 있기에 간과할 수 없다.

왼쪽 프레임에는, 오른쪽 프레임의 같은 위치에는 없는, 흰색 줄무늬가 있다. 이것이 카메라 렌즈에 묻어있는 오물일 수도 있다고 의심할 수도 있다.

그러나 이 줄무늬는 3개의 별도 프레임에 모두 나타나있으며, 서로 다른 렌즈로 찍은 프레임에도 나타난다. 근거가 미약하다고 여길 수도 있지만, 이것을 가볍게 치부할 수 없는 이유는, 공중을 가르는 고속 비행체이거나 살아있는 곤충의 자취일 가능성이 크기 때문이다.

Spirit이 Sol 1861에 Nav Cam으로 촬영한 이미지의 분할 프레임에도 이상한 이동체가 촬영되어있다. 곤충처럼 보이는 작은 물체가 상단 프레임에는 있지만 하단 프레임에는 없다.

이 물체 역시 크기는 작으나 입체적인 실루엣을 가지고 있어서, 카메라에 묻은 오물이 아닌 게 분명하고, 발견된 위치와 주변 토양의 상태로 보건대, 살아있는 존재가 아니라면 이런 흔적을 남길 수 없다. 이런 이유 때문인지 일부 호사가들은 이것을 화성의 귀뚜라미라고 부르고 있다.

하지만 이것을 곤충 같은 생명체로 단정 짓기에는 문제가 있다. 이 지점에 대한 영상 데이터 2개만 있고, 다른 데이터는 없다. 그리고 물체가 왼쪽 렌즈 숏에는 나타나고 오른쪽 렌즈 숏에는 나타나지 않는다. 정말 이상한 일이다.

◆ 화성인의 두개골

Spirit이 Sol 513에 184.5°W, 14.7°S 지역을 촬영한 Image #2P171912 249EFFAAL4P2425L7M1이다. 왼쪽 부분의 화살표를 해둔 곳을 보면 유인원의 두개골 같은 것이 있다.

아래에 게시된 확대한 이미지를 보면, 안구의 동공 같은 부분이 대칭적으로 있고, 그 사이 비강 부분도 선명하게 보이는데, 하악골 부분은 함몰되었거나 처음부터 없었던 것으로 보인다.

그래서인지 새로운 가능성 하나가 뇌리에 떠오른다. 동물의 두개골이 아니고, 전투할 때 사용하는 투구가 아닐까.

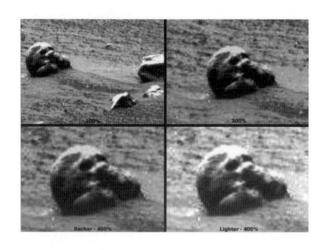

◆ 소저너와 흥미로운 물체

　최근까지 화성에서 탐사 활동을 했던 Spirit과 Opportunity가 화성에 관해 많은 자료를 보내와, 화성 연구에 많은 도움을 주었지만, 1997년에 약 3개월에 걸쳐 이루어진 패스파인더의 화성 탐사도 화성에 대한 근본적인 인식 변화에 결정적인 영향을 끼쳤기에, 그의 공로도 기릴 만하다.

　위 사진은 패스파인더가 소저너 로버의 활동 모습을 담은 사진이다. 소저너의 바퀴 옆에 이상한 물체가 보인다. 이 사진은 Tim Beech가 발견하여 공개한 것이다.

그냥 자연 암석이라고 보아 넘길 수도 있으나, 같은 지점을 촬영한 다른 이미지에서는 위 물체가 나타나있지 않다. 그렇기에 단순한 착시로 넘길 수 없다.

◆ 화성의 게

'화성의 게'라는 이름으로 인터넷상에 널리 유포됐던 사진이다. 자연현상으로 암석이 저런 모양을 이룰 수 있을까. 여러 다리로 벽에 몸을 밀착시키고 있는 생명체로 보인다.

◆ 설치류

패스파인더가 프로브 카메라로 촬영한 이미지들 사이에 몇 가지 흥미로운 아이템들이 있다. 그중에 하나가 '패스파인더호의 쥐'로 명명된 것이다. 이것은 살아있는 생물이 화성에 있다는 증거일 수 있어서 세인들의 주목을 받았는데, 살아있는 생물이라는 증거의 핵심은, 시차를 두고 촬영한 사진에서 비롯되었다.

작은 마터호른이라 불리는 바위 위에 뭔가 있다. 위 사진에 일광욕을 하고 있는 설치류 같은 존재가 보이지 않는가. 아래 사진은 다른 시간에 같은 바위를 촬영한 것으로, 몇 피드 위쪽의 반대편에서 촬영했는데, 여

기에는 그 존재가 보이지 않는다.

우리가 발견한 게 설치류가 아닐 수는 있지만, 스스로 공간을 이동할 수 있는, 살아있는 생명체인 건 맞는 것 같다.

◈ 흰 족제비

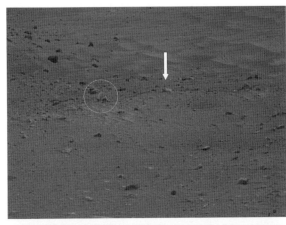

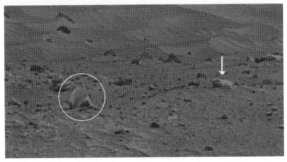

털이 있는 동물을 찾은 것 같은데, 바로 옆에 그의 친구도 있다. 원으로 표시해둔 곳을 보면, 어두운 털 색을 가진 녀석이 공격하겠다는 듯이 꼬리를 세우고 있는 모습이 보인다. 그 뒤쪽에 화살표로 표시한 개체는 다른 부류의 동물로 보인다.

서있는 개체는 대형 설치류인 마못(Marmot)과 유사하다. 털 색이 토양의 색깔과 비슷해서 의심스럽기는 하지만, 암석이나 지면과는 구분되는, 독립된 개체인 건 사실인 것 같다. 다만 화살표로 표시한 존재는 암석에 좀 더 가까워 보인다.

물론 이러한 개인적인 소견은, 지구 외의 별에 생명체가 있을 거로 믿는 사람에게만 제시해보는 것이다. 화성이 예전에는 지구와 거의 흡사한 환경을 가지고 있었고, 생명체가 살았으며, 나아가 고등 생명체도 존재했을 거라는 믿음이 있는 사람에게는, 이런 소견이 망상으로 보이지는 않을 것이다. 과거에 생명체가 있었다가 격변을 겪으며 멸절 과정을 거쳤다고 하더라도, 모든 동물이 화를 당하지는 않았을 것이기 때문이다.

우리 지구도 생명체 대부분이 멸절하는 격변을 여러 번 겪었지만, 일부의 동물들은 여전히 살아남지 않았는가. 화성 역시 지구와 유사한 역사를 겪었을 가능성이 없지 않다.

◆ **다양한 화석들**

Sol 016

Spirit이 Panoramic Camera로 Sol 016에 촬영한 이미지이다. 호기심을 자극하는 돌조각들이 널려있다. 마치 전경에 유골 조각이 널려있는 것처럼 보인다.

만약 지구에 이런 곳이 있다면 많은 학자가 표본 채집에 나섰을 것이다. 가운데 지점에 있는 2개의 비교적 큰 물체는, 동물의 해골과 너무도 흡사하고, 그 주변에 있는 물체 중에도 척추나 다리뼈로 보이는 것들이 많이 있다.

그 외에도 구체적으로 표현하기 힘들지만, 단순한 돌조각 같지 않은 개체들이 널려있다. 지표면에 드러난 것은 이 정도지만, 실제로 땅을 파보면 더 많은 증거가 드러날 것 같다.

이 지역의 전반적인 분위를 볼 때, 거대한 동물들의 무덤이거나 전란이 휩쓸고 간 전장의 일부분 같다는 느낌을 지울 수가 없다. 그 전란이 어떤 것인지는 모르겠으나, 만약 실제로 전란이 있었다면, 우리가 전혀 상상하지 못하고 있는 역사가 이곳에서 진행되었다는 뜻이 된다.

이상한 개체들을 세부적으로 나누어 살펴보자.

연결 부위를 가진 뼈

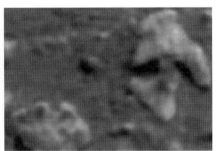

큰 뼛조각에 붙은 삼각형 조각

여러 개의
자연적인 다공이 있는 뼛조각

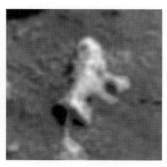

장축의 뼈로 다른 뼈와의
연결 부위도 보인다

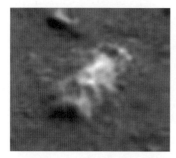

거대한 동물의 몸통뼈 일부로 보인다

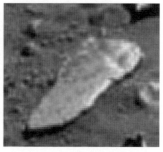

파충류 흉골 같다

하나였다가 분리된 듯한 뼛조각

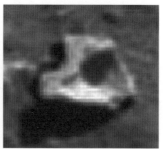

파충류 해골, 콧구멍, 눈 소켓,
부리 등이 보인다

◈ 침식 지역의 화석

　이 사진은 Spirit이 Panoramic Camera로 Sol 1144에 촬영한 것이다. 지구의 해변 침식 지역처럼 생긴 이곳은 거친 바람이 휩쓸고 지나간 화성의 평원이다.

　화석들은 생성과 보존 조건이 까다롭기는 하지만, 조건이 잘 맞으면, 모암보다 더 안정된 물질이 되어, 오랫동안 보존된다는 게 사실인 모양이다. 그런 말을 믿고 있다면, 이곳에서 놀라운 개체들을 찾아낼 수 있다.

　아래 이미지는 사진의 중앙 오른쪽에 있는 복잡한 부분을 확대한 것으로, NASA의 홈페이지에도 공개되어있으며 사진 번호는 2P2279209 66EFFAS4JP2436L5M1이다.

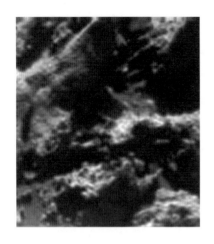

이미지를 자세히 살펴보면, 바위 아래에서 동물의 손발 같은 실루엣을 발견할 수 있다. 이것을 화석이나 살아있는 생물이라고 굳게 믿고 있는 건 아니지만, 일반적인 바위와는 확실히 다르다. 해상도가 높은 편이 아니어서 확신할 정도는 아니나, 관심을 두기에는 충분하다.

◈ 갑각류

Spirit이 촬영한 사진 중에는, 마치 두꺼운 등껍질을 가진 생명체와 유사한 물체가 담긴 것이 있다.

단순한 바위일 수 있겠으나 왼쪽에 있는 지구의 생명체를 보고 나면 생각이 달라진다. 바위로 보이던 물체가 서서히 동물로 보이기 시작한다.

우선 등 부분이 완벽하게 대칭이다. 그리고 그 표면의 질감이 지구의 갑각류와 너무 흡사한 것 같다. 만약 그렇다면 배 부분은 등보다는 훨씬 더 부드러울 것이다.

눈과 코가 안 보인다거나 다리가 안 보인다는 등의 의심은 하지 않았으면 좋겠다. 저 생명체는 화성에 있는 것이어서 그곳에 사는 생명체에 지구 생명체의 기준을 적용해서는 안 된다. 등과 배의 모양이 대칭적일 뿐 아니라 그 구분선이 뚜렷하고, 신체의 전체적인 균형과 비례에서 생명체 고유의 특징이 느껴진다.

◆ 파충류 혹은 페럿

이 사진은 NASA가 'MSL(Mars Science Laboratory)' 계획에 따라 화성에서 임무 수행 중인 Curiosity가 전송해온 것으로, NASA 홈페이지를 통해 공개된 바 있다. 이 사진을 접한 한 네티즌들은 사진 속의 개체가 '흰 담비(페럿)'나 '흰족제비'를 닮았다고 말한다.

이 사진은 유튜브에 공개되기도 했다. 유명 UFO 연구가 스콧 C. 워닝(UFO 사이팅스 데일리 운영자)은 사진 속 미확인 개체가 파충류나 설치류를 닮긴 했다고 네티즌들의 편에 섰다. 그러나 NASA는 별다른 대꾸를 하지 않고 있다.

◈ 외계인 유골

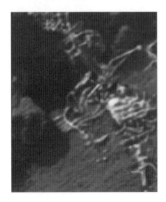

Curiosity가 Sol 1387에 촬영한 이미지를, NASA가 2016년 7월 1일에 공개했다. 바위 사이에 누워있는 어떤 생명체의 유골 같은 게 보이는데, 전체적인 모습이 지구의 영장류 유골과 유사하다. 호사가들은 위쪽에 화려한 화관 같은 장식이 놓여있는 것으로 보아, 한때 화성에 문명이 번성했던 시대에 왕이나 사제를 지냈던 인물의 유골일 가능성이 크다고 말하고 있다. 물론 이런 주장은 이것이 외계인의 유골일 때만 할 수 있는 가정인데, 자세히 살펴보면, 유골이 아닌 규화목 같은 나무의 화석일 수도 있다는 생각도 든다. 이것이 무엇이든, 암석이나 토양 일부가 아닌 것은 확실해 보인다.

◆ 파충류 화석

NASA가 2015년 9월에 공개한 자료 속에서 발견된 이미지이다. 바위에 박혀있는 동물의 화석 같은 게 보인다. 두개골에 매달린 척추처럼 보인다. 전체적인 모습이 코모도 드래곤과 유사하다.

◆ 또 다른 외계인 유골

　Curiosity가 Murray Buttes 지역을 지나면서 촬영한 이미지에서 발췌한 것이다.

　2016년 10월 3일에 화성에서 날아온 자료 속에 들어있었는데, 파노라마 형태로 촬영된 이미지여서 처음에는 이상한 점을 찾아내지 못했다. 그러다가 2017년 1월에 화성에서 전송되어온 근접 촬영 이미지 속에서, 원으로 표시해둔 곳에 이상한 물체가 있다는 사실을 알게 되었다.

이 이미지 역시 선명하지 못하지만, 일반적인 암석의 파편이 아니라는 사실은 단번에 알 수 있다. 전체적인 길이는 3m 정도 되는데, 두개골과 대퇴골 부분이 남아있는 외계인의 유골 같다.

◆ 고래 화석

2008년 4월 17일에 화성에서 고군분투하던 Opportunity가 Victoria Crater 안에서 촬영한 사진이다. 암석이 이런 형태로 돌출될 수 있는지 의문인데, 주변 지역을 함께 고려해보면, 그 존재가 얼마나 특이한지 알 수 있다. 암석이라기보다는 아주 오래된 어떤 동물의 화석처럼 보인다.

◆ 미지의 유골

이 이미지는 Curiosity가 Sol 1028에 촬영한 파일에서 발췌한 것이다. 경사면에 기이하게 생긴 물체가 비스듬히 놓여있다.

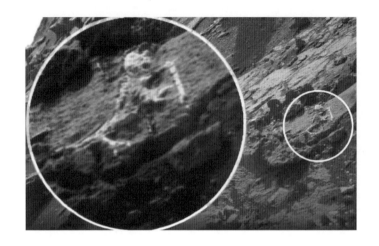

　확대해서 살펴보니, 어떤 생명체의 유골처럼 보인다. 두개골과 사지 뼈 같은 게 보인다. 영장류처럼 선 채로 움직이는 종류는 아니어도 전체적인 모습이 포유류에 가까웠을 것 같다.

제 7 장

문명과
유적

화성에 문명이 존재할까. 어떤 행성에 문명이 존재한다는 것은, 생명체가 존재한다는 의미와는 또 다른 차원의 문제이다.

생명체가 존재한다는 의미는, 자기증식능력, 에너지변환능력, 항상성유지능력을 가진 존재가 있다는 의미이다. 그러니까 지적 수준과는 상관없이 무생물과 구별되는, 활력과 능력을 지닌 개체가 존재하면 되는 것이다.

하지만 문명이 존재한다는 의미는 다르다. 그곳에 존재하는 생명체가 고도의 지적 능력을 지니고 있어서 그들이 구성하고 있는 집단이 정신적으로나 물질적으로 진보된 상태에 이르러있다는 의미이다.

그렇기에 화성에 생명체가 존재하는지도 공적으로 확인되지 않은 상태에서, 화성에 문명이 존재하는지, 그 여부를 따지는 것은 너무 앞서가는 거라고 비판할 수 있다. 그러나 화성에 문명이 존재하는 것 같다는 주장이 수시로 등장하고, 미상불 화성 탐사선이 보내온 자료 속에도 다양한 증거가 제시되고 있는 게 현재 상황이기에, 그냥 덮어둘 수는 없다.

한때 과학계에서 다양한 업적을 남겨서 세인의 주목을 받고 있던, NASA 출신의 과학자 호글랜드는 화성 지표에 강과 호수가 있고 댐 같은 건조물도 보인다고 주장하며, 다양한 증거를 제시한 바 있다.

그리고 유럽의 신뢰할 만한 공적 기관인 마스 익스프레스 센터는, 화성에 물과 식물이 존재하는 녹색 지대가 있으며, 지적 생명 활동의 결과인 대규모의 인공 시설이나 기념물의 흔적이 있다고 밝히기도 했다.

이들의 주장 외에도 화성 문명은 수없이 많고, 다양한 매체를 통해서 드러난 증거들도 풍부한 편이며, 그중에 일부는 이 책의 앞 장에서 제시된 바 있다.

다양한 자료와 증언을 통합적으로 고려해보건대, 화성에 고등한 생명체가 존재했으며, 그들이 한때 찬란한 문명을 건설했던 것 같다. 그 문명이 현재까지 승계되고 있는지, 그리고 그 후손들이 온전하게 살아있는지는 알 수 없지만 말이다.

그렇기에 진정으로 걱정해야 할 문제는, 화성 생명체가 이룬 문명이나 유적의 존재 여부보다 그러한 사실을 마음으로 받아들일 준비가 안 되어 있는 지구인의 현재 상황이 아닌가 싶다. 아울러 그런 사실에서 파생될 문제에 대한 대비가 되어있지 않은 것도 걱정된다. 지금까지 연구해온 과학적 논제와는 전혀 다른 문제들, 이를테면 외계 생명체와 인류와의 유사성, 행성 간의 생명체 이동 가능성, 화학적 환경과 생명체 간의 연관성 등이 갑자기 부각되었을 때, 지구인이 이를 제대로 감당해낼지 걱정이라는 뜻이다.

화성 외의 다른 행성에 외계 문명이 존재할 가능성도 열려있다. 그리고 과거와는 달리, 그럴 가능성이 상당히 크다는 데 동조하는 대중들의 수가 상당히 많다. 각국 정부에서도 이런 현실을 인정하기에, 우리 태양계뿐 아니라 태양계 밖의 행성에 관한 탐사계획을 세우는 것이다.

이 거대한 우주에 지구인만 존재할 가능성은 아주 희박하며, 수없는 생명체가 공존할 가능성이 크다는 사실에 대해서, 진정으로 마음을 열어놓아야 한다. 그래야 지구 안의 문명인이 아닌, 우주 안의 문명인으로 도약할 수 있다.

이제 그 첫걸음으로 화성의 문명부터 살펴보자. 그 존재 여부에 대한 의심 따위는 버리고 마음의 문을 활짝 열자.

◈ 물고기 상징 그리고 물

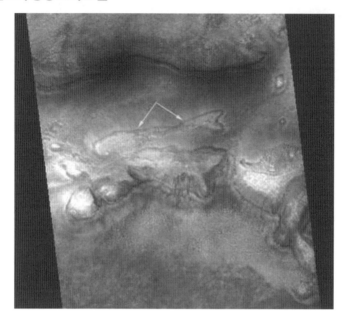

　이 이미지는 NASA/JPL/MSSS의 MOC #M03500586의 협각 이미지 스트립에서 추출한 것이다. 가운데 화살표를 해둔 곳을 보면 물고기 모양의 지형이 있다.

　MSSS 통계 페이지를 보면, 이 스트립의 너비가 3.14km로 나타나있다. 물고기 지형은 스트립의 너비의 51.16%를 차지하기에, 이 물고기의 지형은 3.14×0.5116＝1.6으로, 머리에서 꼬리까지의 거리는 1.6km나 된다. 거대하다.

　하지만 거대한 크기 때문에 이 물고기 상징을 주목하는 것은 아니다. 내부에 문명의 흔적이 담겨있고, 여러 부분에 원본 이미지를 가리기 위한 조작을 가한 흔적이 있기 때문이다.

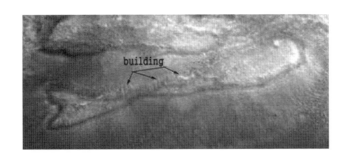

　물고기 지형 부분을 확대한 후에, 분석의 편의를 위해서, 원본을 수직 및 수평으로 대칭 이동한 이미지이다. 그래서 주변의 땅 지형은 조금 왜곡되어있으나, 물고기 이미지를 조금 더 분명하게 볼 수 있고, 안 보이던 눈 부분도 보인다.

　물고기 이미지는 하나의 긴 연속적인 선으로 이뤄져 있다. 지구의 고대 물고기 상징과 유사하나, 연관이 있는지는 모르겠다. 이보다 더 관심을 둬야 할 부분은, 전체적인 형상보다는 물고기 문양 내부의 구조물이다. 개체들의 구체적인 형상을 알아볼 수 있을 만큼 해상도가 충분하지 않지만, 물고기 아랫부분에 수로를 따라 지어진 다층 건물들이 있는 것 같다.

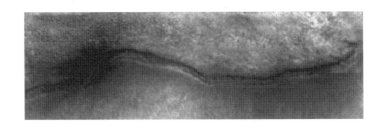

　이것은 물고기 상징 위의 절벽 부분을 확대한 것이다. 무언가를 가리기 위해서 이미지 조작을 가한 흔적이 보인다. 특히 특정 부분은 아주 짙게 가려져 있는데, 이 영역은 절벽의 윗부분이므로 이렇게 짙은 그림자가 드리워질 수 없다. 경험에 비추어보면, 검게 가려진 부분은 얕은 물웅덩이

일 가능성이 크다.

물고기 상징의 길이가 1마일가량 된다는 사실을 염두에 두고, 길게 늘어져 있는 길 부분과 그 주변을 살펴보자. 절벽 표면을 연결하는 산길이 그리 넓어 보이지 않지만, 길옆으로 작은 도랑이 있고 주변에 가옥들이 있는 것 같다. 평화롭고 한적한 산골 마을처럼 보인다.

이 절벽 기저에 비교적 풍부한 물이 존재하는 것 같은데, 이런 주변에 거주지가 형성된 형태는 화성의 다른 곳에서도 종종 발견된다. 물론 구조물들이 잘 위장되어있고 다양한 스윕 유형의 변조가 있어서 사진 판독이 쉽지 않기는 하지만 말이다.

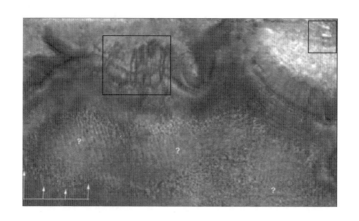

물고기 지형의 바로 아래에 있는 절벽 근처를 확대한 이미지이다. 먼저 주목해야 할 곳은 오른쪽 위 구석이다. 2개의 구조물이 비교적 뚜렷하게 보인다. 하나는 긴 기둥을 가진 구조물이고, 다른 하나는 평평한 옥상을 가진 직사각형 건물이다. 마치 비행체 착륙용 플랫폼과 그 부속 구조물 같다.

그 밖의 흥미로운 부분은 절벽 면에 있는 일련의 테라스와 절벽을 따라 난 좁은 길이다. 이 길 아래쪽은 부분적으로 템퍼링으로 가려져 있는데,

암벽을 따라 만들어진 구조물을 가리기 위해, 이런 조작을 가해놓은 것 같다. 해상도가 너무 낮아서 제대로 판독할 수 없으나 직사각형 모양의 건물이 언뜻 보이는 것 같다. 그리고 아래쪽 화살표가 가리키는 곳에 구불구불한 도로처럼 보이는 지형도 있다.

◈ 거대한 성벽

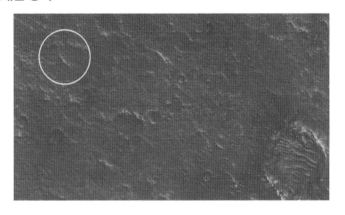

램파트 크레이터 근처에 이상한 구조물이 있다. 램파트 크레이터는 화성에서 자주 볼 수 있는 크레이터로, 용암이나 화산 분출물이 공중을 튀어 올랐다가 다시 형성된 게 아니고, 지표면을 끈적하게 흐르다가 퇴적되는 형태로 형성된 크레이터를 말한다. 지면 아래에 얼음이나 물이 있으면, 외부 물체가 충돌해도 지표면의 흙이 먼지처럼 날아가 버리지 않고, 물을 머금은 채 흐르다가 꽃잎 모양으로 쌓인다. 이런 지형을 통해, 화성 지하에 얼음이나 물이 있었다는 사실을 알 수 있다.

이미지의 오른쪽 아래에 램바트 크레이터가 있고, 성벽으로 보이는 이상한 구조물은 왼쪽 위의 원으로 표시해둔 곳에 있다.

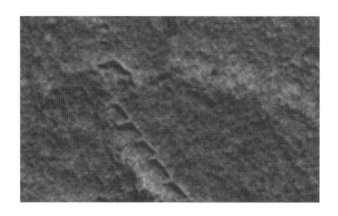

모서리가 뚜렷하고 구조물 배치도 기하학적이어서, 인공 구조물이 확실하다고 봐야 한다.

◈ Parrotopia

왼쪽 사진에 담겨있는 지역은 Parrotopia라고 명명된 곳이다. 도로망이 선명하고, 빌딩으로 보이는 구조물의 모습도 선명해서 마치 지구의 어느 곳 같다. 전문가들은 과거에 흘렀던 물이 만들어놓은 퇴적층이 이런 지형을 만든 것 같다고 말한다.

◆ 고리 모양 크레이터

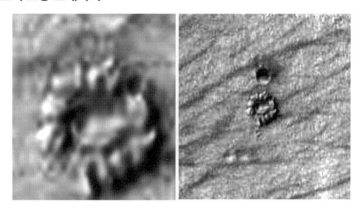

209.159°E, 44.493°N 지역을 촬영한 사진에 이상한 모양의 크레이터가 담겨있다. 크레이터의 지름은 대략 430m로 그리 큰 편은 아니나 일반적인 충돌 크레이터와는 형태가 너무 다르다. 바로 위에 일반적인 형태의 크레이터가 있어서 이 크레이터의 특이함이 돋보인다.

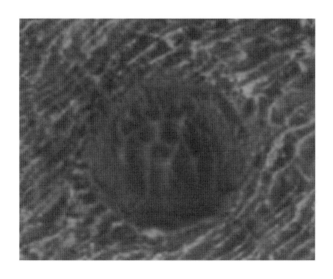

더욱 이상한 점은, 이 크레이터에서 400m 정도 떨어진 곳에 이보다 더

이상한 모양의 구조물이 있다는 사실이다. 위 사진에 그 구조물이 담겨있다. 전체적인 외형은 육각형 모양이고, 내부에는 서로 연결된 프레임들이 있다. 육각형 외곽의 지름은 300m가 훨씬 넘는다.

인공적으로 건설된 구조물인지 혹은 우리의 상상을 뛰어넘는 어떤 거대한 생명체인지는 판별하기가 어렵다. 생명체라면 지구의 식물과 유사한 것이겠지만, 눈을 가진 동물일 수도 있다는, 다소 황당한 주장도 있다.

어쨌든 이 지형지물 역시 앞에서 본 크레이터와 무관하지 않은 것 같다. 둘 사이에 어떤 관계가 있는지 정말 궁금하다.

◆ **동굴의 입구**

화성에서 가장 높은 산인 올림푸스산에 거대한 동굴 입구로 보이는 지형이 있다. 이곳의 좌표는 341.3°W, 86.8°S이다. 입구에 문설주도 보이고, 그 안쪽에 얼핏 기계 장치도 보인다.

또한, 동굴 입구도 모서리가 잘 다듬어진 각진 형태여서, 동굴 자체가 자연적으로 형성된 것이 아닌 것 같다.

◈ Candor Chasma의 트랙

이곳은 Candor Chasma 지역이다. 계곡으로부터 산 위쪽으로 나란히 트랙이 나있는데, 자연적으로 형성된 게 아닌 건 확실한데, 도대체 이런 형태의 트랙을 어떻게 만들 수 있는지를 상상조차 할 수 없어 답답하다.

아랫바닥에서도 트랙을 명확하게 볼 수 있고, 이것이 절벽 위쪽의 지면으로 이어진 것도 확실하기에, 만약에 어떤 물체가 지나간 자국이라면, 땅에 붙어서 지나가는 물체라기보다는 공중을 날아다니는 물체일 것 같은데, 이런 경우 무엇으로 공중에 그 흔적을 남길 수 있는지 추정하기 어렵다.

물체가 지나가면서 남긴 자국이 아니고, 반투명한 소재로 만든 궤도 같은 게 있을 가능성을 떠올릴 수는 있는데, 고정된 궤도로 보기에는 너무 느슨할 뿐 아니라 균형이 무너진 부분이 많다.

지구인의 지식으로는 이 트랙의 생성 원인을 도무지 알 수 없다.

◈ 운하 시스템

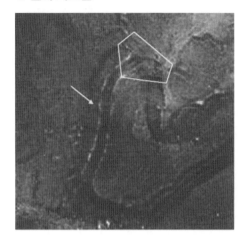

사이도니아(Cydonia) 지역 근처에 깔끔하게 구획된 도랑이 있다. 크기를 정확히 가늠할 수는 없으나, 기계적인 설계의 흔적은 역력히 느껴진다. 아마 지금은 없으나 과거에 있었던 운하 시스템의 일부였던 것 같다. 그것이 아니라면 수력발전을 위해서 물을 끌어오는 데 사용했던 거대한 수로인지도 모르겠다.

◈ 3개의 돔

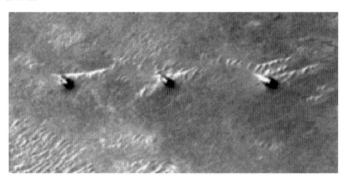

MOC narrow-angle image M00-01661이다. 2000년에 Meridiani 지역을 촬영한 것인데, 800ft가량 되는 3개의 물체가 나란히 서있는 게 보인다.

반사광으로 보아 금속 물체인 것 같다. 지형 형성 과정에서 자연스럽게 만들어진 것이 아님은 분명하다.

◆ **거대한 기계 시설**

Global Surveyor MOC narrow-angle image AB1-08405이다. West Candor Chasma 남서쪽 지형을 촬영한 것이다.

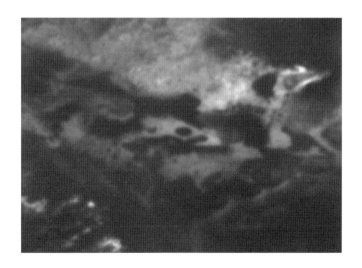

왼쪽 아랫부분을 확대해보면, 인공 구조물이 선명하게 드러난다. 가운데 검은 구멍이 있는 구조물의 모서리는 아주 예리하다. 왼쪽에는 둥근 구체와 함께 평판 구조물이 있고, 오른쪽에는 그림자로 아래쪽과 묶여있는 다이아몬드형 물체가 있다. 빌딩의 왼쪽에는 플랫폼 같은 구조물이 있고, 주변이 증기로 잔잔히 덮여있는 듯한데, 그 속에는 그리드 패턴과 사각형 구조물이 있다. 도대체 뭘 하는 곳일까.

◈ 구획된 도시

이 지역의 위치는 124°E 36°S로 Mate Crater 내부이다. 크레이터 경사면에 아주 복잡한 구조물의 집합체가 있는 듯하다. 해상도가 좋지 않고, 부분적으로 모자이크 처리가 되어있어서, 인공적으로 조성된 구조물들이 있다고 강력하게 주장하기 어렵지만, 구획된 도시의 실루엣이 보이는 건 사실이다.

◈ Hydaspis Chaos

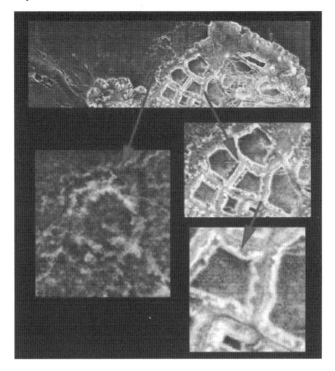

　위도 27.1°W, 경도 3.2°N에 있는 Hydaspis Chaos 지역을 촬영한 사진인데, 이 지역 안에 'Oxia Palus 사변형'이라고 명명된 지형이 보인다. 이곳 역시 도저히 자연이 스스로 만든 곳으로 보이지 않는다.

　지역 전체가 잘 구획되어있고, 여러 곳에 다양한 종류의 구조물들이 있다. 과거 언젠가 지적 생명체가 계획적으로 조성해서 살았던 도시인 것 같다.

◈ 방사형 도시

e060005b 이미지 파일 일부이다. 가로 폭의 실제 길이는 대략 430m 정도이다. 전체적인 지형이 잘 구획된 방사형 도시의 중심부로 보인다.

◈ 댐 지역

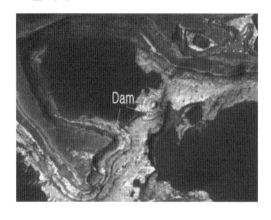

MOC image R08-01104이다. 거대한 댐이나 옹벽으로 추정되는 구조물이 보인다.

　저수지로 보이는 구조물 왼쪽의 저지대에는 현재까지도 물이 가득 차있는 듯 보이고, 주변 지역도 잘 정돈되어있어, 지역 전체가 어떤 목적을 위해 설계된 곳 같다.

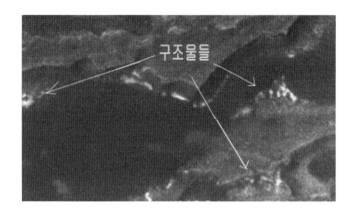

◈ 동굴형 거주지

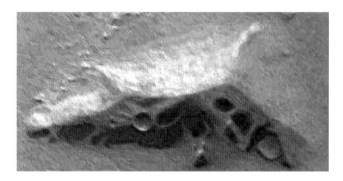

바이킹호가 촬영한 사진 중에 집중적으로 조명을 받았던 자료 중 하나
이다. 사진 속의 지형은 자연지형을 적절히 이용해서 만든 인공 거주지인
것으로 보인다. 이 거주지 바로 앞에는 모노리스처럼 보이는 돌기둥이 서
있다.

◆ 크레이터 내부의 구조물

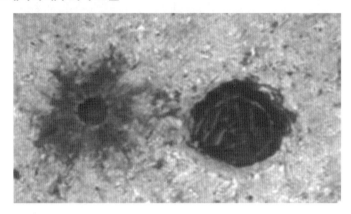

MOC narrow-angle image M03-03865이다. 이미지 속에 있는 한 쌍의 분화구가 매우 흥미롭다. 특히 오른쪽 분화구 내부에는 인공적으로 조성된 구조물 같은 게 보인다.

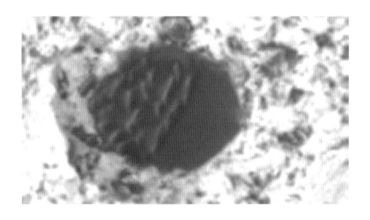

같은 스트립 안에 위와 같은 분화구도 있다. 내부를 자세히 살펴보면 자연스럽지 않은 지형이 보인다. 개체의 배열된 모양으로 보아 인공 구조물 같다. 분화구 주변에 비슷한 모양을 가진 인공 구조물들이 여러 개 보인다.

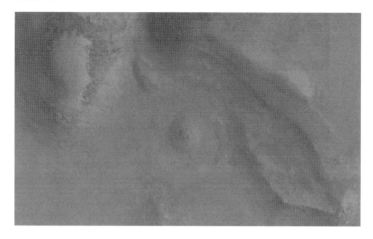

NASA의 화성 탐사 이미지 중에 '석제 구조물' 논란에 휩싸인 것이 꽤 있지만, 지구에 있는 구조물과의 유사성 때문에 논란에 휩싸인 것은 그리 많지 않다. 위 이미지 속의 지형지물은 특이하게도 '스톤헨지'와 연관된 논란에 휩싸인 바 있다.

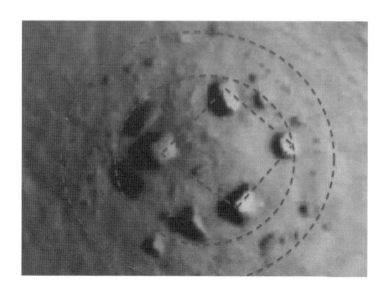

확대해보면 암석들이 눈에 확실히 띄는데, 그 모양이 미스터리 구조물로 유명한 영국 스톤헨지와 흡사하다.

스톤헨지의 공중사진과 비교해보면 이런 생각이 더욱 짙어진다. 많은 전문가가 자연적으로 만들어진 모양일 뿐이라고 강조하지만, 대중들은 동의하지 않고 있다. 소수이기는 하지만, 지구의 스톤헨지와의 유사점에 집착하는 전문가들이 분명히 있고, 이들의 의견에 동조하는 대중들도 상당히 많이 있다. 그런 이유로 이 사진은 해외 온라인에서 오랫동안 핫이슈로 떠올라 있었다.

◆ 모노리스

외계 문명이 만든 돌기둥이 발견됐다는 ABC 뉴스 때문에 세상이 떠들썩한 적이 있다. NASA가 수년 전에 공개한 이 사진에는 영화 〈2001 스페

모노리스

이스 오디세이)에 나오는 돌기둥을 연상하게 하는 물체가 분명히 있다.

'외계 문명 돌기둥 발견'으로 보도된 기사의 사진 속에는 말끔한 육면체 모양의 돌기둥이 서있다. 이 돌기둥은 한 아마추어 천문학자가 NASA의 화성 궤도 탐사선에 장착된 하이라이즈(HiRISE) 카메라에 포착된 사진에서 발견한 것으로, 온라인을 통해서 유포되면서 오랫동안 논란거리가 되었다.

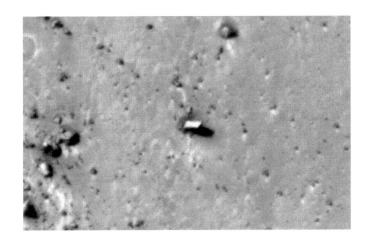

확대한 이미지를 살펴보면, 정말 논란거리가 될 만큼 설계의 흔적이 느껴진다. 하지만 전문가들은 돌기둥을 절벽 근처에서 떨어져 나온 단순한 암석으로 추측했다. 애리조나 주립대학의 조나단 힐 박사는 "화성으로부터 300km 정도 떨어진 곳에서 촬영된 것으로, 픽셀당 30cm의 해상도를 갖고 있기에, 휘어진 부분도 직선으로 보일 수 있다"고 주장했다.

◈ 포보스의 모노리스

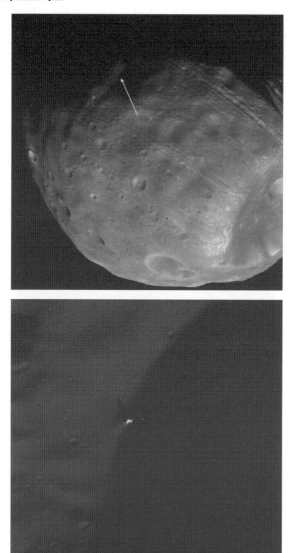

이런 논란을 일으키는 돌기둥은 화성에만 있는 게 아니고 화성의 위성인 포보스에도 있다. 포보스의 돌기둥은 아주 선명한 형태이고, 주변에

그것이 떨어져 나올 만한 절벽 같은 지형도 없기에 더욱 주목을 받고 있는데, 이 모노리스는 화성의 돌기둥보다 훨씬 오래전에 발견되어 세부적인 구조까지 촬영되어있고 그 그림자까지 연구가 되어있는 상태이다. 남아있는 문제는, 이것이 누구에 의해 만들어진 것이 사실이라면, 누가, 언제, 무슨 이유로 만들었는가를 찾아내는 일이다. 하지만 이 문제는 풀릴 기미가 보이지 않고 있다. 올드린은 이 답답한 상황에 대해 이렇게 언급했다. 감자 모양의 위성에 있는 이 모노리스는 7시간마다 행성을 돌고 있다. 우주가 만들어놓은 것인가? 신이 가져다 놓은 것인가?

◈ 또 다른 모노리스

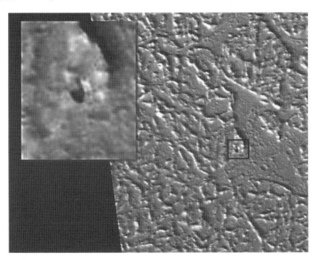

Malin Space Systems가 촬영한 e0600005 파일 일부를 편집한 M1101979.jpg이다. 이 이미지를 보면, 사각형 안의 물체가 자연적으로 형성된 것이 아니고, 누군가 설치해놓은 것이라는 느낌이 아주 강렬하게 든다.

절반가량이 앞으로 구부러져 있어서, 지하로 들어가는 입구가 그곳에 있을 거라는 주장이 있는데, 그림자가 드리워져 있는 상태여서 그 아랫부분이 잘 보이지 않는다.

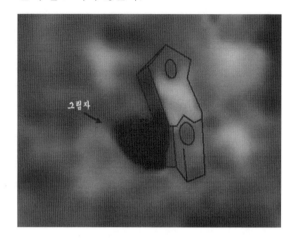

그림자

하지만 호사가들은 이런 구조물들의 존재를 근거로, 화성에 한때 고도의 문명이 존재했다는 주장을 펴고 있다. 오래전에 화성에 문명이 존재했으며, 어쩌면 지금도 존재하고 있을 수도 있다고 주장한다. SF 분위기가 풍기는 주장이지만, 백안시해서는 안 될 것 같다. 이미지를 확대해서 자세히 살펴보면, 누구도 그 주장을 무시할 수 없다는 걸 알게 된다.

◆ 거주지

이 이미지는 화성 궤도선이 촬영해서 전송해온 것이다. 큰 산은 아니고 작은 야산 정도의 고지에 건물로 보이는 구조물이 있다.

Sol 1082

　지붕이 보이고 직사각형 틀을 가진 출입구도 여러 개 보인다.

　다른 자재로 지은 것이 아니고, 자연 암석을 이용하여 만든 구조물일 수는 있겠지만, 인위적인 설계가 가미된 구조물인 것은 틀림없는 것 같다.

　모서리가 예리한 입구와 다층 구조 등 구조물 전체의 모습이 자연적으로 형성된 게 아닌 게 거의 확실해 보인다.

　훗날 Curiosity가 Sol 1082에 Right Mast Cam으로 촬영한 이미지를 QR 코드로 링크해놓았는데, 성능이 개선된 카메라로 촬영한 영상이어서 그런지는 모르겠지만, 궤도선이 촬영한 이미지 속의 모습과는 다소 차이가 있었다. 둘 중 하나의 파일에 조작이 가해진 것인지, 그 사이에 건물이 변한 탓인지는 알 수 없다.

◈ 이상한 구조물

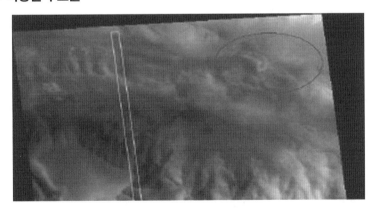

　이 사진은 궤도선에서 촬영한 것이다. 사진의 오른쪽 위에 거대한 구조물이 보인다.

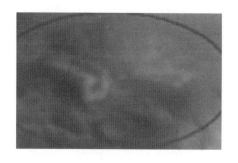

자연지형일 수 없는 구조이
기에 누군가 만들어놓았다는
것은 알겠는데, 누가 무슨 목적
으로 만들었는지는 도무지 알
수 없다.

◆ 돌무더기

아래 이미지는 184.5°W, 14.7°S 지역을 촬영한 것이다. 사막 위에 인
공적으로 조성된 것으로 보이는 돌무더기가 있다. 언뜻 보기에는 원시 종
교의 제단으로 사용되는 구조물과 유사해 보인다. 쓸쓸한 폐허 속에 이
구조물만 우뚝 솟아있는 것으로 보아, 최근까지 누군가 사용했을지도 모
른다는 생각이 든다.

◈ 배관 시설

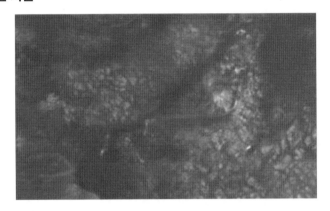

　MRO가 전송해온 영상 자료 속에 배관 시설처럼 보이는, 복잡한 파이프라인과 조인트 부위가 보인다. 그림자까지 입체적으로 선명하게 촬영되어있어서, 자연적으로 조성되지 않은 지형지물이라는 사실에 확신을 가질 수 있다.

◈ 공중 파이프

　궤도선에서 284.3°W, 1.2°S 지점을 촬영한 사진을 보면, 공중을 가르

는 파이프 같은 구조물이 있다.

이미지를 확대해보면, 공중에 구조물이 설치된 게 뚜렷하게 보인다. 하지만 이것은 속이 비어있는 파이프 형태가 아닌, 공중 궤도차량이 사용하는 케이블이거나 전선의 일종일 수도 있겠다는 생각은 든다.

◈ 6개의 돔

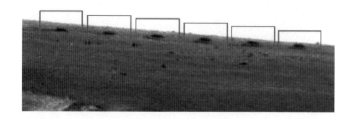

Opportunity가 Sol 1070에 촬영한 이미지이다. 네모 상자를 표시해둔 곳에 6개 물체가 줄을 지어 서있다. 모두 같은 거리를 유지하고 있고 크기도 거의 비슷하다.

이것들을 자연적으로 형성된 지형지물로 보는 건 확실히 무리이다. 쌓아올린 암석 더미이거나 인공적으로 구축된 구조물일 가능성이 크지만, 이동하는 물체일 수도 있다고 본다. 하지만 정말 궁금한 것은 이것을 만든 주체와 그 용도이다.

◈ 남극 지역의 스테이션

아래 사진은 인터넷에도 널리 퍼져 있는, Mars Global Surveyor가 촬영한 MOC narrow-angle image M11-01782이다.

두 번째 사진은 물체가 있는 지역을 좀 더 넓게 촬영한 것이다. 남극 근처여서 주변이 온통 드라이아이스로 덮여있다. 검고 진하게 나있는 줄무늬가 간헐천이다. 물론 이 간헐천은 지구에서 나타나는 뜨거운 액체 상태가 아니고, 모래와 가스가 섞인 형태로 날이 따뜻해지는 봄철에 주로 나타난다.

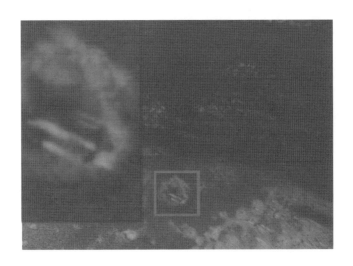

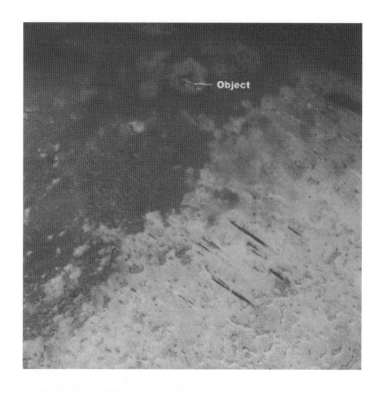

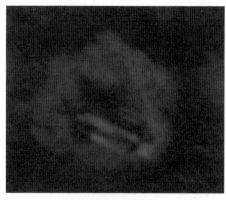

화성의 일반적인 간헐천과 비교해보면 다른 점이 있긴 하다. 오른쪽 위의 흰색 간헐천과 비교하면서 살펴봐도 알 수 있다.

그런데 관찰의 핵심 대상인, 이상한 물체는 거대한 얼음 구멍 안에 놓여있다. 많은 사람이 이 물체가 우주선처럼 보인다고 주장하는데, 터무니없어야 하는 이 주장을 거부할 수 없는 게 문제다. 우주선처럼 보이기도 하기 때문이다.

◈ 방주

이 이미지는 Curiosity가 Sol 644에 좌측 내비게이션 카메라로 촬영한 것이다. 지평선 근처에 특이하게 생긴 물체가 있다. 바위인가, 아니면 오랫동안 방치된 방주인가.

전체적인 모양이 유체의 저항을 잘 이겨낼 수 있는 유선형이고, 앞뒤의 모양도 선수와 선미처럼 들려있다. 물체의 안쪽은 뭔가로 평평하게 채워져 있는데, 프레임과는 재질이 다른 것 같다.

◈ 오피르 카스마의 Saucer

우리 태양계의 행성 중에 가장 큰 협곡을 가지고 있는 것은 화성이다. 길이 4,500km의 마리너 협곡(Valles Marineris)이 바로 그곳이다.

이 협곡의 북쪽 부분에는 오피르 카스마(Ophir Chasma)가 있다. 수많은 퇴적층이 높은 벽처럼 쌓여있는 사각형 협곡인데, 길이는 약 317km, 넓이는 62km 정도이다. MRO가 고해상도 이미지를 촬영하는 데 성공했는데, 마치 지구의 거대한 산맥을 보는 듯한 느낌이 든다.

오피르 카스마 벽암의 여러 퇴적물층에는 모래언덕과 물결 자국 등이 선명하게 나타나있어서, 화성의 지질학적 구조를 아는데 많은 자료를 제공해주는 곳이다. 지구는 여러 개의 판으로 구성되어있어서, 이들이 움직이고 충돌하며 화산 활동과 지각 활동이 발생하지만, 화성은 판 구조로 되어있지 않다.

2030년대에 인류를 화성에 보내겠다는 상황이기에, 화성의 지질학적 구조를 파악하는 게 그 어느 때보다 중요해서, NASA뿐 아니라 많은 나라에서 이에 대해 많은 관심을 두고 있다.

인도 우주연구기구(ISRO)의 경우는 화성 탐사선 망갈리안(화성 탐사선을 뜻하는 힌디어)을 보내어 화성의 여러 지역을 촬영해서 96메가픽셀의 고해상도 3D 사진을 공개한 바 있다. 그런데 망갈리안이 촬영한 고해상도의 이미지를 관찰하던 중에, 절벽 난간 위에 있는 이상한 물체를 발견하게 됐다.

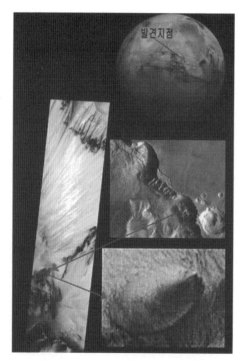

처음에는 자연 암석의 일부로 여겨져 간과됐지만, 공개된 이미지를 연구하던 아마추어 연구자들 사이에서 먼저 회자되었고, 그 파문이 주류학자들에게까지 미치게 되었다.

이미지를 확대해서 살펴보면, 자연 암석으로 볼 수 없는 요소를 너무 많이 가지고 있다. 주변 암석에 비해서 모양과 재질이 너무 달라 보이고 전체적인 모양도 기하학적이다.

누군가 설계하여 제작한 것이 아니라면, 저렇게 말끔한 유선형의 모양을 가질 수 없고, 표면도 저렇게 매끈할 수 없다. 금방이라도 상공으로 날아갈 비행선처럼 보인다.

◆ 이중 돔 시스템

아래 이미지는 341.31°W, 47.06°S 지역을 촬영한 MGS MOC AB1-10004 사이언스 데이터 스트립에서 추출한 것이다. 이미지의 왼쪽에 정교한 이중 돔 시스템이 있다. 메인 돔은 분화구 내부를 채우고 가장자리의 벽을 살려서 새롭게 조성한 것 같다. 돔 앞쪽에는 오벨리스크 같은 거대한 탑이 세워져 있다.

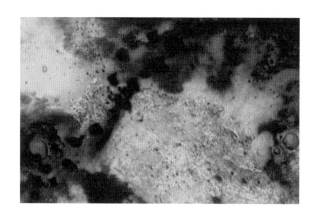

그리고 오른쪽 부분에는 작은 분화구 모양을 한 구조물들이 있는데, 지면에 바로 붙어있는 게 아니고, 다각형 돌출물이 만들어진 후에 그 위에 음각한 형태이다. 이런 점을 볼 때 자연적으로 만들어진 분화구들이 아니라는 사실을 알 수 있다.

이미지를 확대해보면, 인공적인 설계로 만들어졌다는 사실이 더욱 확실하게 느껴진다. 특히 멀리서 볼 때는, 지형 일부로 보였던 돔 바로 앞의 환경도 어떤 의도를 가지고 지은, 복잡한 구조물인 것 같고, 그 뒤쪽의 높은 벽엔 상당한 수준의 기술이 가미되었다는 사실을 알 수 있다. 벽 뒤쪽의 잘 정비된 평지에 조성된 구조물은 멀리서 볼 때는 단순한 탑으로 보였는데, 확대해보니 돔 형태의 부속 건물과 붙어있는 복합 구조물이라는 사실을 알 수 있다.

현재 이곳에 누가 거주하고 있는지는 모르지만, 이 지역 전체에 한때 고도의 문명을 존재했다는 사실은 거의 확실한 것 같다.

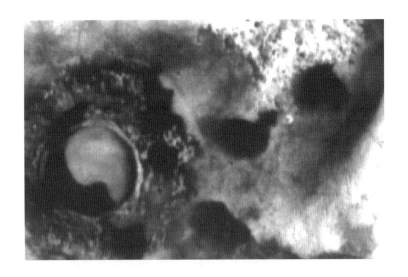

이곳에는 화성에 문명이 존재하거나 존재했다는 강력한 증거들이 널려 있다.

◈ 경사로가 있는 돔

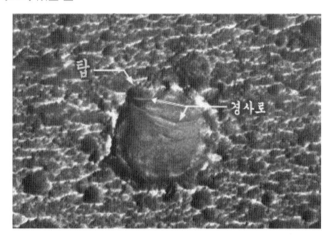

이 이미지는 289.67°W, 6.94°S 지역을 촬영한 MGS MOC M04-02097 협각 과학 데이터 이미지 스트립에서 발췌한 것이다. 거대한 암석의 측면에 경사로가 조성되어있고 그 정상에는 거대한 탑이 세워져 있다. 거대한 암석으로 보이는 물체 자체도 인공적으로 조성된 돔 형태의 건축물일 가능성이 없지 않다.

꼭대기에 있는 탑 주변에는 넓은 플랫폼이 있다. 탑 주변을 감싸면서 아래로 내려오는 나선형 경사로는 돔에서 내려오기 위한 용도라기보다는 돔 내부로 들어가기 위한 것으로 보인다. 이 자료는 MGS MOC 과학 데이터에서 나온 것이기에, 검증이 가능한 문명의 증거라고 할 수 있다.

상단 표면은 디더링과 작은 퍼프의 다이렉트 이미징 조작 응용 프로그램으로, 뭔가를 숨긴 흔적이 있는데, 아마 실제의 모습은 훨씬 복잡하고 기하학적으로 만들어졌을 것이다. 탑 윗부분의 플랫폼은 넓어서 항공 교통을 이용하여 돔으로 접근하는 데 사용된 것 같다.

이 거대한 구조물은 지구인에게는 익숙하지 않은 형태이지만, 항공기를 수용할 수 있는 공항 시설로 보인다. 그렇게 추정하는 데는 주변 지형이 많이 고려되었다. 주변 지형이 몹시 거칠어서 지상의 이동 수단으로는 이곳에 오기가 쉽지 않을 것 같다.

　이미지를 잘 살펴보면, 구조물과 주변 지형의 여러 곳에 템퍼링을 한 흔적이 보인다. 대부분은 해상도를 낮추기 위한 블러나 스머지 도구를 사용한 것들이다. 이런 작업을 한 이유는, 특정 구조물이나 세부적인 모양을 감추기 위해서일 것이다. 무엇을 얼마만큼 감추었는지는 알 수 없지만, 지형이 아주 거칠고 외진 곳이라는 사실이 바뀌지는 않는다.

◆ 튜브 시스템

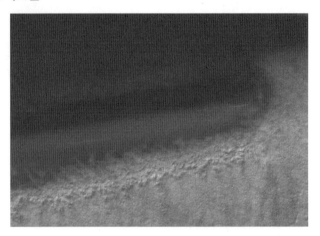

　경도 201.46°W, 위도 75.57°S 지역을 촬영한 MOC M12-00441 파일에서 발췌한 이미지이다. 반투명한 튜브 또는 터널 시스템처럼 보이는 구조물이 얕은 지하에 설치된 것이 보인다. 이와 유사한 구조물이 자연에서 생성될 수 있는 경우는 지하수가 얼어붙은 경우밖에 없는 것 같은데, 그렇게 보기에는 구조물이 너무 입체적이다. 더구나 화성 지표면 가까이에는 거대한 규모의 지하수 자체가 없다는 게 일반적인 상식이 아닌가.

이것이 인공적인 설계가 가미된 구조물이라는 의견에 동조할 수밖에 없는 또 다른 이유는, 지하로 완전히 숨어든 튜브 끝부분 모양에 인공 설계의 흔적이 보일 뿐 아니라, 이 주변에 이와 유사한 지형지물이 전혀 없기 때문이다.

이 주변은 황량하기 이를 데 없다. 텅 빈 평원에 갑자기 긴 직선 틈이 드러나있다.

그리고 자세히 살펴보니, 그 틈 옆에 튜브 시스템도 보인다. 지표면과 가까운 지하에 길쭉한 튜브가 직선성을 잘 유지하며 흘러가다가, 지표면 밑으로 숨어드는 모양이 마치 지하를 오르내리며 달리는 지하 교통 시스템과 유사해 보인다.

튜브의 외부를 코팅하고 있는 소재는 부분적으로 반투명하고 희미한 빛을 내고 있는데, 이것은 외면에서 반사되는 것이 아니라 튜브 내에서 번져 나오는 것처럼 보인다.

지하 시스템 일부가 외부로 노출된 것은, 시설의 노화나 사고로 인한 유실이 아니고, 처음부터 그렇게 설계된 것으로 보이며, 그 이유는 아마 에너지 충전이나 사용자의 편의를 위한 것으로 보인다. 그리고 이런 시스템은 화성에서 흔히 볼 수 있는 유리 터널과도 관련이 있을 것 같다는 생각이 든다.

하지만 이런 생각은 지금까지는 근거가 부족한 추정일 뿐이다. 진실은 미래에 화성에 직접 가서 살펴야 밝혀질 것이다.

◆ 몰락한 'Inca City'

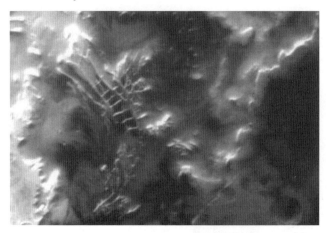

62.06°W, 81.50°S 지역을 촬영한 MOC M07-02825 스트립에서 발췌한 이미지이다. 이 이미지 중심 부근에 'Inca City'라는 이름이 붙여진 지역의 모습이 보인다. 이 지역은 그 이름과 함께 온라인상에 널리 알려져 있다.

M07-02825 기반 이미지에서 볼 수 있듯이, 이곳의 형태는 모듈이 서로 박스를 형성하고 있을 뿐 아니라 직선성도 잘 유지하고 있는데, 이런 모습이 자연적으로 형성될 가능성이 희박하다. 주변에 수상한 요철의 실루엣이 많이 드러나있어서, 마치 눈 속에 거대한 도시가 묻혀있을 것 같은 느낌이 든다. 하지만 실제로 그런지는 여전히 의문이다.

도시가 묻혀있을 거라는 주장에 대해 회의적인 의견을 나타내는 학자들이 많기는 해도, 완전히 백안시하지는 않는데, 아마 그 이유는 화성의 다른 곳에 문명의 증거가 많이 있을 뿐 아니라, 이 지역의 주변에 수상한 실루엣이 많이 나타나기 때문일 것이다.

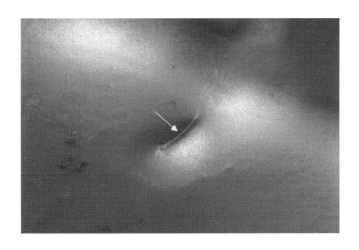

경도 66.23°W, 위도 81.33°S 지역을 촬영한 M03-06902 스트립에서 발췌한 이미지인데 'Inca City'와 인접해있는 곳이다. 이미지 가운데 부분에 두 지점을 잇는 굵은 케이블이 보인다. 자연 속에서 이런 모양의 지형이 생기는 것은 불가능하다. 지형이 아니더라도, 길이가 수백 미터 되는 이런 긴 가지가 생기는 경우 역시 상상이 불가능하기에, 인공 구조물이라고 봐도 무방하다. 이것이 파이프 형태인지 속이 꽉 찬 케이블 형태인지는 알 수 없지만, 속이 비어있다면 유체가 이동하는 파이프가 지상으로 노출된 것일 가능성이 크고, 속이 차있다면 통신용 안테나 선의 일부이거나 전선일 가능성이 커 보인다.

혹시 지형의 능선이 눈 밖으로 드러난 것일 수도 있다는 의심이 지워지지 않아서 확대해보니 구조물이 틀림없다. 아래에 선 부분을 확대한 이미지가 게재되어있다. 이것은 화성에 문명이 존재한다는 증거가 될 수 있다.

누구도 이 의견을 부정하기 쉽지 않을 것인데 상황이 이렇게 되면 MOC M07-02825 스트립에서 봤던 'Inca City' 역시 자연지형이 아니고 인공적으로 조성된 지역일 가능성이 커진다.

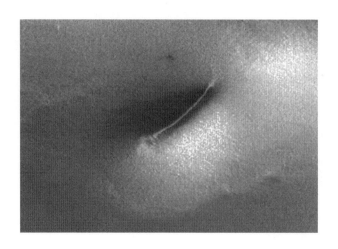

그러니까 우리가 'Inca City'를 덮고 있는 눈 때문에, 묻혀있는 건축물을 볼 수 없고, 이 케이블의 양 끝을 붙잡고 있는 물체도 볼 수 없지만, 'Inca City' 주변의 상당히 넓은 지역이 교통과 통신 인프라가 갖추어진 주거 지역일 가능성이 커 보인다.

◈ 반짝이는 능선

아래의 이미지는 25.39°W, 48.41°S 지역을 촬영한 MGS MOC E03-00630 스트립에서 발췌한 것이다. 2001년 4월 6일에 촬영한 것으로 Wirts Crater의 동쪽 지역이 담겨있는데 아주 이상한 지형이 보인다.

2개의 서로 다른 유형의 지형이 합류하는 것 같기도 하고 지하로 들어가는 터미널이 포함된 건축물 같기도 하다. 공식적으로는 '모래언덕'의 일종이라고 하는데, 모양으로는 그렇게 볼 수도 있지만, 문제는 표면의 질감이다.

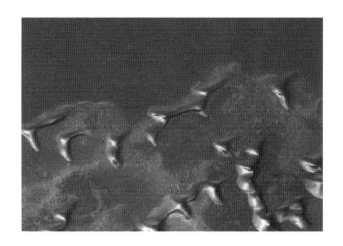

　바람이 쌓아올린 모래언덕은 대체로 느슨하고 유동적인데, 이 지형은 단단해 보이고 금속 같은 광택을 내고 있다. 더구나 이 주변엔 저렇게 많은 언덕을 쌓아올릴 양의 모래가 존재하지 않고, 일정한 방향으로 부는 바람도 없다.

　그렇기에 만약에 이것이 바람의 작품이라고 가정할 수밖에 없다면 비범한 상상력을 동원해야 한다. 고대의 화성은 현재와 환경이 크게 달라서, 이곳에 단단한 암석으로 형성된 산이나 언덕이 존재하고 있었는데, 그 후에 서서히 환경이 바뀌면서 대규모 홍수와 폭풍이 한동안 지속되어, 암석이 깎여나가며 저런 언덕이 만들어졌을 거라는 상상력 말이다.

　물론 기상 대이변이 없었더라도 오랫동안 계속된 바람이 느슨한 모래를 거둬내고 단단한 땅의 속살을 드러내게 했을 수도 있을 것이다.

　하지만 이렇게 긍정적인 해석을 하더라도 도저히 이해할 수 없는 부분은 여전히 있다. 전체적인 모양이 유체에 깎여나간 형태가 아닐 뿐 아니라, 특정 방향에서 가해져 오는 유체의 압력에 잘 버틸 수 있는 형태로 조성되어있다는 사실이다. 또한, 금속같이 반짝이는 표면의 광택이 어떻게 생기게 되었는지도 의문이다.

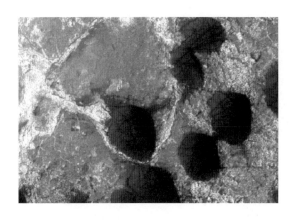

이 이미지는 경도 25.59°W, 위도 -48.42°S 지역을 촬영한 E09-01784 스트립에서 발췌한 것이다. 그러니까 앞에서 본 E03-00630 스트립 속에 나오는 Wirtz Crater 동쪽과 인접한 지역으로, 2001년 10월 24일에 촬영한 거니까 시차도 별로 없다.

이 자료를 제시하는 이유는, 이 지형이야말로 모두가 수긍할 수 있는 자연지형이라고 할 수 있기 때문이다. 그러니까 거의 동일한 지역에 조성된 바람의 작품이 이렇게 차이가 날 수 없고, 동시에 앞에서 본 E03-00630 스트립 속의 광택이 나는 지형은 자연지형일 가능성이 희박하다는 뜻이다.

◈ 빌딩 숲

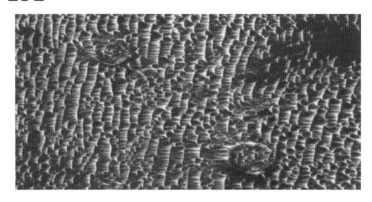

349.34°W, 3.93°S 지역을 촬영한 MGS MOC E05-02864 스트립에서 발췌한 이미지이다. 언뜻 보기에는 작은 언덕이 태블릿처럼 겹쳐진 지형으로 보인다. MGS MOC 데이터가 공개된 직후인 2000년 중반에 M03-06971 이미지에서 이와 같은 모양의 이미지가 처음 발견됐다.

그 당시에는 화성에 대한 기반 지식이 약했고, 과거에 배워왔던 불모의 황무지라는 인식이 강했을 뿐 아니라, 자료를 공개하는 엘리트 집단이 이미지 변조 기술을 쓸 거라고는 상상조차 하지 않던 시절이어서, 초기에는 용암이 만들어낸 특이한 형태의 절리쯤으로 생각했다.

수평 줄무늬 모양이 완벽하게 일치하는 형태는 아니나, 개체들의 행과 패턴이 자연지형으로 설명하기에는 지나치게 균일하다. 작은 언덕의 집합이라기보다는 건축물의 캐노피에 가까운 것 같다. 그러니까 자연지형이라기보다는 인공적으로 설계된 구조물들의 집합 같다는 뜻이다. 그런데 이 E05-02864 스트립은 해상도 저하 및 회전 처리를 거치면서 많이 왜곡된 상태이다.

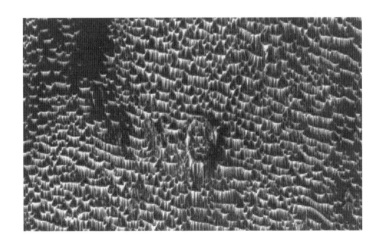

위의 이미지는 앞에서 제시한 이미지와 같은 지역을 촬영한 것인데, 여

기에서 보이는 개체들은 모두 수직 기하학적 형태이고 질서 있는 행을 이루고 있다. 둘 중에 어느 게 왜곡되지 않은 건지 판독할 수 없지만, 이 자료가 더 진실에 가까울 것 같다는 느낌은 든다.

큰 탑 형태의 구조물이 즐비하게 서서 화성 문명의 존재를 강력하게 암시하고 있다. 이것이 행성 표면에서 약 238마일 떨어진 곳에서 카메라로 촬영한 것이라는 사실을 상기해보면, 이곳의 개체들이 어마어마하게 크다는 걸 알 수 있다.

이 기하학적 개체들의 각각은 잘 정리되어있지만, 블록은 말끔하게 정돈된 상태가 아니고, 개체들이 서있는 행은 약간 구부러져 있으며, 행 사이에 넓은 공간이 있는 곳도 있다.

한편, 첫 번째 이미지에서 줄무늬가 있는 거대한 캐노피처럼 보였던 것이 실제로는 거대한 탑이었다. 그것은 이곳에서 중심 역할을 하는 특별한 기관이거나 보호되고 있는 요새로 보인다.

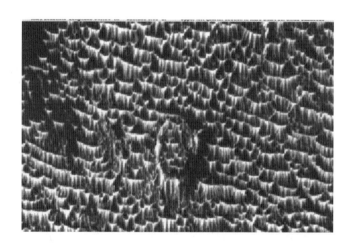

요새를 중심으로 200％ 확대한 이미지이다. 자연지형이 아니라는 믿음에 확신이 생긴다.

화성의 표면적은 지구의 1/4밖에 되지 않는다. 하지만 지구는 70%가 물로 덮여있기에 잠재적으로 사용 가능한 토지는 30% 이하이고 이 중의 상당 부분은 쓸모가 없기도 하다. 그렇기에 화성이 생명체가 거주하기에 적절한 곳이라고 가정하면, 지구보다 더 많은 인구를 수용할 수 있다. 물론 물로 덮인 표면이 적다는 것이 이점일 수만은 없다. 생명체가 살아가는 데는 물이 절대적으로 필요하기 때문이다. 행성의 혈맥처럼 물줄기가 지표면에 흐르고 있어야 행성이 황무지로 변하는 것을 막을 수 있고 생명체도 번성할 수 있다.

하지만 화성의 환경은 그렇지 않다. 그래서 위와 같은 빌딩 숲이 만들어진 것 아닌가 싶다. 부분적으로 충분한 물의 공급이 가능한 곳이 있어 그곳에 주거와 생산 시설이 밀집된 것 같다. 요새는 이곳을 관리하는 기관으로 보인다.

◆ Tithonia

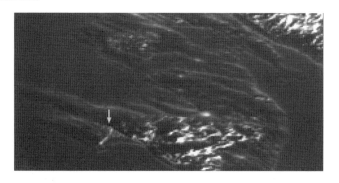

89.62°W, 4.96°S 지역을 촬영한 MGS MOC M02-04304 스트립에서 발췌한 이미지이다. 화살표로 표시된 부분을 보면, 언덕 위에 예리한 모서리를 가진 건축물이 있다. 그리고 고개를 돌려 언덕 아래를 바라보면,

수많은 건물이 평원 위에 펼쳐져 있는 정경이 시야에 들어온다. 이 스트립에서 구조물들의 존재를 찾아낸 최초의 학자는 Stewart C. Best이다.

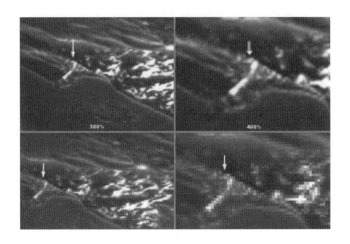

그는 'Tithonia City'라는 이름의 보고서를 내면서, 이곳이 '화성에 외계인의 인공물이 있다는 절대적 증거'라고 주장했다. 그는 자신의 발견에 대하여 세밀한 분석 작업을 했을 뿐 아니라, 자신의 치적을 널리 홍보하면서 이 자료를 세상에 널리 퍼트렸다.

하지만 Best가 2000년 중반에 이 사이트를 발견하기 전까지는 누구도 이 도시의 존재를 알아채지 못했다. Tithonium Chasma로 알려진 깊은 골짜기 끝부분에 자리 잡고 있어서, 궤도선의 카메라에 잘 잡히지도 않았다. 어쨌든 Best가 찾아낸 이 자료를 보면, 그의 주장을 부정하기 어려워진다.

그의 분석에 조금 더 관심을 기울여보자. 위쪽의 두 이미지를 보면 구조물이 아주 선명하게 보이는데, 이것은 원본에 필터 합병 작업을 하여 조금 변형시킨 것이고, 아래쪽 두 이미지는 원본을 가공 없이 배율만 2~3배 높인 것이다.

공개된 원본은 궤도선이 먼 거리에서 촬영한 것이고 GIF 파일이어서 해상도에 한계가 있을 수밖에 없지만, 언덕 위에 예리한 모서리를 가진 인공 구조물이 있고, 언덕 아래에 도시가 조성되어있다는 사실은 충분히 식별할 수 있다.

합병 작업을 한 이미지는 Best가 강조하는 구조물과 램프는 자연스럽게 보이게 하지만, 명도가 많이 왜곡되어 도시의 전체적인 구조를 파악하는 데는 도리어 방해가 되는 면이 없지 않고, 자료에 대한 전체적인 신뢰도를 떨어뜨릴 수도 있을 것 같다.

◈ Hale Crater에 있는 증거

아래 이미지는 324°E, 36°S 지역에 중심을 두고 있는 Hale Crater를 촬영한 ESA의 자료에서 발췌한 것이다.

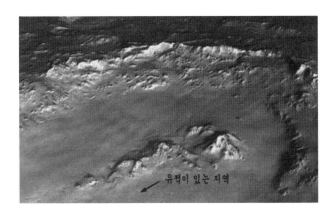

유적이 있는 지역

이 Crater는 Argyre Planitia Crater Basin 안에 있다. 이미지가 아주 선명하고 아름다운데, 이것은 ESA Mars Express HRSC(고해상도 스테레오 카메라) 사진의 특징이기도 하다.

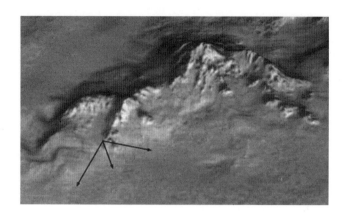

　그런데 이 이미지의 실상은 겉보기와는 달리, 평범한 사진이 아니다. 원본을 34%나 축소한 후에 조작을 가해서 화성의 지표면을 말끔하게 면도한 이미지이다.

　MOC 다른 자료를 보면, 이처럼 말끔하지 않은 것도 있다. Hale Crater 주변 지역은 과거의 고대 침식 가능성과 인공 구조물 존재에 대한 의구심으로, 오랫동안 논쟁을 불러일으킨 지역이어서, 이렇게 말끔하지 않다는 사실을 많은 사람이 이미 알고 있다.

　위의 자료는 공식적으로 공개된 100% 해상도의 ESA 이미지이다. 크고 작은 인공 구조물들이 사방에 존재하는 것 같다. Hale Crater Basin 내에서 많은 논란을 일으키고 있는 지역인데, 이 자료 역시 원본을 왜곡시켜 공개한 것이어서 증거가 희미하게 남아있을 뿐이다.

이 지역에 대한 다른 기관의 공개 자료 역시 모두 왜곡되어있어서 더는 찾아볼 방법이 없다. MOC, THEMIS, ESA의 이미지들은 이보다 훨씬 더 왜곡이 심해서 진실에 접근할 수 있는 통로가 원천적으로 봉쇄되어있다.

실재 정경에 접근할 수 있는 유일한 방법은, 얼룩 이미지 템퍼링 커버(Tempering Cover)를 투시하는 일이다. 이 방법을 통해서 자연지형과는 무관한 기계적 구조물이나 조직화된 패턴을 찾아보는 수밖에 없는데, 이 기술은 아직 충분히 개발되지 않은 상태이다.

어쨌든 공개된 위의 이미지는 심하게 훼손되어있어서 Hale Crater 문명 증거를 부각하기 쉽지 않다. 하지만 자연지형과는 다른 무엇이 분명히 있고, 그 존재 범위가 상당히 넓다는 사실은 틀림없다. 그리고 다행스럽게도 원본에 대대적인 조작이 가해졌는데도, 왼쪽 아랫부분에는 인공적인 구조물로 보이는 건물의 실루엣이 살아남아 있는 것 같다. 확대해서 살펴보자.

복잡하고 어지럽기는 하지만, 인공 구조물의 존재를 부정할 수 없는 정경이 시야에 들어온다. 하지만 회의론자는 어디에서나 존재한다. 진실을 밝히기 위해 응용 프로그램을 사용한 것을, 이미지 왜곡의 행태로 몰면서, 이 증거가 자연지형의 왜곡된 이미지라고 주장하는 이들이 여전히 존재한다. 이들을 설득하는 일은 쉽지 않겠지만, 조금 더 노력을 기울여보자.

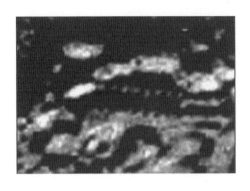

구조물 중에 가장 뚜렷해 보이는 부분을 집중해서 살펴보자. 왼쪽 이미지 속의 구조물은 겹 층으로 싸여있고, 상당히 높아 보인다.

물체의 꼭대기에 부딪히는 햇빛의 반사율이 상당히 강하다. 평평한 지붕 구조의 전형이 그대로 나타나있고, 예리한 모서리를 가진 몸체의 실루엣도 그대로 드러나있으며, 3차원 입체 구조물만이 가질 수 있는 짙은 음영도 선명하게 보인다.

구조물 앞쪽에 펼쳐져 있는 인공 구조물들을 굳이 거론하지 않더라도, 이곳 전체에 인공적인 설계와 공작이 가해졌다는 사실을 누구나 알아볼 수 있다.

◆ 유골과 주거지

이 이미지는 184.5°W, 14.7°S 지역에서 Spirit이 촬영한 스트립에서 발

췌한 것으로, 다른 장에서 잠시 소개한 바 있다.

화살표로 표시해둔 부분을 보면 이상한 물체가 보인다. Spirit의 기력이 쇠퇴하기 시작한 Sol 513 무렵에 발견한 물체인데, 처음 이것을 발견한 학자들은 인지적 착시로 여기고 세밀한 분석을 하지 않았다.

그러나 호기심 많은 대중이 그냥 간과하지 않고, 인간형 두개골 증거로 인터넷에 올리면서 토론을 펼쳐나갔다. 이곳이 휴머노이드형 두개골이 존재할 가능성이 없는 곳이었다면, 애초에 화젯거리가 되지 않았을 것이다. 그러나 이 물체가 발견된 행성은 골디락스 존에 있는 화성이어서 늘 지성체의 존재 가능성이 거론되는 곳이었다.

이곳에 생물이 탄생한 후에 지구와는 전혀 다른 진화 과정을 겪었을 거라는 사실이 고려된다면, 위의 자료는 문제를 일으킬 만한 소재가 충분히 될 수 있다. 그렇더라도 이것을 휴머노이드형 동물의 유골로 단정 짓기에는 증거가 빈약한 것이 사실이다. 주변에 이런 사실을 뒷받침해줄 증거가 더 있다면 재고하겠지만, 동물의 두개골을 닮은 암석일 가능성이 더 큰 것 같다.

이 이상한 물체가 발견된 후에, 유사한 증거가 있는지 알아보기 위해, Sol 513에 촬영한 Spirit의 다른 이미지에 대해서 더 많은 연구가 진행되었다고 한다. 물론 이 증거와 유사한 것은 더 발견되지 않았지만, 참고할만한 관련 증거가 전혀 발견되지 않은 것은 아니다.

Sol 513에 먼 거리에 시선을 두고 있던 내비게이션 카메라에 아주 특이한 정경이 들어왔다. 내비게이션 카메라 이미지의 경우, 이미지가 보통 크기보다 훨씬 작아서 해당 영역을 매우 멀리까지 볼 수 있는데, 화살표로 표시해둔 곳을 보면, 여러 형태의 증거들을 볼 수 있다. 어떤 구조물이 설치되었던 것으로 보이는 기반이 보이고, 템퍼링 작업으로 뭔가를 지운 흔적도 보이며, 아주 멀리는 마을이 형성되어있는 듯한 정경도 보인다. 이것이 착각이 아니라면, 이곳에 지적 생명체가 존재했던 흔적이 남아있을 수도 있게 된다. 이러한 이미지 판독이 착각에 불과한 것일까. 이미지를 더 확대해보자.

200% 정도 확대해서 화살표와 원으로 표시해둔 부분을 중심으로 이미지를 다시 살펴보자.

이미지 왼쪽 아래의 양방향 화살표가 표시된 지형에는 비교적 얕은 직선형 도랑이 있고, 그 위쪽의 화살표 표시 지역에는 물이 말라버린 연못 같은 저지대가 보인다. 그 위쪽에는 이미지를 고의로 지운 부분이 있는데, 원래 이곳에 무엇이 있었는지는 모르지만, 그 규모가 작지 않았을 것 같다.

돌이 가득한 언덕 너머에는 또 다른 언덕이 보이는데, 그 아래에 긴 건물 같은 것이 보이고, 그 너머의 넓은 평원에는 여러 건물이 모여있는 작은 마을이 보인다.

Spirit에게 Sol 513은 정말 이상한 날이었을 것이다. 이날 발견한, 다양한 구조물과 지형의 정체는 도대체 무엇일까.

◈ **숲속의 주거지**

아래 이미지는 340.79°W, 80.28°S 지역을 촬영한 MGS MOC M11-03126 스트립에서 발췌한 것이다. 왼쪽의 이미지가 공식적으로 발표된 이미지인데, 노골적인 조작이 가해진 자료였다.

어두운 색조로 변환하고 블러 작업도 해서 세부적인 모양을 거의 알아볼 수 없다. 하지만 다행스럽게도 다른 이미지 조작 도구는 사용되지 않은 상태여서, 응용 프로그램으로 명료화 작업을 하는 것이 가능했다. 바로 오른쪽에 있는 이미지가 복원해서 거의 원본과 같게 만들어낸 것이다.

평야를 덮고 있는 숲이 시야에 들어온다. 지구에서 흔히 볼 수 있는 우람한 기둥을 가진 나무는 아니지만, 선태식물과 유사해 보이는 키 작은 식물들이 지상을 빼곡하게 덮고 있다. 그런데 이 정도의 비밀을 감추기 위해서, 원본 이미지에 이렇게 노골적인 조작을 가했을까. 화성에서 이와 유사한 풍경은 그리 드물지 않게 발견되기에, 이렇게까지 노골적인 조작을 가할 필요는 없을 텐데 말이다.

의구심이 깊어져 이미지를 찬찬히 다시 살펴보면, 위쪽에 있는 분화구와 유사한 분지가 의심스러워 보인다. 분지 내부의 모습이 주변과는 확실히 다른 특징을 가지고 있는 것 같다. 이곳을 집중적으로 살펴보자.

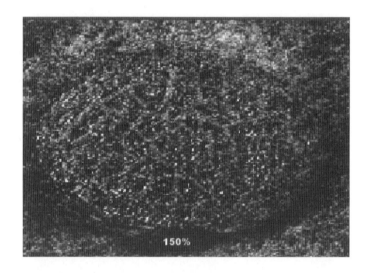

확실히 분지 바깥 지역과는 모습이 다르다. 물체들이 조밀하게 모여있고 기하학적 패턴도 가지고 있다. 바탕색은 주변의 숲과 비슷하지만, 주변 숲의 자연스러운 모습과는 달리, 조직적 특성을 가지고 있다.

계획적인 설계로 많은 구조물이 지어진 거 같아서, 문명의 증거로 제시해도 될 것 같다.

◆ 북극의 이동 시스템

아래 이미지는 129.46°W, 84.27°N 지역을 촬영한 MGS MOC E02-02554 스트립에서 발췌한 것이다. 산 아래로 흘러내린 물이 작은 골짜기에서 얼어 겹겹이 얼음층을 이루고 있고 그 가장자리에서 평원이 시작되고 있다.

드라이아이스가 아닌 물 얼음이 존재하고, 그 얼음 일부가 계절에 따라 얼고 녹기를 반복하는 지역인 것으로 보인다. 하지만 우리가 더 주목해야 할 부분은 평원과의 경계부분과 평원 표면이다.

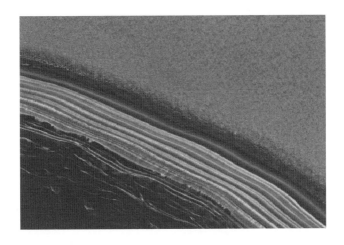

평원 전체에 이끼 같은 식물이 고밀도로 성장하고 있다는 것은 한눈에 알아볼 수 있는데, 분지와 평원의 접경에 일정한 높이의 단애가 형성되어 있는 것과 그 아래 긴 튜브 같은 지형이 있는 것은 이해하기 어렵다.

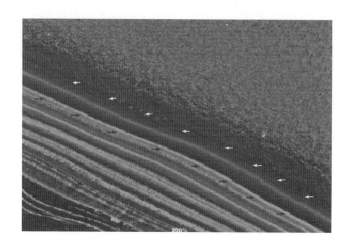

200% 확대해서 면밀하게 관찰해보자. 절벽의 바로 아래에 입체감이 느껴지는 긴 튜브가 있는 게 분명히 보이고, 화살표가 되어있는 부분을 살펴보면, 이 구조가 얼음의 물결무늬와는 완연히 다른 입체적인 그림자를 가지고 있을 뿐 아니라, 이 구조물을 고정하기 위한, 부속물이 부착되어있다는 사실도 알 수 있다. 자연에서 이런 구조물이 저절로 만들어질 수는 없다.

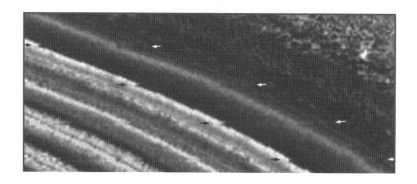

이미지를 좀 더 확대해보면, 튜브 시스템에 부속된 여러 개의 물체가 확실히 보인다. 이 존재는 누구도 부정할 수 없다. 다만 이 튜브 시스템의 크기가 워낙 거대하기에, 이 부속물이 튜브 시스템을 고정하기 위한 용도인지, 튜브 시스템에 진입하기 위한 플랫폼 같은 구조물인지는 알 수 없다. 플랫폼일지도 모른다는 아이디어를 떠올린 이유는, 튜브 시스템과 연결되어있는 구조물이 다시 절벽 아래로 나와, 그것들끼리 다시 연결되어 작은 튜브와 블록 하우스를 구성하고 있는 정경이 보였기 때문이다.

이런 증거들은 흐릿하고 거칠지만, 모두 기하학적 구조일 뿐 아니라, 일정한 크기와 모양을 가지고 있어서, 인공적인 설계 아래 설치된 구조물이라는 사실은 확실히 알 것 같다. 정말 놀랍다. 지구의 북극이나 남극에도 이런 시설은 없다.

그렇다면 화성에 고등 생명체가 존재하는지, 그 여부를 따지는 것은 이미 난센스가 아닐까. 화성에는 지적 생명체가 분명히 존재하며, 그들은 아주 진보된 생명 공학을 실현하고 있지 않은가. 이 놀라운 시설을 보면서도 그 사실을 부정할 수 있겠는가.

이 시설이 넓은 평원에 펼쳐진 식물을 위한 시스템인지, 아니면 다른 생명체의 생존을 돕기 위한 시스템인지, 그것도 아니면 서로 공생하기 위한 시스템인지는 알 수 없지만, 화성의 북극 근처에는 분명히 거대한 생존 시스템이 존재한다. 태양 빛을 반사하며 빛나고 있는 수 마일 길이의 거대한 인공 튜브 시스템, 일정한 간격을 두고 그 위아래와 연결된 거대한 플랫폼, 블록 하우스 등이 분명히 존재한다.

◈ 광야의 십자가

MSSS 00563

　　기독교는 지구 상에 많은 신도가 있는 주요 종교여서, 그 상징물이나 기념물이 사방에 널려있다. 하지만 지구가 아닌 다른 행성에 그런 것이 있다면 놀라지 않을 수 없다.

　　그런데 MSSS 00563 파일 안에 그런 증거가 들어있다. 위에 있는 이미지의 화살표가 있는 부분에, 기독교의 상징인 십자가가 땅에 꽂혀있는 모습이 보이는데, 원본 이미지는 Curiosity가 Cam으로 멀리서 촬영한 것이어서 해상도가 좋지 않은 편이다.

이 이미지는 원본을 400% 확대하면서 개체를 향해 접근해간 것이다. 돌로 만들어진 듯한 십자가 모형과 제단으로 보이는 건축물의 모서리가 분명하게 보인다. 그뿐만 아니라 그 주변에 이상한 물체들이 많이 있는데 그 용도가 무엇인지는 알아내기 어렵다.

십자가는 하늘을 향해 수직으로 서있는 모습이다. 건물 안에 있다가 건물이 파괴되며 노출되었다면 이런 상태를 유지하기 어려웠을 것이다. 더구나 십자가 앞쪽이 말끔히 치워져 있다. 마치 누군가 정기적으로 기도하러 오는 곳처럼 말이다.

십자가의 다른 용도도 생각해본다. 신앙의 상징물로 십자가를 만들어 놓는 경우가 많고, 무덤이나 제단 앞에 그것을 세워두는 경우도 있다. 또 다른 용도도 있다. 누구에게 어떤 존재의 위치를 널리 알리거나 무언가를 주변에 숨겨두고 그 위치를 표시하기 위해서도 사용한다. 이 십자가의 용도는 무엇일까.

◈ 배관 시설

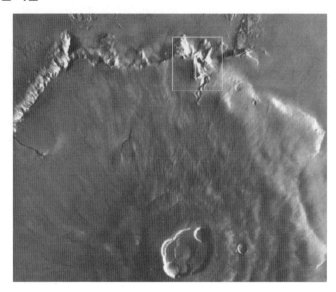

ESA의 Express가 전송해온 사진 중에는 기계 설비 일부로 보이는 물체가 담긴 것이 있다. 위 사진의 네모 상자 안을 자세히 보면 거대한 배관이 보인다. 예전에는 그 아래 둥근 지역과 연계해서 에너지 충전 지대라고

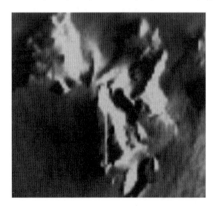

주장하는 호사가들이 많았다. 최근에 공개된 사진을 보면, 배관과 함께 탱크로 보이는 물체들과 건물들이 붙어있다는 걸 알 수 있다. 그래서 과거의 주장에 더욱 힘이 실리고 있다. 옆에 네모 안의 부분을 확대한 사진이 있다.

◈ 빌딩 지역과 물

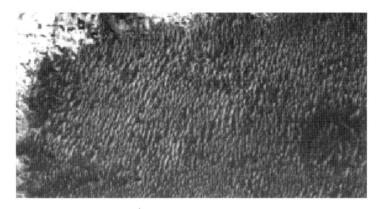

이 이미지는 357.34°W, 1.80°N 지역을 촬영한 MGS MOC M01-00253 협각 스트립에서 발췌한 것이다. 높은 빌딩들이 밀집되어있는 듯한 정경이 들어있는데, 해상도가 좋지 않은 편이다. 이런 종류의 기하학적 구조는 건물이 아닐지는 모르나 인공물의 증거는 될 수 있을 것 같다.

세부적인 구조를 완전히 볼 수 있는 구조물은 이미지 조작으로 감추어졌을 가능성이 크다. 그러나 다른 각도에서 촬영한 이미지가 없고, 이미지 자체가 조밀하게 패킹되어있어서, 그런 증거를 찾아내기가 매우 어렵다.

그래도 개별 물체에 초점을 맞추어보면, 이 정경이 기하학적 구조를 가진 물체들의 매우 조밀한 집합이라는 사실을 알 수 있다. 수직면, 직각 원주, 평평한 꼭지 등이 사방에 보인다. 거대한 도시의 부분인 것 같다.

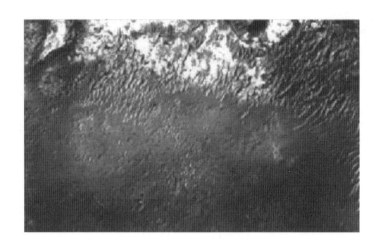

의심스러운 부분만 조금 더 확대했다. 기하학적 구조의 세부 증거가 어두운색의 디더링 스머지로 덮여있지만, 작업이 정밀하지 않아서 숨기려 했던 세부 증거가 응용 프로그램 틈새를 비집고 여러 군데에 돌출되어있다.

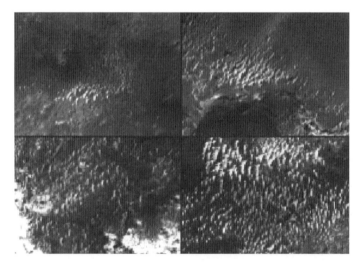

위 이미지들은 같은 스트립에 있는 기하학적 구조물의 샘플들을 모아 둔 것이다. 여기에는 디더링 프로그램이 지형지물에 적용된 방법과 적용

부위가 거의 드러나있다.

부분적 지형을 다양한 각도로 확장하며 섞어서, 시각적 혼란을 유발하여, 눈에 띄는 기하학적 인공 패턴을 깨는 방식으로 처리했다. 그리고 이런 조작이 불가능한 부분은 부분적으로 해상도를 떨어뜨리거나 블러 작업을 해놓았다.

도대체 이곳에 무엇이 얼마나 많이 있길래 여러 군데에 이런 조작을 해놓은 것일까.

◈ 돔형 구조물

아래 이미지는 Opportunity가 촬영한 것이다. 사진 속에 돔형 구조물이 보인다. 음모론자들은 이 돔형 구조물이 화성에 거주했던 외계인들에 의해 세워진 것으로 믿고 있다.

그들은 화성에 이런 돔이 존재하는 것은, 과거에 누군가 이것을 만들었

다는 사실을 입증해준다며, 지구의 인간처럼 화성을 개발했던 지적 존재가 살았다는 증거라고 주장한다.

사실 이 물체를 자연적인 바위로 보는 게 이상하긴 하다. 그래서인지 이것에 대한 음모론은 쉽게 잦아들지 않고 있다.

◈ 만리장성

화성의 마리네리스 협곡의 북쪽 지역을 형성하고 있는 오피르 카스마 (Ophir Chasma)는, 화성 지질학의 많은 정보를 담고 있는 지역이어서, 이미 NASA의 화성 정찰위성(MRO)이 고해상도 이미지를 여러 번 촬영한 바 있고, 인도 우주연구기구(ISRO)의 망갈리안도 집중탐사한 적이 있다.

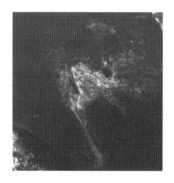

그런데 뒤늦게 이 지역을 탐사한 ESA(유럽 우주국)가 선배들이 미처 찾지 못한, 놀라운 구조물을 찾아냈다. 이미지 속에는 마치 중국의 만리장성 같은 거대한 구조물이 담겨있고, 성벽 안쪽에는 대규모 주거지로 여겨지는 지형이 보인다.

◈ 지하 문명을 위하여

다음 페이지에 나오는 이미지는 E06-00005의 일부를 편집한 것으로 매우 낯선 모습이다. 앞에 게재한 AB1-08405 안의 구조물과 모양은 다르지만, 기능은 유사할 것으로 보인다.

모습이 기이해서 도무지 그 생성 과정을 알 수 없으나, 이미지 중앙에 보이는 육각형의 구조물과 오른쪽 아래에 있는 유선형의 기하학적 구조

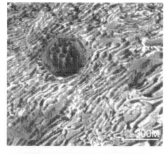

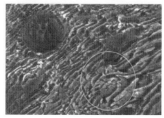

물을 차례대로 살펴보기로 하자.

이 구조물은 베이스가 정육각형에 가깝고, 그 위에 서있는 구조물 자체도 벌집처럼 매우 기하학적으로 생겼으며, 그 앞쪽에 통풍 시설로 보이는, 아주 특이한 구조물이 부속되어있다.

전체적인 구조가 누가 주거하기 위해 만든 것은 아닌 것 같고, 지하에 생성된 어떤 물질을 밖으로 내보내거나 지상에 있는 외기를 끌어들이기 위한 장치로 보인다.

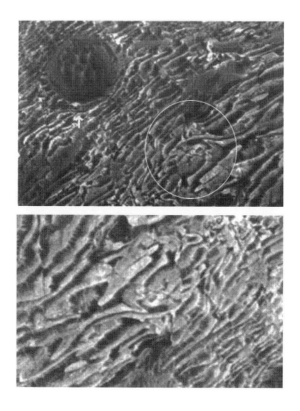

이 이미지는 앞에서 살펴본 육각형 구조물의 남동쪽 지역을 확대한 것이다. 지구에서는 볼 수 없는 낯선 지형이지만, 자연지형과 조화롭게 지어진 인공 구조물들로 가득 차있다.

육각형 형태의 구조물과 이 기하학적 구조물은 불과 400여 미터 정도의 거리를 두고 있기에, 어떤 연관이 있다고 보는 것이 합리적인 판단일 것이다.

육각형의 구조물이 지하의 거주 시설에서 나오는 오염물질을 외부로 내보내거나 외기를 흡입하는 장치, 혹은 이런 작업을 동시에 수행하는 장치라면, 근처에 있는 유선형의 구조물은 이를 제어하는 관리 시설일 가능성이 커 보인다.

◈ 거대한 산악 공사

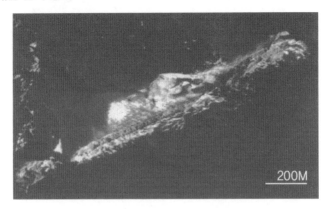

이 이미지는 M10-01210 파일 일부를 편집한 것으로, Capri Chasma로 불리는 지역이 촬영되어있다. 완만한 경사를 가진 사면의 표층이 일부 제거되어 내부의 암반이 노출되어있다.

그런데 지형의 모습이 자연의 힘으로 만들어진 것 같지 않은 형태여서 관심을 기울이지 않을 수 없다. 이미지 속에 있는 지역의 실제 길이는 대략 1.1km이다.

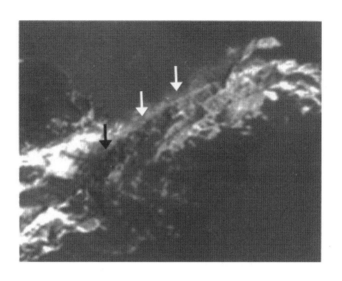

이 이미지는 공사의 흔적이 느껴지는 사면 일부를 확대한 것이다. 이미지를 통해서 알 수 있듯이 완만하게 깎인 사면은 일직선의 수직 단애로 마감되고 있다. 여기서 집중적으로 살펴보아야 할 점은, 이 지형이 자연의 힘으로 생길 가능성에 관한 것이다. 사면 활동으로 인해 암반이 노출되는 경우는 우리 주변에서도 종종 볼 수 있다. 그러나 이미지 속에 나타난 지형은 그런 활동으로 인해 생긴 것으로 보기 어려운 점들이 많다.

사면 활동으로 발생하는 지형의 경우, 분리되어 이동한 토사가 아래쪽에 자연스럽게 퇴적되어있어야 하는데, 그런 모습이 전혀 보이지 않는다. 그리고 단애 역시 자연적으로 만들어진 것과는 달리, 누군가 공사를 한 것처럼 모서리가 말끔하게 정리되어있다. 또한, 단애가 일직선 형태를 띠고 있는데, 암반의 절리로 인해 발생하거나 단층 일부로 보이지 않는다.

그렇다면 이곳은 누군가 공사를 해놓은 게 확실하다. 이런 지형을 만들어놓은 목적은 모르겠지만, 그 주인공이 상당한 지적 수준에 올라있는 존재인 것은 분명하다.

◆ 빌딩 실루엣

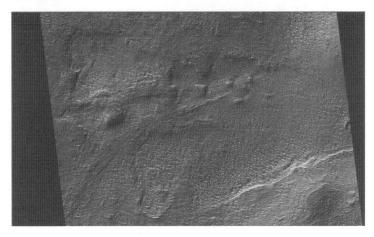

56.9˚E 41.5˚S 지역을 촬영한 MRO Image PSP_008427_1380 파일 일부이다. 이곳은 Hellas Basin에서 발견된 첫 번째 기하학적인 지형이다. Hellas Planitia라고도 알려진 Hellas Basin은 우리 태양계의 충돌 분화구 중에 가장 큰 분화구 중 하나이다. 이 유역은 약 4.1억~3.8억 년 전에 큰 소행성 충돌로 형성된 것으로 추정하고 있다.

Hellas Basin는 분지를 에워싸고 있는 지형에 비해 약 7,152m 깊으며, 바닥의 압력이 주변 지형보다 약 89% 더 크다. Hellas Basin의 북동쪽에는 화산의 Hadriacus Mons 단지가 있다. 이 화산 지역은 Hellas Basin 쪽으로 내리막길을 형성하고 있다. 이 지역의 온도가 물을 녹일 수 있을 만큼 온화해진다면 Hellas Basin에는 호수가 만들어질 것이다.

이 분지 바닥에는 기하학적으로 보이는 지형들이 많이 있다. 다음의 이미지를 조금 더 자세히 살펴보면서 그 형성 원인에 대해서 생각해보자.

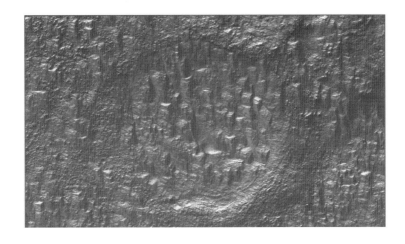

이 기하학적 지형은, 수평 표면, 직사각형 몸체, 최소 2개 이상의 직각 모서리를 가진 개체들의 집합처럼 보인다. 일부는 크고 일부는 작은데, 마치 필요에 따라 지은 건물처럼 보이고, 이 지역 전체가 거대한 도시처럼 보인다. 하지만 구조물 내부가 거주하기에 적합하게 조성되어있는지 알 수 없고, 외부로 개방된 문이나 창이 없어서 건축물이라고 확신할 수도 없다.

하지만 확대해볼수록 자연지형일 수는 없다는 사실에는 확신이 생긴다. 테라스를 형성하며 아래로 내려가는, 명확하게 계층화된 구조는 누가 봐도 설계의 흔적이다. 그리고 예리하게 다듬어진 구조물의 모서리도 주목해야 한다. 만약 이 지역이 건물이 모여있는 도시가 아니라면, 어떤 구조물들을 만드는 데 필요한 석재를 채취하기 위한 채석장이었을 가능성이 크다.

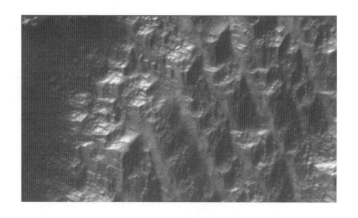

이곳이 어떤 곳이든, 누군가의 수많은 피와 땀이 스며있다는 사실은 틀림없는 것 같다.

◆ 해안 지역의 문명

이 이미지는 HiRISE ESP_012625_1720 JP2 파일 일부이다. 이 지역은 태양계에서 가장 큰 협곡 시스템인 Valles Marineris의 남쪽에 있는 Ius Chasma 내에 있다. Valles Marineris는 8~10km의 깊은 곳으로, 지구의 Grand Canyon과 비교된다. Valles Marineris는 Grand Canyon보다 5~6배

더 깊은 곳으로, 물에 의존하는 생명체가 있는 것처럼 보인다.

능선을 덮고 있는 것처럼 보이는 생명체 군집은 얕게 흐르는 물에서 번성하고 있는 듯하다. 궤도선의 시각에서 볼 때, 물흐름이 얕고 좁으나 능선 반대 방향으로 흐르는 것은 분명하고, 경사가 완만한 층은 물의 흐름을 지연시키는 테라스 역할을 하고 있다. 그런데 이러한 지형이 자연스럽게 형성된 것인지 누구의 설계에 의한 것인지는 알 수 없다.

이런 말을 하는 이유는, 이곳에 사는 생명체가 환경에 스스로 적응하고 있을 수도 있지만, 보이지 않는 곳에 숨어있는 어떤 고등 생명체가 이런 환경을 설계했을 가능성도 있기 때문이다.

그러나 지질학자들은 이러한 가정들을 백안시하고, 이 지형이 Chasma 경사면에 물 침식이 겹쳐 형성된 곳이라고 단언하고 있다. 공개된 데이터베이스만 근거로 삼는다면, 그 주장을 부정할 수 없다. 하지만 화성의 역사와 환경에 대한 지구인의 지식이 아직 미천한 수준이기에 모든 가능성을 열어놓아야만 한다.

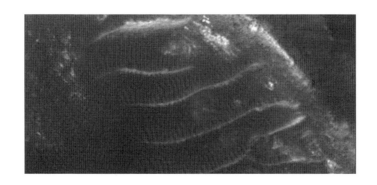

이 이미지를 보면, 산등성이를 따라 평행한 테라스가 나있는데, 테라스가 없는 부분에는 미로가 있다는 걸 알 수 있다. 이런 이유로, 이 지형을 침식이나 생명체의 증식으로만 보지 않고, 지적 설계의 가능성을 고려하

지 않을 수 없다.

그리고 경사진 긴 저지대도 있는데, 이곳에는 캐노피가 있는 더 큰 테라스가 있는 것 같다.

이 이미지는 같은 스트립에 있는 이웃 지역으로, 또 다른 인공적 설계가 엿보이는 곳을 확대한 것이다.

라벨을 붙여둔 곳을 보면 저지대로 흐르는 수로 중에 계단식 건축 양식이 선명하게 보인다. 이 특별한 테라스 위에서 물은 왼쪽에서 흘러나와 계단을 통과하여 유속을 줄인 다음 오른쪽으로 돌아나간다.

이 계단 양식이 누구에 의해서 설계된 것이라고 확신할 수는 없지만, 적어도 물이나 바람에 의한 침식이나 자연 붕괴로 형성된 것은 아니라는 사실은 알 수 있으며, 수로 위에 존재한다는 사실도 부정할 수 없다.

그리고 전체적인 지형의 모습이, 액체 상태의 물이 현재 흐르고 있거나 아주 최근까지 흘렀다는 사실을 강력하게 어필하고 있는데, 아마 물은 현재도 흐르고 있는 것 같다. Chasma 경사면을 따라 지속해서 흐르고 있으며 8~10km 깊이의 큰 균열이 있는 협곡 특정 부분을 계속 침식시키고 있는 듯하다. 만약 주변에 생명체가 있다면, 그들에게도 심대한 영향을 미치고 있을 것이다.

◆ 트랙과 건축물

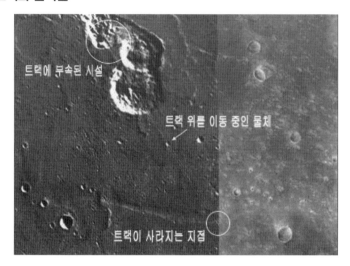

이 사진은 궤도선이 41° 56′ 31.80″W, 21° 31′ 03.97″S 지역을 촬영한 것이다. 크레이터를 지나는 긴 트랙이 눈에 띈다. 이런 긴 트랙이 이곳에 있다는 것도 신기하지만, 설계됐다고 볼 수밖에 없는 직선성을 유지하고 있다는 사실이 더 놀랍다. 크레이터 안팎을 가리지 않고 직선성을 유지하고 있다. 화성에 대체 누가 있길래 저런 시설을 만들어놓은 것일까.

화살표와 원으로 지적해놓은 곳을 보면, 이 트랙 시스템을 관리하기 위한 관리소로 보이는 빌딩이 보이고, 크레이터를 막 벗어난 지점에는, 트랙 시스템에서 실제로 운행되고 있는 물체도 보인다. 트랙이 지형의 요철과 관계없이 직선성을 너무도 잘 유지하고 있다. 이미지 레이어가 접합된 부분에서 트랙이 사라지기 때문에, 트랙 자국이 자료의 관리 소홀로 생긴 구김 자국일지도 모른다는 의심도 해보지만, 아래의 확대 이미지를 보면,

트랙이라는 사실을 확신할 수 있다.

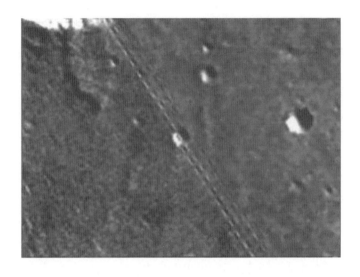

같은 트랙이지만 앞의 이미지보다는 조금 더 남쪽인 41° 00′ 20.56″W, 21° 40′ 07.71″S 지역을 촬영한 것이다. 트랙 시스템을 주행하는 것으로 보이는 물체가 분명하게 보인다. 이 물체가 트랙 밖에 있는 구덩이와 모양이 유사하다고 주장할 수도 있으나, 자세히 보면, 구덩이와는 분명히 다르다. 개체의 앞쪽에 돌출부가 보이고, 입체적인 그림자가 드리워져 있다. 물체의 오른쪽 검은 부분은 그림자이거나 웅덩이일 수 있는데, 이미지 조작으로 생긴 환상일 개연성도 고려해야 한다.

갑자기 이미지 조작을 운운했는데, 그런 데는 이유가 있다. 트랙의 왼쪽과 오른쪽의 질감이 너무 다르기 때문이다. 트랙 왼쪽 필드는 거칠고 얼룩도 많지만, 오른쪽 필드는 너무도 매끄럽다. 이것은 지형지물을 숨기기 위한 조작을 가할 때 자주 남기게 되는 흔적이다.

이 지역에는 실제로 보이는 것보다 훨씬 더 복잡한 시스템이 넓은 지역에 전개되어있을 가능성이 크다. 그리고 그것을 감추기 위해서 대대적인 이미지 조작이 가해진 것 같다. 이런 주장에 대해서 이미지 조작을 할 거라면 트랙까지 완전히 덮어버리지 왜 남겨두었냐고 반문할 수 있는데, 자동 변조 프로그램의 디폴트 값이나 인공지능 패턴과 같은 실행 특성과 관련이 있어 보인다. 그 내용이 무엇인지 정확히 알 수 없지만 말이다.

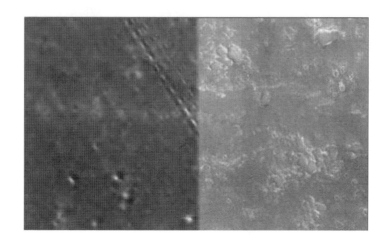

41° 35′ 27.40″W, 22° 13′ 42.01″S 지역을 촬영한 이미지이다. 이 이미지를 공개한 이유는, 앞에서 언급한 조작 흔적의 실제적인 예를 보여주기 위해서이다.

트랙 시스템의 남쪽 끝이 완전히 다른 색상의 지면 아래로 사라져 있다. 트랙만 사라지는 게 아니고, 경도선을 중심으로 지면의 색상도 완전히 바뀌었다. 무엇을 얼마만큼 조작했는지 정확히 알 수는 없지만, 트랙 부분은 오른쪽 레이어를 조작한 것 같다. 없는 트랙을 만들어 넣었다기보다는, 있는 트랙을 지웠을 가능성 크다. 이 자료는 ESA에서 공개한 것인데, 이렇게 조작이 쉽게 밝혀질 이미지를 왜 공개했는지 모르겠다.

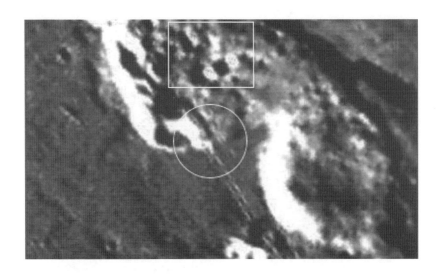

　41° 27′ 54.67″W, 20° 54′ 35.84″S 지역을 촬영한 사진이다. 트랙 시스템의 북쪽 끝을 자세히 볼 수 있다. 원으로 표시해둔 곳을 보면, 트랙의 끝이 지하로 들어간 것으로 보인다. 아마 지하에 물류를 보관하는 구조물이 있거나 거주 지역이 있을 것으로 여겨진다.

　이 이미지 역시 증거의 대부분이 다양한 종류의 얼룩 처리로 덮여있으나, 네모로 표시해놓은 곳을 보면, 인공적인 구조물로 여겨지는 물체가 분명하게 보인다. 주변의 지형과는 구별되는 예리한 모서리를 가지고 있고, 입체감이 느껴지는 그림자도 가지고 있다. 이 지역의 전체적인 모습을 보건대, 트랙 시스템과 부속된 구조물들은 지하에 감춰져 있는 거대한 산업 네트워크의 일부분으로 물류를 이동시키는 시설로 보인다.

　만약 이런 추측이 사실이라면, 화성은 우리의 생각과는 달리, 나름대로 활발한 산업 활동이 벌어지고 있을 개연성이 높아진다.

◈ 돔으로 가득 찬 지역

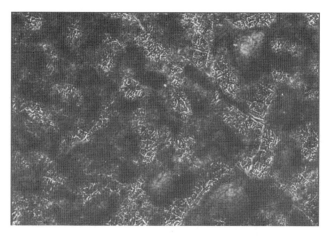

81.74°W, 82.29°S 지역을 촬영한 MOC M12-00490 스트립 일부이다. 이 스트립의 주요 특징은, 크로스 해치 라인이 그어져 있는 배경과 많은 큰 덩어리 오브젝트가 균일하게 분산되어있다는 점이다. 거대한 덩어리가 인공 구조물일 거라고는 생각하지 않지만, 그 사이 지역에 관한 생각은 다르다.

크로스 해칭 배경의 해상도가 제한적이어서 모호하나, 이곳에 밀집된 도시가 있는 것으로 보인다. 드물기는 하지만 화성의 표면에 노출된 야외 구조물 패턴의 방식 중의 하나로 인식해둘 필요가 있을 것 같다.

이미지를 촬영할 때 조금 더 확대했으면, 상세한 모습을 볼 수 있을 텐데, 멀리 보기로 찍어서 안타깝다. 하지만 이미지 변조가 가해지지 않은 점은 다행스럽다. 아마 자동 변조 소프트웨어가 감춰야 할 곳으로 인지하지 못한 게 아닌가 싶다.

이곳이 인공적인 구조물이 모여있는 곳이라면 메트로폴리탄 센터와 같은 곳이 아닐까 하는 생각이 든다. 이렇게 구조물이 군집한 곳을 찾기가 쉽지 않을 것 같다.

이곳이 인공 도시일 수 있다는, 다소 황당한 추정을 하게 된 이유는, 이 스트립이 촬영한 가로 1.42km, 세로 7.14km의 지형이 인접 지역과 너무 다를 뿐 아니라, 그 내부에 이상한 점이 많았기 때문이다.

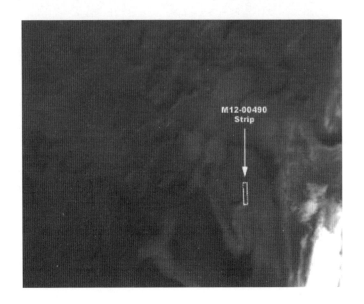

이것은 앞의 M12-00490 협각 스트립이 담겨있는 M12-00491 광각 콘텍스트 이미지이다. M12-00490 스트립의 위치가 표시되어있다. 이것을 게재한 이유는 M12-00490 스트립이 놓여있는 어두운 배경을 보여주기 위해서이다. 이 어두운 지역은 주로 화성 특유의 식물 군집으로 덮여있는 것처럼 보인다.

M12-00490 지역을 확대해보면, 주변 지역과 전혀 다른 지형을 가지고 있고, 계획에 따라 지어졌을 것으로 여겨지는 구조물의 실루엣도 엿보인다.

◈ Atlantis Chaos

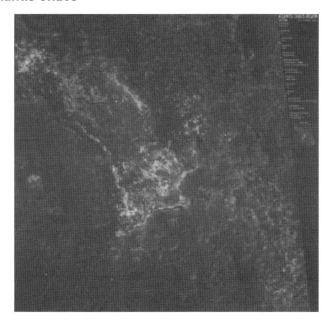

화성 궤도선이 촬영한 Atlantis Chaos 지역의 사진이다. 이곳의 중심 좌표는 33.856°S 181.955°E이다. 중앙에 복잡한 도로 시설이 보이고 여러 구조물이 모여있는 것 같다.

복잡한 도로망이 있는 부분을 확대한 이미지이다. 누군가의 계획으로 구획된 블록과 곧게 뻗어있는 도로가 보인다.

도심 위쪽을 막고 있는 거대한 벽 부분을 확대한 이미지이다. 일정한 폭을 가진 벽이 지형을 따라 경계를 만들어놓았다.

◈ Gale Crater 내부

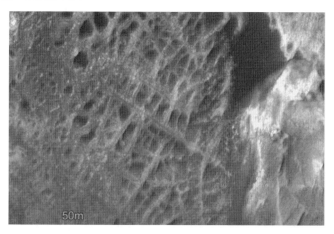

도시와 유사한 지역은 또 있다. 화성 궤도선이 Gale Crater 내부를 촬영한 사진을 보면, 도시 블록 같은 지형이 보인다.

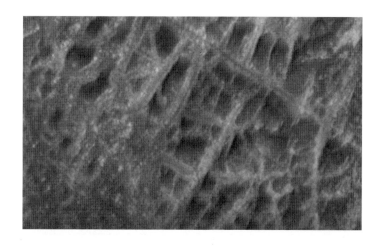

확대해보면, 도로망이 더 선명하게 드러나는데, 건물이 없다. 블록이모두 함몰되어있어서, 지하도시의 표면처럼 보인다.

앞의 이미지는 MSL 1274 파일에서 발췌한 것이다. 타원으로 표시해둔 곳을 보면, 거대한 건축물의 잔해가 있고 뒤쪽 언덕의 능선에도 거대한 구조물이 있는 것 같다.

확대해보면, 이곳이 결코 자연지형이 아니라는 사실을 확신할 수 있다. 장방형으로 지어진 건축물의 내력벽이 보이고, 그 벽의 조적 기법도 보인다.

◈ 인공 터널

　앞의 이미지는 Curiosity가 촬영한 MSL 1301 파일 일부를 발췌한 것이다. Right Mast Cam에 동굴 같은 것이 보인다. 하지만 주변 지형을 보면 자연적으로 동굴이 형성되기 어려운 곳이다.

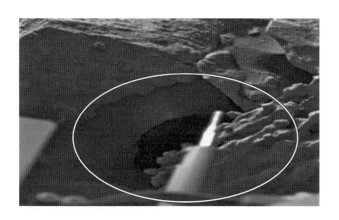

　이미지를 확대해서 살펴보니, 천정의 아치가 매끄러운 호를 그리고 있다. 위쪽 암석을 받치고 있는 구조물도 고른 두께를 가지고 있다. 인공적으로 만들어진 터널 같다.

◆ 공항 마을

이 이미지는 Curiosity가 촬영한 MSL 1441 파일 일부를 발췌한 것이다. 멀리 지평선 근처에 비행기처럼 생긴 구조물이 보인다.

확대해서 살펴보니, 비행기는 아니고 그것을 닮은 대형 조형물인 것 같다. 분명한 것은 이것이 자연지형일 가능성은 거의 없다는 사실이다. 이 조형물 주변에 규모가 제법 크고 건축물의 밀도도 높아 보이는 마을 전경이 보인다.

◈ 언덕 위의 집

앞의 이미지는 Curiosity가 촬영한 MSL 1489 M-34 파일에서 발췌한 것이다. 낮은 언덕 위에 인공 구조물로 보이는 물체가 있다. 그리고 그 앞쪽에 있는 언덕에도 벽돌을 쌓아서 만들어놓은 것으로 여겨지는 토대가 보인다. 한때는 그 위에 높은 건물이 있었을 것이다.

확대해보니 2층 건물의 세부적인 모습이 시야에 들어온다. 장방형의 입구와 그 입구로 올라가는 계단이 보인다.

◈ 필로티

앞의 이미지는 Curiosity가 촬영한 MSL 1688 M-33 파일 일부를 발췌한 것이다. 암석 대지 위에 특이한 건물처럼 생긴 구조물이 서있다.

사진을 확대해서 밝기와 대비를 조정한 후에 이미지를 살펴보니, 이 구조물은 건물이기보다는 특이한 모양의 필로티에 가깝다. 오른쪽에는 필로티 위의 구조물로 들어가는 계단이 보인다.

◆ 집터

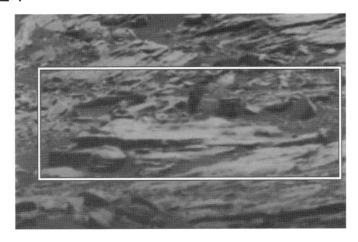

Curiosity가 촬영한 MSL 2259 파일 일부를 발췌한 것이다. 암석 대지 위에 반듯하게 조성된 집터가 보인다.

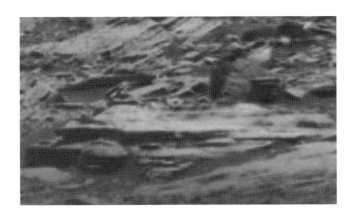

조금 더 확대해보니, 주변에 한때 이곳의 주인이 사용했던 것으로 여겨 지는 여러 가지 집기들이 널려있다. 그리고 집터 앞쪽에는 석조물로 조성 된 또 다른 부속 구조물이 보이고, 용도를 알 수 없는 공작물도 보인다.

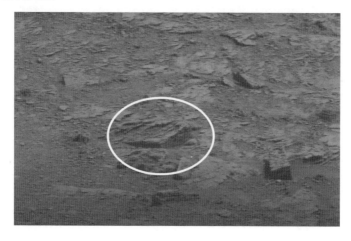

MSL 2480MR 파일 일부를 발췌한 것이다. 사진의 중앙 부근에 쌓아올린 벽돌들이 보인다.

확대해서 주변 지역과 함께 살펴보니, 주변의 자연지형과는 확연히 구별되는, 인공적으로 조성된 구조물이 맞고, 구조물의 용도는 어떤 건축물을 짓기 위해 만든 토대로 보인다.

◆ 사라진 박물관

MSL 2873 MR 파일 일부를 발췌한 것이다. 사진 중앙에 잘 다듬어진 암석이 가지런히 쌓여있는 게 보인다.

작은 원 안을 살피기 위해 확대해보니, 포유류의 머리처럼 보이는 조각품이 보인다. 전체적인 구조물의 모습은 토대가 아니고, 건축물 바닥과 벽체 일부로 보이며, 내부 구조물 일부가 남아있는 듯하다.

◆ 교각

　Curiosity가 Sol 952에 Left Mast Cam으로 촬영한 파일 일부를 발췌한 것이다. 돌산 아래에 긴 구조물이 보인다.

　확대해서 살펴보니, 구조물은 긴 교각 일부로 보인다. 강물을 가로지르는 다리이기보다는 육교나 도로의 하부였던 것 같다.

지금까지 제시한 자료 외에도 화성에 문명이 존재한다는 사실을 증명할 만한 자료가 더 있다. 하지만 이 정도면 충분히 증거를 제시한 것 같아서 더 이상의 나열은 의미가 없을 것으로 보인다.

한편, 전문가를 포함한 화성 연구자들이 아무리 증거를 제시해도 NASA는 태도를 바꾸지 않고 있다. 화성에는 문명은 물론이고 어떤 생명체도 존재하지 않는다는 게 NASA의 공식적인 입장이고, 이런 입장은 완고하다.

NASA의 이런 태도에 대해서 화성 탐사계획에 정통한 세 사람, 전 NASA 고문 리처드 호글랜드 박사, 전 대통령 우주 위원회 위원 데이비드 웹 박사, 전 국방성 연구원 에롤 터른 박사는 공동으로 NASA의 화성 은폐 사실에 대해 공개적으로 비난한 적도 있다. 이들은 "NASA는 이미 태양계 내 탐사 활동과 외계 문명권 전파 탐지 등으로 외계인이나 이들의 흔적에 대해 많은 자료를 보유하고 있다. 그러나 외계인이 없다는, 지금까지의 주장을 갑자기 뒤집을 수 없는 데다가, NASA에 배정된 예산을 계속 받기 위한 술책이 진실 규명 노력을 봉쇄하고 있다. 이런 주장의 근거로는 지난 1960년 NASA의 의뢰로, 브루킹스 연구소가 작성한 비밀 보고서를 예로 들 수 있다. NASA는 이미 화성 외에도 달과 금성에서도 외계인이 남긴 흔적을 발견한 바 있다"고 주장했다.

이들뿐 아니라 많은 이들이 유사한 생각을 하고 있지만, NASA를 비롯한 공적 기관의 태도는 변할 가능성이 희박해 보인다. 다만 이런 태도를 지속할 수 있는 시간이 그리 많이 남아있는 것 같지는 않다. 미국과 러시아가 거의 독점하고 있던 우주 탐사에 여러 나라가 뛰어들어, 중국은 탐사 로버 '주룽(祝融, Zhurong)'을 화성에 착륙시켰고, ESA와 인도도 화성에 탐사 위성을 보냈기에, 진실을 감추는 데 한계가 다가올 수밖에 없을 것으로 보인다.

여러 국가에서 화성에 대한 많은 자료를 수집하여 공개하게 되면, 그리 멀지 않은 장래에 화성에 생명체와 문명이 있다는 진실이 밝혀질 수밖에 없을 것으로 보인다.

제 8 장

공작물과
소품

앞 장에서 화성의 문명과 유적이 존재한다는 증거를 제시했는데, 엄밀히 말하면 현재에 문명이 존재한다는 증거라기보다는, 과거에 문명이 존재했었다는 증거가 더 많았던 것 같다. 물론 이런 주장에 대한 신빙성을 높이기 위해, 화성에 생명체가 존재한다는 증거도 함께 제시했다.

어떤 행성에 문명이 존재한다는 증거는 아주 중요한 의미를 암시한다. 그곳에 이미 생명체가 존재할 뿐 아니라 그 생명체가 고등한 지성을 가지고 있어서, '미개'와 대응하는 진보된 생활을 하고 있다는 사실도 뜻하고 있기 때문이다.

그러니까 문명의 존재를 증명하면, 그것을 영위하는 고등한 생명체가 존재한다는 사실이 함께 증명되기 때문에, 굳이 생명체 존재에 관한 증명을 따로 할 필요가 없을 뿐 아니라, 그 존재가 미약하거나 미개하지 않다는 증명도 할 필요가 없다.

그래서 앞 장에서 문명의 증거를 제시하며, 생명체가 살 수 없는 불모지라는, 화성에 대한 고착된 편견을 지우기 위해 노력했는데, 이 장에서는 조금 더 세부적으로 접근해볼까 한다.

여기에는 문명에 대한 미시적 접근, 문화와 문명의 경계에 있는 요소, 문명 요소의 실재나 실루엣 등이 포함된다. 물론 이런다고 해도, 자료가 너무 불충분한 까닭에, 지구에서처럼 한 세계를 시간적 축에서 통시적(通時的)으로 접근하거나, 공간적 축에서 공시적(共時的)으로 접근하는 것은 불가능하다.

하지만 녹록하지 않은 생존 여건 속에서, 더욱 나은 삶을 영위하기 위해 노력했던 외계 생명체들의 피와 땀 그리고 그들의 지성을 확인하다 보면, 지구에 갇혀있던 인식의 범주가 넓혀질 것으로 본다.

먼저 우리에게 친숙한 로버인 Spirit과 Opportunity가 찾아낸 자료부터 살펴보자.

◈ Spirit이 발견한 물체

184.5°W, 14.7°S 지역에서 Spirit이 Sol 1526에 Pan Cam으로 촬영한 사진이다.

네모 상자로 표시해둔 사진의 아래쪽을 보면, 하얗게 반사하는 물체가 보이는데, 멀리서 보기에는 특이한 현상으로 느껴지지 않는다. 주변의 토양에 비해서 반사광이 훨씬 강한 것은 사실이나 그와 유사한 반사광을 내는 물체는 그 위쪽에도 있기에, 과도하게 반응해야 할 이유가 없는 것처럼 보인다.

다음 페이지에 나오는 이미지는 네모 상자로 표시한 부분을 중심으로 200% 확대한 것이다. 화살표를 표시해둔 반사체를 잘 살펴보면, 원본에서는 미처 보지 못했던 부분이 보이기 시작한다. 물체 일부가 땅에 묻혀 있는 두개골처럼 보이기 시작하더니, 2개의 눈 소켓이 시선을 바싹 잡아당긴다.

주변 암석의 그림자가 짧은 것으로 보아, 태양의 고도가 높은 시간대인데, 주변 토양과 암석의 색깔은 밝지 않다.

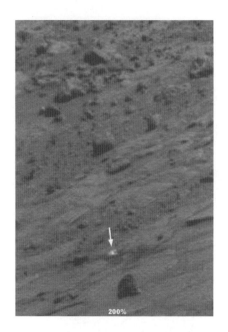

그렇기에 주시하고 있는 물체의 밝은색은 태양의 반사광 때문이 아니고, 자체의 색깔이 흰색에 가깝다고 봐야 한다. 아마 물체는 2개의 동공을 가진 흰색의 구체에 가깝게 생겼을 것이다. 물체 정체를 좀 더 정확히 파악하기 위해서, 이미지를 조금만 더 확대해서 살펴보자.

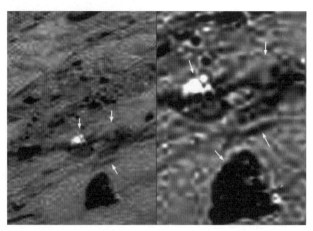

　왼쪽은 300%, 오른쪽은 400% 확대한 이미지이다. 확대할수록 이상하게 보이는 부분이 늘어나는 것 같다.

　눈 사이의 코 부분이 희미하게 드러나고 머리 윗부분에 작은 구체가 드러나서, 왼쪽 이미지처럼 300% 확대했더니, 그 오른쪽에 이상한 동공들의 집합이 더 드러난다. 그래서 그 부분을 더 확대해보지 않을 수 없게 만든다.

400% 확대한 오른쪽 이미지를 보면, 기계 부속으로 보이는 물체들이 쌓여있다는 것을 알 수 있고, 인간이나 동물의 두개골로 믿었던 왼쪽의 구형 물체가 생물의 유해가 아닐 가능성이 크다는 사실도 알 수 있게 된다.

그것은 죽은 생명체의 두개골이 아니라, 안드로이드 형의 로봇 머리이거나 헬멧과 유사한 것으로 보인다. 혹여 그런 종류의 물체가 아니더라도 자연물이 아니고 공작물인 건 확실하다.

그런데 이런 구조물이 화성에 왜 있는 것일까. 누군가 이 물체를 보여주기 위해서 설치해놓은 건 아닐까. 생산 시설이나 생활 용구의 용도보다 전시용 시설을 먼저 생각하게 된 이유는, 두개골로 보았던 구조물의 위에 있는 작은 구체 때문이다. 그것이 태양의 빛을 흡수하고 확산시켜, 그 아래 구조물을 밝게 보이게 하는 장치처럼 여겨졌기 때문이다.

하지만 전반적인 상태를 찬찬히 관찰해보면, 그런 발상이 조금씩 흐트러진다. 물체가 너무 작고 지면에 바싹 붙어있어서, 누군가의 시선 끌기 위한 목적으로 설치해두었다고 보기에는 무리가 있어 보인다.

그렇다면 한때 문명이 번성하던 시절에, 실제로 안드로이드 로봇이나 이와 유사한 기계 장치가 사용되었던 것일까.

◈ 인면암과 접시

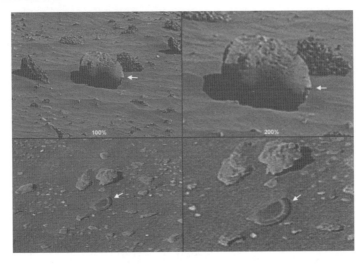

　경도 184.5°W, 위도 14.7°S 지역이니까, 앞에 게재한 물체를 발견한 인근 지역을 촬영한 이미지이다. 촬영한 날짜도 Sol 1526일로 같은 날이다. 이 지역에는 문명인의 지문이 사방에 널려있는 것 같다.

　위 패널의 화살표가 가리키는 곳을 보면, 바위 한쪽에 인간의 얼굴처럼 보이는 프로필이 조각되어있다. 그리고 그 너머에 있는 바위도 함께 확대해서 살펴보면, 거기엔 어패류 껍질 같은 게 붙어있는 것 같다. 주변에 다공성 용암이 있고 침식된 암석도 있어, 이것의 일종으로 볼 수도 있으나, 이 암석은 재질이나 모양이 주변의 것과는 확실히 다른 것 같다.

　아래쪽 패널에는 균일한 두께를 가진 접시 일부로 보이는 물체가 놓여있다. 누군가 테두리에 장식 작업을 해놓은 것 같기도 한데, 이것은 인위적인 손길이 스쳤다는 결정적인 증거가 될 수 있다. 매우 매끄러운 표면과 함께 균일하고 얇은 두께는 자연적으로 만들어지기 어렵다. 이런 증거들은 앞에서 제시한 문명의 또 다른 증거와 함께, 이 지역에 한때 문명이 번성했다는 사실을 강력하게 암시한다.

◈ 생명체를 닮은 구조물

파이프

Curiosity가 찾아낸 것과 유사한 물체를 Spirit도 찾아낸 바 있다. 얼핏 보면 대형 수도꼭지 모양 같지만, 실제로는 그보다는 훨씬 복잡한 장치일 것이다.

전체적인 모양이 유연한 곡선인데 속이 비어있는 파이프 형태일 것 같다. 만약 속이 비어있는 파이프 형태이고 아래에 있는 커다란 물체와 일체를 이루고 있다면, 이 물체는 아주 복잡한 기계 장치일 것이다.

정확한 실체는 알 수 없지만, 이런 물체가 자연 속에서 저절로 형성되기는 불가능하다. 땅속에서 밖을 살피고 있는 듯한 형태를 띠고 있는 이 물체의 정체는 무엇일까. 주변의 전체적인 풍경은 QR코드로 링크해놓았는데 이 물체는 사진의 우측 위에 있다.

◈ Spanner

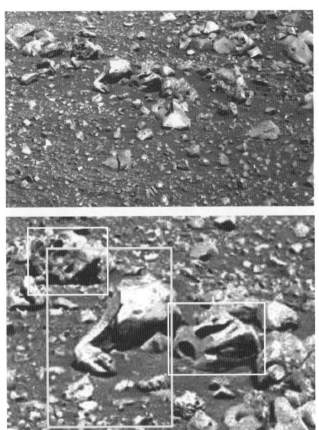

Sol 527

　　Curiosity가 Sol 527에 Panoramic Camera로 촬영한 것이다. 네모 표시를 해둔 곳을 보면 이상한 물체들이 보인다. 큰 네모 표시 안에 스패너처럼 보이는 물체가 있고, 다른 표시 안에도 기계 부속으로 보이는 물체들이 널려있다.

◈ Sol 527의 발견

2P173157084EFFACA0P2440L7M1.JPG 파일이다.

금속 시트의 조각과 유사한, 아주 얇고 고른 두께를 가진 판이 보인다. 광택이 없어서 금속이라는 확신은 없으나, 땅에 박혀있는 판이 금속처럼 날카롭다.

2P174390483EFFACB9P2298L6M1.JPG 파일이다.

이상한 링들이 여러 개 얽혀있는 것 같은데 실제론 어떤 물체에 연결되어있을 가능성도 커 보인다. 앞쪽에 있는 물체의 곡선도 범상치 않다.

2P173157084EFFACA0P2440L7M1.JPG 파일이다.

매우 대칭적인 모양의 사각형 블록이 보인다. 크기가 작긴 하지만, 모서리가 가공된 듯 아주 날카롭다. 옆에 있는 다각형 모양의 물체에도 가공의 흔적이 남아있다.

옆의 물체도 이 지역에서 발견한 것인데, 재질은 알 수 없지만 정말 놀라운 모양이다. 재질이 암석일 수는 있겠으나 풍화된 암석이 아닌 건 확실하다. 입체적인 프레임 형태로 보아 인공적인 힘이 가해진 공작물로 보인다.

◈ Bonneville Crater에서 발견한 수수께끼

경도 184.5°W, 위도 14.7°S 지역을 촬영한 Spirit의 작품이다. Spirit이 Gusev Crater에서 Bonneville Crater의 가장자리 바라보며 촬영한 사진이다.

능선 위의 물체를 특이하게 생긴 암석이라고 여길 수도 있으나, 주변 암석과 질감과 색깔이 너무 다르고, 표면 반사광도 밝아서, 자연스럽게 존재하게 된 암석이라고 치부하기 어렵다.

이미지가 촬영된 시간이 낮인데도 반사광이 저 정도이면, 표면이 아주 매끄럽고 색깔도 아주 밝은 상태라고 봐야 한다.

모서리도 인공 구조물인 듯 매우 날카롭고, 모든 면이 매끄럽게 정리된 상태인 것으로 보이지만, 물체의 전체적인 모습을 그려내기는 몹시 어렵다. 실루엣을 그리기에는 공개된 JPEG 이미지의 품질이 너무 낮다.

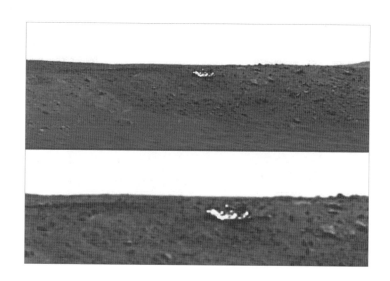

이 사진 역시 Spirit이 Gusev Crater에서 Bonneville Crater의 가장자리를 바라보며 촬영한 것이다. 앞의 이미지보다는 선명하다. 확대한 아래 패널의 이미지를 보면, 땅 위에 놓여있는 이상한 물체의 존재가 쉽게 식별된다.

물체는 크기도 하지만 표면 대부분이 금속인 듯 반사광이 아주 강하고, 주변 지형과는 아주 다른 모양과 색깔을 가지고 있어서 존재감이 부각된다.

물체가 큰 편이나 비교적 두께가 얇아서 가벼워 보인다. 마치 거대한 비행체 일부가 떨어져 나온 것처럼 보이기도 하는데, 물체 왼쪽 능선 너머로 지형이 파인 흔적 같은 것이 보이는 것과 관련이 있는 것 같기도 하다. 그리고 앞의 이상한 다면체와 같은 지역에서 발견된 것으로 보아, 그 것과도 관련이 있는 것 같은데, 확실한 사실은 이것들이 자연스럽게 생성된 물체일 가능성은 희박하다는 점이다. 문명의 파편이거나 항공기 잔해와 같은 인공 구조물일 가능성이 커 보인다.

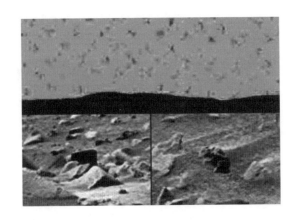

이 사진 역시 Spirit이 Gusev Crater에서 Bonneville Crater를 바라보며 촬영한 것이다.

3개의 분할 화면은 각각 다른 증거를 담고 있다. 첫 번째 증거는 지평선 위의 하늘 이미지에 관한 것인데, 보다시피 하늘 이미지 전체가 노골적으로 조작되어있다.

희미한 색상의 작은 구름이 흩어져 있는 것처럼 볼 수도 있지만, 그렇다기엔 왠지 부자연스럽다. 구름 대부분이 십자가 패턴을 가지고 있을 가능성은 거의 없기에 조작된 것으로 봐야 한다. 하늘에 떠있는 인공물이나 구름을 가리기 위한 것인지, 아니면 하늘 색깔을 감추기 위한 것인지는 알 수 없으나, 디지털 패턴으로 원래의 하늘을 가린 것은 분명하다.

그러고 보니 지평선 근처에도 집중적인 조작이 가해진 것 같은데, 어떤 인공물들이 즐비하게 서있기 때문은 아닌지 모르겠다. 분할 화면 아래쪽 왼편에는 검은 상자가 담겨있는 이미지가 있다. 자연 암석에 묻혀있는 검은 색 상자는 완전히 빛을 흡수해서 반사광이 전혀 없다. 외형 모서리도 매끈하고 각도가 예리해서 주변의 자연 암석과는 분명하게 구별된다.

이 물체는 인공물일 뿐 아니라 고도의 기술이 접목되어있는 느낌이다. 소재를 도무지 짐작할 수 없을 만큼 완벽하게 검은색이다. 이것이 무엇인지는 알 수 없으나 태양 에너지를 완벽하게 흡수하고 있는 것으로 보아, 동력을 얻기 위한 장치이거나 태양열 센서의 일종이 아닐까 추측된다. 어쩌면 지하에 있는 어떤 기계 시스템 일부일지도 모른다. 그곳에 있는 시설을 작동하기 위한 에너지를 얻기 위해 설치한 장치가 아닐까.

어쨌든 Bonneville Crater 근처에는, 이상한 물체들이 왜 이렇게 많은지 모르겠다. 오른쪽 프레임에도 아주 이상한 물체가 담겨있는 정경이 보이는데, 물체의 종류는 왼쪽 프레임에 담긴 것과는 완전히 다른 것 같다. 이것은 모래 위에 누워있는 죽은 동물의 건조한 시체와 매우 흡사해 보인다.

동공의 위치가 보이는 머리와 뻣뻣한 부속 기관이 몸체에 달린 듯한데, 해부학적 비율도 그렇게 낯설지 않다. 기이한 느낌이 들기는 하지만, 모든 시각적 느낌이 생물체의 사체에서나 느껴질 만한 것이다.

◈ Litterbug

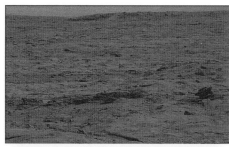

MSSS 00064 파일 속에 있는 이미지이다. 대중에게 처음 공개된 이미지는 화이트 밸런스 처리가 되어있어, 음영이 너무 짙은 탓에 세부적인 모양이 보이지 않았다. 그래서 원본 색상 데이터를 확인해봤는데, 옆의 이미지에서 볼 수 있듯이, 짙은 그림자가 거의 없어서 개체의 세부적 모양이 잘 보인다.

Litterbug

오리피스(Orifice)가 붙어있는 거대한 금속 기계의 일부였다가 너무 낡아서 버려진 것처럼 보인다. 배기관이나 흡기구의 오리피스처럼 균일한 두께의 호스가 부착되어있는데, 오리피스 포트와 마찬가지로 전체적인 실루엣은 둥글게 보인다. 어떤 종류의 바퀴 또는 허브의 부속으로 작동했던 것 같다.

이 물체는 화성의 개방된 환경에서 노후화된 것일 수도 있지만, 폭발이나 화재와 같은 파괴적인 사건이나 오래된 사용에서 비롯된 노후화일 가능성이 커 보인다.

◈ 암석에 박힌 금속체

위 사진은 2013년 2월에 화성 탐사선 Curiosity가 화성 표면에서 미스터리 금속 물체를 촬영해서 지구로 보내온 것이다. 흩어져 있는 돌 사이에서 툭 튀어나온 금속 물체가 아주 선명하게 보인다. 이 물체는 마치 손가락을 연상케 하는 형태이며, 크기는 5cm 안팎으로 추정된다.

금속체

물체 일부가 땅에 박혀있는 상태인 것을 보면, 이 금속은 부식에 강한 합금으로 만들어졌을 것이다. 과학자들은 이 물체의 발견이 화성에 존재할지도 모르는 생명체를 탐색하는 데 도움을 줄 것으로 기대하고 있다.

물론 NASA의 공식적인 입장은, 이런 기대에 찬물을 끼얹는 내용이다. 많은 대중의 시각과는 달리, 허탈하게도 이 물체의 정체를 바람에 침식된 바위라고 규정했다. 물체의 광택에 대해서는 빛과 그림자의 조화에 의한 착시라고 한다. NASA 제트 추진 연구소 가이 웹스터 박사는 '금속 같은 이 특이한 물체는 바람 같은 자연 현상의 영향으로 침식된 바위'라며 논란을 일축했다.

또한, 미국 워싱턴대학 교수이자 화성 탐사계획 중 하나인 'Curiosity Project'를 주도한 로날도 슬래튼도, 이 물체는 풍식(風蝕: 바람에 의한 침식)작용으로 만들어진 것이고, 지구의 남극이나 노르웨이 등지에서도 이 같은 바위가 발견된다며, 거들었다.

  NASA가 공식적으로 인정한 것은, Curiosity가 인류 역사상 최초로 화성 표면에 구멍을 뚫고 내부 표본 채취에 나섰다는, 무미한 사실 뿐이다. 그래도 화성 암석을 굴착하는 데 성공하여, 과거 화성에 흘렀을 것으로 추정되는 물의 증거뿐 아니라, 생명체의 흔적까지 찾을 수 있을 전기가 마련됐다고 덧붙이긴 했다.

◈ 땅에 박혀있는 물체

  2008년 5월 6일에 Phoenix가 보내온 파일 일부이다. 이 이미지 속에 우리가 눈여겨보지 않았던 부분을, 호사가들이 확대해서 웹에 올려놓았다. 땅속에서 솟아오른 듯한 이 물체는 기계 일부일까, 아니면 식물의 일종일까.

Spirit이 Panoramic Camera로 Sol 676에 촬영한 사진이다. 유사한 모양의 바위 조각들이 널려있어서 특별해 보이는 물체가 있을 것 같지 않다.

그러나 선명도가 좋아서, 사진을 확대해보면, 아주 특별한 모양의 개체가 시야에 들어온다. 원으로 표시해둔 곳을 보면, 예리한 모서리를 가진 물체가 주변 물체와 접합된 채 흙에 묻혀 있는 정경이 보인다.

◈ 도넛 모양의 액세서리

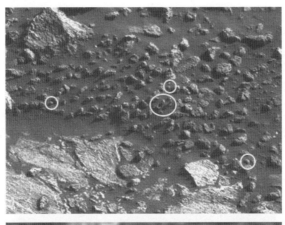

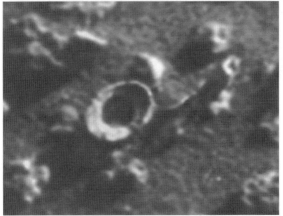

액세서리

　Msss 01185파일 안에 있는 이미지이다. 이미지 속의 표시를 해둔 곳을 보면, 구체들이 있는데, 큰 타원으로 표시해둔 가운데 부분을 보면, 도넛 모양의 고리가 달린 금속 물체가 보인다.

◈ 유골 혹은 기계 부속

　같은 파일 안에 있는 이미지이다. 이 물체는 너무도 기괴하게 생겨서 정체를 추정하기조차 꺼림칙하다. 하지만 직관적으로는 어떤 동물의 화석인 것 같다.

◈ 드럼통

　Curiosity가 전송해온 파일 속에 있는 이미지이다. 황량한 광야에 드럼통이나 비행기 엔진의 일부처럼 생긴 물체가 덩그러니 놓여있다.

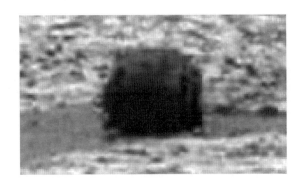

 전체적인 모양을 볼 때 자연의 힘으로 만들어진 암석 일부는 절대 아니다. 마치 비행기가 사고로 추락하여 그 일부가 떨어져 나온 것처럼 보인다.

◆ 망부석

 자연 암석인지 조각품인지 모르지만, 능선 위에 외로이 서있는 물체가 있다. 하지만 그냥 능선에 서있었다면 별로 주목을 받지 못했을 것이다. 이미지를 확대해보면, 누군가에 의해 조각된 듯 조형미가 있고, 물체의 받침대 역시 잘 다듬어진 모서리를 가지고 있다.

◈ 케이블

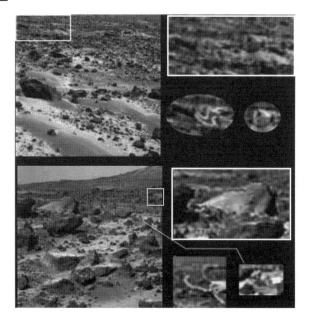

　패스파인더가 같은 전송해온 아레스 발리스 지역의 사진이다. 암석 덩어리가 가득한 사막에 케이블 뭉치로 보이는 물체들이 보인다. 위 사진에는 원통형 케이블 피복과 소켓으로 보이는 단자가 함께 보이고, 아래 사진에는 납작한 허브에서 많은 선이 빠져나와 있는 게 보인다.

인터넷에 떠도는 호사가들의 평에는 연체동물을 닮은 생명체 같다는 내용이 많이 있다. 주변 환경을 고려해보면, 그럴 가능성은 희박하고, 케이블이나 파이프일 가능성이 커 보인다.

◈ Spirit 착륙지 주변

이 사진은 Spirit이 착륙지 주변에서 발견한 물체를 촬영해 전송해온 것이다.

불가사리와 유사한 극피동물의 화석이라고 주장하는 이도 있지만, 그렇다기보다는 그런 외형을 가진 공작물로 보인다. 물론 자연 암석일 가능성도 있다.

흑백 사진이어서 그 재질을 알 수 없지만, 가운데 있는 물체가 금속이 아닌 암석이라고 하더라도, 그 모양이 너무 특이하다. 그리고 그 아래쪽 바위 밑에서 파충류처럼 머리를 내밀고 있는 물체도 특이하다. 파충류일 리는 없지만, 자연 암석이기보다는 땅에 묻혀있는 기계류 일부가 땅 위로 삐쳐나온 것 같다.

딱딱한 껍질을 가진 갑각류나 부족류처럼 보이는 물체도 있으나, 이곳에 그런 생명체가 있을 가능성은 없지 않겠는가. 복잡한 기계 일부일 것 같은데, 도무지 그 용도를 알 수 없다.

　Spirit 착륙지 주변의 정경이다. 황량할 뿐 아니라 어수선하기도 하다. 암석 조각들이 어지럽게 널려있을 뿐 아니라, 여러 가지 물체들이 뒤섞여 있다. 그 속에는 나무줄기인지 파충류인지 식별이 되지 않는 물체들이 있고, 기계류의 파편으로 보이는 것들도 있다.

◆ **운동화**

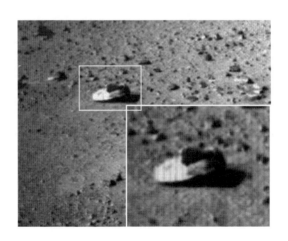

Spirit이 Navigation Camera로 Sol 121에 촬영한 사진이다. 사진 가운데 부분에 테니스 운동화 같은 물체가 놓여있다. 재질이 가죽이나 합성수지가 아니고, 그 용도가 운동화처럼 발에 신기 위한 것이 아닐 수도 있지만, 적당한 유연성을 가지고 있는 것으로 보인다. 그 소재가 암석과는 다른게 확실하고 음영으로 보아 내부가 비어있는 것도 확실한 것 같다. 그 용도를 알 수 없지만, 이 자료는 NASA 홈페이지에도 게재되어있다.

◆ 총기류

이 사진은 Opportunity가 Sol 287에 촬영한 것이다. 얼핏 보면, 버려진 총기류처럼 보인다. 그렇지만 확대해서 자세히 살펴보면, 건축물의 난간 일부이거나 거대한 기계의 모서리일 가능성이 더 커 보인다.

◆ **인어**

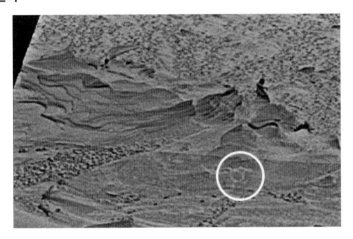

경도 5.6°W, 위도 2.0°S 지역에서 Opportunity가 Sol 1367에 촬영한 스트립 일부를 발췌한 것이다. 오른쪽 윗부분에 사람이 앉아있는 것 같은 조각상이 보인다.

이 장면은 애초에 파노라마 카메라에 의해 4개의 흑백 이미지로 캡처되었다가 나중에 West Valley Panorama NASA 사진 저널 PIA10216 프리젠테이션 이미지로 통합되었다.

지적 생명체가 조각한 것이 아니고 자연이 조각한 것일 가능성이 커 보이기는 하지만, 쉽게 단정 지을 일은 아니라고 여겨진다. 이런 갈등은 이 물체에 한정된 게 아니다. 주변 지면에도 이런 요소가 더 있다. 조각상 아래쪽으로 조금 내려와 보면 '5'라는 아라비아 숫자가 선명하게 쓰여있다. 이것 역시 자연이 쓴 것일 가능성이 크긴 한데, 그렇게 치부해버리기에는 숫자가 너무 명료하다. 조각상과 함께 이 표시 역시 자연의 작품이라고 단정 짓기 모호한 상황이다.

  그냥 지나칠 수 없어서 조각상을 확대했다. 해상도가 너무 안 좋다. 하지만 원본에선 안 보였던 부분이 보인다. 바로 얼굴 부분의 눈 부분이다. 더 근접해서 촬영한 사진이 없어서 더는 자세히 볼 수 없지만, 눈 부분은 인공적인 손길이 확실히 느껴진다.

◈ **액체**
  아래 사진은 Viking 1호의 착륙선이 크리세 평원(Chryse Planitia)의 서부에서 촬영한 것이다.

　원으로 표시해둔 곳을 보면, 딱딱한 물체 속에서 액체가 흘러나오는 모습이 보인다.

　이 액체는 딱딱한 물체 일부이기보다는 그 속을 흘러가던 것이 쏟아진 것 같다. 딱딱하게 보이는 물체가 밀폐된 관과 같은 역할을 하고 있었고, 그 속을 액체가 흘러가고 있었는데, Viking 1호가 토양 채취를 위해서 휘두른 손에 관이 부서지면서 액체가 누출된 것 같다.

　물론 이 딱딱한 물체가 인공적으로 만들어진 트렌치 일부인지는 알 수 없으나, 주변에 인공 구조물의 파편들이 널려있는 듯해서 그럴 가능성을 지울 수 없다.

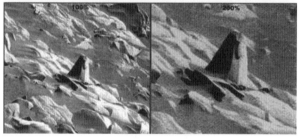

메트로놈

이 사진은 Spirit이 Panoramic Camera로 Sol 1402에 촬영한 것이다. 아마추어 천문학자 케빈 J. 브랜트가 최초로 의구심을 제기했던 물체가 사진 안에 있다.

구조물의 속이 비어있고 재질의 질감도 주변 암석이나 토양과는 완전히 다를 뿐 아니라, 인공적인 설계가 강렬하게 느껴지는 구조여서, 화성에서 발견된 어떤 물체보다 강렬한 문명의 증거로 제시할 수 있다.

왼쪽 프레임은 100% 스케일의 공식적인 뷰이고 오른쪽은 200% 확대한 뷰이다. 100% 크기의 이미지를 볼 때는, 암석인지 인공물인지 식별하기 모호한 면이 없지 않지만, 200% 확대한 이미지에서는 인공적인 설계의 흔적을 확실히 느낄 수 있다.

물론 NASA와 학계의 공식적인 견해는 자연 암석이라고 발표되어있다. 그러나 대중들은 학계 의견에 동조하지 않고 있고, 다수의 학자 역시 그러한 상태이다.

이 물체의 이미지를 처음 봤을 때 사람들 대부분은 메트로놈을 떠올린다. 아시다시피 메트로놈은 음악의 빠르기를 측정하는 도구로써, 일정한 템포의 연주를 위해 사용하기도 하고, 녹음된 음악의 빠르기를 측정할 때도 사용하는 기구이다.

그러나 이것은 메트로놈이나 그와 유사한 기구는 아닌 것 같다. 모양은 그것과 유사하나 크기가 너무 다르다. 물론 그렇다고 이것이 자연 암석이라는 뜻은 아니다. 아마 오랫동안 화성의 대기에 노출되어 마모되고 풍화된 주택이거나, 무언가를 보관했던 휴양 시설일 가능성이 커 보인다.

자세히 관찰해보면, 외피 일부가 없어 내부로 토양이 흘러들어 간 걸 알 수 있다. 그래서 무엇을 넣거나 누군가 살기 위해 인공적으로 설계한 물체라는 걸 유추할 수 있다. 물체의 아래쪽에 안정성을 유지하기 위해 만들어진 넓은 받침도 보이기에, 쓰러지거나 흔들리지 않게 설계되었다는 사실도 알 수 있다.

구조물의 틀을 이루고 있는 소재는, 유연한 곡선 몸체로 보아, 암석 성분이기보다는 금속이나 나무일 가능성이 커 보이는데, 이곳이 화성이라는 사실을 고려하면 나무일 가능성은 적어 보인다. 그렇다면 금속일 가능성이 유력한데, 오랜 세월 동안 저 정도의 내구성을 유지할 수 있는 금속 소재가 무엇인지 궁금하고, 이 물체를 만든 장인이 누구인지도 궁금하다.

물론 이런 추정을 모두 무용한 것으로 만들 또 하나의 개연성은 여전히 남아있다. 화성 내부에서 만들어진 물체가 아니고 외부에서 유입된 물체일 경우이다. 그랬을 경우, 이 물체의 상태로 보아 대기권에 우연히 진입된 것은 아니다. 그랬다면 대기와의 마찰로 상당히 훼손되었을 거고, 다행스럽게 지면에 도착했다고 하더라도 대지와의 충돌로 산산이 부서졌을 것이다. 그렇기에 대지에 연착륙한 비행체 일부이거나 그 비행체 속에 있던 물체일 가능성이 크다.

◈ 블랙박스 2

Spirit이 Navigation Camera로 Sol 1843에 촬영한 사진이다. 작은 언덕의 능선 근처에 기하학적 구조를 가진 물체가 반듯이 놓여있다. 방금 누가 가져다 놓은 것처럼 그 모양이 아주 온전해 보이는데, 도무지 그 정체를 알 수 없다.

NASA가 이 사진을 공개하기 전에 특정 부분을 지운 흔적이 있다. 그러면서도 이 블랙박스는 지우지 않았다. 주변의 암석에 비해 크지 않고 모양도 복잡하지 않아서 지우려고 마음만 먹었으면 쉽게 지울 수 있었을 텐데도 말이다.

단순한 실수였을까. 주변에 반드시 지워야 할 물체가 있었거나 조작해야 할 대상이 너무 많아서, 그 작업에 몰두하느라 놓친 것일까. 그랬을 가능성은 희박해 보인다. 물체가 작기는 하지만 능선에 있어서 눈에 쉽게 들어오기 때문이다. 정말 이상한 일이다.

◈ 마제 석기

184.5°W, 위도 14.7°S 지역을 Spirit가 촬영한 사진이다. 로버에서 단지 몇 피트 떨어져 있는 정경이어서 이렇게 해상도가 낮을 이유가 없는데도, 해상도가 좋지 않은 상태로 공개됐으며, 화살표가 가리키고 있는 큰 암석들에는 모두 스머지 처리가 되어있다. 가운데 있는 암석에는 모자이크까지 씌워져 있는데, 자세히 보면 각진 직사각형 구멍이 있고, 그 암석 자체가 사각형 구덩이 안에 놓여있다는 사실을 알 수 있다.

　이에 대해 대중들이 의구심을 나타내자 또 다른 이미지를 공개했는데, 그것 역시 원본은 아니었다. 다만 모자이크가 벗겨지고 스머지 작업이 약하게 가해진 것이어서, 애초의 추론대로 가운데 암석에 가해진 가공의 흔적은 알아볼 수 있다. 그리고 그 개체가 각진 구덩이 안에 놓여있는 상태라는 것도 알 수 있다. 그렇다면 이 지역 전체가 지성체가 문명을 이루며 살았던 지역이라는 뜻인가. 그럴 가능성이 커 보인다. Spirit이 촬영한 다른 사진들을 살펴보면, 주변에 이와 흡사한 개체들이 더 있다.

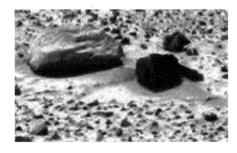

　앞에 게재한 이미지와 개체들의 모양이 흡사하고 놓여있는 위치도 비슷해서 같은 것으로 착각할 수 있지만, 다른 것이다.

　이것 역시 왼쪽의 암석은 매우 정상적으로 보인다. 윗면의 세부적인 모양이 보이지 않는 것은, 주변의 토양과 마찬가지로 강렬한 태양의 반사광 때문이다. 그러나 오른쪽의 암석은 경우가 다르다. 주변의 암석과 색깔이 완전히 다를 뿐 아니라, 단면에 가공의 손길이 느껴진다.

암석의 단면은 기계에 의한 절단으로 생긴 것 같은데, 표면이 다른 쪽 표면과는 질감이 완전히 다르고 절단 후에 다듬어진 흔적도 보인다. 더구나 그 단면에는 인공적인 가공이 거의 확실한 것으로 보이는 구멍이 있다. 거의 정사각형에 가까운 모양의 구멍이 있는데, 상당한 깊이를 가지고 있는 것 같다. 암석을 횡으로 관통하고 있을 수도 있지만, 카메라 각도상 확인이 불가능하다.

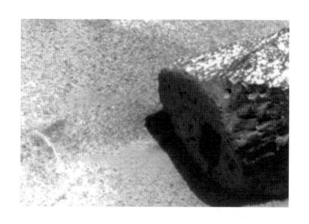

오른쪽 암석만 확대한 이미지이다. 암석이 절단된 후에 모서리가 다듬어진 흔적이 보인다. 그리고 사각형의 구멍도 선명하게 보인다. 단면과 암석 위쪽 질감이 얼마나 많이 차이 나는지 확연히 느낄 수 있다. 용도는 짐작할 수 없으나 이 구멍에 파이프나 막대를 넣어 사용한 것 같다.

그런데 왜 이것은 은폐되지 않았을까. 다른 수많은 이미지에는 디테일을 도저히 알아볼 수 없을 정도로 조작이 가해졌는데, 이 가공 흔적은 왜 지우지 않은 것일까. 단순한 실수일까. 그럴지도 모르지만, 응용 프로그램에 문제가 있었던 것 같다. 변조하고 가공할 대상이 너무 많아서 아마 자동화된 변조 소프트웨어를 사용하고 있는 것 같은데, 그 입력값이나 프로그램 자체의 버그 때문에 이것을 미처 은폐하지 못했던 것 같다.

◈ 미완성 조각품

Olympus Mons 남서쪽의 평탄한 분지에서 발견한 양각이다. 날카로운 모서리와 매끄러운 표면으로 보건대, 자연적으로 생성된 모습으로 보이지 않는다. 사진 번호는 MOC narrow-angle image SP2-43004이다.

◈ 조각된 문자

Spirit이 Gusev Crater 안에서 촬영한 사진이다. 암석에 1, 2, 7 등의 아라비아 숫자가 새겨있는 것처럼 보인다. 그런데 우리가 관심을 더 가져야 할 것은 이 숫자가 아닌 것 같다. 숫자가 새겨진 바탕 재료가 수상하다. 자연 암석이 아니고, 두 가지 이상의 소재가 섞인 인공 구조물 같다.

왼쪽 이미지는 Spirit이 Sol 64에 내비게이션 카메라로 촬영한 사진이다. 이것 역시 자연적으로 형성된 암석으로 보이지 않는데, 각진 모서리 위에 어떤 문형이 새겨져 있다.

◆ Coin

Spirit이 Sol 1220에 Panoramic Camera로 촬영한 사진이다. 바위틈에 끼어있는 원형 디스크가 보인다. 정확한 원형이고 균일하게 광선을 반사하고 있는 것으로 보아, 잘 연마된 돌이거나 금속이라고 봐야 한다. 그리고 이것의 그림자는 짧지만 고른데, 이것은 두께가 일정하고 얇다는 사실을 암시한다.

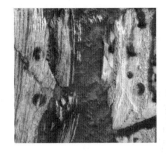

더구나 주변에는 이런 코인들이 붙어있다가 떨어져 나간 흔적이 산재해있다. 그렇기에 이러한 관찰이 착각일 수는 없다. 이것의 정체는 무엇이며, 그 많던 코인들은 어디로 간 걸까.

◈ 갑자기 나타난 물체

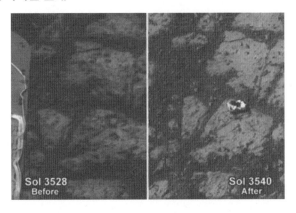

Opportunity가 Sol 3540에 이상한 물체를 포착했다. 그 모습이 이상한 게 아니라 그 출몰이 이상했다. 지난번에 지나갈 때는 없었던 물체가 갑자기 나타났기 때문이다.

당시에 Opportunity 프로젝트의 책임연구원 스티브 스콰이어스 박사는, 이 물체가 어떻게 나타나게 되었고 어떤 성분으로 이루어졌는지 조사 중이라고 밝힌 바 있지만, 시간이 한참 흐른 후에도 더 이상의 부연은 없었다. 그러자 호사가들은 누군가 자신의 존재를 알리기 위해 보낸 사인이라고 주장했는데, 그 근거로는 주변의 토양이나 암석과 완연히 구별되는 물체의 색깔과 암석의 균열과 일치하는 물체의 바닥 면을 들었다. 그러면서 그 주인공은 Opportunity의 수명을 늘려준 수호자일 거라는 추측도 덧붙였다.

Opportunity는 Sol 90일의 기대수명이 예상됐으나 훨씬 더 오랫동안 활동했는데, 이렇게 된 원인은, 주 동력원인 태양전지의 더러운 표면이 알 수 없는 이유로 말끔하게 닦이는 바람에 충전 능력이 연장됐기 때문이다.

◆ 운석

운석

이 사진을 게재한 이유는 이 물체의 존재가 이상해서가 아니라 희귀한 존재이기 때문이다. Opportunity가 Sol 339에 NASA의 로버 중에 처음으로 금속 운석을 화성에서 발견해냈다.

로버의 분광계는 구멍이 난 농구공 크기의 이 운석

이 대부분 철과 니켈로 구성된 것으로 판독했다. Opportunity의 파노라마 카메라는 트루컬러로 이 운석을 촬영했는데, 여기에 게재한 이미지는 광 삼원색 필터로 다시 합성한 것이다. 물론 그 외에 다른 조작은 하지 않았다.

◈ Blueberry&Disk

Curiosity가 Sol 746에 발견한 구체이다. 균형이 완벽해서 특이해 보이나 사실 이런 물체는 Opportunity도 발견한 바 있다. 물론 크기는 이것보다 작았지만 말이다. 그리고 위의 Pyrrho Rock 사진을 자세히 보면, 주변에 무수한 구체가 있다. 이런 물체가 화성에 많이 있다는 사실을 재차 확인할 수 있는 것이다.

그런데도 이 존재를 주목할 수밖에 없는 이유는 존재의 상징성 때문이다. 이런 물체는 액체 물이 있어야만 생성되는데, 물의 존재는 생명체의 존재와 연관이 깊어서 주목하지 않을 수 없다.

사실 확인과 논의의 진전을 위해서, 지구 상에 존재하는 이와 유사한 물체와 비교하면서 살펴보자.

이 사진 속의 구슬들이 화성의 구슬들과 비교해볼 지구의 적철광 알갱이들이다. 모양이 정말 너무 비슷하다. 이제 이것과 직접적인 비교가 좀 더 수월한, Pyrrho Rock 주변의 다른 개체들을 살펴보자.

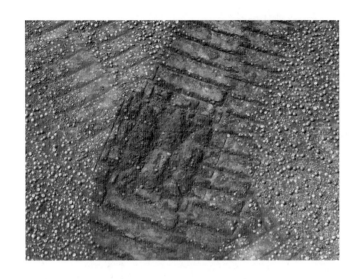

이 이미지를 보면, Opportunity가 지나간 바퀴 자국 주변에 구슬들이 널려있음을 알 수 있다. 우리가 할 일은, 이것이 지구에서 발견한 적철광과 성분이 같은지를 확인하는 것이다. 아울러 물과 생명에 관련된 자료를 탐사하는 것이, 화성 탐사선의 가장 중요한 임무임을 다시 한번 상기할 필요도 있다. 우리는 생명체가 살 수 있을 환경 조건을 이미 알고 있기에, 화성의 암석에서 필요한 정보를 효율적으로 추출할 수 있다.

화성의 고대 암반에는 적철광이 풍부하게 들어있는데, 적철광은 물과 반응해서 생기는 광물질이다. 그리고 암석에서 철백반석(鐵白礬石, Jarosite)도 발견되었는데, 이것의 존재는 이 암석이 한때 산성 물이나 뜨거운 온천에 잠겨있었다는 것을 의미한다. 또한, 암석 안에 비어있는 공간이 발견되었는데, 소금 결정체가 녹아 흘러내려 잔물결 무늬 형태로 남은 것이기에, 수천 년 동안 물이 흘러넘쳤다는 증거가 된다.

한편 사진에서 볼 수 있듯이, 적철광의 작은 알갱이가 바위에서 떨어져 나와 표면을 뒤덮고 있다. 물론 이와 같은 모양과 성분을 가진 알갱이가 지구에서도 많이 발견되는데, 이런 블루베리들의 존재 역시 행성에 물이 풍부했다는 증거이다.

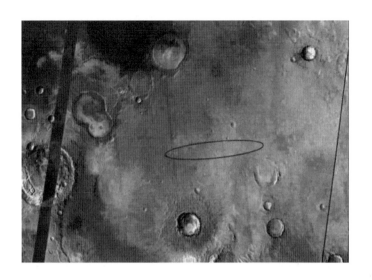

적철광 지역

　　사진 속의 컬러로 표시된 부분(QR코드 참고)은 Meridiani Planum의 넓은 적철광 지역을 보여준다. 그리고 타원으로 표시해둔 곳은 Opportunity의 착륙 지역이다.

　　아래 사진은 경도 5.6°W, 위도 2.0°S 지역을 촬영한 것이다. 블루베리가 가득한 지역에 구멍 난 디스크 모양의 이미지 3개가 발견되었다. 언뜻 보면 CD-ROM 디스크와 비슷하지만, 반투명한 물체가 그곳에 놓여있는지, 어떤 물체가 지나가면서 남긴 발자국인지 판독하기 모호하다. 모두 같은 지역에서 발견되었으므로 탐사 로버의 발자국부터 의심하는 게 순리일 것 같다.

Mossbauer Spectrometer 계측기 내부의 중앙 기기들과 지면에 직접 접촉하는 IDD(기기 배치 장치)의 관절 팔 모습을 살펴보자.

페이스 플레이트는 임프린트 모양이 더 작고 표면에 구멍도 있지만 크기가 작다. 암에 장착된 APXS(알파 입자 X선 분광기)의 하우징 면은 이보다 훨씬 크고, 움푹 들어간 나사도 있다. 그리고 RAT 드릴은 복잡한 링 장치를 갖추고 있다. 그렇기에 도구 중 어느 것도 발견된 이미지 모양을 만들 수 없다. 지구에서 가져간 기계가 남긴 자국이 아니라면, 도대체 누가 무엇으로 이런 흔적을 남긴 것일까. 정말 이상한 일이다.

우리는 주변의 토양에도 주목해야 한다. 저곳은 젖어있고 진흙의 전형적인 특성을 그대로 지니고 있다. 이산화탄소는 저런 액체 상태를 유지할 수 없으므로 지표면을 저렇게 적신 것은 아마 물이었을 것이고, 그 물이 미처 마르지 않은 것으로 보아, 불과 얼마 전에 외부에서 물이 흘러들어 왔거나, 이슬로 적셔진 것으로 보인다.

어느 것이 사실인지는 모르나, 화성은 우리가 기존에 아는 것과는 다르게, 그렇게 춥지 않으며 그렇게 건조하지도 않은 건 분명한 것 같다. 부분적으로 생명체가 존재할 수 있을 만큼, 기온이 따뜻하고 액체 물이 있는 곳이 존재하는 것으로 보인다.

◈ Timber

경도 5.6°W, 위도 2.0°S 지역을 촬영한 스트립으로 Mer-B(Opportunity)의 공식 이미징 데이터 일부이다.

사진에 담긴, 목재 같은 물체의 존재는 정말 기이하다. 이 기하학적 형태의 물체가 긴 암석에서 떨어져 나온 것이라고 주장하는 이도 있으나, 오랜 세월에 노출된 나무 특유의 노화 흔적 때문에 큰 목소리를 내지는 못하고 있다.

다른 자료에도 목재의 증거로 보이는 것이 있으나, 부분적으로 지형이나 바위와 혼동을 일으킬 가능성이 큰 것이 많고, 전체의 모습이 완전히 노출된 경우는 드물며, 특히 이처럼 목재의 나뭇결이 어두운 그림자 면뿐만 아니라 밝은 면 쪽에서도 잘 보이는 경우는 거의 없다.

이것이 석화된 목재이거나 규화목이라면, 많은 의미를 품고 있는 존재가 된다. 화성의 식물과 숲 그리고 문명의 기원을 자연스럽게 떠올리게 하기 때문이다. 하지만 이것이 목재라고 해도 심하게 변성된 것으로 봐서, 아주 오래전부터 저곳에 놓여있었던 건 같다. 그렇기에 이런 목재의 원천인 나무가 현재에도 존재할 거라고 단정 지어서는 안 될 것 같다.

◆ Fragments

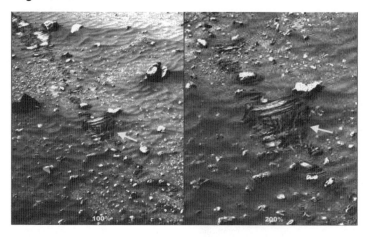

Fragments

Spirit이 Sol 712에 촬영한 사진이다. 여기에는 땅에 묻힌 채 몸체 일부분만 드러낸, 꽃병이나 항아리로 보이는 물체가 있다.

오른쪽 프레임을 보면, 물체에 새겨진 선명한 무늬까지 볼 수 있다. 화성에 도자기가 있다니. 정말 소름 돋는 정경이다.

그런데 이런 판단이 착시에서 비롯된 환상일 수도 있지 않을까. 시선을 가다듬어 이미지 전체를 다시 살펴보자. 왼쪽 분할 화면 패널의 상단 모서리를 보면 트랙이 보인다. 아마 로버 트랙일 것이다. 그것을 아래로 연장해보면 대충 도자기로 보이는 물체의 위를 지나는 것 같다. 트랙이 이 물체 위를 지나간 건 아닐까. 선명한 트랙 자국과 물체 사이에 희미한 트랙의 자취가 있는 것으로 보아 그랬을 가능성이 크다. 그렇다면 로버의 궤도가 토질이 특이한 부분을 간섭하여 만든 무늬일 가능성도 있다고 봐야 한다.

그러나 그렇다고 단정 짓기에는 여전히 개운하지 않다. 드러난 무늬는 우연히 그렇게 조각되었다고 하더라도, 물체의 전체적인 모습은 도저히 그렇게는 만들어질 수 없는 형태이다. 입체감이 너무 선명하게 느껴지고 원형 표면의 곡선이 너무 깨끗하다. 땅 일부가 아닌 독립된 물체가 확실한 것 같다는 뜻이다. 그렇다면, 정말 꽃병이나 항아리가 저곳에 있는 건 아닐까.

Spirit이 Sol 712에 촬영한 사진이다. 화살표가 가리키는, 가운데 부분을 보면 이상한 물체가 보인다. 전체적으로 톱니바퀴와 유사해 보이는데 가장자리에 노치(Notch)와 돌기가 있다. 하지만 본체는 땅에 묻혀있는 것 같다. 어쩌면 우리는 외부로 드러난 일부만 보고 있을지도 모른다.

그렇더라도 이것이 자연 암석일 가능성은 거의 없다. 좌우 대칭이 잘 맞고 두께도 전체적으로 균일해 보이기에, 인공적인 설계가 가미된 공작물일 가능성이 크다. 만약 그렇지 않다면, 어떤 동물의 화석일 가능성도 있을 것 같다.

◆ MAHLI가 포착한 물체

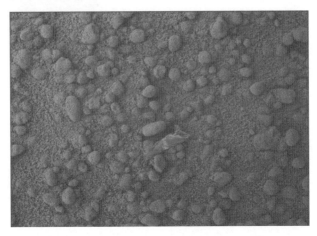

이 물체는 Curiosity의 MAHLI(Mars Hand Lens Imager) 카메라에 포착된 것
이다. 이런 것이 지구의 사막에서 발견되었다면 무심하게 스쳐 지나가고
말았을 것이다.

그러나 이것의 발견지는 화성이다. 공식적으로는 어떤 문명도 존재하
지 않는다는 화성에서 발견되었기에 주목할 수밖에 없다.

합성수지

　이상한 물체가 있는 부분만을 확대한 이미지이다. 이것은 크기가 아주 작고 질량감도 없어 보인다. 언뜻 보기에는, 얇고 반투명한 가죽 종류이거나, 식물의 외피 또는 곤충의 껍질인 것 같다. 하지만 만약 이것이 지구에서 발견되었다면, 얇게 찢어진 플라스틱 포장지를 먼저 연상했을 것이다.

　참 하찮은 물체이지만, 암석이나 흙으로 만들어진 것이 아닌 게 분명하기에, 머리를 아주 복잡하게 만든다. 화성에는 생명체가 없고, 어떤 물건을 제조할 문명이 없다는 게 일반적인 상식인데, 이것이 무엇이든, 화성에 존재하려면 그런 전제를 무시해야만 한다. 다만 합리적으로 추론할 수 있는 예외는 있다. 이것이 합성수지의 일종이라면, 화성에 도착한 탐사선이나 그 부속 장비의 파편일 수도 있다는 점이다.

◆ Garvin의 발견

Garvin의 발견

화성에 물이 흘렀다는 유력한 근거로 자주 제시되는 Humphrey 바위 근처에서, NASA 소속 과학자 가빈 (Dr. James B. Garvin)이 작은 액세서리를 찾아냈다. 반짝이는 금속체이고, 누가 봐도 자연적으로 만들어진 바위의 조각이 아니다.

물론 나사가 공식적으로 배포한 자료를 보면, 이 물체가 말끔히 지워져 있다. 바로 아래에 있는 사진이 NASA가 공식적으로 배포한 것이다.

아주 정밀하게 작업을 해놓았기에, 지운 흔적을 찾기가 거의 불가능하다. 만약 가빈 박사가 원본 사진을 공개하지 않았다면, 영원히 이 물체의 존재가 드러나지 않았을 것이다. 그렇기에 이 액세서리가 더욱 돋보일 수밖에 없다.

NASA에서 보기에도 이 물체가 자연물이 아닌 게 확실했기에, 정성을 기울여 삭제한 다음에 배포했을 것이다. 자연물이라고 하기는 곤란하고, 인공물이라고 했다가는 더 큰 문제가 야기될 게 확실해서 삭제할 수밖에

화성의 미스터리   468

없었을 것이다. 그런데 이 물건의 정체는 도대체 무엇인가.

◈ Oddments

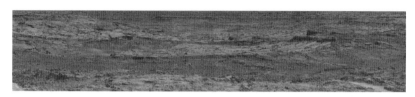

Curiosity가 2012년 10월에 'Rocknest' 지역에서 작업하다가 이상한 물체들을 발견했다. 화성에서 가장 흔하게 볼 수 있는 사막 지역인데, 자세히 살펴보면, 이 안에 서로 유사한 원반 모양의 물체들이 포함되어있다는 걸 알 수 있다. 반사도는 높으나 너무 작아서 쉽게 찾을 수 없기에 확대하며 접근해야 한다.

제8장 공작물과 소품

첫 번째 이미지의 왼쪽 부분에 개체의 하나가 표시되어있고, 두 번째 이미지의 오른쪽 부분에 다른 개체의 위치가 표시되어있다. 하지만 아직은 너무 멀어서 물체가 잘 보이지는 않는다.

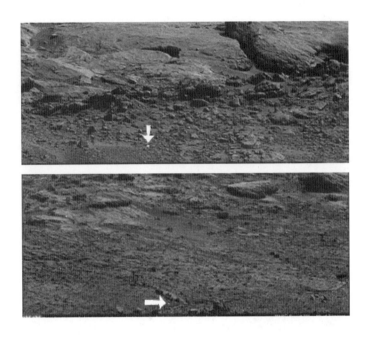

조금 더 확대해보니까 주변 지형과 함께 개체의 모습이 어렴풋이 드러난다. 그뿐만 아니라 무심히 스쳤던 주변 암석의 모습도 이상하다고 느껴진다. 특히 위쪽 이미지의 오른쪽 모서리에는 금속 용기나 두개골과 유사해 보이는 물체가 놓여있는 것 같다.

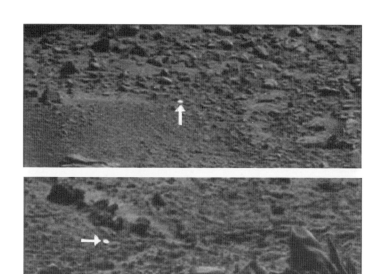

조금 더 확대해보니까 원반 모양의 개체가 확실히 보인다. 서로 떨어져 있으나 두 물체는 같은 종류로 보인다.

용도는 알 수 없지만, 주변 물체와 비교해보면 이것들이 얼마나 밝게 반짝이는지 잘 알 수 있다. 이 물체들은 반사율이 매우 높고 완벽하게 둥글며 노출면이 편평하다.

렌즈에 묻은 오물이 아닌가 의심을 할 수는 있으나 물체가 바닥에 작은 그림자를 드리우고 있어서 그렇지 않다는 사실이 간접적으로 증명된다.

이 물체는 분명히 인위적으로 가공된 디스크이거나 그와 유사한 형태의 금속판인 것 같다. 그런데 저것들은 바람 부는 화성의 광야에 오랫동안 놓여있었을 텐데 여전히 반사광을 내고 있다. 바람에 날려온 퇴적물에 덮이거나, 그것에 오염되지 않더라도 태양광이나 주변의 먼지 의해 변색이 될 텐데, 어떻게 저렇게 온전한 상태로 반사광을 낼 수 있는지 신기하다.

저 물체들이 저곳에 놓인 지 오래되지 않았기에 가능한 일 아닐까. 어쩌면 누가 불과 며칠 전에 떨어뜨리고 간 코인인지도 모른다. 여러 의문이 연기처럼 피어오른다.

◈ 오래된 기계

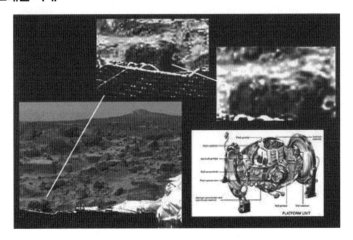

위 물체는 패스파인더가 활동 개시 첫날에 아레스 발리스 지역을 촬영한 파노라마 80881_full.jpg에 담겨있는 이미지이다. Opportunity의 경우처럼, 미지의 물체가 탐사선 위에 올라타 있는 것을 발견한 것은 아니지만, 탐사 경로에서 의사와 상관없이 우연히 발견하게 된 물체이다.

얼핏 봐도 자연 암석과는 확연히 구별되는 형태를 가지고 있는데, 인공적으로 만들어진 기계라는 확신이 들 정도로 형태가 정밀하다. 하지만 만들어진 지가 오래된 것도 사실인 것 같다. 여러 상황을 종합적으로 고려해보면, 아주 오래전에 만들어진 기계이거나 거대한 기계의 부속인 것 같다.

기계의 가운데 부분에 팬이 달린 회전축 같은 게 보이는데, 크지 않은 것으로 보아, 물리적인 출력을 내기 위한 장치라기보다는 환기나 순환 혹은 정밀한 제어를 하는 데 사용했던 장치로 보인다. 물론 문제의 핵심은 이것이 아니다. 이 사진이 촬영된 곳이 화성이고 예전에 누군가 이 물건을 사용했다는 사실이다.

오래된 기계

이 사진 속의 물체 역시 도저히 자연 암석으로 볼 수 없다. 타원과 직선으로 이루어진 물체의 전체적인 형태도 이상하지만, 파이프가 나란히 붙어있는 듯한 모양과 직선형 공간 안에 뚜렷이 새겨진 겹 직각 테두리는 자연이 도저히 만들 수 없는 형태이다. 주변에 가공하다가 만듯한 암석과 금속이 뒤섞여있다.

◆ 패스파인더의 또 다른 발견

마스 패스파인더는 착륙지점 근처에서 위에서 게재했던 것들 이외에도 많은 발견을 했다. 그의 착륙지점은 아레스 발리스로 암석이 많은 지대였는데, 이곳을 선정한 이유는 정보를 수집할 만한 암석이 많은 지대 중에서 착륙하기에 상대적으로 가장 안전해 보였기 때문이다.

패스파인더는 1997년 7월 4일에 예정했던 아레스 발리스의 착륙지에 무사히 착륙했는데, 생각했던 대로 작업하기에 적절한 곳이었을 뿐 아니라 수집할 정보도 풍부했다.

원래의 주된 목표는 화성의 대기와 기후, 토양과 암석을 연구하는 것이었고, 부수적으로 화성 표면에서 로버의 기동성을 체크하여, 실용성이 있는지를 확인하는 것이었다. 하지만 의사와는 무관하게 원하지 않았던 정보들을 많이 접하게 되었다.

가장 진귀한 것은 바로 왼쪽 사진 속의 물체이다. 굴삭기의 삽처럼 생겼다. 소저너 로버가 아닌 패스파인더 착륙선의 카메라에 잡힌 물체인데, 재질이 암석 성분은 아닌 게 확실하고 생긴 모양도 자연물이 아닌 게 확실하다.

패스파인더 착륙선은 360도 회전이 가능한 컬러 카메라 IMP(Imager for Mars Pathfinder)를 가지고 있었기에 비교적 선명한 컬러 이미지를 찍을 수 있었다.

아래 사진 속의 물체 역시 패스파인더 착륙선 카메라에 잡힌 것들이다. 이것들 역시 자연물이 아닌 게 확실하다.

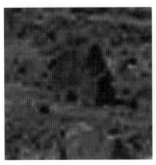 

왼쪽 사진 속의 물체는 작은 주택처럼 생겼고, 오른쪽 사진 속의 물체는 거대한 기계 일부분처럼 생겼다.

◈ 로버 위의 원반

화성 탐사선 Opportunity의 몸체에 납작한 물체가 붙어있다. 너무도 자연스러워서 마치 처음부터 Opportunity에 부착된 물체 같지만, 원래 Opportunity의 몸체에 이런 부속은 붙어있지 않다.

그렇다고 작업 중에 일어난 우연한 오염도 아닌 것 같다. 어떤 경우에도 저런 물체가 튀어 올라 Opportunity 몸체에 붙을 개연성은 없기 때문이다.

그렇다면 누가 붙여놓거나 스스로 와서 붙었다는 얘긴데, 도무지 그 정체를 알 수 없다.

◈ 바이킹의 추억

1976년 화성에 바이킹이 착륙하던 날은 NASA 관계자들은 물론이고 우주와 외계 문명에 관심을 두고 있던 대중들도 들떠있었다. 오래전부터 화성은 외계 문명이 존재할 가장 유력한 행성으로 지목되어왔기에, 바이킹의 시선에 어떤 문명의 흔적이나 외계 생명체의 실루엣이 담길 것으로 기대하고 있었다. 그랬기에 바이킹 계획이 세워질 때부터 세인들은 외계인과의 조우를 기대하며 바이킹의 탄생과 그 후의 행보를 주목하고 있었다.

그리고 마침내 바이킹 1호가 1975년 8월 20일에 타이탄 3E 센타우르 로켓으로 발사되어, 10개월간의 비행 끝에 화성에 도달했고, 궤도에 들어가기 5일 정도 전부터 화성의 모습을 보여주기 시작했다. 바이킹 1호의 궤도선은 1976년 6월 19일에 화성 궤도에 들어갔고, 6월 21일에 24.66시간 주기의 궤도로 진입하였다. 그리고 1976년 7월 20일 08:51 GMT에 궤도선으로부터 분리되어, 11:56 GMT에 착륙했고, 착륙 25초 후부터 화성 표면의 영상을 보내오기 시작했다.

곧 화성인이 나타나거나 그들의 문명이 시야에 들어올 것으로 기대하며, 세인들은 바이킹과 한몸이 되어 주변을 살폈다. 그리고 마침내 역사적 사건의 전조가 나타났다. 크리세 평원의 한 암석에 'B' 문자가 새겨진 것을 발견해낸 것이다. 더 많은 문명의 증거가 곧 나타날 거야, 부족한 기대를 채우기 위해, 바이킹의 시선에 온 신경을 모았지만, 증거가 더는 나타나지 않았다.

　더구나 경건한 마음으로 받아들였던 위대한 문명의 증거 'B'조차 빛과 그림자의 조화에서 비롯된 착각의 산물이었다는 사실도 곧 밝혀졌다. 위의 사진 속에 한때 세인들의 가슴을 요동치게 했던 'B' 문자가 들어있다. 많은 학자가 정밀하게 분석한 결과, 새겨진 문자가 아니라고 판명되었다. 그리고 더는 문명의 증거가 발견되지 않자, 세인들의 관심은 구멍 난 풍선처럼 쪼그라들었다. 이때의 실망은 그 여진이 길어져서, 그 후에 이어진 화성 탐사에 대중들의 관심이 잘 모이지 않았다.

　그런데 정말 그때의 발견이 단순한 착시였을까, 그리고 주변에서 관심 둘 만한 자료가 정말 발견되지 않았던 걸까. 이미 정리되고 잊힌 의구심을 왜 되살리냐고 반문할지 모르지만, 당시의 자료를 찬찬히 살펴보니, 그렇게 쉽게 정리해버릴 일은 아니라는 생각이 든다. 당시의 바이킹 사진을 살펴보면, 연구할 만한 자료들이 꽤 많이 있다는 사실을 알게 될 것이다.

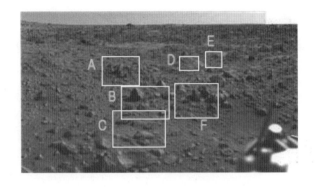

위 사진 속에 바이킹이 착륙했던 지역의 정경이 담겨있는데, 사진을 확대해서 찬찬히 살펴보면, 이상한 문자가 새겨진 곳이 한두 군데가 아니다.

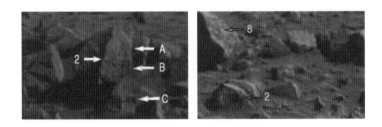

왼쪽 사진은 A 지점이고 오른쪽은 B 지점이다. A 지점의 바위들에는 알파벳 A, B, C와 아라비아 숫자 2가 보이고, B 지점의 바위들에는 숫자 8과 2가 보인다.

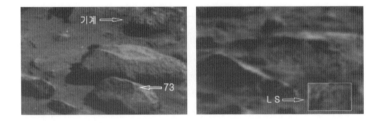

왼쪽 사진은 C 지점이고, 오른쪽은 D 지점이다. C 지점의 바위에 73이

라는 숫자가 보이고 바위와는 재질이 다른 물체도 보인다. 그리고 D 지점의 바위에는 LS라는 문자가 보인다.

왼쪽 사진은 E 지점이고 오른쪽은 F 지점이다. E 지점의 바위에는 숫자와 그림이 그려져 있는 것 같다. 그리고 F 지점의 아랫부분에는 6이 쓰인 바위가 있고, 그 위에는 반투명한 합성수지 같은 것이 보인다.

물론 위에 제시한 모든 의문이 빛과 그림자의 조화에서 비롯된 착시일 수는 있다. 사진의 해상도가 너무 낮아서 필자조차 확신이 서지 않는 건 사실이다.

하지만 바이킹이 보내온 사진들의 의미를 너무 가볍게 정리해버린 것 같다는 느낌은 지울 수 없다. 그가 보내온 다른 사진들을 더 살펴보면, 이런 안타까움이 더욱 짙어진다.

앞에서 보았던 지역과는 반대편에 있는 지역의 정경이다. 작은 암석들이 널려있는 지극히 평범한 곳으로 보이지만, 조금만 더 세밀히 살펴보면, 이상한 상자가 돌 사이에 놓여있다는 사실을 알 수 있다.

사각형으로 마크해둔 곳을 보면, 주위의 바위와는 확연히 구별되는 물체가 보인다. 모서리가 날이 서있고 표면에 부속들이 붙어있다는 사실을 알 수 있다.

용도는 확실히 알 수 없지만, 사실 이런 모양의 블랙박스는 Spirt과 패스파인더도 발견한 바 있다.

추정컨대 상당히 많은 곳에 이런 물체가 있을 것 같다. 그렇다면 우연히 남게 된 문명의 잔해라기보다는, 어떤 필요 때문에 설치된 기계 시설이거나 그 일부로 보는 게 상식적인 판단이 아닐까.

바이킹의 착륙지점에는 이것 말고도 이상한 물체가 더 있다.

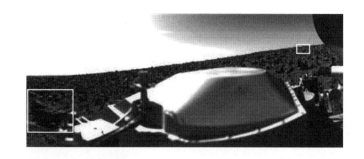

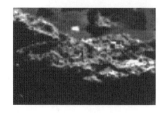

바이킹이 내려선 바로 옆과 등 너머 지평선 근처에 이상한 물체들이 있다. 네모 표시해둔 곳을 확대해보면, 이것들이 얼마나 비정상적인 물체인지 확실히 알 수 있다.

바이킹의 바로 옆에 있는 물체인데, 모서리와 코너가 예리하고 표면도 자연스럽게 풍화된 것 같지 않다. 어떤 큰 구조물 일부처럼 보인다.

이것은 먼 쪽에 있는 물체인데, 해상도가 좋지 않지만, 구조가 입체적이고 안정적이며, 부속된 설비를 품고 있다는 사실은 알아볼 수 있다. 바이킹이 보내온 자료들이 가볍게 취급당하는 것이 정말 안타깝다.

◈ 미지의 기계

MSL 106 M100 PDS 파일에서 발췌한 이미지이다. 암석 위에 금속으로 만든 것 같은 기계가 있는데 용도는 알 수 없다.

◈ 금속 상자

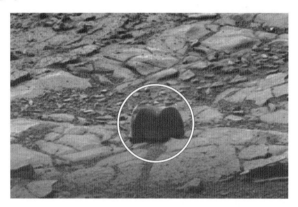

이 이미지는 Curiosity가 Mast Cam으로 촬영한 MSL 319 파일에서 발췌한 것이다. 주변의 암석과는 확연히 구별되는 물체가 덩그러니 놓여있다.

확대해서 살펴보면, 모서리가 둥글게 다듬어져 있고 표면도 매끄럽게 연마되어있다는 것을 알 수 있다. 재질은 금속이고 속은 비어있을 것으로

보인다. 뭔가를 담았던 용기이거나 그 뚜껑이었을 것 같다.

◆ 보트

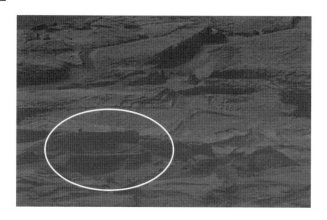

MSL 571 파일에서 발췌해온 이미지이다. 돌산 자락에 흙이 고여있고, 그 위에 모서리가 예리한, 침대와 유사한 구조물이 놓여있다.

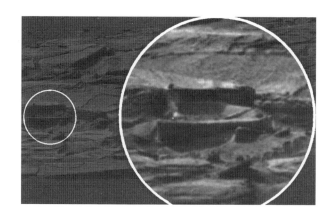

이미지를 확대해서 살펴보니, 침대라기보다는 작은 보트에 가까운 모습이다. 전체적인 모양이 유선형에 가깝고 비어있는 안쪽에 노 같은 물체

도 놓여있다.

◈ 금속 기계

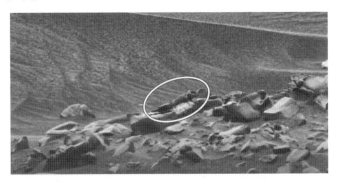

　　MSL 735 MAST 100-NW-1 파일에서 발췌해온 이미지이다. 작은 언덕의 능선에 주변 암석과는 이질적으로 느껴지는 물체가 보인다. 언뜻 보기에 건물 기둥과 유사하다.

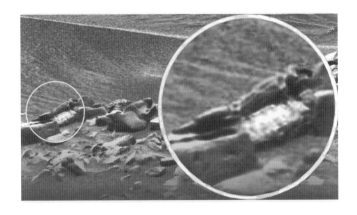

　　확대해서 살펴보니, 기둥보다는 기계 장치이거나 거대한 기계 일부에 가까워 보인다. 몸통이 구부러질 수 있는 형태로 되어있고 위쪽에 조인트

와 비슷한 구조가 보이고 아래쪽엔 굴착 장치 같은 게 달려있다.

◈ 기계 부품

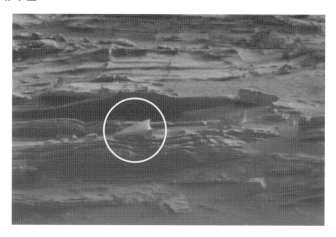

MSL 921 파일에서 발췌해온 이미지이다. 완만한 언덕의 등성이에 주변 토양이나 암석과는 질감과 색깔이 전혀 다른, 의족 같은 모양을 가진 물체가 덩그러니 놓여있다.

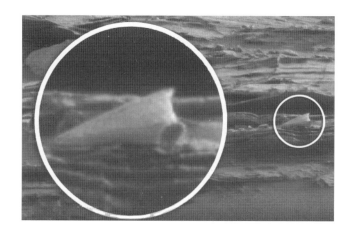

확대해서 살펴보니, 표면이 매끄럽게 연마된 것으로 보아, 어떤 조각품
이나 기계 일부가 떨어져 나온 것으로 보인다.

◈ 환기 장치

MSL 952 MAST 34 파일 일부를 발췌해온 이미지이다. 완만한 언덕의
등성이에 움집 지붕과 비슷한 물체가 보인다.

조금 더 확대해서 살펴보니, 구조물의 윗부분에 넓은 틈이 보이고 앞쪽

에도 많은 구멍이 있다. 미뤄보건대, 지붕이나 그와 유사한 구조물은 아닌 것 같다. 지하에 어떤 시설이 있어서, 그곳에서 생성되는 가스나 연기를 외부로 방출하는 장치로 보인다.

◆ 원형 구조물

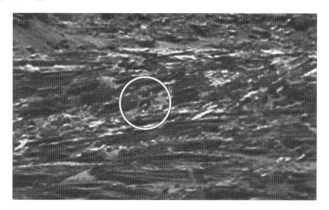

MSL 1074 파일 일부를 발췌한 이미지이다. 어지러운 암석층 위에 이상한 기계가 수직으로 서있다. 그냥 바위 위에 놓여있는 게 아니고 바위에 고정되어있는 것 같다.

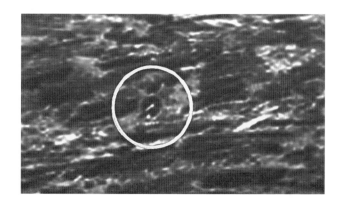

조금 더 확대해보니 원형 구조물 위쪽에 긴 손잡이 같은 게 2개 달려있고, 구조물 안쪽에는 중심에 고정되어 시곗바늘처럼 돌아갈 수 있게 만들어진 부속품이 보인다.

◈ 금고

MSL 1077 M-100 파일 일부를 발췌해온 이미지이다. 황량한 광야에 윤기를 띠고 있는 물체가 놓여있다.

조금 더 확대해서 살펴보면, 일반적인 바위가 아니라는 것을 단번에 알 수 있다. 외형이 조금은 망가져 있으나 앞쪽에 다이얼처럼 보이는 기계 장치가 달려있다.

◆ 드럼

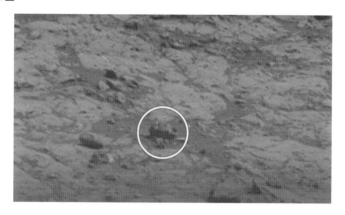

MSL 1154 파일 일부를 발췌해온 이미지이다. 황량한 암석 대지 위에 주변의 암석과는 확연히 구별되는 드럼 모양의 물체가 놓여있다.

확대해서 살펴보니, 단순한 드럼이 아니고 훨씬 더 복잡한 모양의 물체라는 걸 알 수 있다. 반사광이나 표면 질감으로 보아 재질은 금속으로 보인다. 모양이 복잡하지만, 인공적인 설계가 가해진 것이 확실해 보인다.

◆ 로봇 팔

MSL 1167 M-10 파일 일부를 발췌해온 이미지이다. 전쟁이 지나간 것처럼 어수선한 들판에 거대한 파이프 조각 같은 게 놓여있다.

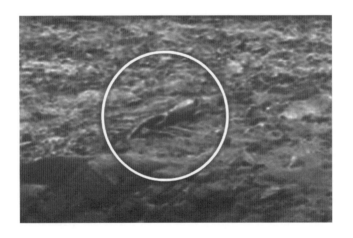

확대해보니, 단순한 파이프 조각이 아니고 조금 복잡한 형태의 금속 물체라는 것을 알 수 있다. 온전한 개체라기보다는 큰 기계 일부가 떨어져 나온 것 같은데, 얼핏 보기에 로봇 팔을 닮았다.

◈ 거대한 기계

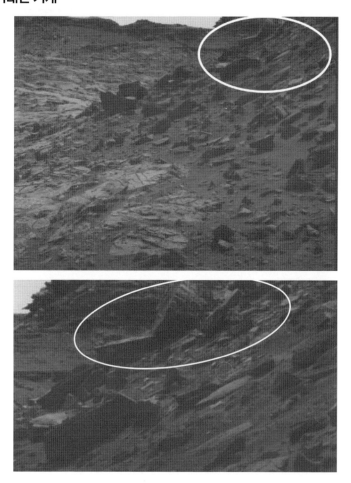

이 이미지는 MSL 1270 파일 일부를 발췌한 것이다. 낮은 언덕 자락에

자연물과는 어울리지 않는 구조물이 보여서 확대해서 살펴보면, 거대한 기계가 부서진 채 어지럽게 널려있다는 사실을 알 수 있다.

◈ 미지의 소품

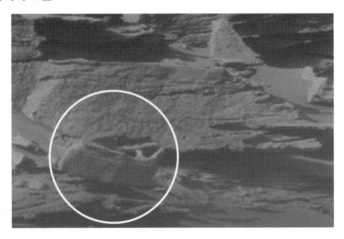

MSL 1301 파일 일부를 발췌한 이미지이다. 돌산 자락에 이상하게 생긴 소품이 놓여있다.

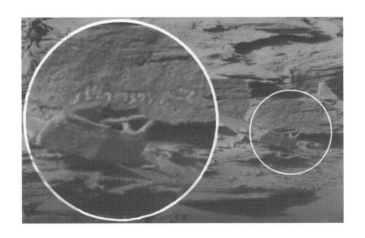

자연 암석이 아닌 것은 분명하지만, 이것의 재질이 암석인지는 확실하지 않다. 질감으로 보아 금속이 아닌 것은 확실하지만, 정밀하게 가공되어있고, 표면도 부드럽게 연마되어있어서, 마치 면직물처럼 느껴진다.

◈ **집게**

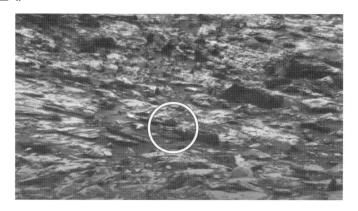

MSL 1439 M-100W-NW 파일 일부를 발췌한 이미지이다. 암석 들판 위에 이상하게 생긴 나무토막 같은 게 보인다.

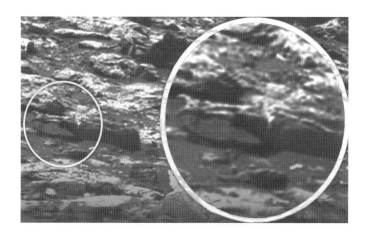

확대해보니, 나무토막 같은 것에 크기가 서로 다른 2개의 집게가 달려 있다. 어떤 동물의 팔이나 다리 유골을 닮아있기도 하지만, 위쪽 부분이 녹슨 금속이거나 암석이기에 이럴 개연성은 거의 없어 보인다.

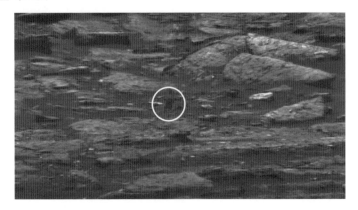

MSL 1511 M100 SW-PDS 파일 일부를 발췌한 이미지이다. 들판 위에 누군가 서있는 모습이 보인다.

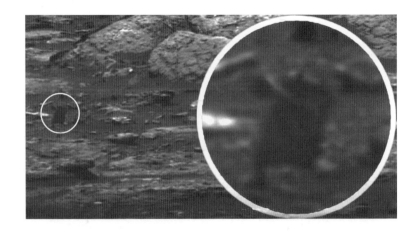

확대해보니 멀리서 보던 것보다 모습이 더 기이하다. 자연적으로 생성된 암석일 가능성은 거의 없다. 외형이나 재질로 보아 암석은 분명히 아니다. 자연물이 아닌 것은 확실하나, 생명체도 아닌 것 같다. 마치 한쪽 다리가 없는 로봇이 무언가를 응시하며 서있는 것 같다.

◈ 철골 기둥

MSL 1753 M34 파일 일부를 발췌한 이미지이다. 사진 중앙에 부러진 기둥 같은 것이 보인다.

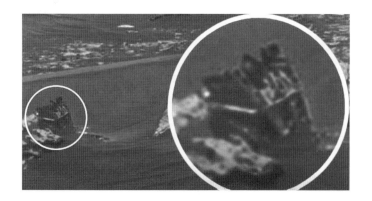

확대해서 자세히 살펴보니, 모양이 아주 복잡하다. 사다리 모양의 앵글들과 그것을 서로 결속하고 있는 프레임이 보이고, 그 위에 장식 같은 것이 있다. 어떤 구조물의 기둥이라기보다는 독립된 구조물이었을 가능성이 훨씬 커 보이며, 단순한 암석으로 보았던 물체들도 부속되어있던 구조물의 일부인 것 같다.

◆ 금속 파편

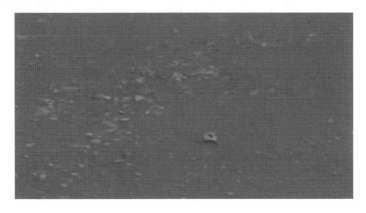

MSL 2312 ML 파일 일부를 발췌한 이미지이다. 황량한 들판에 새 대가리처럼 생긴 물체가 놓여있다.

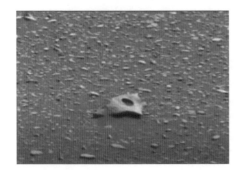

자연적으로 생성된 암석이 아니라는 것을 한눈에 알아볼 수 있다. 모서리가 아주 예리하게 다듬어져 있고 물체의 표면도 잘 연마되어있다. 어떤 금속 구조물의 일부가 떨어져 나온 것 같다.

◈ 강아지 로봇

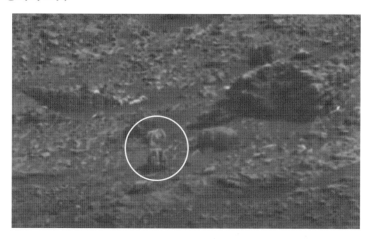

　　MSL 2454 ML–B 파일 일부를 발췌한 이미지이다. 낮은 언덕 자락에 강아지처럼 생긴 물체가 앉아있는 것이 보인다.

확대해봐도 정체를 알 수 없다. 추상화된 조각품의 일부 같기도 하고, 기계 설비의 일부 같기도 하다. 소재도 금속인지 암석인지 판별하기 어렵다. 확실한 건 이것이 자연적으로 생성된 암석일 리는 없다는 것뿐이다.

◆ Shovels

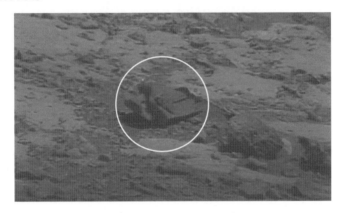

MSL 2618 MR 파일 일부를 발췌한 이미지이다. 암석 조각이 널려있는 들판에 거대한 삽처럼 생긴 물체가 놓여있다.

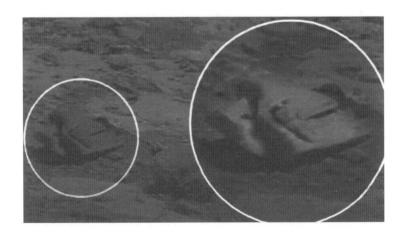

2개의 물체가 겹쳐있는데 위쪽의 물체는 거대한 삽이라기보다는 어딘가에 씌워져 있거나 거대한 기계의 말단에서 뭔가를 쏟아내던 장치 일부로 보인다. 복잡하게 가공되어있고 부속품이 붙어있는 것으로 보아 소재는 금속인 것 같다.

◆ **쓰러진 탑**

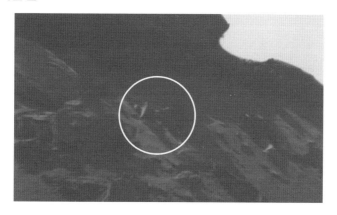

MSL 2658 ML 파일 일부를 발췌한 이미지이다. 산등성이에 특이한 탑처럼 생긴 물체가 비스듬히 누워있다.

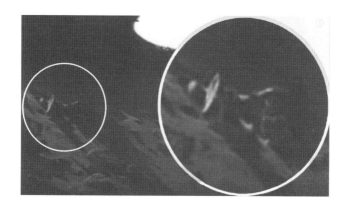

서있던 게 넘어져 있는 것은 맞지만, 탑 종류는 아니었던 것 같다. 복잡한 장치가 달린 것으로 보아, 거대한 시스템 일부였다가 어떤 사고로 떨어져 나온 것으로 보인다. 모서리가 예리하게 다듬어져 있는 것으로 보아 소재는 금속이 확실한 것 같다.

◆ 중장비 부속

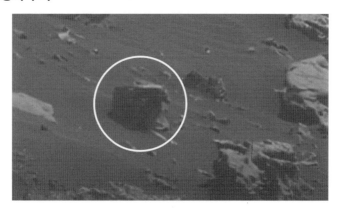

MSL 2687 HC 파일 일부를 발췌한 이미지이다. 산등성이에 굴착기의 기계의 손처럼 생긴 물체가 있다.

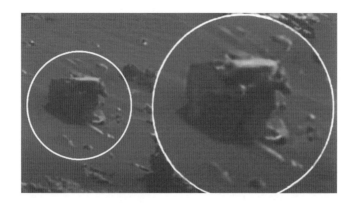

앞쪽에 막대를 낄 수 있는 고리가 있고, 고리 연결 시에 사용했을 것으로 보이는 레버가 있는 것으로 보아, 기계의 말단은 아닐지 몰라도 거대한 기계 일부였던 건 사실인 것 같다. 물론 이런 모양의 물체는 암석으로는 만들 수 없기에, 소재는 당연히 금속일 것이다.

◈ 비행체

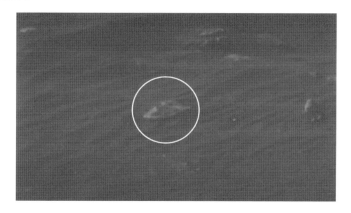

MSL 2781 NR 파일 일부를 발췌한 이미지이다. 모래사막 가운데 비행접시처럼 생긴 물체가 있다.

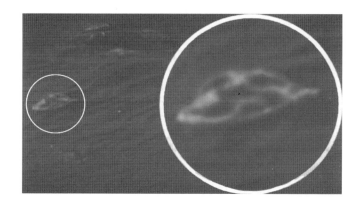

확대해서 살펴보니, 비행하기에는 부적합한 형태로 보인다. 전체적인 모양이 유선형이고 대칭적이긴 하지만, 조종석 돔이 없고 비행하기엔 불안정해 보인다. 비행체의 앞부분으로 보였던 곳도 거대한 시스템과의 연결 부위로 보인다.

◆ 굴착기

MSL 3003 MR 파일 일부를 발췌한 것이다. 황야에 말 대가리처럼 생긴 물체가 덩그러니 놓여있다.

확대해보면, 생명체의 유골이 아니고 거대한 기계 일부라는 사실을 알 수 있다. 구부려져 있는 상태로 놓여있는데, 구조가 상당히 복잡하고 표면 처리도 다양한 형태로 되어있으며 여러 개의 부속이 합쳐져 있는 상태이다. 유압 장치의 실린더가 달려있는 기계의 말단처럼 보인다.

◈ 임펠러 허브

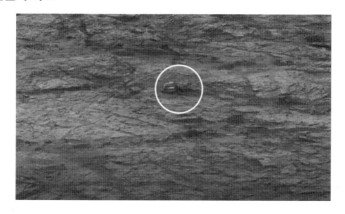

Perseverance가 Sol 22에 촬영한 파일 일부를 발췌한 이미지이다. 돌산 자락에 거북이 같은 모습의 물체가 보인다.

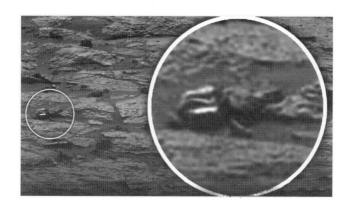

확대해보면, 생명체가 아니고 2개의 다른 재질의 금속이 합쳐진 기계라는 사실을 알 수 있다. 밝게 빛나는 부분은 임펠러이고 그 윗부분은 외부로부터 동력을 공급받거나 그 동력을 생산하는 장치로 보인다. 임펠러모터나 임펠러 허브 같은 물체로 보인다.

◈ 캠 기관

Perseverance가 Sol 92에 촬영한 사진이다. 완만한 경사면 아래에 동물의 뿔 같은 것이 있다.

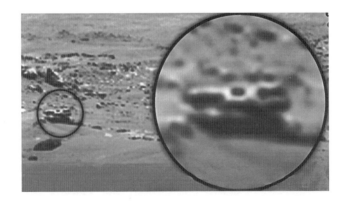

확대해보면 유골이 아니고 공작물이라는 사실을 알 수 있다. 암석 위에 놓여있는 것인지 2개의 물체가 겹쳐져 있는 것인지는 알 수 없으나, 가운데에 축을 끼울 수 있는 구멍이 있고, 운동의 방향을 바꾸는 장치와 유사한 구조라는 사실을 알 수 있다.

◆ 난파선

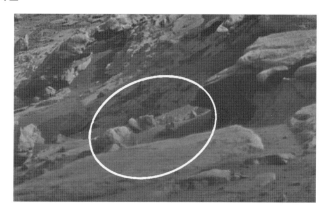

Curiosity가 Sol 173에 촬영한 사진이다. 돌산 중턱에 부서진 배 같은 것이 놓여있다.

지구에서 흔히 볼 수 있는 배처럼 매끄러운 유선형은 아니지만, 전체적인 모습은 물 위에서 잘 이동할 수 있는 형태인 것은 사실이다. 가장 특이한 사실은 이 물체가 돌이나 금속으로 만들어진 것이 아니고 나무인 것 같다는 점이다.

◈ **말뚝**

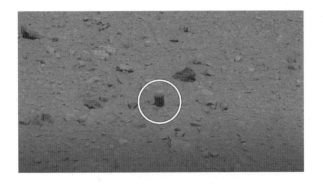

Curiosity가 Sol 511에 촬영한 사진이다. 이미지 중앙을 보면 땅에 박힌 말뚝 같은 게 보인다.

확대해보면, 말뚝의 모양이 단순하지 않다는 사실을 알 수 있다. 머리

부분과 아랫부분의 소재가 전혀 다르고, 몸체에 수도꼭지 같은 부속물이 달려있다. 물체의 모서리가 예리하고 균형을 잘 갖추고 있는 것으로 보아, 자연적으로 생성된 암석은 절대로 아니고, 금속으로 만들어진 공작물로 보인다.

◈ 자동차

Curiosity가 Sol 952에 촬영한 사진이다. 산 능선 아래에 누군가 차를 타고 있는 듯한 모습이 보인다.

전체적인 모습이 스스로 이동하기에 적합한 모양을 가지고 있고, 앞부분도 자동차 보닛처럼 말끔하고 대칭적으로 생겼다. 헤드라이트가 있는 듯도 한데, 다만 바퀴가 안 보인다. 어쩌면 이 물체는 지상의 이동체가 아니고 비행체인지도 모른다.

◈ 오래된 집

Curiosity가 Sol 1355에 촬영한 사진이다. 작은 언덕을 등지고 지은 집이 있다.

아주 오래되어 금방이라도 무너질 듯 풍화되어있지만, 골격은 그대로 유지하고 있어서, 창문이 보이고 옥상으로 올라가는 계단과 옥상에 있는 작은 구조물이 보인다. 집을 지은 소재는 금속과 돌인 것 같다.

◆ **화살표**

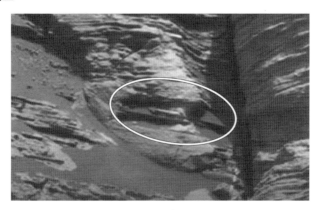

Curiosity가 Sol 1459에 촬영한 사진이다. 가파른 절벽에 화살표 구조물이 보인다.

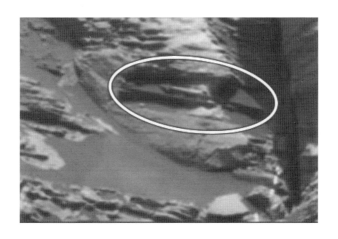

조금 더 확대해서 보니, 화살표 구조물은 독립된 게 아니고 거대한 철판 위에 붙어있는 것이다. 철판은 동굴이나 터널 입구에 설치된 캐노피로 보인다. 캐노피의 높이가 다른 것으로 보아, 입구가 2개이고 암석 벽으로 분리된 상태인 것 같다.

이 장에서는 인간이 수집한 화성의 자료들을 찬찬히 살피면서, 문명의 증거가 될 만한 것들만을 추려서 다시 나열해보았다. 그럼으로써 화성에 분명한 문명 역사가 있었음을 재차 확인했다.

화성에도 한때 지적인 생명체가 살았으며 그들은 문명화된 사회를 건설하는 데까지 성공했던 것 같다. 물론 이런 유추는 구성원 모두가 서로 사랑하면서 번성했을 거라는 뜻은 아니다.

황폐해진 화성의 정경을 보면서, 이 행성에 사랑이 넘치는 사회가 있었다고 역설할 수는 없지만, 적어도 공존하려고 노력했던 역사가 있었음을 부정할 수는 없을 것 같다. 노력하면서도 투쟁해야 하는 모순을 겪었을 수는 있지만, 문명을 이룰 만큼 공존에 성공했을 거라는 역사는 인정해야 한다는 뜻이다.

어떤 사회이든 자연스럽게 구성원의 위험 요인을 줄이도록 설계되고, 고통을 줄이고 유희를 늘리는 방향으로 서서히 발전한다. 화성의 사회도 그런 방향으로 어느 수준까지 문명의 발전이 진행되었던 것 같다. 그런데 지금 남아있는 건 그랬던 그림자뿐이다. 온전한 증거는 거의 남아있지 않다. 이건 누구도 부정할 수 없는 현실이다.

도대체 왜 이렇게 됐을까. 화성에 관해 탐구할수록 의문은 도리어 늘어나기만 한다.

제 9 장

Victoria
분화구

이 장에서는 Victoria Crater에 관해서만 집중적으로 관찰해볼 예정이다. Victoria Crater만을 위한 장을 별도로 만든 이유는, 그래야 할 만큼, 이곳에 신비한 요소들이 많이 있을 뿐 아니라, Opportunity가 Victoria Crater를 집중탐사하게 된 계기에도 신비한 요소가 얽혀있어 소개하고 싶었기 때문이다.

바이킹 탐사시대부터 가장 매력적인 지역으로, 세인에게 널리 알려진 사이도니아 지역보다 결코 그 매력이 뒤지지 않는 Victoria 지역은, 우연이 여러 번 겹친 결과, 운명적으로 지구인에게 그 실체를 드러내게 되었다.

Victoria의 신비로운 매력을 밝히기에 앞서, 그 실체를 밝혀낸 Opportunity의 여정, Victoria와 Opportunity의 운명적인 만남 등을 먼저 살펴보기로 하자.

◈ Opportunity와 Victoria

Opportunity는 원래 Victoria와 깊게 사귈 의사가 없었다. 그리고 세인들도 그가 Victoria를 만나지 못하거나 혹여 만나더라도 잠시 스쳐가는 정도의 관계에서 그칠 거라고 여겼다. 그러나 티케(Tyche: 운명의 여신)의 계획은 달랐다. Opportunity의 수명을 늘려서 Victoria를 만나게 했을 뿐 아니라, Victoria가 품고 있던 매력을 천천히 드러내게 하면서 Opportunity를 떠나가지 못하게 했다. 그리고 그 덕분에 지구인도 Victoria의 매력을 알게 되었다.

Opportunity 혹은 MER-B(Mars Exploration Rover - B)는 2004년부터 활동을 개시한 NASA의 화성 탐사 로버로 2003년 7월 7일에 발사되었다. 2004년 1월 25일에 메리디아니 평원에 착륙했는데, 이날은 Opportunity의 쌍둥이 로버인 Spirit이 착륙한 날로부터 3주가 흐른 후였다.

원래는 약 90일 동안 화성에서 활동할 것으로 예상했으나 쌍둥이 모두 예상일을 넘겼다. Spirit은 2009년에 작동 불능 상태에 빠져서 2010년에 교신이 중단됐고, Opportunity는 2019년 2월까지 활동했다. Opportunity 는 약 15년 동안 화성에서 약 45km 거리를 이동하며 탐사 임무를 수행했다. 물론 이것이 가능한 데는 그의 수명이 기적적으로 연장되었기 때문이다. 그러지 않았다면, 그렇게 오랫동안 활동하지 못했을 것이고, 동시에 Victoria 분화구 속에서 2년이 넘도록 머물지도 못했을 것이다.

Opportunity는 착륙 지역인 메리디아니 평원에서 별로 오래 머물지 않았고, 'Heat Shield Rock(발연막 운석)'을 발견한 것 외에는 별다른 성과를 거두지도 못했다.

Opportunity는 평원을 건너던 도중에 잠시 들릴 요량으로 Victoria 분화구에 들어갔다. 그런데 그곳에서 세인트 빈센트의 놀라운 작품들을 만나게 되면서, 그것에 심취하여 무려 2년 동안이나 탐사하게 됐다. 그러던 중에 모래폭풍을 만나 죽을 고비도 겪었다. 하지만 간신히 고비를 넘기고 2011년에는 인데버 분화구까지 진출했다. 그 후 2018년 여름에 광폭한 모래폭풍을 만나 6월 12일부터 활동을 중지하고 동면 상태에 돌입했다. 그리고 그해 10월에 모래폭풍이 잦아들면서 다시 통신을 시도했으나 반응이 없어, 2019년 2월 13일에 사망이 선고되었다.

역사를 돌아보면, Opportunity의 Victoria 분화구 집중탐사는 예정하지 않았던 것일 뿐 아니라, 그렇게 오랜 시간 동안 머물게 될 거라고도 생각하지 못했던 일이었다. 그래서 탐사 중에도 그에 대해서 말이 많았다. 로버가 그곳에 그렇게 오래 머무를 수밖에 없는 이유, 그것이 로버의 임무와 어떤 관련이 있는지 등에 대해 몰랐던 이들이 많았기에, 비판의 수위는 높을 수밖에 없었다.

사실 공개된 로버의 임무는 누구나 알고 있고 공감이 갈 만한 것들이었다. 가장 중요한 책무는 화성 생명체 존재 여부를 규명하는 것이었다. 모든 생명체에게는 생명 활동을 위한 물이 필요하다. 만약 화성에도 생명체가 존재한다면 그 역시 예외가 아닐 것이다. 그렇기에 화성에서 물이 흘렀던 흔적이 남은 지역에서 탐사를 진행하여, 생명체의 존재 혹은 그 증거나 흔적을 찾아내는 것이 로버의 주된 임무였다.

또 다른 임무에는 화성의 대기와 기후의 특징을 분석하는 것이었다. 현재 화성의 기후가 과거와 같았는지, 혹은 앞으로도 이 기후가 계속될 것인지 등에 관한 자료를 수집하는 일이었다.

그 외에 화성의 지질학적 정보를 조사하는 일도 임무에 포함되어있었다. 화성에서 일어나고 있거나 과거에 있었던 풍화, 침식, 화산 활동, 운석 충돌, 지각 변동 등의 활동들이 현재의 화성 표면에 어떠한 영향을 끼쳤는지 알아내는 일이었다.

물론 미래의 유인 탐사 준비도 로버의 임무에 포함되어있었다. 언젠가 인간이 화성에 발을 디딜 수 있는 시기가 올 것이기에, 그들의 위험을 최소로 줄이기 위해, 탐사차들이 정보를 수집하여, 화성이 인간에게 끼칠 수 있는 부정적 영향을 밝혀내고 그에 대비할 필요가 있었다.

어쨌든 공개된 Opportunity의 임무는 중요한 것이었지만 모두가 예측할 수 있는 상식적인 내용이기도 했다. 그런데 Opportunity가 예정에 없던 Victoria 탐사에 빠져들어서, 상식보다는 비상식에 가까운 자료를 조사하는 데 많은 시간을 할애한 것이다.

◆ 운명의 여정

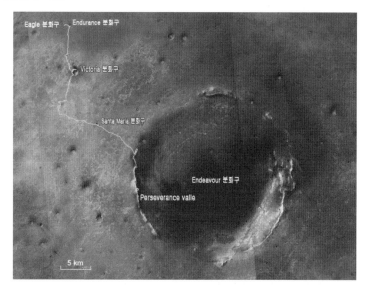

Opportunity의 여로를 MRO가 촬영한 이미지 위에 그려보았다. Opportunity가 이글 분화구에 착륙한 이후부터 지구와 마지막 교신을 한 인내의 계곡(Perseverance Valley)까지 이동한 모습이 나타나있다.

Opportunity는 화성의 메리디아니 평원의 지름 18m의 작은 분화구에 착륙했다. 그리고 그 분화구에는 아폴로 11호 미션을 기려서 Eagle Crater 라는 이름이 붙여졌다. Opportunity는 Eagle Crater 내부의 지질을 탐사하면서, 특징 있는 지점에 스톤 마운틴(Stone Mountain), 엘 카피탄(El Capitan), 오퍼튜니티 레지(Opportunity Ledge) 등의 이름을 붙였다.

그러는 과정에서 평원 지표면을 파헤치고 약간의 토양을 채취하여 그 안에서 적철석의 존재를 발견함으로써, 화성에 물이 존재했다는 가설을 세울 수 있는 근거 자료를 수집했다.

그리고 Sol 41에 자신의 핵심 목표 중 하나를 해결하는 데 근접할 수 있게 되었다. 확대 촬영한 암석의 사진에 가로로 물결치듯이 새겨진 흔적이 남아있었는데, 과학자들은 이 흔적이 흐르는 물로 운반된 물질이 쌓여서 만들어졌을 가능성이 크다는 결론을 내렸다.

그 암석은 바람과 물의 힘으로 침식되어 현재의 위치까지 운반된 후에 화산암 등의 물질과 결합하여 사암 형태로 굳어진 것이며, 여러 개의 층은 처음에 운반된 퇴적물 위에 또 다른 퇴적물이 쌓인 후에 물이 증발함에 따라 그것들이 굳어져 큰 암석이 된 증거였다. 그래서 화성에 매우 오랫동안 물이 존재했다는 결론을 도출해낼 수 있었으며, 한때에는 화성에 생명체가 존재할 수 있는 환경이었다는 사실도 추측할 수 있게 됐다.

2004년 10월 13일에 로버는 자신의 파노라마 카메라에 얇은 서리가 생성되어있음을 포착했다. 서리는 대기 중의 수분이 낮은 온도에서 물체의 표면에 달라붙은 채로 얼어붙어 생성되는데, 화성에서도 지구와 같은 현상이 나타난다는 사실이 확인된 것이다.

하지만 쌍둥이 로버인 Spirit에는 이 현상이 나타나지 않았다. 훗날 밝혀진 바에 의하면, Spirit이 탐사 중이었던 지역은 Opportunity가 탐사 중인 지역에 비해 대기 중의 수분 농도가 낮았던 게 그 원인이었다.

Opportunity는 첫 번째 토양 조사를 마친 후에 근처에 있던 Endurance Crater로 가서 탐사를 이어나갔는데, 2004년 11월 17일에 분화구 안에서 바라본 하늘에서 구름을 발견했다. 이는 지구의 권운형 구름과 형태가 비슷했으며, 다음날에 촬영한 구름은 이전보다 더 짙어졌음을 확인하였다. 이를 통해 화성의 기후도 지구처럼 시간의 영향을 받으며, 그에 따라 구름의 지속 시간이나 그 농도에 차이가 난다는 사실을 알아냈다.

2005년 1월 19일에는, 화성에 하강할 때 사용했던 열차폐막 추락 지점 근처에서, 전혀 손상되지 않은 배구공 크기의 운석을 발견하였다. 이것은 지구가 아닌 다른 행성에서 발견한 최초의 운석이었다. 이 운석은 열차폐막에서 이름을 따서 'Heat Shield Rock'으로 명명되었는데, 분광기를 통해 분석해본 결과, 철과 니켈이 풍부하다는 사실이 확인되었다. Opportunity는 Endurance Crater에서 약 6개월 동안 머물면서, 기반암과 사구를 집중적으로 조사하였다.

Opportunity의 초기 미션은 비교적 순조롭게 진행되는 듯했다. 하지만 2005년 4월, 착륙 후 2년 이상 지난 시점에 커다란 위기에 빠지고 말았다. 모래언덕(과학자들은 고난의 사막(Purgatory Dune)이라고 부른다)을 넘다가 바퀴가 빠지면서 기동력을 제대로 발휘할 수 없게 된 것이다.

지구의 관제 센터에서는, 그곳에서 Opportunity의 생명이 끝날지도 모른다고 생각할 정도로, 상황은 절망적이었다. 만약 그곳에서 그의 심장이 멈췄다면 Victoria를 만나지 못했을 것이고, 그랬으면 우리는 Victoria의 신비한 매력을 발견하지 못했을 것이다. 하지만 다행스럽게도 두 달간의 치열한 노력 끝에, 2005년 6월 4일에 탈출에 성공하여 Victoria로 갈 수 있게 되었다.

Opportunity는 2005년 10월부터 2006년 3월까지 남쪽의 Victoria 분화구를 향해 주행했는데, 그 중간에 에레보스 분화구라는 얕고 넓은 분화구에 들려 탐사를 하다가 팔을 다쳤다. 하지만 임무 수행에 지장을 초래할 정도는 아니었다. 그리고 드디어 2006년 9월 말에 Victoria 분화구에 도착하여 가장자리에서 시계방향으로 돌며 탐사를 시작했다. 그리고 그곳에서 세인트 빈센트의 작품을 만나면서 그것에 심취하여 2008년 8월까지 머물게 됐다.

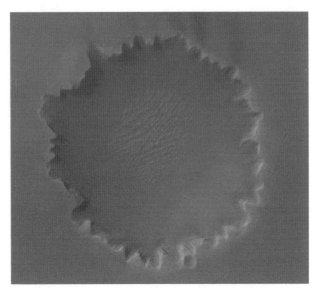

Victoria Crater

그 후의 여정은 다소 무미했다. 하지만 빈센트와의 아름다운 추억이 가슴에 남아있어서 길고 지루한 여정을 견뎌낼 수 있었다. 로버는 황량한 광야를 가로질러 남쪽으로 이동해서 2011년 8월 9일에 인데버 분화구에 도착하였다.

인데버 분화구의 가장자리에 도착한 로버는, 정찰위성이 규산염의 존재를 포착한 요크 곶으로 이동했고, 그곳에서 2013년 여름까지 암석의 성분을 채취하여 조사했다. 그 후에는 솔랜더 쪽으로 이동하며 화성 탐사를 계속했다.

2018년 6월 12일에 Opportunity는 관측 이래 최대 규모의 모래폭풍을 만나서 모든 활동을 중지하고 동면 상태에 돌입했지만, 지구의 과학자들은 또 한 번의 기적을 바랐다. 절망적인 상황이기는 했지만, Opportunity는 늘 불사조처럼 다시 살아났기 때문에, 그들은 희망의 끈을 놓지 않았다. 하지만 로버는 다시 깨어나지 않았다.

◈ Victoria

위의 사진은 Opportunity가 Victoria Crater를 탐사한 후에 가장자리의 작은 언덕을 올라오면서 내비게이션 카메라로 촬영한 것이다. 나올 때의 바퀴 자국 아래에 들어갈 때의 바퀴 자국이 깔려있는 정경이 보인다. Opportunity는 2008년 8월 28일에 6.8m 높이의 경사면을 올라온 후에 숨을 고르며 정든 분화구를 돌아보며 추억에 잠겼다.

로버는 Victoria 분화구로 안전하게 들어가기 위한 길을 찾으려고 무려 1년 가까이 주변을 탐색했다. 몇 개의 루트 중에 가장 짧은 길을 선택해서 내부로 진입하여, 이틀 동안 장비를 조정한 후에 분화구 내부의 바위층을 폭넓게 조사하기 시작했다.

먼저 바위층의 합성물들을 분석하여, 물이 수십억 년 전에 어떻게 화성에 유입되고 사라졌는지에 대한 데이터를 만들었다. 그 후에 천천히 경사진 지표면을 가로질러 분화구 테두리에서 유난히 돌출된 절벽으로 다가갔다. 그 곶(串, Cape) 모양의 절벽은 화성에서 흔히 볼 수 있는 지형이어서, 처음에는 특별한 느낌을 받을 수 없었다.

◆ 조각상과 유적

절벽 아래 지역의 경사가 너무 급해서 일정한 거리를 두고 절벽의 표면을 살피던 로버의 눈에 이상한 정경이 들어왔다. 절벽 틈 사이에 누군가 서있는 듯한 모습이 보였다. 바로 위 사진 속에 있는, 이집트 석상처럼 생긴 조각이었다. 착시인가 싶어서 확대해보았는데, 자연적으로 생긴 형상이라고 하기에는 표면이 지나치게 깔끔해 보였다.

주변의 바위는 아주 거칠었지만, 이 부분만은 연삭이 잘 되어있어 부드러운 질감이 느껴졌다. 다른 부위와 달리, 이 부분만 부드럽다면 어떤 인위적인 힘이 가해졌다는 증거가 아닌가. 로버는 깜짝 놀라서 카메라 줌을 더 당겼다.

이 조각상을 만나기 위해, Opportunity가 그 험한 고초를 겪었던 모양이다. 무려 300일을 보내며, 적합한 진입로를 찾기 위해, 분화구를 몇 바퀴 돌았고, 그러는 동안에 분화구의 테두리를 수없이 탐색했다. 진입할 때도 경사에서 수없이 중심을 잃고 넘어질 위기를 넘겼다. 그리고 마침내 보물을 품고 있는 케이프 세인트 빈센트를 발견했고, 그곳을 지키고 있는 초병을 만나게 된 것이다.

케이프 세인트 빈센트는 Victoria 분화구의 북쪽 가장자리에 있는 높이 약 12m인 Cape(곶)이다. 이 Cape가 보여주는 층상구조는 화성에서 볼 수 있는 사층리 중에 전형적인 예라고 할 수 있다. 사층리는 수평면에 대해서 경사진 모래 퇴적을 나타내는 암석 지층을 말한다.

이 부분을 잘 살피기 위해서 '슈퍼해상도' 이미징 기술이 사용되었다. 이 기술은 Victoria 분화구의 퇴적층이 지구 상에서 사하라 사막과는 달리, 입자가 큰 모래 필드였다는 사실을 알게 해줬다. 이 모래 필드는 그 지역을 북쪽에서 남쪽으로 가로질러 불던 고대의 바람에 의해 만들어진 것이었다. 그리고 로버의 미네랄 측정치를 살펴보면, 이 메리디아니 고원 내부의 고대 모래언덕이 오래전에 표면과 지하의 액체 물에 의해 영향을 받았다는 사실을 알 수 있다. 사실 이런 발견은 아주 소중한 것이다. 화성의 실체를 알아가는 데 절대 필요한 자료이다.

하지만 로버의 시선은 조각상에 꽂혀있었다. 미상불 예상하지 못한 곳에서 예상하지 못했던 존재를 만났으니 그럴 수밖에 없긴 하다. 더구나 최초로 발견한 그 조각상은 비교적 높은 곳에 있었다. 그런데 그것이 누군가 조각한 것이라면, 그 아래에도 유사한 작품이 있을 개연성이 높아 보였다. 로버의 예측은 맞았다. 하지만 정확히 맞은 것은 아니었다. 더 발견하게 된 것이 인공적인 작품인 건 맞지만, 조각품이 아니라 정체를 알 수 없는 소품들이었기 때문이다.

얼핏 보기에는 아주 평범한 퇴적층으로 보였던 세인트 빈센트가 그렇게 많은 보물을 품고 있었을 줄은 정말 아무도 몰랐다. 빈센트를 찬찬히 살펴보면, 정체를 알 수 없는 물체들을 곳곳에 품고 있다는 걸 알 수 있다. 그 물체들에 번호를 붙여보았다.

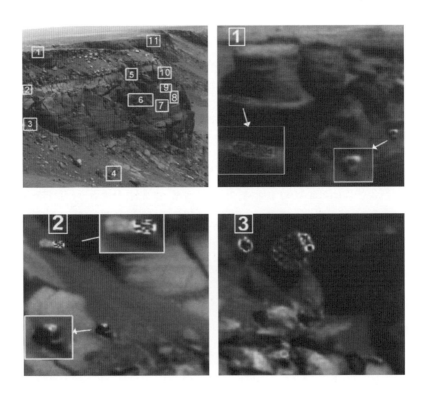

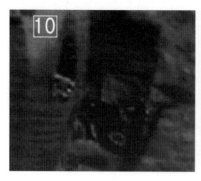 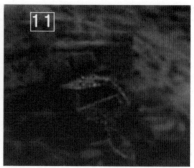

케이프 세인트 빈센트는 거대한 제단인 것처럼 느껴진다. 이곳에 있었던 문명이 어떤 신앙을 가졌었는지 모르지만, 토테미즘의 일종이었을 것으로 추정된다.

자연물일 수 없는 물체들이 곳곳에 놓여있고 최근까지도 잘 관리되었던 것 같다. 개체마다 용도가 각각 다른 듯한데, 무엇에 쓰이는지 어떻게 만들었는지는 전혀 감을 잡을 수 없다.

그런데 그런 것을 추론하는 게 별 의미가 없을 것 같다. 어차피 틀릴 수밖에 없지 않은가. 이곳은 지구가 아닌 화성이다. 이 별나라의 지성체가 어떤 존재였고, 어떤 풍습을 가졌었는지 전혀 알지 못하는데, 추론을 아무리 열심히 해본들 맞힐 수 있겠는가.

Victoria 분화구와 케이프 세인트 빈센트 그리고 이곳에 있는 각종 개체에 대해서 학자들과 호사가들이 많은 의견을 내놓은 것으로 알고 있다. 하지만 그 역시 별 의미가 없을 것 같다.

그냥 지구가 아닌 다른 별의 특정한 장소에 이런 물건들이 있다는 사실을 영상으로 확인했으면 된 거 아닌가. 그에 대한 추론이 무엇이든 어차피 틀릴 텐데, 무슨 의미가 있겠는가.

어쨌든 Opportunity는 세인트 빈센트를 샅샅이 살펴본 후에, Victoria 분화구의 여러 곳을 탐색하며 다양한 자료를 수집하여, 화성의 지표면이

화성의 미스터리

물에 의한 침식으로 현재의 모습을 갖추었다는 결론을 도출할 수 있는 많은 근거를 제공했다.

하지만 화성의 지표면이 물의 결빙온도보다 낮은데, 어떻게 물이 흐를 수 있었는지에 대해서는 아직도 여러 가설이 난무할 뿐, 모두가 공감하고 있는 정설은 없는 상태이다.

오래전에는 화성의 기온이 물의 결빙점보다 높았을 수도 있다는 가설은, 시뮬레이션 모델조차 만들지 못해서, 설득력을 잃어가고 있다. 반면에 화성의 물에 녹아있을 염기성 광물들이, 물의 결빙점 이하의 온도에서도 얼지 않고 흐르게 할 수 있었다는 가설은, 공감하는 이가 적지 않은 편이다.

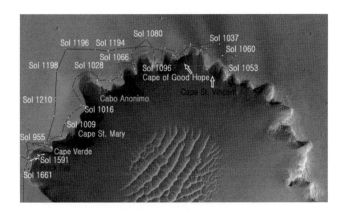

위 사진은 Opportunity가 운명적으로 만난 Victoria Crater를 2년간 여행하면서 작성한 데이터 지도이다.

만약 Opportunity에게 기적이 일어나지 않아서 예상했던 대로 90일 만에 수명이 끝났다면, Victoria를 만나지 못했을 것이고, 그랬다면 지구인은 빈센트가 품고 있는 찬란한 외계 문명의 유산을 보지 못했을 것이다.

제 10 장

사이도니아

이 장에서는 화성의 사이도니아 지역에 관해서 집중적으로 조명하고자 한다. 이렇게 따로 장을 마련한 것은, 사이도니아에 대한 대중들의 관심이 지대하여, 이 지역의 지형지물에 대한 논란이 쉽게 잦아들지 않고 있기 때문이다.

사이도니아 지역은 과학에 관심이 별로 없는 대중들도 알고 있을 만큼 널리 알려져 있다. 이 지역은 과거에 화성 문명이 존재했다고 주장하는 이들이 주된 증거로 자주 제시하는 지역인데, 사이도니아가 품고 있는 가치에 비해 지나치게 많은 관심이 부여된 것 같은 느낌이 들긴 한다.

하지만 내부에 속해있는 몇몇 지역에 대한 논란이 아직도 말끔히 정리되지 않은 상태인 데다가, 호사가들의 의구심을 품게 하는 대상이 새롭게 제시되고 있어서, 지구인이 직접 화성에 가서 이 지역을 탐사하기 전에는, 이 지역에 관한 관심이 쉽게 잦아들지 않을 것 같다.

냉정하게 돌아보면, 사이도니아 지역에 관한 세인의 관심이 이렇게 커야 할 이유가 없고, 그럴 근거도 부족한 편이다. 이곳에 관심을 촉발한 최초의 사진만 없었다면, 사이도니아 지역은 그냥 화성의 황량한 광야 일부로 남아있었을 것이다.

바이킹호가 화성 탐사를 시작한 것은, 필연적으로 겪어야 할 문명의 역사라고 하더라도, 그 착륙지로 사이도니아를 택하지 않고 다른 곳을 택해서 인면암 사진을 전송해오지 않았다면, 이 지루한 논란은 시작되지도 않았을 것이다.

우선 사이도니아 지역의 지형지물을 두고 벌어졌던, 과거의 치열했던 논란을 회상해본 후에, 최근에 다시 논란을 일으키고 있는 대상에 대해서 살펴보도록 하자.

◈ 인면암

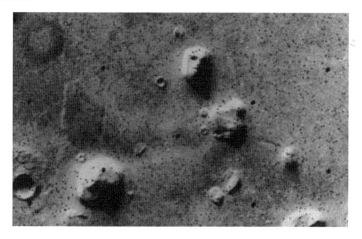

사이도니아라는 지명이 거론되면, 어김없이 인면암 얘기가 나올 만큼, 인면암은 사이도니아의 상징이 되어버렸는데, 그 전설은 바로 위의 사진에서 비롯됐다. 잠시 과거로 돌아가 위 사진에 얽힌 에피소드를 되짚어보자.

1976년에 바이킹이 화성에 착륙한 날에는, NASA의 관계자들뿐 아니라 과학에 관심이 있는 대중들까지 들떠있었다. 오래전부터 화성은 외계 문명이 존재할 가장 유력한 행성으로 지목되어왔기 때문이다.

따라서 대중들은 바이킹이 화성에서 문명의 흔적을 찾아낼 거라는 일말의 기대를 걸고 있었고, 이러한 기대감은 착륙 초기부터 작은 소동을 일으켰다. 바이킹 1호의 촬영 사진 중에 알파벳 대문자 'B'가 새겨진 돌이 발견되었기 때문이다. 하지만 정밀 분석 결과, 광선과 그림자의 조화임이 드러났다.

화성 표면의 사진은 착륙선만 촬영한 것이 아니라, 궤도선도 화성에 접근한 순간부터 계속해서 화성의 지표면을 촬영하여 지구로 전송해오고 있었다.

그런데 그 사진 중에 사람의 얼굴 모양을 닮은 암석 사진이 발견되었다. 처음에는 이 암석을 '문자 B'처럼 빛과 그림자의 조화로 판단했다. 그래서 이 사이도니아의 암석은 쓸쓸한 광야의 평범한 바위로 정의되었다.

하지만 몇 년 뒤에 고다드 우주 비행 센터(Goddard Space Flight Center)의 두 과학자 빈센트 디피에트로(Vincent Dipietro)와 그레고리 몰레나(Gregory Molenaar)가 6만여 장의 화성 표면 사진을 검색하던 중에 이 사진을 다시 주목했다. 그들은 이 사진을 3차원 영상으로 재구성한 다음, 디지털 영상 향상법으로 대칭적인 눈과 코, 그리고 입의 형태를 구체화해냈다. 하지만 NASA는 여전히 그들의 연구와 주장을 인정하지 않았다. 태양광선과 암석 그림자가 만들어낸 우연의 산물이라는 주장을 굽히지 않았다.

하지만 이 사진에 관한 연구는 계속되었다. 빈센트 디피에트로는 그의 또 다른 파트너 마크 J. 카를로토(Mark J. Carlotto)와 함께 더 진보된 기술을 도입하여 의혹을 더욱 부풀렸다. 그들은 암석의 더 상세한 구조를 파악하기 위해 음영을 여러 가지 색상으로 치환했다. 이런 방법을 쓰면, 명도의 차이가 채도의 차이로 드러나기 때문에, 더욱 세밀하게 음영의 변화를 포착할 수 있다.

이 방법을 통해 형상이 획기적으로 드러난 부위는 바로 눈이었다. 색상 치환 전에는 움푹 파인 것처럼 보였던 눈두덩이 중앙에 둥글게 돌출된 안구 형태가 존재한다는 사실이 드러났다. 과학자들의 도전은 여기서 끝나지 않았다. 카를로토는 1988년에 그간 급속도로 발전된 최신 광학 기법을 적용하여, 인면암에 대한 보다 정밀한 분석을 시도했다. 그 결과 놀라운 사실들이 밝혀졌다. 1988년 5월호 어플라이드 옵틱스(Applied Optics)지 표지를 장식한 그의 연구 결과는, 학계뿐 아니라 대중에게도 센세이션을 일으켰다. 카를로토는 '단일영상 음영 형상법(Single Image Shape-from-Shading Technique)'을 사용하여, 서로 다른 태양 빛 조사 조건에서 촬영된 두 프레임 사진으로 3차원적 구조를 재구성하여, 사진 속의 암석을 완벽한 3차원의 높낮이를 가진 얼굴 형태로 만들어냈다. 그는 이와 같은 실험 결과를 내세우며, 인면암이 결코 빛의 조화로 일시적으로 생긴 것이 아니라고 주장하자, NASA도 그의 주장을 더는 백안시할 수 없게 됐다.

다시 사이도니아 지역을 정밀하게 촬영하여 사실을 더 상세히 밝히도록 노력해야 했고, 그것으로도 논란이 해소되지 않으면, 사이도니아에 착륙선을 다시 보내는 수밖에 없었다. 그러지 않고서는 파문이 잠들 것 같지 않았다.

◈ 변해가는 지형

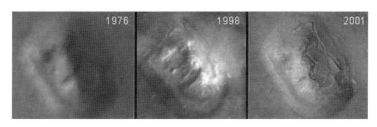

위에 NASA가 다시 공개한 자료들이 있다. 자연지형이 아니고 누군가 조각해놓은 작품이라면, 계절의 변화에 따라 지형이 이렇게 변할 수 없다. 이 증거들이 제시됨으로써 논란은 많이 수그러들었지만, 그렇다고 해서 파문이 완전히 잠든 것은 아니다.

논란은 아직 계속되고 있다. 음모론을 펼치는 세력 중 일부는 이 자료 자체를 신뢰하지 않고 있다. 그리고 일부는 이 자료에 담긴 또 다른 함의를 집중적으로 거론하고 있다.

대부분은 바위의 모양에 관심을 두고 있지만, 그 모양에 상관없이 간과해서는 안 될 중요한 의미가 있다. NASA가 공개한 고해상도의 사진들은 다음과 같은 사실을 명백히 보여준다. 우선, 이 지형이 한때는 섬이었다는 사실이다. 선명한 해안선을 볼 수 있고, 대양에 있는 섬 주변에 나타나는 방사형의 침니 양식도 볼 수 있다. 그 크기로 판단해보건대 이곳의 주변에는 아주 깊은 물이 존재했음을 알 수 있다. 그러니까 인면암은 화성에 풍부한 물이 있었다는 강력한 증거를 품고 있는 것이다.

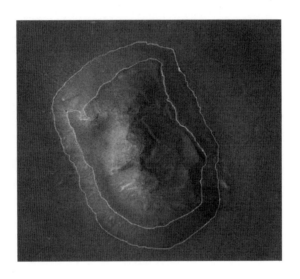

위 사진은 최근에 공개된 MGS MOC No. MOC2-283이다. 바이킹이 촬영한 인면암 사진이 잠재적인 외계인 유물로, 책과 타블로이드, 라디오 토크쇼, TV, 심지어 주요 영화를 통해 유명해지게 되면서, 새로운 고해상도 사진을 공개하는 것이, NASA의 중요한 목표가 될 수밖에 없는 상황에 이르자 마침내 공개한 사진으로, MGS가 24.8°로 이동하여 인면암으로부터 165km 떨어진 거리에서 촬영한 것이다. 이미지는 픽셀당 2m 정도의 해상도를 가진 것으로, 해안선, 대륙붕, 섬 주변에서 방사된 실트 미사의 모양까지 식별할 수 있다.

동시에 인면암이 누가 만든 거대한 석조물이 아니고, 계절 따라 모양이 변화는 섬 모양의 자연지형이 확실하다는 증거이기도 하기에, 이에 대한 더 이상의 논란은 의미가 없을 듯하다.

그렇더라도 사이도니아 지역 전체에 대한 논란은 또 다른 문제이다. 사이도니아에는 인면암 외에도 논란거리가 더 존재하고, 그에 대한 의문점은 여전히 해소되지 않았기 때문이다.

◈ D&M 피라미드

인면암 만큼이나 많은 관심을 받은 것이 D&M 피라미드이다. 인면암에서 남쪽으로 약 17km 정도 떨어진 거리에 있는데, 일반적인 피라미드와는 달리 오각형이다. 이 피라미드는 디피에트로와 몰레나에 의해 발견되었기 때문에, 두 사람 이름의 이니셜을 따서 D&M 피라미드라는 이름이 붙었다.

비록 풍화된 정도가 심해서 프랙탈 기법으로는 인공 구조물로 인정받지는 못했지만, 지질학자들이 그 기원에 대한 검사를 한 결과, 언젠가 있었던 화성의 물이나 흙바람에 의한 침전, 붕괴, 화산 폭발, 결정 성장 등에 의해 형성된 것은 아니라는 판정을 받았다. 정말 이상한 일이다. 인공적인 구조물이라는 증거는 없지만, 우리가 알고 있는 자연의 힘으로 형성된 것도 아니라는 얘기가 아닌가. 그렇다면 이 피라미드는 인공적인 구조물일 개연성이 더 높은 거 아닌가.

그럴 개연성을 염두에 둘 때, 가장 특이하게 보이는 점은 모서리의 방향이다. 이 피라미드의 한 모서리는 인면상 쪽을 향하고 있다. 그리고 그 선을 대칭축으로 해서 피라미드는 완벽한 선대칭을 이루고 있다.

D&M 피라미드가 북위 40.868도에 위치한다는 사실도 의미가 있어 보인다. 그 탄젠트 값 tan(40.868")=0.865=e/π이기 때문이다.

이렇게 기하학적으로 접근하는 이유는, 지적인 존재들은 구조물의 기하학적인 특징을 통해, 지적 수준이나 자신의 의사를 드러내려는 경향이 있기 때문이다.

그런 이유로 D&M 피라미드에 대해서도 다양한 기하학적 접근이 있었다. 그중에서 미국 국방지도제작국 에이전시의 지도제작 전문가이자 시스템 분석가인 토런(Erol O. Torun)의 분석이 가장 뛰어나다는 평가를 받고 있다.

그는 우선 지형학적 변화 과정이 이러한 지형을 만들 수 있는지와 관련하여 여러 요인을 검토했다. 제일 먼저 검토된 것은, 물에 의한 퇴적과 침식으로 지형이 이처럼 변화되었을 가능성이다. 하지만 물의 흐름에 의해, 오각형의 대칭 형태를 가진 지형이 만들어질 가능성이 희박할 뿐 아니라, 이 지역에 깊은 물이 흐른 흔적이 없기에 이 경우는 곧 배제됐다.

그다음은 바람에 의한 지형 변화를 고려했다. 지표수가 더는 존재하지 않고 화산 활동도 찾아볼 수 없는 현재의 화성에서는, 지형에 미치는 영향이 가장 큰 게 바람이라고 할 수 있고, 바람의 침식 지형인 야르당(Yardang)은 종종 매끈한 면을 가진 대칭 형태를 나타내기도 한다. 하지만 야르당은 주변 지역에 여러 개가 발생하며, 오각형의 대칭 형태를 가진 다면체를 형성한 경우는 발견하기 어렵다. 바람이 탁월풍이라고 해도, 주기적으로 방향을 바꿀 가능성은 거의 없고, 혹여 바뀐다면 이미 만들어진 모서리는 무뎌지게 될 것이다. 그다음의 고려 대상은 산사태인데, 단층이 다섯 차례의 산사태를 일으켜, 오각형의 대칭을 이루는 면을 가진 지형을 만들 가능성은 없다고 봐야 한다. 결국, 이런 여러 경우의 수를 따져 볼 때, 이 피라미드 지형은 자연이 만들었을 가능성은 거의 없다고 봐야 한다.

하지만 토런은 D&M 피라미드가 지적 존재가 디자인한 것으로 인정받으려면, 몇 가지 조건을 더 충족해야 한다고 생각했다. 중요한 방위나 의미 있는 천문 현상과 정렬 관계에 있는지, 주변의 일반적인 지질학적 성질과는 다른, 지형지물과 집단을 이루고 있는지, 그것의 기하학적인 특성들이 수학적으로 중요한 의미들을 표현하고 있는지 등을 따져 봐야 한다고 여겼다.

D&M 피라미드의 전면은 각각 60°를 이루는 세 모서리를 가지고 있다. 가운데 중심축은 인면암을 향하고 있고, 왼쪽의 모서리는 도시라고 이름 붙여진 지형을 향하고 있으며, 오른쪽의 모서리는 툴루즈로 알려진 돔형 구조물의 정점을 향하고 있기에, 인근의 다른 구조물들과 의미 있는 관계를 이루고 있는 것은 확인할 수 있다.

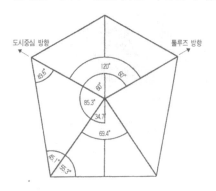

수학적인 특징을 확인하는 건 쉽지 않은 일이지만, 토런은 Radian으로 표시하여 관찰되는 모든 각도의 값, 수학적으로 의미 있는 숫자와 관련 있는 각도, 그리고 여기서 한 발 더 나아가 측정된 각도의 사인, 코사인, 탄젠트 값 등을 조사하며 어려움을 헤쳐 나갔다.

이를 통해 수학적으로 의미 있는 수치를 발견해낼 수 있었는데, 피라미드의 내각, 각의 비율, 삼각함수 가운데 20개가 2, 3, 5의 제곱근 및 수학 상수인 π와 ε(자연 대수의 밑)를 반복적으로 나타내고 있었다. 그중 자주 발견되는 값은 ε/π, $\varepsilon/\sqrt{5}$였다.

피라미드가 내포하고 있는 수학적인 특징들만큼이나 그 위치 또한 의미심장했다. 정점이 북위 40.868°에 위치하는데, 이 위도의 탄젠트 값은

0.865로 ε/π 값과 일치하며, 이 값은 피라미드의 내부에서 네 차례나 발견된다.

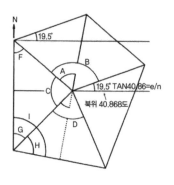

피라미드의 정점을 지나는 북위 40.86°와 관련하여 또 하나의 중요한 사실은, 이 위도선과 가장 가까운 피라미드의 능선이 19.5°를 이루고 있다는 것이다. 구 안에 4개의 꼭짓점이 내접하는 정사면체를 넣고 한 꼭짓점이 북극점이나 남극점에 닿도록 할 경우, 나머지 3개의

꼭짓점은 북위 혹은 남위 19.5°에 위치하게 되는데, 이 19.5°는 피라미드의 내부뿐만 아니라 사이도니아의 다른 지형들에도 자주 나타난다.

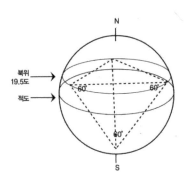

토런이 발견한 수학적 특징 및 피라미드의 위치와 관련된 수치들은, 그가 보수적인 태도로 자문했던 의문들을 대체로 충족하는 것 같다. 그렇다면 D&M 피라미드는 인공 구조물이라고 봐도 되는 것 아닌가.

◈ 피라미드와 방위 정렬

영상 분석 전문가 마크 J.카를로토(Mark J. Carlotto)는 컴퓨터 영상 향상법으로 사이도니아 지역의 피라미드 구조물들을 면밀히 조사한 후에, 그것들이 자연적으로 형성된 것이 아니라고 추정할 수 있는 단서를 찾아냈다고 주장했는데, 그 단서는 바로 피라미드들의 방위 정렬이었다. 지구 상의 많은 피라미드가 자오선 정렬의 특징을 가지고 있듯이, 화성 피라미드들도 이런 특성을 보여준다는 것이다. 그의 주장이 사실이라면, 지점 정렬의 중요성과 화성 피라미드가 지점 정렬을 이루고 있는지를 꼼꼼히 따져 봐야 한다.

화성에 존재하는 비슷한 배치의 구조물들은 대체로 정렬의 공식을 잘 지키면서 정렬의 중요성을 암시하고 있는 것 같다. 앞에서 예시한 피라미드 외에 다른 곳에 있는 피라미드들을 함께 살펴서 얻은 결론이다.

인면암 남서쪽에 있는, 바이킹 프레임 70A10에 존재하는, 그릇같이 생긴 지형 안의 피라미드 구조물을 보면, 방위 정렬이 잘 되어있다. 이것의 남쪽 면은 D&M 피라미드 남쪽 면이 그러하듯이 정확한 남쪽을 가리키고 있다.

다른 예는 이보다 더 서쪽에 있는데, 그곳에도 정확히 남쪽을 가리키는 면을 가진 피라미드가 있다. 그러니까 적어도 세 장소에는 자오선에 정렬된 피라미드가 존재하고 있는 거다. 이러한 사실이 우연일 수 있을까.

◈ 도시

디피에트로와 몰레나가 개발한 이미지 프로세싱 기법은 화성의 여러 지형을 분석하는 데 널리 사용되었는데, 특히 자연지형과 구조물을 구별하는 데는 아주 유용했다. 그중에서도 그 기능의 탁월함을 가장 널리 인정받은 때는, 화성에서 피라미드 집단을 찾아낸 순간이었던 것 같다.

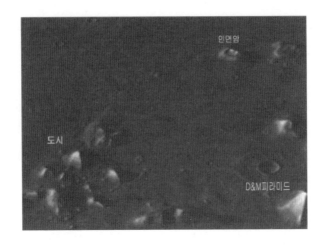

리처드 호글랜드는 그의 발견을 다시 검토하면서, 다각뿔 구조가 밀집된 지역과 인면암과 기하학적 관계를 표시하였다. 그리고 피라미드 집단 지역에 '도시'라는 이름을 붙였다.

이 도시에 있는 피라미드들은 직선 상에 있고, 그 직선은 인면암 쪽을 향하고 있다. 그리고 이 도시의 중심축이 인면암의 대칭축과 수직을 이루고 있다. 그러니까 인면암의 수직축과 90°를 이루는 수평선을 그으면, 그 선이 십자가 모양으로 배열된 작은 언덕들의 중심부에 연결되고, 그곳에 큰 피라미드 무리와 여러 개의 작은 둔덕들이 나타난다는 뜻이다.

이런 일이 우연히 이뤄질 가능성은 희박하기에, 이 도시 안의 피라미드들과 그 배열이 어떤 계획하에 조성된 것인지를 따지는 일에 많은 이들이 관심을 기울일 수밖에 없다.

그런데 이런 일을 할 때는, 정찰기 사진 판독에 사용되는 기준이 가장 먼저 적용되고, 여기에 최근에 각광받고 있는 프랙탈 기법을 가미한다.

프랙탈 이론에 의하면, 지형지물은 정확히 1차원, 2차원, 3차원 식으로 분류되는 것이 아니라, 그 중간의 1.5차원, 2.4차원, 2.8차원 등과 같이 세분할 수 있다. 예를 들어 원자 1개 정도의 두께로 얇게 증착된 원자 배열을 위에서 살펴보면, 원자 사이에 면이 아닌 공간이 있기에 정확히 2차원일 수 없다. 이를 프랙탈 이론으로 계산해보면, 1.5차원에서 2차원 사이의 어떤 값을 갖게 될 것이다. 이와 비슷한 방법이 매크로 지형지물에도 적용되며, 인공 구조물을 자연 속에서 찾을 때 유용하게 쓰인다.

이를테면, 숲 사이에 배치된 탱크를 항공 사진으로 찍어서, 여기에 프랙탈 기법을 적용하면, 주변의 자갈밭이나 숲은 대략 2.0에서 2.5 사이의 차원을 갖는 것이지만, 인공적으로 만든 탱크는 3.0에 가까운 값을 갖게 된다.

이와 같은 프랙탈 기법이 화성 도시를 분석하는 데도 적용되었는데 몇몇 다각뿔은 인공적인 3차원 구조물로 판명되었다. 그뿐만 아니라, 사이도니아 지역의 성곽이라고 알려진 구조물과 벽 역시 인공 구조물로 판명났다.

◆ 성곽

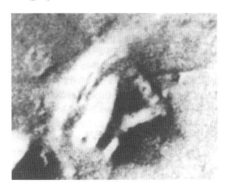

성곽이라고 명명된 구조물은, '도시'를 이루고 있는 다각형 구조물 중에서는 인면암 쪽에 가장 가깝다. 러시아의 아빈스키는 이 구조물도 피라미드 형태인 것으로 분류했으나, 나중에 디피에트로와 몰레나가 정밀 분석한 결과, 성을 둘러싼 벽에 가까운 형태인 것으로 파악되었다. 성곽이란 이름이 붙여진 것도 이 때문이다.

한편, 카를로토는 이 구조물의 이미지를 증강하여, 성벽이 삼각형을 이루며 배열되어있고, 일정 간격으로 성벽 위에 구멍이 뚫려있다는 사실을 찾아내었다.

앞에서도 밝힌 바 있지만, 이 성곽이 속해있는 '도시'라는 지역은 오각뿔 구조물을 중심으로 인면암과 기하학적 관계를 이루고 있다. 그리고 '톨루즈'라는 이름을 가진 돔 구조물과도 관계를 가지고 있다.

◆ 톨루즈

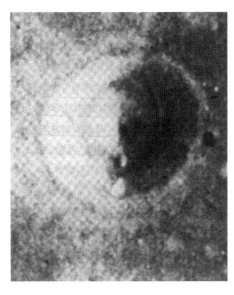

인공 구조물인가의 여부를 떠나서, 사이도니아 지역에 피라미드, 성곽, 인면암과 같은 지구 상에서도 발견할 수 있는, 여러 구조물이 모여있다는 사실은 세인들의 주목을 이끌기에 충분하다.

이 지역이 인공적으로 조성되었다고 주장하는 이들도 바로 이런 점을 강조한다. 인공적인 형태인 것처럼 보이는 것이 하나만 발견되는 것이 아니고, 어느 한 지역에서 집단적으로 발견된다면, 그것들이 우연히 작용한 자연 현상으로 만들어졌다거나 인간의 착시에서 비롯된 해프닝일 개연성은 거의 없다고 봐야 한다는 것이다.

이 사이도니아에 모여있는 구조물 중에 지구 상의 특이한 구조물과 흡사한 것이 있는데, 그건 바로 '톨루즈'로 이름 지어진 구조물이다. 영국의 선사시대에 만들어진 '실베리 힐'이라는 흙 언덕과 매우 흡사한데, 언덕을 휘감고 올라가는 듯한 홈, 주변을 둘러싸고 있는 도랑은 세부적인 모양까지 일치한다.

톨루즈의 기원은 아직도 안개에 묻혀있는데, 컴퓨터 지형 정보 분석가인 제임스 에자벡(James L. Erjavec)은 이것이 화산에 의해서 생겨난 것도 아니고, 운석의 충돌로 생겨난 것도 아니라고 단정한다. 주변의 언덕과 달리, 매우 균일하고 대칭적인 모습을 가지고 있기에, 결코 자연 구조물이라고 할 수 없다는 것이다.

◈ 절벽

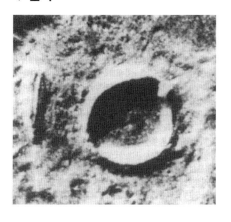

도시에서 인면상 쪽을 바라보면, 인면상 뒤쪽에 커다란 운석공이 존재한다. 그리고 이 운석공 앞쪽에 장벽처럼 쌓뛰어 올려진 구조물이 있다.

원래 운석공 주변에 둥근 벽이 만들어지고 흙 일부가 방사형으로 흩어지는 것은 아주 자연스러운 현상이다. 하지만 운석이 충돌할 때 튀어 오른 흙이 일정한 높이를 가진 직선형 장벽을 형성할 수는 없다. 그렇기에 이 장벽은 운석공이 만들어진 후에 누군가 주변 벽을 조성한 것으로 봐야 한다. 이런 추정을 하게 하는 이유는, 그 직선형 모양과 긴 길이가 결정적으로 작용하지만, 이 절벽의 길이 방향이 톨루즈를 가리키고 있다는 사실도 주목해야 한다.

대략 23km나 되는 이 벽은, 도시의 중심부에서 인면암의 입 부분을 지나 절벽의 중심부를 연결하면 놀랍게도 일직선이 되고, 이 직선은 정북을 가리키는 선과 19.5도를 이룬다.

또한, 절벽과 톨루즈를 잇는 선과 톨루즈와 D&M 피라미드를 잇는 선이 직각을 이루고 있다. 그래서 D&M 피라미드, 톨루즈, 절벽은 직각 삼각형을 이루게 된다. 정말 이런 구도가 우연히 만들어질 수 있을까.

◈ Citadel

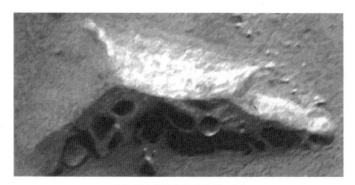

마스 오디세이가 촬영한 Citadel

D&M 피라미드로부터 동남쪽 500km 지점에 있는 기이한 모습의 구조물이다. 전체적인 모양은 자연지형의 일부 같은데, 사진에서 보는 바와 같이 여러 개의 이상한 동굴이 있다.

그리고 전면에는 작은 피라미드 형태의 구조물이 있고, 동굴로 들어가는 입구와의 사이에는 2개의 기둥이 세워져 있다. 일부 호사가들은 이 기둥들이 이집트의 오벨리스크와 유사한 석조물이라고 주장한다.

글로벌 서베이어가 고해상도로 이 구조물을 집중적으로 촬영해서 많은 자료를 확보했다고 하는데, 아직 대중에게 공개된 자료는 없다. 필자의 느낌으로는 자연지형을 잘 이용해서 건설한 집단 거주지 같다.

◆ 삼각형

아래 사진은 SP125803이다. 사이도니아 지역 일부를 촬영한 사진 중 하나이다. 평면적으로 보이지만, 프랙탈 기법을 적용해보면 고도가 불규칙한 지역임을 알 수 있다.

이미지를 자세히 보면, 가운데 지형은 모서리가 뚜렷하게 드러날 만큼 주변 지역과 구별되고, 그 모양도 정삼각형에 가까우며, 내부에 형언하기 힘든 무늬를 품고 있다. 특별한 구조물은 아니지만, 자연 상태에서는 삼각형 지형이 발견될 개연성이 거의 없어서 세인들의 주목을 받고 있다.

◆ H1216

다음의 이미지는 화성 궤도선이 사이도니아 지역을 촬영한 H1216 파일 일부이다. 이 사진은 특이한 모양의 바위들을 담고 있어 세인들의 주목을 받고 있다.

바위들이 금속 성분을 많이 품고 있어서 그런지 모두 금빛 광택을 내고 있다. 자연적으로 형성된 바위라는 주장이 유력하긴 하지만, 사진의 위쪽을 보면 정말 진기한 모양의 바위가 있다.

'사이도니아의 달리는 모양의 새 복합체'라고 이름 지어진 이 바위는 아주 오랫동안 인터넷 공간을 뜨겁게 달군 바 있고, 아직도 그 여진이 남아있다.

인공적인 조각물이라는 주장이 아직도 많이 있으니, 확대해서 구덩이 안에 있는 바위 모양을 주시해보자.

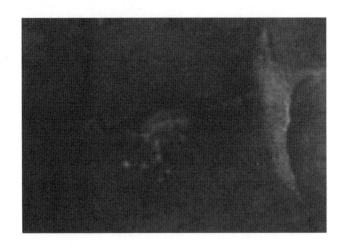

복잡한 모양의 암석들로 둘러싸여 있는 작은 협곡을 들여다보면 '복합체'가 드러난다. 그리고 조금씩 확대해가면 그 진귀한 모양이 더욱 시선을 사로잡는다. 언뜻 보기에 거대한 짐승이 옆으로 누워있는 듯한 모양이다. 그렇지만 주변의 바위들을 살펴보건대, 인위적으로 조성되었다고 보기에는 무리가 있어 보인다. 구덩이의 모서리가 예리하게 각이 서있고 그 안에 시선을 끌 만한 형상이 있어서 세인들이 관심을 기울인 것 같은데, 그럴 가치가 있을까 모르겠다.

사이도니아 지역 전체를 다 둘러보지는 못했지만, 화제의 대상이 되었던 곳은 대충 살펴본 것 같다. 이 지역은 확실히 신비로운 지역이다.

화성 탐사선 바이킹 1호가 촬영해 보내온 사진 중에, 인간의 얼굴 형상을 담은 사진이 한 장 발견되는 바람에, 인간들의 호기심이 극적으로 증폭되어, 사이도니아 지역 전체가 신비로운 곳으로 포장되었다는 주장도 있지만, 정말 그런지는 아직도 모르겠다.

주류학자들은 그런 주장을 하지만, 음모론자들은 인면암이 사실이 아니라는 이유로 사이도니아 전체가 매도당하고 있다고 주장하고 있다. 물론 그중에는 인면암에 아직도 집착하여 예전의 주장을 고수하는 이도 있다.

진실은 정말 모르겠다. 직접 가서 사이도니아 지역을 산책해보지 않는 한, 어느 게 진실인지 모르겠다.

제11장

파레이돌리아
(Pareidolia)

인간은 어떤 행동을 할 때 그것에 의미를 부여하려는 경향이 있는데, 이런 습성은 어떤 대상을 관찰할 때도 예외가 아니다. 특히 어떤 상태를 기대하고 있던 대상에 대해서는 이런 태도가 더욱 짙게 나타난다.

이런 습성이 있는 인간이기에, 바이킹이 화성에 착륙한 날에는 많은 이들이 들떠있었다. 화성은 오래전부터 공상과학 소설과 영화를 통해, 고등 생명체는 물론이고 그들이 건설한 문명이 존재할 유력한 행성으로 주목받아왔기 때문이다.

따라서 화성 탐사 참여자들은 기대했던 만큼의 수준은 아니더라도, 그곳에서 어떤 문명 일부를 찾아낼 것으로 굳게 믿었다. 그리고 그러한 기대감은 거의 적중하는 듯했다. 크리세 평원에 착륙한 바이킹 1호가 보내온 사진 중에서 알파벳 대문자 'B'가 새겨진 암석이 들어있는 사진을 발견했기 때문이다. 인간들은 바이킹의 시선에 더욱 몰입했다. 조금만 더 둘러보면 거대한 건물이 나타나고, 지평선 너머에서 화성인들이 지구에서 온 바이킹을 향해 달려올 거로 기대했다.

그러나 그런 기대는 금방 무너졌다. 암석의 알파벳은 빛과 그림자의 조화에서 비롯된 착시라는 사실이 곧 밝혀졌고, 아무리 둘러봐도 건물은 보이지 않았으며, 한참을 기다려도 화성인들은 나타나지 않았다. 모든 게 꿈이었던가. 이젠 모든 꿈을 접어야 하나.

하지만 지구인은 한동안 주춤거리긴 했으나, 화성에 대한 기대를 접지 않고 탐사를 지속했고, 의지 여부와 상관없이 화성에 관한 놀라운 정보들을 얻게 되었다.

모두가 인정하는, 한때 화성에 공기와 물이 풍성했었다는 증거를 찾아냈고, 아직 논란이 많지만, 현재에도 액체 물이 존재하며, 생명체도 존재한다는 증거도 찾아냈다. 그리고 마침내는 과거에 찬란했던 문명이 있었다는 흔적은 물론이고, 현재에도 문명이 존재한다는 실루엣도 찾아냈다.

앞 장들에서는 이런 증거들을 제시했다. 하지만 이 장에서는 조금 다른 시각으로 조명한 자료들을 나열해볼까 한다. 그러니까 화성에 대한 인간의 애정이라고 할까, 집착이고 할까, 화성의 지형지물에서 지구의 문물이나 지구인을 닮은 모습을 찾으려는, 인간의 습관에 대해서 살펴볼 것이다.

대상이 가진 합리적인 증거력보다는, 그에 대한 인간의 애정 어린 시각을 중심으로 지형지물을 살필 거지만, 그렇다고 해서 증거력이 전혀 없는 자료를 모아놓은 것은 아니기에, 독자들은 날카로운 시각을 여전히 유지해주었으면 한다.

우선 지구인의 모습이 새겨졌거나 새겨졌다고 믿고 싶은, 거대한 지형부터 살펴보자. 물론 이런 지형에는 자연의 힘이 우연히 개입되어 만들어진 것도 있고, 인위적인 요소들이 개입된 흔적이 엿보이는 것도 있다.

◈ Happy Face

다음 페이지에 나오는 사진은 '행복한 얼굴'이라는 이름이 붙여진 크레이터이다. MSS 맵핑 미션이 시작될 무렵에, 그 중추 역할을 한 MGS(Mars Global Surveyor: 화성 전역 조사선)에게 가장 먼저 인사를 건네온 크레이터이기도 하다.

사진 번호는 MOC 2-89이다. NASA에서 대중에게 이 사진을 공개한 것이 1999년 11월이니까, 이미 세상에 널리 알려져 있을 것이다.

◆ 리비아 몬테스 계곡의 얼굴상

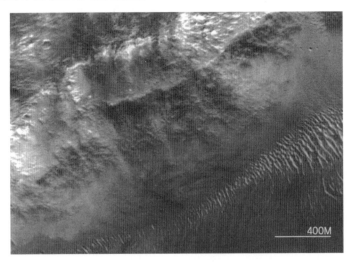

이 이미지는 275.5°W, 2.6°N 지역을 촬영한 M02-03051 스트립에서
발췌한 것이다. 2000년 5월 22일에 MSSS에 의해 공개됐는데, 적도 근처

의 리비아 몬테스 계곡의 표면에 사람 얼굴처럼 생긴 이미지가 담겨있다.

이 사진이 공개된 직후부터, 모두가 예상했던 대로 두 견해가 팽팽하게 대립 되었다. 자연지형이라고 주장하는 이들은, 이 형상이 단층들과 절벽이 우연히 결합되어 만들어졌을 뿐인데, 사람들 사이에 변상증(Pareidolia)이 유발되고 있다고 주장했다. 그들은 '왕관'이라 불리는 부분의 상단은 길게 늘어선 돌출 지형에 불과하고, 왕관의 아랫부분과 눈처럼 보이는 지형 역시 거친 경사지일 뿐이라고 했다.

그렇지만 이와 대립되는 측에서는, 누군가 자연지형을 베이스로 삼아서 얼굴의 형상을 만들어놓은 거라고 주장했다. 매번 그랬듯이 이번에도 한동안 대립하다가 잊힐 소재라고 여겼는데, 뜻밖에 주류 과학자 중의 일부가 이것에 인공적인 손길이 느껴진다는 의견을 내놓는 바람에 논란이 길게 늘어졌다.

이 이미지를 가장 먼저 발견한 그레그 오엄은 자연지형을 베이스로 삼은 것은 사실이나, 왕관을 만들고 있는 융기선이 좌우로 단절되어있고, 코를 형성하는 돌출 부분이 자연적으로 형성되었다고 보기에는 어려우며, 입술의 형태 역시 디자인한 흔적이 남아있다고 주장했다. 그러자 2001년에 이 사진을 언론에 공개했던 과학자 중 한 명인 톰 플랜던도 이에 동조했다.

그렇다면 이 지형이 정말 인공적인 힘이 가해진 거대한 소조 작품일까. 이 지형이 얼굴로 인식되는 요소는 크게 네 가지이다. 첫째는 왼쪽 볼과 턱을 표현하는 선이다. 이 부분은 주변 지형과 부드럽게 분리되고 있는데, 여기에는 누군가 암벽을 입체적으로 깎은 손길이 느껴진다. 둘째는 코 부분인데, 미간에서 코끝까지의 경사면이 부드럽고도 강렬하게 돌출되어있고, 2개의 콧구멍도 확실히 드러나있다. 셋째는 확실하게 다듬어진 미간과 눈두덩 부분이다. 이곳이 확실히 정리되어있어서, 세부적인 눈

동자가 그려져 있지 않음에도, 보는 이가 눈 부분을 확실히 구분할 수 있다. 넷째는 입술 형태이다. 인중이 말끔히 드러나있지 않지만, 입술의 형태가 잘 갖추어져 있고 윗입술과 아랫입술이 함께 표현되어있다.

그렇다면 이 얼굴상이 순수한 자연지형이 아니고, 누군가 예술성을 발휘하여 만든 작품이 맞는 걸까. 정말 궁금하다. 하지만 이에 동의하는 쪽이든 반대하는 쪽이든, 그 주장의 증거를 충분히 제시할 수 없는 게 현실이다. 한편, 이 지형을 '왕의 얼굴 (King Face)'이라고 부르는 이들이 많은데, 이는 머리 위쪽에 직선의 융기를 왕관의 상단으로 보는 이가 많다는 뜻이다.

◈ 네페르티티(Nefertiti)

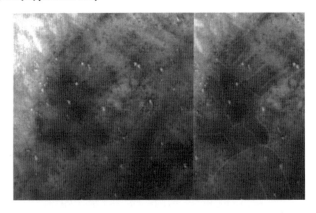

이 이미지는 108.12°W, 14.05°N 지역을 촬영한 MSS MOC narrow-angle image MO3-05549의 일부이다. 그라타스와 시리아 접경의 저지대가 담겨있는데, 이곳에는 넓은 암석에 새겨진 흥미로운 조각품이 있다.

한눈에 봐도 얼굴상인데, 얼굴의 각 부위와 머리 장식이 선명하게 묘사되어있다. 그 크기를 계산해보면, 눈의 길이는 140m, 코의 끝에서 뒷머리까지는 780m, 머리 장식의 길이는 1,300m이다.

그런데 이것이 누군가의 조각품일까, 아니면 사이도니아의 인면암처럼 빛과 그림자의 조화에서 비롯된 착시일까. 학자들 대부분은 착시라고 단언하지만, 그렇게 치부하기에는 곤란한 면이 분명히 있다.

이 형상은 지형의 요철로 나타나있는 게 아니라 지면의 색조 차이로 표현되어있다. 그러니까 착시일 수는 있을지 모르지만, 유사한 다른 형상처럼 빛과 그림자의 조화에서 비롯된 착시일 가능성은 없다고 봐야 한다. 그래서 지면 위에 물감으로 그려놓은 형태와 유사하기에 평면예술의 일종이라고 주장하는 이들도 있다.

네페르티티

어떤 이는 이 지역에 나타나있는 여성의 모습이 고대 이집트의 네페르티티 왕비를 연상시킨다고 하는데, 사이도니아 지역의 문명과 고대 이집트 문명의 연관성을 주장하는 연구가들에게 많은 지지를 받고 있다.

전반적인 프로필 모양과 머리 장식의 형태가 네페르티티를 닮은 것은 사실이지만, 이런 점을 근거로 사이도니아와 이집트가 유사 문명을 가지고 있었을 거라고 주장해서는 안 될 것이다.

물론 이 여성의 얼굴 형상이 지표면의 색조의 차이가 빚어낸 착시 현상에 불과하다고 덮어버려서도 안 된다. 페루의 나스카 라인(Nazca Lines)처럼 고공에서만 볼 수 있게 그려놓은, 거대한 지면 예술일지도 모르기 때문이다. 어쨌든 예리한 코의 끝과 눈동자의 세부적 묘사까지 느껴지는 이 그림이 화성에 사는 지적 존재가 그려놓은 것이라면, 그들의 미적 감각이 지구에 사는 우리와 크게 다르지 않을 거라는 생각이 든다.

◈ 마하트마 간디

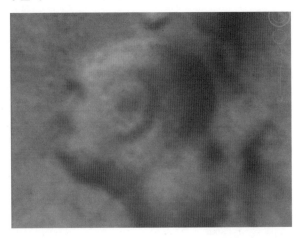

　이 이미지는 이탈리아 학자가 구글 화성 지도에서 처음으로 찾아낸 것
이다. 누군가 조각한 얼굴이라고 해도 억지가 아니라고 할 만큼 사람의
프로필을 많이 닮았다. 민머리에 콧수염이 났고 귀가 큰데, 이런 특징 때
문에 어떤 네티즌들은 마하트마 간디를 닮았다고 말하고 있다.

◈ 펜타곤과 얼굴

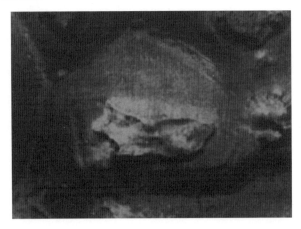

이 사진은 2004년 1월 14일에 ESA의 화성 탐사선에 의해 촬영된 것이다. 중심 위치는 10°N 323°E이다.

오각형 지형 안에 있는 사람 얼굴 모습의 바위가 있다. 인공 구조물이라고 주장하기에는 근거가 박약하지만, 사람 얼굴과 많이 닮은 것은 부정할 수 없다.

◈ 사탄의 인형

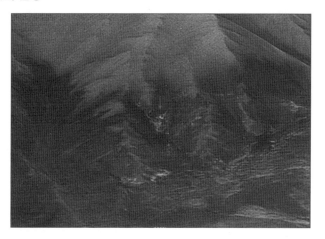

사탄의 인형

이 이미지는 ESA의 화성 탐사선이 Melas Chasma 지역에서 찾아낸 것이다. Melas Chasma는 행성의 남쪽 중앙 부분에 있는 저지대지만, 워낙 넓어서 충분한 햇빛을 받고 있는 지역이다. Melas Chasma의 가장자리에 위와 같은 지형이 보인다. 악마의 마스크 혹은 사탄의 인형이라고 불린다.

컬러 이미지를 보면, 눈 부분에 해당하는 곳은 상당히 붉고, 이마 부분은 짙은 녹색을 띠고 있어서 정말 사탄처럼 보이는데, ESA 측에 의하면,

어떤 형태의 조작도 가하지 않았다고 한다. 그렇다면 적어도 녹색 부분은 식물 유형의 생명체가 자라고 있는 것으로 판독해야 하지 않을까 싶다.

현재 ESA Multimedia 갤러리에 게시되어있는 아래 이미지는 위의 것과 약간 다른 각도에서 조망한 것인데, 위의 이미지와 별 차이가 없는 것 같다.

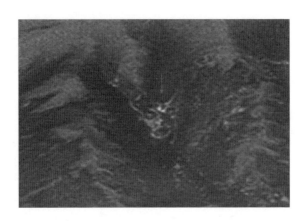

그런데 공개된 이 이미지에 조작이 전혀 없었다는 ESA의 주장에 대해서는 의구심이 생긴다. 이미지가 변조된 흔적이 어렴풋이 보이기 때문이다. 상층 고원에서 저지대로 내려오는 경계에 있는 융기 부분에 블러 처리가 된 흔적이 분명히 느껴진다. 아마 어떤 구조물을 감추거나 강력한 숲의 증거 같은 것을 흩트리기 위해 이런 조작을 한 것 같다.

◆ 돔과 외계인

Spirit이 보내온 사진 중에는 로봇인지 생명체인지 알 수 없는 존재가 서있는 모습이 담긴 사진이 있다. 왼쪽 사진은 아래 사진을 부분적으로 확대한

것이다.

　이 사진이 주변의 전경을 함께 촬영한 것이다. 가운데 부분을 보면, 크기는 작으나 독립된 돔이 보인다. 한편, 이 물체가 서있는 작은 돔은 지하로 들어가는 출입구 같다는 생각이 든다.

◆ 곰 혹은 설치류

앞의 이미지가 공개되자 UFO 사이팅스 데일리의 편집자인 워닝은 "NASA가 사진을 흑백으로 만들 만한 이유가 있다. 확실한 컬러를 가진 살아있는 동물을 감추기 위해서다. 이 동물의 몸 근처 그림자를 보면 진짜 털이 보인다. 이는 이것이 암석이 아니라 살아있는 동물이라는 증거이다"라고 말했다.

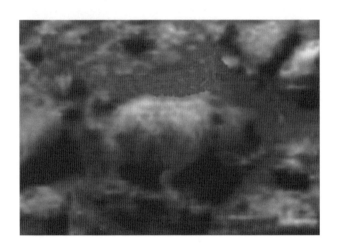

그러자 패러노멀 크루서블은 "발견된 것은 작은 곰이라기보다는 잡종 쥐일 가능성이 크다. 게일 크레이터 근처에서 발견된 이것은 작은 포유류 형태의 동물인 것으로 보인다. 북아프리카의 설치류인 건디(Gundi)나 북미의 잡종 설치류인 프레이리독(Prairie dog)의 일종으로 보인다"고 맞장구를 쳤고, 이에 고무된 워닝은 사진을 당시의 유엔사무총장인 반기문에게 보낼 계획이라고 말했다.

그리고 얼마 후 인터뷰에서 "때때로 나는 이 같은 놀라운 발견에 대해 경고해왔다. 하지만 아직까지 답신을 딱 한 번 받았을 뿐이다. 반 총장은 내게 그걸 자신의 @SecGen 계정이 아닌 @UN 계정의 이메일로 보내라고 했다"고 주장했다. 그러면서 자신의 사이트를 찾는 독자들에게 자신을 도와 유엔이 진실의 눈을 열 수 있도록 도와달라고 요청했다.

그런데 정말 진실은 무엇일까. 사진 속의 물체가 생물이 맞긴 한 것일까.

◈ 또 다른 설치류

Curiosity가 Sol 52에 Mast Cam으로 촬영한 사진이다. 얼핏 보면 화성에서 흔히 볼 수 있는 지형이다. 오래전에 강한 물길이 지나가면서 땅을 파헤쳐 놓은 듯한 모습이기에, 이 지역에서 특별하거나 생동감 있는 어떤 존재를 발견하기는 어려울 것 같다. 오랫동안 잠들어있는, 그 흔한 화성의 먼지 악마도 찾아오지 않은, 그런 지역 같다.

하지만 Curiosity 탐사선이 권하는 대로 호기심을 가지고 찬찬히 살펴보면 뭔가 보이기 시작한다. 정말 신비하게도 우리의 눈에 익은 친밀한 존재가 보인다. 사실 이 존재를 발견한 것은 전문가가 아니다. 아주 평범한 시민들이 먼저 발견해냈다. 물론 그들은 우주와 화성에 대해서 많은

관심을 지니고 있었을 것이다. 그들이 발견해낸 것은 생명체다. 그것도 고등동물이라고 할 수 있는 포유류이다.

타원 표시를 한 부분을 보면, 포유류나 설치류처럼 보이는 생물이 엎드려있는 모습이 보인다. 주변 환경이 워낙 삭막해서 털가죽을 가진 생물과는 어울리지 않고, 외형이 주변의 암석이나 토양의 색깔과 유사해서 단순한 착시 현상으로 치부하기 쉽다. 하지만 그건 지구의 환경을 중심으로 생각하는 습성이 몸에 배어있는 탓이다. 물체를 확대해서 살펴보면, 바위에서는 도저히 느낄 수 없는 질감이 느껴진다.

◈ 블루베리와 달팽이

이 사진은 Opportunity가 Sol 037에 Panoramic Camera로 촬영한 것이다. 블루베리가 널려있는 지역을 촬영한 것인데, 왼쪽 중간 부분에 역동적인 포즈를 취하고 있는 물체가 보인다.

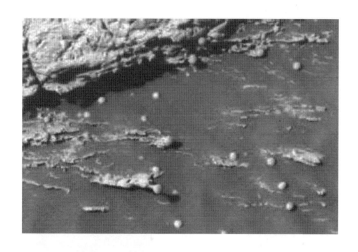

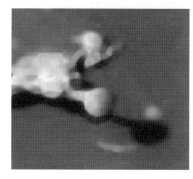

특이한 모양의 촉수를 가진, 달팽이와 유사한 생물 같은 게 보인다.

확대해서 살펴보면, 살아있는 생물이기보다는 강을 건너다가 죽은 그것의 화석 같다.

그리고 시야를 조금 더 확장해보면, 주변에 촉수 끝부분과 유사한 모양을 가진 블루베리가 널려있는 것으로 보아, 생물 화석이라기보다는 촉수 모양의 돌출부가 있는, 특이한 암석일 가능성도 배제할 수 없다.

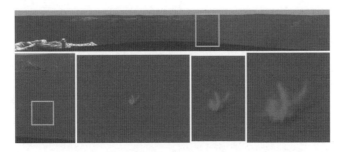

Opportunity의 파노라마 카메라가 Sol 002에 착륙지점 근처에서 이상한 물체를 발견했다.

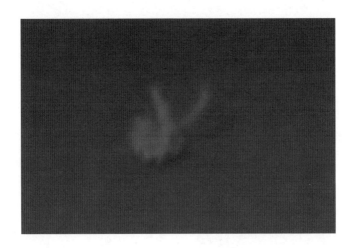

화성의 토끼

'화성의 토끼'라고 불리는 이 물체는 Opportunity가 활동을 시작한 지 이틀째 되는 날에 갑자기 모습을 드러냈다. 물체 아래 드리워진 그림자를 보건대, 몸체 일부가 지면에서 떨어져 있는 게 확실하고 주변과는 색깔이나 질감도 다르기에, 독립된 개체임은 한눈에 알아볼 수 있다. 주변에 흥미롭게 생긴 암석들이 없지는 않았지만,

Opportunity가 보내온 첫 번째 파노라마 사진의 주인공은 이 작은 물체가 되었다. 이에 대한 대중의 관심 또한 지대해서, Opportunity의 탐사 작업을 진행하는 NASA의 관련 팀에, 이것의 정체를 문의하는 메일이 연일 쇄도했다.

화성 연구가들 사이에서도 이 물체의 정체에 관한 토론이 활발하게 진행되어, 화성에 존재하는 독특한 생물체이거나 그 잔해일 거라는 견해와 Opportunity의 에어백에서 떨어져 나온 수지 조각 일부분일 거라는 견해가 대립을 이루었다.

NASA의 과학자들은 에어백 일부일 거라는 주장에 동조했는데, 이 물체가 노란색을 띠고 있다는 점을 강력한 근거로 내세웠다. 하지만 대중들은 그 모습이 너무 기이하다는 이유로 이 의견에 회의적인 반응을 보였다.

그러던 와중에 뜻밖의 사건이 발생했다. 며칠 뒤에 같은 장소를 촬영한 사진에 그 물체가 사라진 정경이 찍힌 것이다. 그러자 생물체의 일종일 것이라던 이들은, 물체가 스스로 움직여 어디론가 가버렸다고 소리를 높였고, 그중에 어떤 이는 외계 생명체의 발견 사실을 감추려는 NASA가 탐사로봇을 이용하여 제거했을지 모른다는 음모론을 펼치기도 했다.

NASA의 과학자들은 물체가 스스로 이동한 게 아니고, 바람에 날려갔을 거라고 했지만, 대중들은 이런 의견을 인정하려 들지 않았다.

그 후 시간이 흐르면서 이에 관한 논란도 점차 잦아들었지만, 화성의 생명체 존재에 관한 논란이 일어날 때면, 이 물체에 관한 얘기도 자연스럽게 되살아나곤 한다.

◈ Happy Valentine's Day

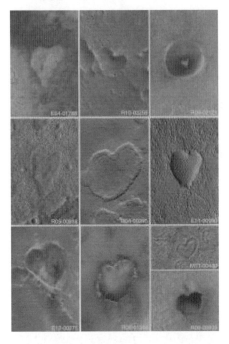

MGS와 MOC 팀에서 촬영한 하트 모양 지형을 모아놓은 컬렉션이다. 이 컬렉션은 마치 밸런타인데이에 선물을 하듯이 2004년 2월 14일에 공개되어, 온 지구인에게 화성에 대한 친근감을 증폭시켜놓았다. 지금부터 하나씩 관찰해보면서, 혹여 이들 지형 중에 인위적으로 만들어진 것이 없는지도 함께 확인해보자.

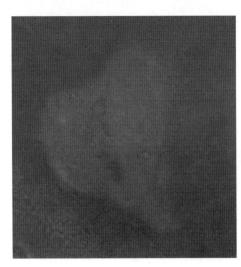

왼쪽 이미지는 E04-017 88.gif 파일에서 발췌한 것이다. 이미지 안의 하트는 46.7°N, 29.0°W에 있는 암석 대지 내부에 있고, 폭은 636m 정도이다. 가장자리가 매끄럽지 못한 것이 다소 아쉽지만, 모양은 아주 예쁘다.

R10-03259.gif 파일에서 발췌한 이미지이다. 이 안에 있는 하트는 22.7°N, 56.6°W에 있는 함몰 지형으로, 폭이 378m 정도 된다. 다른 하트와는 달리 크레이터처럼 함몰되어있어, 찾기가 쉽지 않다.

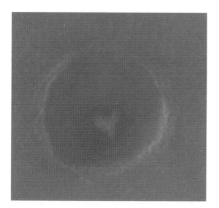

R09-02121.gif 파일에서 발췌한 이미지이다. 이 안에 있는 하트는 37.2°S, 324.7°W에 있다. 분화구 바닥에 있는 암석 대지이며 폭은 120m이다. 암석 대지 모양 자체가 하트 모양인데 이런 경우는 정말 흔하지 않다.

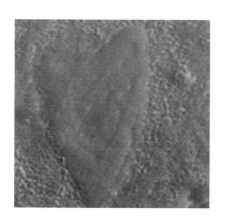

R09-00918.gif 파일에서 발췌한 이미지이다. 이 안에 있는 하트는 35.8°N, 220.5°W에 있는 침강 지역 안에 있다. 이 지형은 그 침강 지역에서 낮은 언덕처럼 돌출된 형태로 존재하고 있다.

R04-00395.gif 파일에서 발췌한 이미지이다. 57.5°N, 135.0°W 근처에 있다. 낮은 암석 대지에 침강된 형태로 존재하며, 폭은 1km 정도 된다. 이미지와 땅의 질감이 꽃 침대처럼 아늑하다.

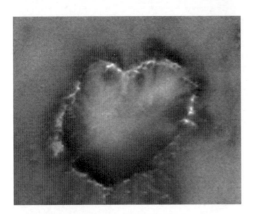

R06-01364.gif에서 발췌한 이미지이다. 이 안에 있는 하트는 8.4°S, 345.7°W 근처에 있다. 침강 지형이고 폭은 502m 정도 된다. 지표면이 너무 매끄러워 눈이 부실 정도이다.

이 분화구는 '불타는 마음'을 표현해주듯이 심장의 로브에 광선이 눈부시게 빛나고 있다. E11-00090.gif 파일 안에 있는 이 하트 모양은 0.2°N, 119.3°W 근처에 있다. 침강 지형이며 폭이 485m 정도 된다.

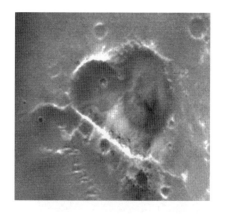

E12-00275.gif 파일에서 발췌한 이미지이다. 이 안에 있는 하트는 32.7°S, 139.3°W 근처에 있다. 침강 지역에 있으며 폭이 512m 정도 되는데, 하트 모양 자체는 이 지역에 크레이터로 존재하고 있다.

이 지역은 페루의 나스카 지역을 연상하게 할 정도로, 지면의 그림이 나스카 라인과 아주 유사하다. M11-00480.gif 파일에 있는 이 하트의 좌표는 1.9°N, 186.8°W이고, 폭은 153m 정도 된다.

◈ 도형들이 모여있는 암석 대지

아래 이미지는 경도 70.10°W, 위도 -6.00°S 지역을 촬영한 MOC E04-01514 스트립에서 발췌한 것이다. 동쪽 캔더 차스마(East Candor Chasma) 바닥의 정경인데, 깊은 골짜기 안쪽에 있어서 찾기가 쉽지 않다.

평원에 아름답게 잘 정리된 모양의 지형이 조각한 듯 배열되어있고, 밝은색 능선 라인이 지형을 구분하듯 그려져 있어, 누군가 지역 전체를 설계한 느낌이 든다.

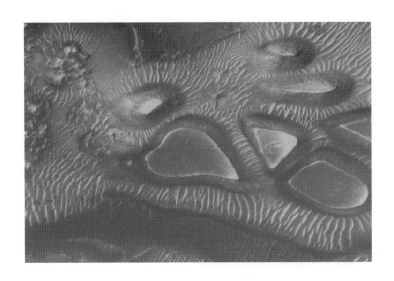

◈ 부처

Curiosity가 촬영한 MSL 571 Mast Cam 파일 일부이다. 낮은 언덕의 능선에 석상의 머리 같은 것이 보인다. 불교의 우상인 부처의 모습과 유사하다.

◆ 주거 시설

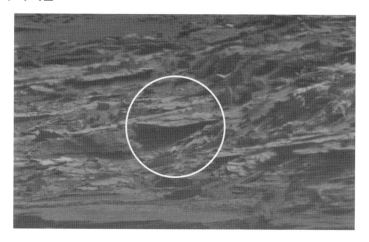

Curiosity가 촬영한 MSL 993 MR 파일 일부를 발췌한 것이다. 돌산 등성이에 캐노피 같은 것이 보인다.

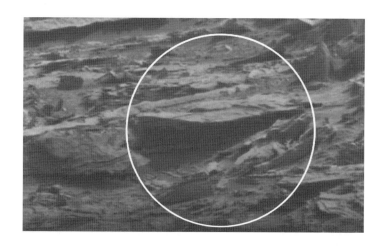

새로운 건축 재료를 사용한 것은 아니고 자연지형을 깎고 다듬어서 만든 캐노피로 보인다. 안쪽에 긴 시설물들이 보이는데, 이것은 산속으로 이어져 있는 것 같다.

◈ 동물의 두개골

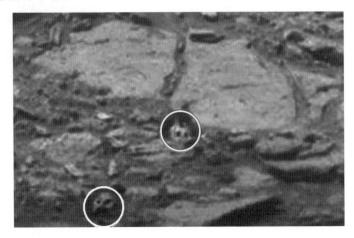

바위 조각들이 널려있는 산자락에 동물의 두개골 같은 물체가 보인다.

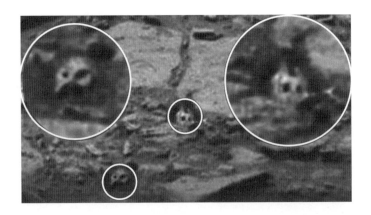

하악골 부분은 떨어져 나갔거나 땅에 묻혀있어서 보이지 않지만, 두개
골의 전체적인 모습은 갖추고 있고 코뼈 부분을 중심으로 좌우 대칭도 비
교적 잘 맞는 편이며, 특히 안와골 부분의 음영은 아주 뚜렷하게 보인다.

◈ 털복숭이

MSL 1429 M-100 파일 일부이다. 산 중턱의 바위 뒤에서 누군가 Curiosity를 응시하고 있다.

확대해보니, 동물처럼 보이는 물체가 드러난다. 커다란 코와 입을 가지고 있는 듯 안면의 음영이 뚜렷하다. 몸 전체는 진한 갈색 털로 뒤덮여있는데, 털은 길고 바람에 날리고 있는 것처럼 생동감 있으며, 동물의 모습 또한 그러하다.

◈ 오리

MSL 1441 M100 SE 파일 일부이다. 작은 바위 위에 아주 낯익은 동물의 모습이 보인다.

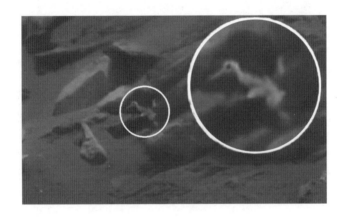

그야말로 착시일 가능성이 크겠지만, 너무 선명하게 보여서 소개하지 않을 수 없다. 지구에서 흔히 볼 수 있는 하얀 오리처럼 생긴 동물이 바위 위에 불안하게 앉아있다.

◆ 비행기 잔해

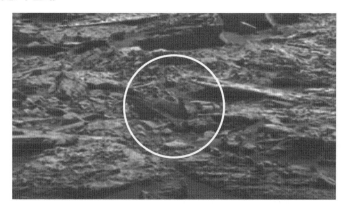

Curiosity가 촬영한 MSL 1470 M10 S PDS 파일 일부이다. 돌산 자락
에 부서진 금속 구조물이 보인다.

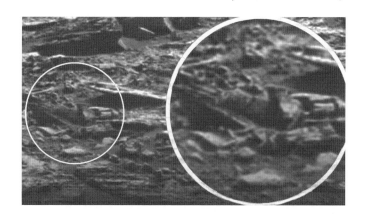

가운데 조종석 같은 구조가 보이고 왼쪽 부분이 비스듬히 잘려나간 것
같다. 전체적인 구조는 이동하기에 적합한 형태였을 것으로 추정된다. 비
행기나 자동차 같은 이동체였을 것으로 보이는데, 언뜻 돔 같은 구조가
보이는 듯해서 자동차보다는 비행기의 잔해인 것으로 여겨진다.

◆ 파충류 유골

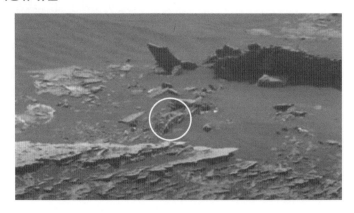

　MSL 1662 M-34 SE-S 파일 일부이다. 모래로 덮인 황야에 악어같이 생긴 물체가 보인다.

　확대해보니, 죽은 지 오래된, 긴 척추를 가진 파충류의 유골처럼 보인다. 머리 부분이 바위 밑에 묻혀있어서 동물 유골이라고 확신하기 모호한 상태이지만, 적어도 바위 일부가 드러난 형태는 아닌 게 확실하다. 그렇다고 나무나 금속으로 만든 공작물로 보이지도 않는다.

◈ 키메라

　　MSL 2041ML W 파일 일부이다. 크고 작은 돌이 널려있는 언덕 자락에 사자 같은 동물이 앉아있는 게 보인다.

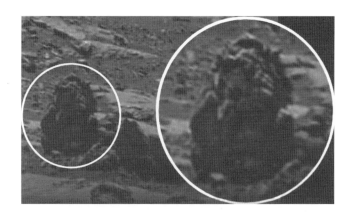

　　전체적인 모양은 자연물이 아니고 포유류를 닮은 동물인 것 같은데, 현재 살아있는 상태는 아닌 것 같다. 전신이 털로 덮여있지만, 얼굴 부분은 말끔하고 코 부분은 독수리 부리처럼 튀어나와 있다. 살아있을 때도 모습이 아주 기괴했을 것 같다.

◆ 무너진 집

　MSL 2595 MR 파일 일부이다. 돌 조각 사이에 앙상한 나무가 보이고, 지평선 근처에 이상하게 생긴 구조물이 보인다.

　착각이겠지만, 땅이 갈라진 틈을 잘못 본 게 아니고 나뭇가지가 맞는 것 같고, 구조물로 보였던 물체도 바위가 아니고 무너진 집처럼 보인다. 주저앉은 지 오래됐으나 지붕 선이 살아있다.

◈ 조각 작품

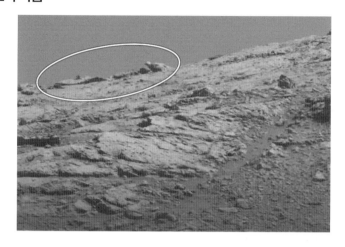

MSL 2606 M100 파일 일부이다. 언덕의 능선에 오픈카처럼 생긴 물체
가 보인다.

재질이 암석인 것으로 보아, 오픈카나 비행선 모양의 조각품으로 보인
다. 그 뒤에도 여러 조각품이 있는데 다른 것은 식별하지 못하겠고 맨 뒤
에 새 모양 조각이 있다는 것은 알 수 있다.

◆ 유인원

  MSL 2620 MR 파일 일부이다. 능선 위에 비스듬히 대공포 같은 물체가 있고 그 위를 누군가 기어오르고 있다.

  누군가 긴 구조물 위에 붙어있는데 사지가 뚜렷이 보인다. 팔이 길고 튼튼해 보이는 게 일반적인 포유류가 아니고 고릴라 같은 영장류로 보인다. 저곳에 왜 붙어있는지 모르지만, 허공에 있는 적을 향해 발포할 것 같은 긴장감이 느껴진다. 아주 진지하게 허공을 노려보고 있는 것 같다.

◆ 스핑크스

이 이미지 역시 MSL 2620 MR 파일 일부이다. 경사면에 세워진 토대 위에서 네발 달린 동물이 먼 하늘을 바라보고 있다.

몸통은 네발 달린 동물이고 머리는 사람일 뿐 아니라, 전체적인 포즈도 이집트에 있는 스핑크스를 많이 닮았다. 상세한 모습이 잘 보이지는 않지만, 자연 암석이 아닌 것은 분명하며, 인공적인 힘이 가해진 조각물로 보인다. 조각물 아래 토대 역시 인공적으로 조성된 것으로 보인다.

MSL 2635 MR 파일 일부이다. 산 그늘에서 누군가 머리를 내밀고 Curiosity를 바라보고 있다.

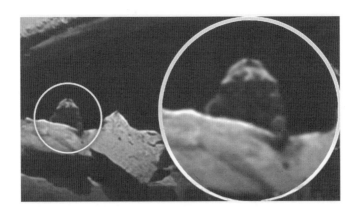

착시일 거라고 의심하며 이미지를 확대해보니, 두 눈이 보이고, 몸을 지지하기 위해서 바위를 잡고 있는 손도 보인다. 야행성인지 눈에 반사판이 있는 것 같고 손은 갈고리처럼 생겼다. 몸에 털이 없고 파충류처럼 비늘이 덮여있는 것 같다. 파충류가 아닐지는 모르지만, 자연 암석이 아닌 것은 확실하다.

◈ 거북이 화석

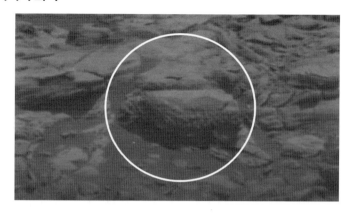

MSL 2700 MR 파일 일부이다. 낮은 언덕 자락에 큰 잎을 가진 동물의 머리가 보인다.

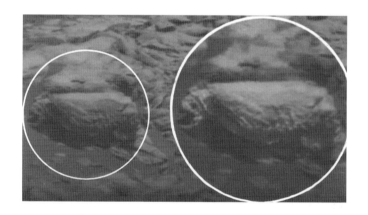

살아있는 상태가 아닌 건 확실한데, 일반적인 자연 암석이 아닌 것도 확실하다. 머리 부분에 입과 동공의 흔적이 그대로 남아있고 자신을 보호하기 위한 등 껍질의 구분선도 뚜렷하게 보인다. 한때 화성에서 번성했던 파충류의 화석이 아닐까 싶다.

◆ 코모도 도마뱀

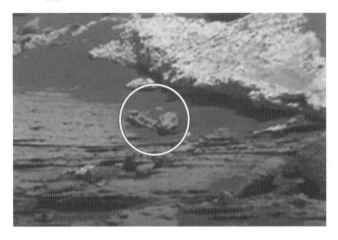

MSL 2744 MR 파일 일부이다. 언덕 중턱에 동물의 유골 같은 게 보인다.

이 유골의 주인은 파충류 일종이었을 것으로 보인다. 두개골이 파충류처럼 앞으로 길게 나와있고, 크게 벌릴 수 있는 입을 가지고 있다. 왼쪽에 놓인 것도 유골 일부로 보이는데, 아주 특이하다.

◈ 화성인 유골

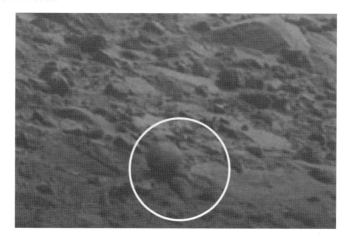

Curiosity가 Sol 714에 Left Mast Cam으로 촬영한 사진이다. 산등성이에 누군가 누워있는 것 같다.

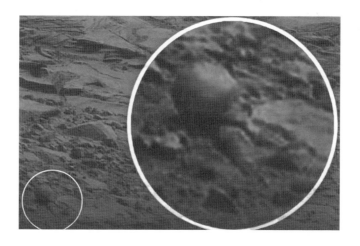

커다란 암석 밑에 깔린 영장류 모습 같은데, 지구인 같지도 않고, 유인원 같지도 않다. 그렇다면 화성에 살던 외계인인가.

◈ 묻혀있는 석상

Curiosity가 Sol 1463에 촬영한 사진이다. 땅에 묻혀있는 석상의 머리 부분이 보인다.

확대해보니, 투구를 쓴 전사의 모습 같기도 하고, 불교의 우상인 부처를 닮은 것 같기도 하다. 외형을 보기에는 자연적으로 생성된 암석이 아닌 것 같기는 한데, 아랫부분이 이상하다. 땅에 묻혀있는 상태라기보다는 머리가 자연 암석에 자연스럽게 연결된 것 같기도 하다.

◈ 얼굴 조각

Spirit이 Sol 692에서 698 사이에 촬영한 파일 안에 들어있는 영상이다. 사람의 얼굴 조각이 시야에 들어온다.

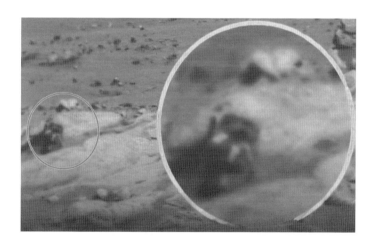

길게 다듬어진 암석 끝에 문득 사람의 얼굴이 조각되어있다. 지구인의 얼굴과 너무 닮았는데, 이걸 어떻게 해석해야 할지 모르겠다. 당연시해야 할지, 기이하게 여겨야 할지 모르겠다.

위에 제시한 지형지물 외에도 우리 자신이나 우리 주변에 있는 존재 혹은 우리가 사는 곳과 닮은 것을 더 찾을 수 있긴 하다. 하지만 앞 장에 제시한 자료도 결코 이와 무관하지 않은 게 많아서 이만큼 제시하면 충분할 것 같다.

인간은 어디서나 자신을 닮은 모습이나 자기가 사는 곳과 닮은 모습을 찾으려는 습성을 가지고 있다. 이런 습성은 버리지 못할 것 같다.

지구인이 아닌 다른 종도 이와 유사한 습성은 가지고 있지 않을까. 자기나 자기가 속한 환경과 비슷한 것을 찾는 것은 존재의 습성인 것 같고, 그 뿌리는 존재의 고독에서 비롯된 것 같다.

그런 의미에서 파레이돌리아는 노스탤지어라고 할 수도 있지 않을까.

제12장

화성의
UFO

인간이 알고 있는 일반적인 물리법칙을 무시하며, 상상을 초월한 속도로 움직이거나 예측 불가능한 궤적을 그리며 움직이는 물체를 흔히 UFO(Unidentified Flying Object)라고 부른다. 물론 이 비행체는 지구에 있는 누군가가 만든 물체일 수도 있고, 외계에서 온 물체일 수도 있다.

이것이 어디에서 온 것이든, 고도의 지능을 가진 자들이 조종하는 것으로 여겨지고 있다. 이러한 추론은 비행체의 방향, 밝기, 움직임이 의도적인 것처럼 변한다는 사실과 편대를 이루어 비행하는 경우가 적지 않다는 사실에 바탕을 두고 있다.

하지만 목격된 UFO 보고 가운데 단순한 착시이거나 광학적 환영을 본 경우가 적지 않고, 개인적 착시나 환상을 해명하려는 심리적 소망에서 주관적으로 해석한 경우 또한 많다.

UFO 존재의 객관적인 증거로 자주 제시되는 레이더 관측 역시 유성의 비적, 이온화된 가스, 비, 열적 불연속 등과 실제 물체를 완전하게 분간하지 못한다. 그리고 이해하기 난해했던 몇몇 현상들은 훗날 전자간섭, 이온층에서의 산란, 적운(積雲)에서의 반사 등으로 생겼다는 걸 알게 되었다.

그러나 이러한 대부분의 착시나 착각은 지구에서 UFO를 발견했을 때 생기는 것들이다. 화성에서 UFO를 목격했다면, 더구나 사람이 아닌 궤도선이나 로버가 감정이 없는 눈으로 목격되었다면, 그에 관한 판단 기준은 바뀌어야 한다.

화성으로 탐사선을 보내기 전에 그곳에서 UFO가 출현할 거로 예상했던 이는 거의 없었다. 이 장에서는 그 특별한 비행체에 관한 기록을 검토해보기로 하자. 유사한 UFO는 배제하고, 확실한 UFO만 모았으므로 의미가 있을 것으로 본다.

◈ Spirit이 발견한 UFO

    Spirit이 Sol 1022에 촬영한 사진 안에 거대한 UFO로 추정되는 물체가 보인다. 시간과 장소를 고려해보면, 유성이나 궤도선이 아닌 게 확실하고, 카메라 렌즈의 오물도 분명히 아니다.

이미지의 원 표시를 해둔 곳을 보면, 비행체가 보인다. 이것은 Spirit이
Sol 1110에 촬영한 것이다.

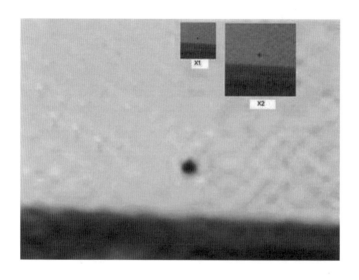

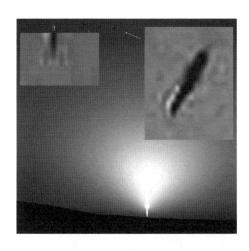

이 비행체는 Spirit이 Sol 1793에 촬영한 것이다.

Spirit이 촬영한 UFO 사진 중에, 시가 모양을 한, 특이한 UFO도 있다. 이런 모양은 지구에서는 자주 포착되는 편이지만, 화성에서 포착되는 경우는 아주 드물다.

Sol 318에 촬영한 UFO 이미지이다. 멀리서 촬영한 것이긴 하지만, 왼쪽 상공을 보면 조류 모양과 비슷한 UFO가 날아가고 있다. 정말 특이한 모양이다.

Sol 584

Spirit이 Sol 584에 촬영한 사진이다. 아주 거대한 비행물체가 상공을 가로질러 날아가고 있다.

지구에서 흔히 볼 수 있는 여객기처럼 보인다. 음영이 아주 뚜렷하고 그 전체적인 모습 또한 그래서, Spirit이 찍은 UFO 중에는 단연 최고인 것 같다.

균형을 잘 잡고 수평으로 날아가는 모습이 너무 평화롭게 보여서, 마치 지구에서 촬영한 항공기라고 해도 속을 것 같다. NASA의 Mars roves. jpl 파트 갤러리에 선명한 사진이 공개되어있다. 이 사진이 공개된 후에 NASA에 수많은 질문이 쏟아졌지만, 일체의 질문에 대해 함구하고 있다.

감출 수 있었는데도 이렇게 선명한 UFO 사진을 공개한 이유도 모르겠고, 공개해놓고 그에 대한 해설을 붙이지 않는 것도 이해할 수 없다.

경도 184.5°W, 위도 14.7°S 지역에서 Sol 16에 Spirit의 Engineering Navigation 카메라에 의해 촬영된 사진이다. 화살표로 표시해둔 곳을 보면, 거리가 멀어서 아주 작게 보이지만, 비행체가 떠있는 모습이 분명하게 보인다. 파노라마 카메라보다 해상도가 더 좋은 Engineering Navigation 카메라가 아니었으면 포착하지 못했을지도 모른다.

아주 작은 점으로 나타나있어, 카메라 렌즈에 묻어있는 오물일 수 있다고 의심할 수도 있지만, 같은 시간대에 이 카메라에 촬영된 다른 이미지에 이러한 점 모양이 없는 것을 보면, 오물이 아니라는 것을 알 수 있다.

또한, 다른 날에 촬영한 이 지역 사진에도 가끔 나타나는 걸 보면, 이 물체들이 이 지역의 상공에 비교적 빈번하게 출현하며, 주로 지평선 근처에서 나타난다는 사실을 알 수 있다.

경도 184.5W, 위도 14.7S 지역에서 Spirit이 Sol 12일 12시에 Haz Cam으로 촬영한 이미지이다. Gusev Crater 오른쪽 상공 위에 비행체 2대가 떠있다. 앞쪽과 뒤쪽의 Haz Cam은 광각의 포물선 시야를 제공하기 때문에 지평선이 곡선으로 보인다.

이 이미지도 해상도가 좋은 편은 아니지만, 앞의 이미지보다는 비행체가 훨씬 선명해서 그 음영이 입체적으로 보인다. 카메라 렌즈에 묻은 오물이 아닌 것은 확실하지만, 화성 상공을 주기적으로 돌고 있는 궤도선일 수 있다는 의심은 할 수 있다.

화성의 옅은 대기 상태와 화성 궤도선의 낮은 고도 그리고 그렇게 빠르지 않은 이동 속도를 고려할 때, 상공에 떠있는 물체가 인공위성일 수 있다는 의심은 막연한 것이 아니지만, 지구에서 보낸 궤도선은 우리가 그 모양을 잘 알고 있다.

그러니까 사진에 촬영된 비행물체가 인공위성일 수는 있지만, 지구인이 만든 것은 분명히 아니다.

　Spirit의 시야에 포착된 이 물체들은 화성 대기권 내에서 비행 중인 UFO 무리이다.

　전체적으로 둥근 모양을 가지고 있고 비행고도도 거의 같은 것으로 보인다. 윗면에는 햇빛이 반사되고 있고, 아랫면에는 어두운 그림자가 잘 나타나있다.

　앞에서 소개한 지역과 같은 곳에서 Sol 010에 Engineering Navigation 카메라로 촬영한 것이다. UFO가 4개나 나타나있는데, 4개의 물체를 모두 한 프레임에 넣기 위해서 원본의 크기를 많이 줄인 탓에 피사체 역시 매우 작게 나타나있다.

　그래서 JPEG 이미지의 질이 더욱 낮아졌지만, UFO 4대가 한 컷에 넣을 수 있을 정도로, 무리를 지어 비행하고 있다는 사실은 분명히 알 수 있다. 물체의 모습이 너무 작아서 그 세부적인 모습을 그려내기가 쉽지는 않지만, 아마 이 개체들은 모두 같은 종류의 UFO일 것 같다.

　Spirit이 문제의 지역인 경도 184.5°W, 위도 14.7°S에서 촬영한 사진이다. 화성의 하늘에서 이렇게 비행체가 무더기로 떠돌고 있는 것을 발견하는 일은 결코 쉽지 않다. 어쨌든 이 자료를 확보한 이상, 화성의 하늘에 UFO가 많이 있다는 사실을 더는 부정할 수 없게 되었다.

　그런데도 이 사실을 부정하는 의견은 여전히 존재한다. 그 논거는 UFO로 보이는 물체가 카메라 렌즈에 묻어있는 부스러기(Debris)일 가능성이 크다는 것이다. 하지만 그렇다면 이 카메라에 촬영된 다른 사진에도 같은 모양의 오물이 남아있어야 하는데 실상은 그렇지 않다.

　물론 이에 대한 반론도 있다. 비슷한 시간대에 촬영한 다른 카메라에는 이와 같은 피사체가 보이지 않는다는 것이다. 그렇지만 UFO의 비행속도가 상상을 초월할 정도로 빠른 경우가 많다는 사실을 고려해보면, 그런 반론은 논거가 부족해 보인다.

◈ Opportunity가 발견한 UFO

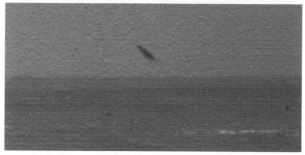

Opportunity가 Sol 870에 촬영한 사진이다. 첫 번째 사진의 오른쪽 윗부분에 하늘을 날고 있는 타원형 물체가 보인다.

아래 사진은 그 부분을 확대해놓은 것이다.

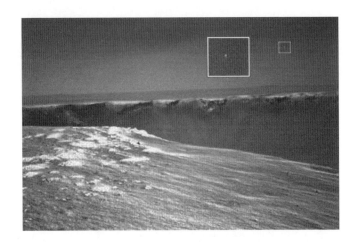

Opportunity가 Victoria 크레이터 근처에서 지평선을 바라보며 촬영한 사진이다. 상공에 UFO로 추정되는 빛을 내는 물체가 촬영되어있다. 그 부분을 확대해보니, 구체가 하늘로 올라가는 듯한 모습이 보인다.

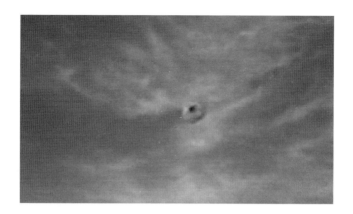

Opportunity가 Sol 950에 촬영한 1N212515144EDN76ACP1585L0M1 사진이다. 해상도도 좋지 않고 물체의 색깔이 배경 구름과 비슷해서 구분이 쉽지 않지만, 확대해보면 중앙에 돌출부가 있는 원형 비행체의 모습이 드러난다.

로버가 자신의 구동부를 살펴보다가 우연히 발견한 UFO이다. 점선으로 표시된 부분에 UFO가 있는데, 확대해보면 그 모습이 선연하게 드러난다.

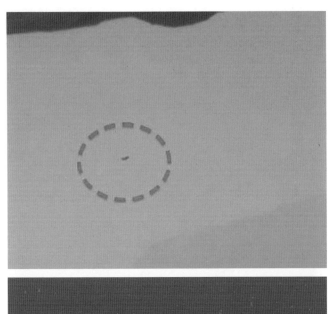

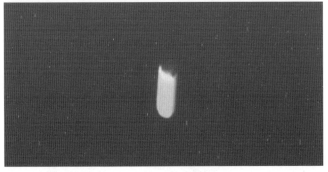

이 이미지는 밤중에 Mast Cam에 촬영된 것이다. 이렇게 저공비행 하는 UFO가 촬영되는 경우는 거의 없기에 희귀한 자료이다. 지구에서 종종 발견되는 시가 모양의 UFO와 흡사한 것으로 보아, 이런 모양의 UFO는 우리 행성계 전체를 떠돌고 있는 것 같다.

이 이미지는 2015년 11월에 해 질 무렵에 촬영한 것이다.

이 사진 속의 물체에 대해서는 UFO라기보다는 드론에 가깝다는 주장이 많은데, 이것이 드론이라고 하더라도 촬영된 곳이 지구가 아닌 화성이라는 사실을 고려하면 이것 역시 UFO가 아니겠는가.

그리고 이것이 드론이라면, 주변에 이것의 조종자가 있다는 뜻이기에 또 다른 차원의 문제가 파생된다.

Opportunity가 Sol 348에 촬영한 사진이다. 평원 가운데 이상한 물체가
있다. 주변에 암석이 없고 굴곡이 심한 지형도 없기에, 자연 암석이 아니
라는 사실을 단번에 알아차릴 수 있다.

확대해보니 비행선이 틀림없다. Opportunity를 싣고 온 착륙선이라는
주장이 있지만, 그것은 분명히 아니다. 그렇다면 외계의 누군가 만든 게
틀림없지 않은가. 이렇게 선명한 UFO 사진은 지구에서도 쉽게 구할 수
없다.

◆ MGS, MSSS 등이 발견한 UFO

이 이미지는 Narrow-angle Image M11-00071이다. 피사체는 실물이 아니고 그림자이다. 얀센 분화구(Janssen Crater) 중심 부근의 언덕 위를 가로지르는 거대한 그림자가 담겨있다.

분화구 상공을 지나가는, 정체를 알 수 없는 비행체의 것이 확실한데, 그 크기가 상당히 클 것 같다.

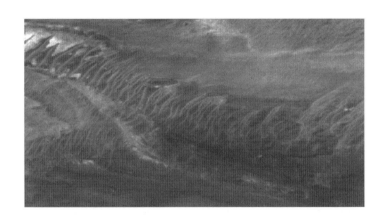

이 이미지는 적도 북쪽의 아람 카오스(Aram Chaos) 지역을 촬영한 MOC Narrow-angle Image M18-00558이다. 지층에 박혀있는 듯한 원형 물체가 보인다.

자연적으로 생성된 암석이 아닌, 인공 공작물이 거의 확실한데, 만약 바위라고 하더라도 일반적인 바위는 분명히 아닐 것이다. 확대해보자.

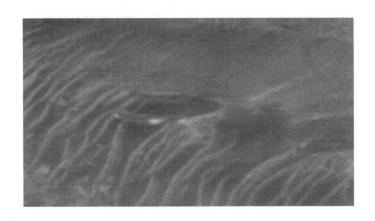

아람 카오스의 UFO

　언뜻 보이는 개구부는 조종석이거나 통제 센터로 추정된다. 비행체일 가능성이 가장 크지만, 그 엄청난 크기로 보아, 지하 기지 일부이거나 전망대일 가능성도 있어 보이는데, 어쨌든 자연지형이나 암석은 아니라는 것은 단번에 알 수 있다. 모양이나 질감이 주변 지형과 확실히 다르고, 경계선도 뚜렷하며, 가장자리의 눈부신 반사는 이 물체의 재질이 금속이라는 것을 암시하고 있다.

앞의 이미지는 Msl-Raw-Images MSSS 00882 파일 일부이다. 전형적인 화성의 뿌연 하늘이 보이고, 그 상공에 한가하게 떠있는 UFO 모습이 보인다.

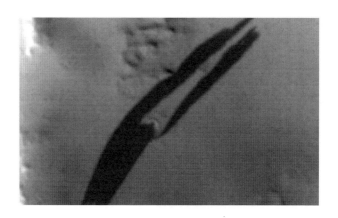

이 이미지는 M11-00072.gif 파일에서 발췌한 것이다. 이미지 속의 물체를 처음 접했을 때 이것이 어떤 비행체인지 아니면 비행체의 그림자인지조차 제대로 정의하지 못했다.

하지만 호사가들은 이것이 본체이든 그림자이든 상관없이 예전에 본 적이 없는, 새로운 유체 형태의 UFO 존재의 증거가 될 수 있다며, 온라인 게시판에서 격론을 벌이기 시작했다.

그러나 이와 유사한 것들이 종종 보이다가, 마침내는 지표면 위를 무리지어 연기처럼 떠도는 모습이 발견되자, 새로운 UFO에 대해 운운하던 이들의 목소리가 급속히 잦아들었다.

아래 이미지는 M11-00071.gif 파일에서 발췌한 것이다. 앞에서 보았던 개체와 유사한 것들이 가스나 연기 덩어리처럼 떠돌고 있다. 재질이 무엇인지 알 수 없고 진행 방향도 일정하지 않아서 정체를 알 수 없지만, 이것은 우리가 일반적으로 알고 있는 UFO의 종류에 들어가는 물체는 아닌 것 같다.

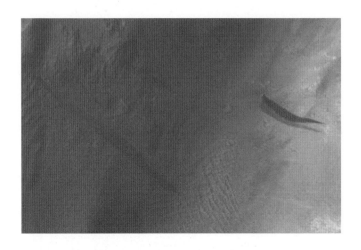

　견고한 소재로 만들어진 공작물이라기보다는, 어떤 자연 원인으로 생성된 유체이거나 통풍구에서 방출되는 깃털 모양의 가스 덩어리처럼 보인다. 그런데 냉정하게 생각해보면, 이것을 UFO의 범주에 넣어도 무방할 듯싶다. 왜냐하면, 정체를 알 수 없는 모든 비행체를 UFO라고 부르니까 말이다.

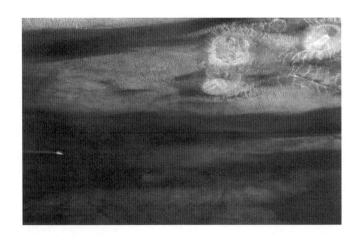

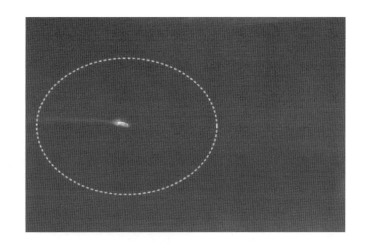

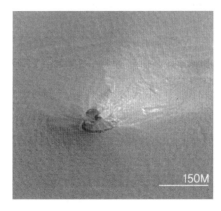

이 이미지는 화성 궤도선이 촬영한 스트립에서 발췌한 것이다. 화성에서 많은 UFO가 발견됐지만, 이렇게 비행운을 남기며 고속으로 날아가는 물체를 포착한 경우는 없는 것 같다.

왼쪽의 이미지는 적도 근처의 메두사 포새(Medusae Fossae) 지역을 촬영한 M11-01534 파일에서 발췌한 것이다.

이 안에 폭이 100m 정도 되는 이상한 물체가 발견됐는데, 이것에는 '추락한 우주선'이라는 이름이 붙여져 있다. 좌우 대칭의 유선형이고 한 방향으로 빛을 비추고 있는 듯한 모습을 보이고 있어서, 그런 이름이 붙여진 것 같다.

거대한 암석이라는 주장도 적지 않지만, 이 지역은 대부분이 사막이고 지표면으로 노출된 암반이나 암석이 없기에, 그럴 가능성은 크지 않아 보인다. 그렇다고 외계에서 날아온 운석일 것 같지도 않다. 지름이 100m에 이르는 운석이었다면, 충돌 당시의 충격으로 상당한 규모의 크레이터가 형성되었을 것이기 때문이다.

◈ Curiosity가 발견한 UFO

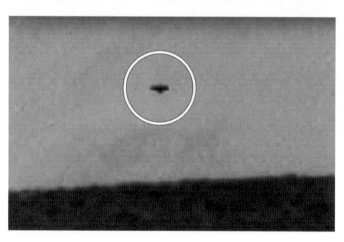

Curiosity가 Sol 688에 Right Navigation Camera로 촬영한 사진이다. 지평선 위에 한가롭게 떠있는 UFO가 보인다.

 Curiosity가 Sol 2438에 Mast Cam으로 촬영한 사진이다. UFO가 작은 언덕의 능선 위를 빠르게 지나가고 있다. 다른 UFO와 달리, 접시나 시가 모양이 아니고, 모양이 아주 복잡하다. 그리고 햇빛을 강하게 반사할 만큼 표면도 하얗고 매끄럽다.

　이 사진은 Sol 952에 Right Mast Cam으로 촬영한 것이다. 거친 돌산 위로 UFO가 지나가고 있다.

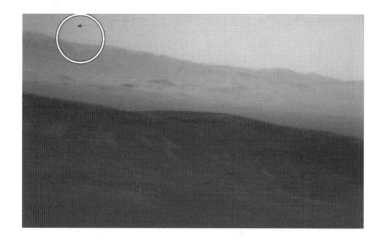

　Sol 2446에 Right Navigation Camera로 촬영한 사진이다. 왼쪽 윗부분에 UFO가 보이는데, 흔히 볼 수 있는 모양이 아니어서 더욱 생경하다. 아래 사진 속의 확대한 모습을 보면, 마치 지구의 상공을 날고 있는 새와 유사하다.

Sol 2662에 촬영한 사진의 왼쪽을 보면, 지평선 위에 떠 있는 UFO가 보인다. 같은 시간대에 촬영한 다른 사진에는 이것이 없는 것으로 보아, 렌즈에 묻은 오물은 아니다.

◈ **Perseverance가 발견한 UFO**

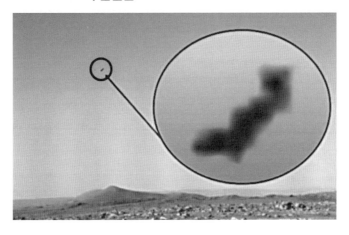

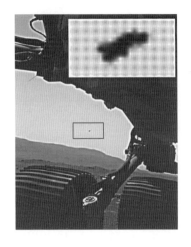

Perseverance가 2021년 2월에 발견한 UFO이다. 4개의 카메라로 촬영한 파노라마 이미지 중에 세 번째 카메라에 촬영된 것이다. 좌우 대칭형인데 전체적인 모양이 박쥐를 닮았다.

왼쪽 사진에는 또 다른 UFO의 모습이 담겨있다. 작업하는 로버의 무릎 위로 화성의 밝은 하늘이 보이고 낮익은 능선을 가진 화성의 야산이 보인다. 그리고 그 위의 상공에 작은 점 하나가 보인다. UFO이다. 네모 상자 표시해둔 부분을 확대하면, UFO의 실루엣이 드러난다.

이 사진을 촬영한 지점은 정확히 알아내지 못했지만, Perseverance가 2021년 6월 초순에 촬영한 파일 중 하나이다. 오른쪽 아주 아득한 상공 위에 작은 점 하나가 보인다.

위 두 사진도 Perseverance가 촬영한 것으로, 2021년 6월에 중순에 지구로 보내온 것이다. 아득한 상공 위에 화성에서 흔히 볼 수 있는 UFO가 떠있다.

아래 사진은 Sol 96일, 지구의 날짜로는 2021년 5월 28일에 Perseverance가 산자락을 지나면서 촬영한 영상 파일 중에서 발췌한 것이다.

상공 높은 곳에 비행물체가 보인다. 실제 동영상을 보면, 다른 UFO와는 달리 느린 속도로 움직인다.

지금까지 화성의 UFO 자료에 대해서 살펴보았다. 공개되지 않았을 뿐이지 아마 이와 관련된 자료는 더 있을 것이다.

어쨌든 그 자료의 양과는 상관없이 앞에서 제시된 자료만으로도 화성에 UFO가 종종 발견된다는 사실은 충분히 입증된 것 같다. 그러니까 UFO의 발견과 그에 대한 논란은 지구 내부의 문제만은 아니라는 것을 화성 탐사 미션 중에 알게 되었기에 UFO의 진상에 대한 논란은 이제 새로운 차원에서 접근해야 한다고 본다.

그동안은 UFO에 대한 의견이 외계의 고등 생명체가 만든 비행선, 지구 내부에서 만들어진 신무기, 먼 미래에서 온 타임머신, 인간의 착시나 관측 기계의 문제 등으로 나뉘었는데, 화성에서 많은 UFO가 발견되었으므로 그 실체에 대한 의견 차이를 좁혀갈 수 있게 된 것 같다.

제 13 장

그 밖의
수수께끼들

화성에는 지구인의 상식으로는 이해할 수 없는 다양한 지형지물과 현상뿐 아니라, 생명체 존재 징후나 문명 존재의 증거들도 많이 있다. 그래서 그런 증거들을 대중들에게 알리기 위해, 앞의 여러 장을 나열하면서, 나름대로 충실하게 설명하기 위해서 노력했다.

하지만 너무 특이하거나 기괴해서 특정 섹터에 분류해 넣기 곤란하거나 설명하기조차 어려운 대상들이 있다. 그런 이유로 불가피하게 따로 모아 새로운 장을 만들었다. 이 장은 잡동사니들을 모아둔 곳이라고 할 수 있지만, 그렇다고 해서 관찰이나 연구를 소홀히 해도 되는, 하찮은 대상이라는 뜻은 아니다.

이 대상들을 확실하게 분류하지 못하거나 충분히 설명하지 못한 이유는, 대상들에 문제가 있어서 그런 게 아니고, 필자의 지적 능력과 관찰 경험이 부족한 탓이다.

가장 먼저 살펴볼 것은, 가장 이상하게 생각했던, 물체의 움직임에 관한 것이다. 생긴 것은 분명히 바위인데, 한 장소에 머물지 않고 이동한다. 정말 신기한 일이다.

◆ **움직이는 바위**

Sol 1830   Sol 1833

첫 번째 이미지는 Spirit이 Sol 1830에 Nav Cam으로 촬영한 것이고, 두 번째 이미지는 그로부터 3일 후인 Sol 1833에 촬영한 것이다. 카메라 시각 차이가 약간 있기는 하지만, 두 이미지를 비교해보면, 3일 사이에 새로운 물체가 나타났다는 사실을 부정할 수 없다.

이 이미지는 웹 사이트 http://www.t-xxx.com를 중심으로 일본에서 많은 주목을 받은 후에, 미국으로 소문이 건너가, 사실 확인을 위하여, 이미지 원본을 다시 확인하는 소동을 벌인 것으로 알고 있다.

처음에는 균열이 있는 암석 뒤에 생겨난 암석과 왼쪽 가장자리에 생겨난 암석의 이동이 주목의 대상이었는데, 시간이 지날수록 암석의 정체에 의구심을 품는 대중이 늘어났다. 그러니까 암석의 이동에 관한 이상 현상보다는, 개체가 암석이 아니고 생명체일 수 있다는, 본연의 정체로 관심이 이동하게 되었다는 뜻이다.

만약 바위로 보이는 물체들이 바위가 아니고 미지의 생명체라면, 물체의 이동에 관한 의문도 말끔히 사라진다. 물론 더욱 큰 의문이 생기긴 하지만 말이다. 그런데 처음에는 황당하게만 여겨졌던 이런 대중들의 주장이, 허언으로 몰아붙일 수만은 없는 증거들이 더 제시되면서, 조금씩 힘을 얻기 시작했다.

Sol 1836

이것은 Sol 1836에 같은 장소를 촬영한 것이다. 균열이 있는 큰 바위 옆에 있었던 개체가 완전히 사라져 버렸고, 왼쪽 가장자리에 있던 물체도 사라졌다. 그리고 신비한 현상이 하나 추가되었다. 암석의 몸통을 가르고 있던 균열이 닫히듯이 변해가고 있다.

Sol 1843

이것은 Sol 1843에 같은 장소를 촬영한 것이다. 물체가 사라졌던 자리에 다시 물체가 나타났다. 그런데 예전에 있다가 사라졌던 물체와는 모습이 많이 다르다. 그리고 선명하게 나있던 암석의 균열이 이제 희미하게 흔적만 남은 것 같다. 균열이 위에서 아래 방향으로 완전히 닫혀가는 느낌이다. 실제로 닫혀가는 것인지 카메라 앵글 차이에서 비롯된 착시인지는 모르겠지만, 카메라 앵글 탓일 개연성은 거의 없어 보인다.

◈ 또 다른 변화

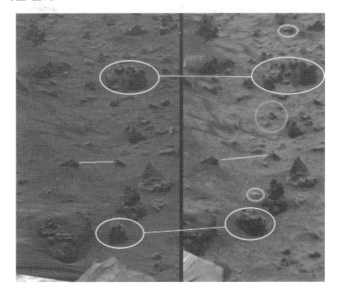

세로로 붙여놓은 두 장의 이미지는 동일 지역을 시차를 두고 촬영한 것이다. 사진 식별번호는 2P126804034EFF0200P2217R2M1.JPG이다.

타원 표시를 해둔 곳을 비교하면서 살펴보면, 돌의 형태가 많이 바뀌거나 새로운 돌이 나타났다는 사실을 알 수 있고, 직선으로 표시해둔 곳을 보면, 돌 사이의 거리가 변했다는 사실을 알 수 있다. 분명히 같은 곳을 촬영한 것이고, 오른쪽 이미지가 조금 더 근접된 거리에서 촬영된 것일 뿐인데, 정말 이상한 일이다.

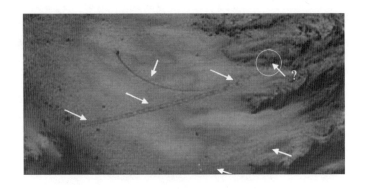

위의 이미지 속에는 선명하게 그려진 아크가 보이고, 그 끝에 있는 작은 물체도 보인다. 모양은 그냥 평범한 돌 같은데, 움직인 궤적을 보면 돌이라고 여길 수 없을 것 같다. 또한, 아크 자국 아래에 직선으로 난 바퀴 자국이 보이는데, 그것이 시작되는 비탈 부분에 구조물 같은 것이 있다.

언뜻 보기에는 누군가 거주했던 곳이라는 느낌이 드는데, 어쩌면 현재에도 거주하고 있을지도 모른다. 무엇보다 바퀴의 궤적이 그 지점까지 선명하게 나있어, 계속 시선을 잡아당긴다. 정말 차량을 보유한 누군가 이곳에 살고 있는 건 아닐까.

사실이야 어떠하든, 위와 같은 이상한 궤적과 지형지물이 Xanthe Terra region의 분화구 내에 분명히 있다. 그런데 우주 탐험의 역사를 돌이켜보면, 루나 5호가 달에서 촬영한 사진에도, 이와 유사한 궤적이 있어 논란이 된 적이 있었던 것 같다.

◆ 달에서 발견했던 이상한 궤적

달에서 발견했던 이상한 트랙에 관한 기사는 Lunar Orbiter Images 페이지에서 찾을 수 있다. 아주 세부적으로 나와있고 다양한 의문에 대한 의견도 기술되어있다.

화성에서 발견된 트랙에 대해서는 학자들이 대체로 침묵하고 있지만, 달에서 발견된 트랙에 대해서는 '굴러 내린 돌'에 의해 만들어진 거라고 주장하는 학자들이 많이 있다. 정말 그런지 그 궤적을 살펴보면서 화성의 트랙과의 비교해보자.

위 이미지를 보면, 궤적의 앞쪽에 굴러내린 돌처럼 보이는 물체가 있다. 하지만 궤적을 자세히 살펴보면, 적어도 궤적 일부분은 중력에 의해 자연스럽게 굴러내린 게 아니라는 사실을 알 수 있다. 구덩이에 들어갔다가 다시 올라왔으며, 그 궤적이 직선이 아니고 누군가 운전을 한 것처럼 유연한 곡선을 그리고 있다는 사실을 알 수 있다.

그뿐 아니라 왼쪽의 확대한 사진을 보면, 언덕과 구덩이를 무시한 채, 마치 누가 공중에서 내려다보며 그린 것처럼, 직선을 잘 유지하고 있는 부분도 있다. 화성의 궤적과는 또 다른 면에서 신기하다.

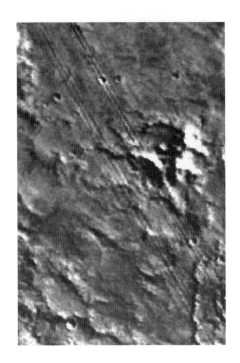

　한편, 앞에서 소개한 화성 궤적에 관한 이미지들은 NASA가 2003년 4월 11일에 대중에게 공개한 바 있는데, 그 지점이 미래의 화성 로버를 착륙시킬 장소라고 했다.

　착륙 조건의 적합성을 따져보는 게 우선되어야겠지만, 제기하고 있는 의문을 해소하기 위해서라도, 반드시 그곳에 로버를 보내주길 바란다.

◈ 훼손된 자료들

앞의 사진은 Opportunity가 Sol 912에 촬영한 것이다. 이날에 촬영한 사진들이 많이 있는데, 여느 사진과는 달리, 이것은 두 부분이 완벽하게 모자이크 처리가 되어있다.

화성 탐사선 전송 사진 중 가끔 전송 불량으로 화상이 깨지는 경우가 없지는 않으나, 이것은 그런 기술적인 장애로 생긴 모양과는 완전히 다르다. 또한, 이것은 기존의 응용 프로그램을 사용한 은폐와는 또 다른 차원의 노골적인 모자이크 처리이다. 이런 처리를 하는 경우는 거의 없고, 이런 하자가 있는 자료를 공개하는 경우도 드물다. 왜 그랬을까.

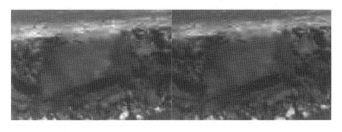

이 이미지는 단순히 모자이크한 것이 아니라, 사진 편집 프로그램으로 블러 작업을 하여 원본 이미지 일부를 훼손시킨 경우이다. 이런 작업은 모자이크와는 다른 방식의 훼손이고, 전송 불량을 비롯한 기술상의 하자

때문이라고 핑계조차 댈 수 없다. 그러니까 누군가 은밀하게 이미지를 왜곡시킨 부분이 드러난 경우이다.

블러 위로 희미하게 드러난 모습은 거대한 인면 조각상처럼 보이는데, 아마 그건 착시일 것 같다. 주변 지형과의 연관성이 너무 떨어져서 그럴 것 같지 않다. 하지만 화성에 있어서는 안 될, 어떤 조각이나 구조물이 그곳에 있는 건 확실한 것 같다. 그렇지 않고서는 이런 작업을 한 이유가 설명되지 않는다.

위 첫 번째 사진은 Spirit이 Sol 014에 촬영한 것으로 그 일부가 지워져

있다. 그런데 자세히 살펴보면, 모자이크 작업을 하기에 앞서 스탬프나 블러 작업을 먼저 한 흔적이 남아있다.

의도대로 은폐 작업이 잘 이뤄지지 않았던지, 얼마 후에 이 지역 정경이 다시 공개됐다. 바로 두 번째 이미지이다. NASA의 고민거리가 뭐였는지 알 수 없지만, 아래쪽 블러 작업한 곳을 완전히 가리기 위해서, 모자이크 범위를 더 넓힌 것 외에는, 앞서 발표한 이미지와 별 차이가 없다.

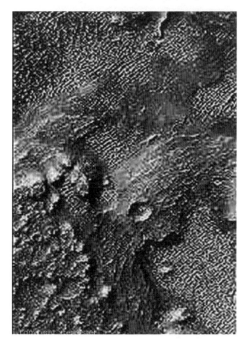

왼쪽 사진의 식별번호는 M2100213이다. 궤도선이 촬영한 사진인데, 자세히 보면 어떤 빌딩이나 구조물들이 질서 있게 배열되어있는 듯하다. 물론 화성에는 지구와는 다른 지형이 많기에 이곳 역시 자연적인 지형일 수도 있다.

그런데 공개된 이미지를 자세히 살펴보면, 특정 부분이 흐릿하게 가려져 있거나 지워져 있다. 이곳이 자연적인 지형이라면, NASA에서 이런 작업을 했을 리가 없지 않을까. 전송 기술상에 문제가 아니고, 응용 프로그램을 사용한, 인위적인 처리가 거의 확실해 보이기 때문에, 이 사진을 의심의 눈초리로 볼 수밖에 없다.

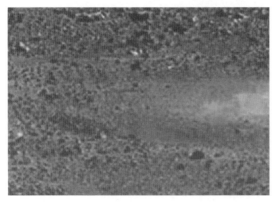

Spirit이 촬영한 사진 중에는 모자이크하거나 지운 사진이 여러 장 있다. 위 사진의 경우, 위쪽이 노골적으로 가려져 있는데, NASA는 아직도 이 사진의 원본 공개를 거부하고 있다.

왼쪽 사진은 블러 작업을 하여 픽셀 일부를 고의로 뭉개버린 것이다. 프로그램 작업을 너무 서툴게 한 탓에, 누구든 조작했다는 사실을 쉽게 알아볼 수 있다.

왼쪽 사진은 다소 특이한 경우이다. Spirit이 촬영한 사진 중 하나인데, 일부를 가려서 공개했다가 훗날 다시 모자이크를 없애고 원본을 공개했다.

모자이크했던 부분에는 부서진 캔 모양의 물체와 흙에 묻힌 파이프 같은 것들이 있다. 거대한 플랜트 구조물이 부서진 현장 같은데, 그 실체가 궁금하다. 그리고 NASA에서 사진의 원본을 다시 공개한 이유 역시 궁금하다.

위 사진은 Spirit이 촬영한 것으로, 2006년 10월 25일에 대중에게 공개되었다. 산자락에 수평으로 놓여있던 어떤 거대한 물체가 통째로 지워진 것 같다. 응용 프로그램으로 지운 흔적이 거의 그대로 드러나있다.

◆ 조작된 바이킹의 사진들

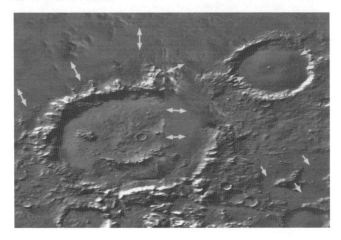

　경도 30°W, 위도 54°S 지역을 촬영한 Viking Orbiter 스트립에서 발췌한 것이다. Viking 탐사시대에는 이미지 만드는 방법 자체가 작은 조각을 모아서 전체 이미지를 완성하는 형식을 취했기에, 스플라이스 라인이 드러나있고 접합 부위가 자연스럽지 못한 점은 이해할 수 있다.

　하지만 위의 이미지 경우, 모자이크 접합과는 무관하게 스머지와 블러 조작을 가한 흔적이 역력하게 나타나있다. 화살표로 표시해둔 부분을 보면, 접합선을 다듬기 위한 작업이 아닌, 뭔가를 지우기 위해 조작한 흔적이 보인다.

　그리고 좀 더 자세히 살펴보면, 이런 작업이 서로 결합되기 전의 작은 개별 조각에 가해진 까닭에, 해상도 차이만큼이나 이미지 조작의 세부 기술의 차이가 그대로 드러나있다. 그리고 그런 탓에 스플라이스 라인이 더욱 선명하게 보인다.

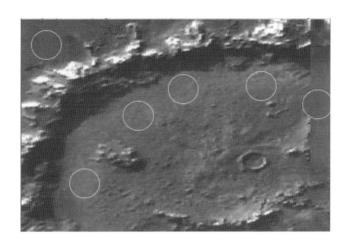

이 사진 역시 바이킹 궤도선이 촬영한 것으로 원본을 250% 정도 확대했다. 분화구 바닥이 자세히 보인다. 조작한 흔적이 사방에 있다. 스머지 유형의 도구를 주로 사용했고, 정밀한 디더링 패턴도 함께 적용한 것 같다.

이미지를 확대하여 조작한 후에 원본 해상도로 되돌리면, 디더링 패턴은 지면이 미세한 질감을 모방하여 제공하기 때문에, 변조를 가려내기가 쉽지 않다. 그렇기에 이런 조작을 판독해내기 위해서는, 응용 프로그램 운용에 관한 지식이 풍부해야 한다.

크레이터 림 구조가 가상 구조와 섞여있고, 작은 패치가 사이에 끼어있다는 사실도 알아낼 수 있는데, 이러한 사실들로 미뤄보건대, 공개된 것보다 해상도가 좋은 이미지가 분명히 존재하고, 많은 진실을 감추고 있다는 사실을 알 수 있다.

이러한 형태의 조작은 특정 이미지에만 가해진 게 아니고, 아주 광범위하게 행해졌을 것이다.

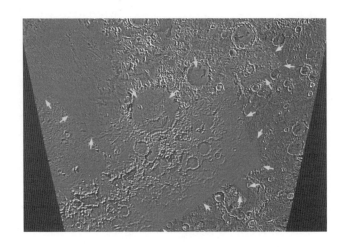

  크레이터 주변을 넓게 보기 위해서 줌을 뒤로 당겨보면, 레이어가 서로 교차하는 스플라이스 라인이 선명하게 보인다. 동시에 이미지 조작이 조각이 합친 후에 행해진 것이 아니라, 각 조각에서 행해진 후에 합쳐졌다는 사실도 알 수 있다.

  그리고 전체적인 이미지의 일체감을 높이기 위한, 조각의 경계를 다듬으려는 노력은 별로 하지 않은 것 같다. 순전히 지형 일부나 그 위에 있는 어떤 물체들을 감추는 데 급급해서, 이미지 왜곡 작업에만 몰두했던 것 같다.

  분화구 내부는 그 크기와 상관없이 대부분 코팅 작업이 이뤄졌고, 대부분의 저지대 또한 그런 작업이 이뤄졌지만, 분화구 테두리와 기타 고원지대는 코팅에서 제외되어있다. 이것은 어떤 기술상의 결함이 아니고, 응용 프로그램에 의한 자동 교정도 아니며, 디자이너의 감각에 의존한 이미지 조작이 가해졌다는 증거라고 볼 수 있다. 자료를 조작했다는 사실도 화가 나지만, 그 조작을 너무 성의 없이 했다는 사실에도 화가 난다.

◈ Spirit의 첫 번째 시선

Spirit 착륙지 주변

위의 정경은 Spirit이 착륙선에서 탈출을 시도하기 직전에, 주변 지형을 둘러보며 촬영한 사진 중의 하나이다.

그런데 처음으로 공개한 자료부터 노골적인 이미지 조작이 가해져 있다. 이미지 관련 응용 프로그램을 다뤄본 사람이면, 어떤 도구가 어떻게 사용되었는지 어렵지 않게 알아챌 수 있을 정도로, 조작 흔적이 선명하게 남아있다. 단순한 실수일 수도 있지만, 그럴 가능성이 커 보이지는 않는다.

그렇다면 응용 프로그램에 대한 대중들의 능력을 무시했거나, 조작한 사실이 들켜도 무방하다는 배짱으로 공개했다는 뜻이 되는데, 이런 태도는 정말 이해하기 힘들다. 우주개발에 필요한 막대한 예산은 결국 시민의 세금으로 충당되는데, 이렇게 대중을 노골적으로 무시하는 듯한 태도를 보여도 되는가. 아니면, 혹시 이미지가 조작되었다는 필자의 판단이 잘못된 것일까.

　왼쪽 위의 저지대를 확대하고 선명도를 조금 높인 이미지이다. 화살표를 해둔 부분을 살펴보면, 스머지와 블러 도구를 사용하여 지형을 지운 흔적이 분명히 보인다. 작업의 완성도가 충분하지 못해서, 위쪽 가장자리 부분에는 예리한 모서리를 가진 구조물 일부가 그대로 드러나있을 뿐 아니라, 주변 토양과는 다르게 너무 밝게 처리하는 바람에, 의심이 없던 대중들도 눈길을 보낼 수밖에 없게 되어있다.

　아래쪽 화살표가 되어있는 곳은 원본에서는 미처 시선을 주지 못했던 곳인데, 확대를 해보니까 지형의 패턴이 완전히 지워질 만큼 거칠게 조작한 흔적이 드러난다. 바로 옆에 있는 암석이 진한 그림자를 드리우고 있어서, 스머지 작업을 한 부분이 더욱 부각된다.

　이곳에 분명한 조작이 이뤄졌고 그 조작이 아주 무성의하게 이뤄졌다는 사실을 누구도 부정할 수 없다. 진실을 감추기 위한 조작인가, 감출 게 있다는 사실을 드러내기 위한 조작인가.

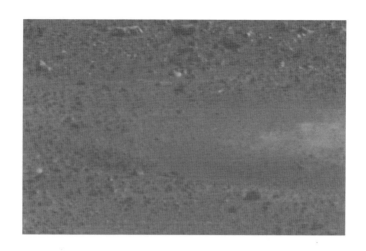

첫 번째 게재한 이미지의 오른쪽 가장자리를 확대하면서 선명도를 조금 향상한 이미지이다.

이 영역에는 블러 도구나 얼룩 만들기 도구로 템퍼링이 되어있고, 조작 부분의 가장자리를 주변 지형으로 자연스럽게 혼합하기 위해 레이어가 여러 개 사용되었다.

하지만 가운데 부분을 보면, 땅 위에 있는 개체를 지우기 위해 아주 깊게 조작을 가한 흔적이 그대로 드러나있다. 감추려고 한 것이 무엇인지는 알 수 없지만, 대중들이 절대 봐서는 안 된다고 여겼던 것 같다.

◆ **암석의 반점**

아래 사진은 Spirit이 위와 같은 지역에서 Sol 054과 Sol 055에 각각 촬영한 것이다. 같은 암석 이미지를 나란히 게재한 이유는, 이미지의 왜곡에 관한 우울한 진실을 알리기 위해서이다.

Sol 054에 촬영한 왼쪽 이미지는 암석에 마크가 없는데 Sol 055에 촬영한 이미지에는 3개의 원형 마크가 있다.

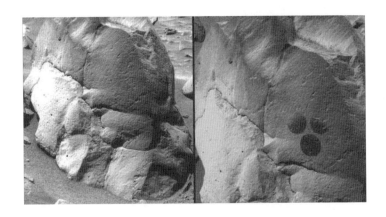

　삼각형 형태를 구성하고 있는 이 3개의 둥근 자국은 로버 관절 팔의 드릴 헤드와 거의 같은 크기이기 때문에, 그것에서 원인을 찾아보는 건 당연하다. 하지만 이것은 드릴 자국처럼 파여있지 않고 표면에 그려진 형태로 표시되어있다.

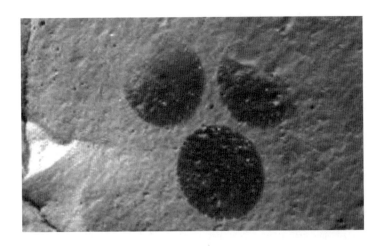

　이미지를 확대해서 둥근 자국을 자세히 살펴보면, 맨 아래 표시는 선명하게 정리된 원형이고 다른 2개는 원형이긴 하지만 그러데이션 효과가 적용되어있다. 또한, 마크 내부에 거친 암석의 질감이 그대로 살아있다.

이것으로 보아 표면의 마크가 공구에 의해 연삭 되는 형태로 만들어진 것이 아니라는 사실을 확실히 알 수 있는데, 도대체 어떻게 만들어진 것인지 알 수 없다. 현장에서 만들어진 것인지, 아니면 사후에 자료를 조작한 것인지도 궁금하다.

◈ Phoenix가 발견한 등대

2008년에 화성에 도착한 Phoenix 렌더는 지표면을 이동하면서 자료를 수집하는 로버가 아니고, 착륙지점에 서서 카메라만 움직일 수 있는 착륙선이었기에, 임무가 제한될 수밖에 없었다.

2피트까지 구멍을 뚫을 수 있는 드릴과 굴절 가능한 팔을 가지고 있어서, 착륙지 주변에서 토양 표본을 수집해온 보드 실험실에서 처리한 후에 데이터를 지구로 보내는 형식으로 일을 했다.

물론 이와 유사한 관련 프로젝트는 여러 번 진행된 바 있다. 1975년에 바이킹 1호와 2호가 발사된 이후로 여러 대의 우주선이 화성 탐사를 목적으로 발사되었는데, 피닉스호는 Opportunity와 Spirit에 이어 발사된 탐사선이다. 2007년 8월 4일에 발사되어 9개월간의 비행 끝에 2008년 5월 25일에 화성의 북극 지방에 착륙했다. 피닉스호의 주요 임무 역시 물의 흔적을 찾아내는 것이었다. 착륙한 곳은 고도가 낮고 평탄한 지형이었다.

그런데 그곳에 도착한 피닉스가 주위를 둘러보는 순간, 화살표로 표시된 지평선 근처에 흰색의 수직 물체가 반짝거리며 서있는 모습을 발견했다. 주변이 전형적인 황무지 모습을 띠고 있었기에 물체가 더욱 돋보였다. 그래서 애초의 임무와 관련이 없는 발견이었지만, 관심을 두지 않을 수 없었다.

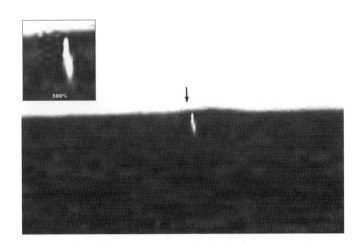

이미지를 400% 확대해보면, 물체는 극도로 밝은색을 띠고 있을 뿐 아니라, 발광까지 하고 있다는 사실을 알 수 있다. 햇빛 반사광이 아니고 특정 방향으로 스스로 발광하고 있다는 것을 알 수 있다. 그렇다면 이 물체는 인공 구조물이 아닐까. 생명체를 찾는 일도 중요하지만, 이것의 정체를 밝혀내는 일도 중요하다.

◈ 착륙지점의 이상한 자국

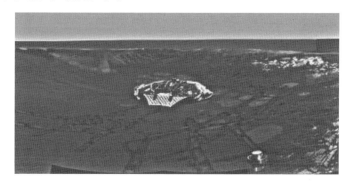

　Opportunity가 착륙한 357.4745°E, 1.9483°S 지점의 정경이다. Meri diani 평원에 있는 Eagle Crater의 얕은 저지대에 착륙했는데, 멀리 지평선이 보인다.

　착륙선의 바닥에 깔린 에어백이 손상되지 않은 채 잘 유지되고 있는 것으로 보아, 로버의 착륙이 얼마나 완벽했는지 알 수 있다.

　그런데 이 이미지를 공개한 이유는 로버의 완벽한 착륙 모습을 보기 위해서가 아니다. 주변에 있는 이상한 흔적들의 정체를 유추해보기 위해서

이다. 로버가 착륙한 주변에 뭔가에 눌린 듯한 자국이 여러 개 있다.

Eagle Crater

확대해보면, 여러 곳에 원형에 가까운 눌린 자국들이 있다. 물이 고이거나 얼음이 있던 자리일지도 모른다는 생각을 떠올려보긴 했는데, 위치가 대부분 경사지여서 그럴 가능성은 희박해 보인다. 그렇다면 로버가 지나가면서 어떤 작업을 한 자리인가. 그렇지도 않은 것 같다. 궤도를 따라가 보면 로버의 궤도와는 무관한 곳에 그 패턴이 많이 있다. 그렇다면 도대체 무슨 흔적일까.

◈ 미스터리 트랙

이 사진은 Curiosity가 촬영한 것이다. 오른쪽 윗부분을 보면 긴 트랙같은 것이 보인다. 주변의 토양과 색깔이 완전히 다르고, 궤도 자국 같은 일정한 패턴의 무늬가 있어서 인공적으로 만들어졌다는 사실을 단번에 알아볼 수 있다.

지하에 묻혀있는 어떤 물체가 부분적으로 모습을 드러낸 것이 아닌가 의심을 해보지만, 그럴 가능성은 희박해 보인다. 작은 모래언덕으로 가려진 아랫부분의 지형을 고려해보면, 지하 구조물의 모습을 그려내기가 어렵다.

Curiosity의 MAHLI 카메라 컬렉션에서 찾아낸 것이어서 Curiosity가 궤도 자국이 아닌가 의심해보기도 했으나, Curiosity의 발자국은 저런 패턴이 아닐 뿐 아니라, 로버는 저렇게 가파른 경사를 이동할 능력을 지니고 있지 못하다.

이 사진은 특정 부분을 중심으로 300% 확대한 이미지이다. 확대해서 다시 보니, 앞에서 했던 생각이 다시 바뀐다. 무엇이 지나간 자국이 아니고, 모래면 위를 두껍게 포장하듯이 덮고 있는 구조물이거나 지하의 구조물 일부가 드러난 것 같다는 느낌이 든다. 모래와는 재질이 확실히 다른, 딱딱한 물질로 만들어졌고, 바탕이 되는 면과 그 위에 무늬처럼 새겨진 구조물이 독립적으로 만들진 다음에 결합된 것처럼 보인다.

어떤 물체가 지나가면서 다져진 자국이라면, 저렇게 지면 위로 올라오면서 만들어졌을 리 없고, 강도나 색깔이 주변과 저렇게 다를 수도 없다.

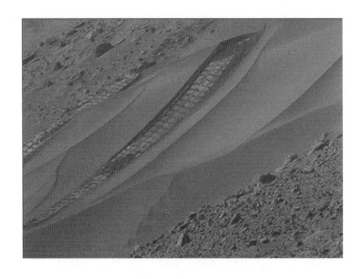

　전체적인 모양을 다시 살피기 위해서 200% 정도의 이미지를 보면, 생각이 또 흔들린다. 앞에서 살펴본 구조물의 오른쪽에 있는 다른 구조물을 살펴보면, 시작된 부분은 단면이 깨끗하게 잘려져 있고, 구조물 자체도 지면 위로 튀어나온 게 아니고 파인 곳에 놓여있다. 그리고 아래로 내려와 보면, 중간에 견고하게 보이던 구조물이 부서진 모습이 보인다. 그렇다면 이것은 적어도 지하에 있는 구조물 일부가 노출된 것이 아니고, 지표면에 두껍게 붙여진 상태이다. 그리고 지면과 일체가 아니고 타일을 이어 붙인 형태일 가능성이 크다. 마치 지구의 보도블록 같은 형태로 맞물려놓은 구조물 말이다.

　무언가를 이동하기 위해 만들어놓았거나 그런 용도로 사용하기 위해 만들다가, 어떤 이유로 공사를 완성하지 못하고 중단한 상태 같다. 그리고 표면에 모래가 전혀 쌓여있지 않은 것으로 보아, 이것이 존재하게 된 지가 그리 오래된 것 같지도 않다. 도대체 누가 무엇에 쓰려고 만들었을까.

잠시 이 구조물을 누가 만들어놓았을 거라는 전제 아래, 여러 가지를 가정해봤는데, 그에 대한 결론을 내리기에 앞서, 찜찜했던 부분을 마지막으로 확인해보자. 혹여 Curiosity Rover의 트랙이거나 그것이 지형이나 바람에 의해 변형된 것은 아닐까.

　　이것이 Curiosity Rover 바퀴를 촬영한 사진이다. 넓게 벌어진 지그재그 금속 트레드와 패턴을 집중해서 살펴보자. 그리고 앞에 제시해놓은 트랙의 이미지와 비교해보라. 비슷하게 보이기도 한다. 특히 지그재그 패턴이 몹시 호기심을 자극한다. 어떻게 잘 찍히면 위에 있는 패턴처럼 나올 것도 같다. 트랙 무늬가 찍힌 곳이 단단한 지면이 아니고 모래 사면이라는 사실을 잊어버릴 수만 있다면 그런 의심을 충분히 할 수 있다.

　　어쨌든 Curiosity Rover의 발자국을 직접 봐야만 의심이 완전히 풀릴 것 같다.

이 사진 속에 Hidden Valley 지역을 지나는 Curiosity Rover의 발자국이 담겨있다. 느슨한 토양(모래)을 지날 때는 이런 발자국이 생긴다. 느슨한 재료라서 트레드 패턴은 거의 나타나지 않으며 얕은 지그재그 패턴만 간신히 나타난다.

앞의 이미지와 같은 부분이 있다면 토양 색깔뿐이다. 로버 바퀴는 땅을 갈아엎는 경향이 있어 보편적으로 그 궤도는 어두운색을 띠게 된다. 하지만 앞에서 보았던 패턴은 절대로 만들어질 수 없다. 어떤 요소가 개입되거나 우연이 겹치더라도 말이다.

◆ 하얀 탑

　Opportunity가 경도 5.6°W, 위도 2.0°S 지역을 촬영한 사진이다. 이 두 물체의 가장 이상한 점은, 물체와 그 그림자 모양이 너무 다르다는 사실이다.

　이상한 점은 또 있다. 화성에 이렇게 완벽하게 빛을 반사하는, 흰색의 물체가 존재할 수 있을까. 그래서 이 물체의 존재에 관한 조작 가능성이 꾸준히 제기되었다. 하지만 실제로 없는 물체를 있다고 조작해야 할 마땅한 이유를 찾기 어렵다.

　그런데 이상하게도 이 좌표 지역을 검색해보면, 이렇게 매끈하고 광활한 평원이 존재하지 않는다. 그렇다면 지역 이미지 전체가 조작됐을 가능성은 있어 보인다. 지역의 좌표가 공개된 것과 다르지 않다면, 지역 전체에 광범위한 조작이 가해졌을 수도 있다는 말이다. 하지만 이해할 수 없는 문제는 여전히 있다. 도대체 무엇 때문에 이미지 전체를 대대적으로 조작해야 했는지, 여러 경우를 따져봐도 그 이유를 알 수 없다.

◈ 탑에 관한 특별한 시선

위에 소개한 탑 모양에 대한 아주 특별한 연구가 있다. 이미지 조작 여부는 따지지 않고, 하얀 탑 모양의 물체가 화성에 실존한다는 전제 아래, 그것에 관한 영상만을 집중적으로 연구한 한 마니아가 아래 자료와 함께 특별한 의견을 내놓았다.

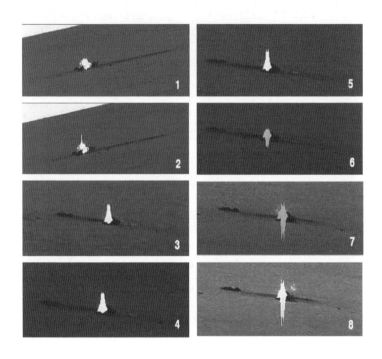

우리가 고정된 물체로 여겼던 이 존재가 실제로는 이동할 수 있는 개체이고, 크기 역시 변한다며, 이것이 화성에 사는 생명체일 가능성 있다고 주장했다.

제시된 자료를 보면, 이 존재는 고정된 구조물이나 암석이 아닐 뿐 아니라, 누구의 조정으로 움직이기보다는, 스스로 움직이고 있다는 느낌이 강하게 든다. 정말 그의 말대로 이 개체가 미지의 생명체일까.

◈ Opportunity가 발견한 또 다른 물체

Opportunity가 경도 354.4742°E, 위도 1.9483°S 지역에서 촬영한 사진
이다. 당시 로버는 Eagle Crater에 있었는데, Meridiani Planum 쪽을 바라
보는 순간, 이상한 물체가 시야에 들어왔다.

처음에는 앞에서 관찰한 하얀 탑과 같은 종류일지 모른다는 생각을 먼
저 떠올렸다. 앞에 게재된 물체의 탑 부분이 실제로는 돛처럼 올리거나
내릴 수 있어서, 그것을 내려놓으면 전체적인 모습이 이것처럼 될지 모른
다고 생각했다.

하지만 이 물체의 특이한 부속품을 보게 되면서 그런 아이디어가 급속
히 지워졌다. 이 물체는 라이트 설비를 갖추고 있는 것 같다. 다른 부분은
아주 어두운데, 머리 쪽은 2개의 광원이 있어서 아주 밝게 보인다. 오른
쪽 라이트는 왼쪽 것보다 약간 위쪽으로 오프셋되어있고 그 모양이 자동
차 헤드라이트와 매우 유사하다.

한편, 이것이 Opportunity를 화성에 착륙시킨 낙하산과 백셸일 가능성
을 떠올렸으나, 확인해본 결과 Opportunity의 착륙지점은 저곳이 아니었
다.

이 이미지는 NASA Photojournal 파노라마 이미지 파일 PIA05600 일부분이다. 이 이미지는 Opportunity의 파노라마 및 내비게이션 카메라 시스템에서 제공하는, 작은 개별 이미지를 모아 모자이크 형태로 만들어진 것이다.

보다시피, 이 이미지는 물체에 대한 새로운 시각을 제공하고 있는데, 특히 앞에서 헤드라이트라고 믿었던 부분이 불빛이 아닐 수도 있다는 생각을 들게 한다. 그리고 오른쪽의 바닥에 떨어져 있는 흰 물체가, 왼쪽의 동체와 붙어있는 돛이나 낙하산과는 전혀 다른 형태일 가능성을 떠올리게 한다. 하지만 물체가 자연지형이 아니고 평원을 이동할 수 있는 동체일 거라는 믿음은 아직 변하지 않은 상태이다.

위쪽 패널을 자세히 살펴보면, 물체가 오른쪽 낮은 각도로 햇빛을 받고 있는데, 왼쪽의 물체와 오른쪽의 물체가 이어져 있었다는 사실을 확인할 수 있으며, 오른쪽의 낙하산처럼 보였던 물체도 실제는 부피감을 가진 고체 덩어리였다는 사실도 알 수 있다. 이로 인해 물체가 이동체일 거라는 아이디어가 상당히 위축된다. 비록 전체적인 모양을 식별하기 쉽지 않아서 많은 혼동이 있을 수밖에 없으나, 고정된 구조물일 가능성이 크다는 것은 부인할 수 없다. 시간이 지나서도 그 자리에 있다면, 고장 난 동체일 가능성도 없지 않지만, 고정된 물체일 가능성이 더 커 보인다.

아래쪽의 분할 화면을 통해서, 오른쪽에서 하얗게 빛나던 물체가 햇빛의 조화에서 비롯된 착시를 유발했다는 사실을 알 수 있다. 금방이라도 바람에 휘날릴 것 같던 낙하산 이미지를 더는 떠올릴 수 없게 됐다. 그리고 Opportunity 벡셀과 낙하산 구성 요소가 반사율이 높은 재료로 만들어졌기에, 이 물체가 Opportunity 렌더와 관련됐을 거라는 추측도 더는 할 수 없게 됐다.

위 사진에 나와있듯이, Opportunity의 렌더는 Small Eagle Crater 안에 그대로 있을 뿐 아니라, Opportunity는 렌더에서 빠져나온 즉시 자신을 감싸고 있던 알을 이미지로 찍어서 지구로 보내왔다.

그리고 그것을 다른 곳으로 이동시킬 만한 바람이 화성에서 일어난 적이 없으며, 오브젝트의 발견 위치가 화살표를 해둔 곳이므로 Eagle Crater에서 상당히 먼 곳이다.

Opportunity가 발견한 이상한 물체는 하늘에서 떨어진 비행체이거나 화성의 지표면을 떠도는 랜드로버가 아니라 그곳에 고정된 구조물로 보인다.

다만 전체적인 모습이 주변 지형과 전혀 다르고 햇빛의 각도에 따라 다양한 모습을 보일 뿐 아니라, 부분적으로 구성 소재가 다른 것으로 보아, 자연지형이거나 암석은 아닌 것 같다. 그렇다면 도대체 무엇일까.

◈ Bonneville Crater 주변

이 사진은 Spirit이 Gusev Crater에서 Bonneville Crater를 바라보며 촬영한 것이다. 이미지 조작이 넓은 지역에 가해진 증거가 나타나있다. 위쪽은 Bonneville Crater의 오른쪽 끝 경사면에 있는 구역이며 아래는 Bonneville 저지대의 오른쪽 구역이다.

위쪽 프레임의 평행한 선들 주변에 명백한 이미지 템퍼링 흔적이 남아 있는데, 윗부분에는 사각형 바닥을 가진 구조물이 있었던 것 같고, 아랫부분에는 경사면을 고려해볼 때 이동체가 있었던 것 같다. 경사면을 타고 내려온 평행선 역시 긴 길이에 비해서 직선성이 너무 잘 유지되고 있어서 자연의 힘이 만들어놓은 선으로 보이지는 않는다. 이것 역시 무언가를 숨기기 위해 누군가 이미지를 조작한 것 같다.

경사면 아래쪽의 라벨이 붙은 지역에는 디더링, 얼룩 도구, 블러 작업 등이 폭넓게 가해져 있는데, 자연지형과 접해있는 부분의 처리가 서툴러서 전체적으로 조잡해 보인다. 결과적으로 Bonneville Crater와 그 주변 지역은 여러 가지 증거들을 고려해볼 때 아주 수상한 지역이다.

◈ **사라진 탑**

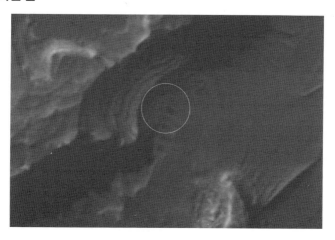

NASA 공식 파일 PSP-008338-1525에서 발췌한 이미지로, 화성 상공 256km에서 촬영한 Uzboi Vallis의 정경이 담겨있다.

원으로 표시해둔 곳을 보면, 탑 같은 물체가 서있다. 그림자까지 선명하게 드리워진 것으로 보아, 돌출된 물체가 있는 게 확실하다.

 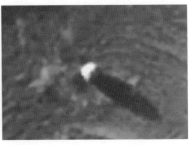

　같은 시간대의 다른 사진들을 확대해서 함께 살펴보면, 물체의 재질이 주변 토양과 완전히 다르고, 높이는 10여 미터 정도 된다는 사실을 알 수 있다. 이 정도의 존재는 흔하지 않지만, 그렇다고 그리 드문 것도 아니어서 간과할 수도 있다. 하지만 이 물체가 항상 이곳에 존재하는 존재가 아니라면 문제는 달라진다.

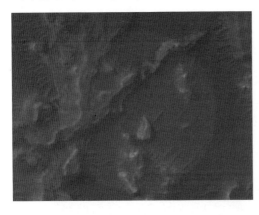

　왼쪽 사진은 훗날 같은 장소를 촬영한, PSP-010329-1525 파일에서 발췌한 이미지이다.

　그런데 보다시피 이 이미지에는 그 탑 모양의 물체가 보이지 않는다. PSP-008338-1525 파일에는 있었던 그 물체가 도대체 어디로 간 것일까.

　이 물체는 이곳에 고정되어있는 구조물이 아니고, 움직일 수 있는 비행체였던가.

◈ 버섯

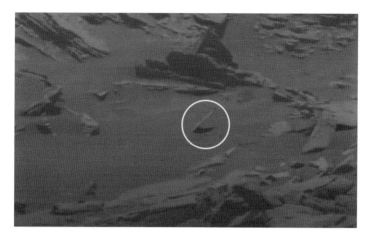

이 이미지는 Curiosity가 촬영한 MSL 2731 MR 파일 일부이다. 땅 위로 솟아난 뾰족한 물체가 있는데, 도무지 그 정체를 알 수 없다.

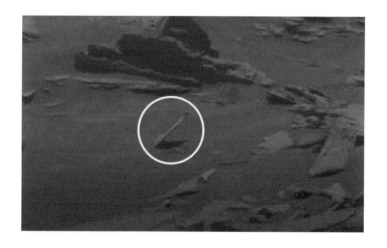

생긴 모양으로 보아, 암석 일부가 아닌 것은 분명하다. 머리끝에 작은 구체가 달려있어서 버섯이라고 이름을 붙여보았지만, 주변 환경을 고려해보면 식물의 일종일 가능성은 희박하다.

◆ 케이블

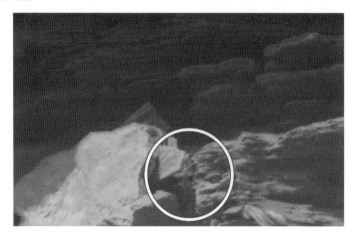

이 이미지는 MSL 1459 M-100 파일 일부이다. 절벽 위를 올라가는 뱀 같은 물체가 보인다.

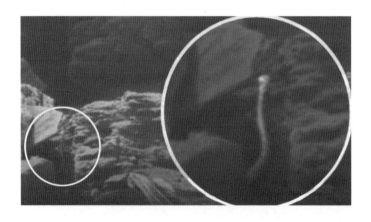

그러나 움직이고 있는 동물인 것 같지는 않고, 앞에서 버섯이라고 이름 붙였던 물체와 유사한 것이거나, 케이블의 일종일 가능성이 커 보인다. 물체가 나온 곳도 인공적인 구조물 같다. 왼쪽에도 이와 유사한 물체가 어렴풋이 보인다.

◆ 거북이

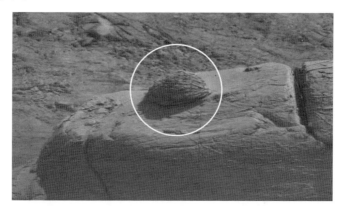

이 이미지는 Curiosity가 촬영한 MSL 3049 MR 파일 일부이다. 커다란 바위 위에 암석과는 질감이 다른 물체가 놓여있다.

모양이 거북이 등처럼 생겨서 거북이라고 이름을 붙였지만, 동물보다는 식물의 열매처럼 생겼다. 하지만 나무 한 그루 없는, 황량한 사막에 저런 열매가 생겨날 수 있을까.

◈ 날아다니는 돌

이 이미지는 Perseverance가 Sol 36에 Mast-2 카메라로 촬영한 것이다. 지면에서 부상한 채 날아가는 물체가 보인다.

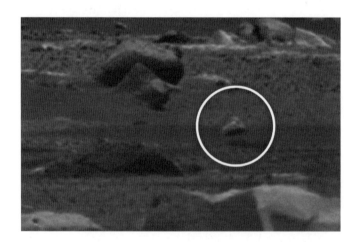

모양은 주변의 암석과 별 차이가 없는데, 분명히 날아가고 있다. 물체의 밑면에 음영이 있고 땅 위에도 그림자가 드리워져 있다.

◆미어캣

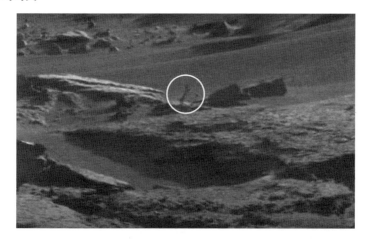

이 이미지는 Curiosity가 Sol 590에 촬영한 영상 파일 일부이다. 커다란 바위 뒤쪽에 뭔가 뛰어 부풀어 오르고 있다.

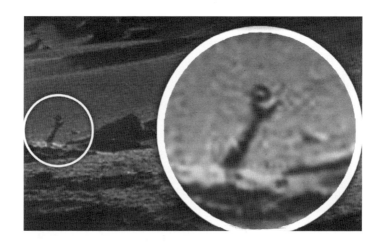

모습이 미어캣을 닮아서 이렇게 이름 붙였지만, 자세히 보니 동물 같지 않다. 전체적인 실루엣은 앞에서 소개했던 MSL 2731 MR 파일 속의 버섯과 비슷하지만, 세부 모양은 분명히 다르다. 몸체도 굵고 머리 모양이 훨씬 복잡하다.

◈ 불가사리

이 이미지는 Curiosity가 Sol 713에 촬영한 파일 일부이다. 작은 굴속에 불가사리 같은 것이 있다.

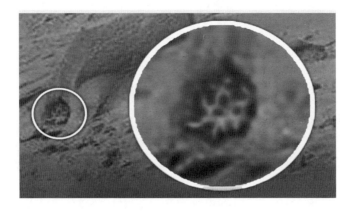

암석 조각이거나 생물의 화석이라기보다는 현재 살아있는 생명체 같다. 그런데 기억을 되짚어보면, 이와 유사한 것을 Victoria 분화구의 세인

트 빈센트 곳에서도 본 것 같다. 그곳에서도 동굴처럼 그늘진 암벽에 저렇게 붙어있었다.

◈ 안드로이드

이 이미지는 Curiosity가 Sol 862에 촬영한 파일 일부이다. 작은 언덕 아래에 누군가 앉아있는 모습이 보인다.

전체적인 실루엣은 사람을 많이 닮았다. 하지만 특수복을 입은 영장류이기보다는 안드로이드 로봇에 더 가까워 보인다.

◆ 대나무

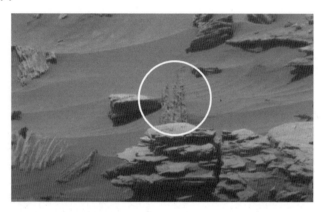

Curiosity가 Sol 1110일에 Mast Cam으로 촬영한 파일 일부이다. 바위 뒤 대나무 같은 식물이 보인다.

서있는 물체가 아니고 흙 위에 그려진 자국을 잘못 본 게 아닌지 의심

하면서 확대해봤지만, 서있는 물체가 확실하고 대나무 무리를 닮은 것도 확실하다. 도대체 무엇일까.

◆ 갑각류

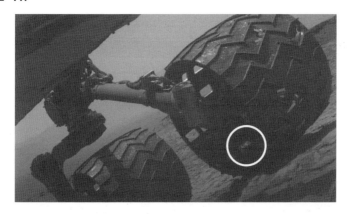

Curiosity가 Sol 1386에 하부를 살피면서 촬영한 사진이다. 우연도 이런 우연이 있을까. Curiosity의 바퀴에 특이한 구멍이 없었고 딱 이 시점에 정지하지 않았다면, 이 물체를 발견하지 못했을 것이다. 어쨌든 절묘하게 우연이 겹쳐서 발견하게 된 이 물체는 지구의 갑각류와 많이 닮았다.

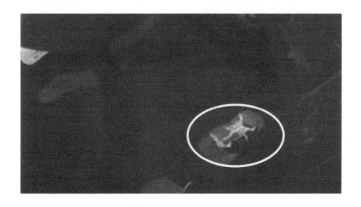

물론 이것이 현재 살아있는 생물이라는 뜻은 아니다. 암석이나 금속으로 만들어진 물체라기보다는 갑각류와 비슷한 종류의 유골일 가능성이 크다는 뜻이다.

◆ 유골과 유품

Curiosity가 Sol 1598에 Right Mast Cam으로 촬영한 사진이다. 산자락에 이상한 물체들이 어수선하게 널려있다.

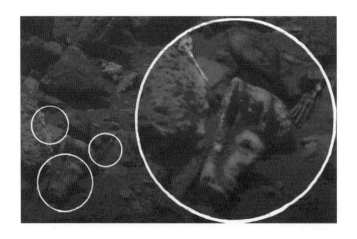

자세히 살펴보면, 거대한 석상 일부, 동물의 유골, 장식이 달린 유품 등이 섞여있는 것 같다. 주변에 부자연스럽게 부서진 돌들이 널려있는 것으로 보아, 이곳에 전란이 지나간 것 같다. 땅을 파보면, 여러 가지 유물을 더 발견할 수 있을 것 같다.

◆ 규화목

Curiosity가 Sol 1647에 Mast Cam으로 촬영한 사진 일부이다. 바위가 널려있는 들판에 부러진 나무 같은 게 서있다.

위쪽 잘려나간 부분이 외력으로 부러진 나무의 질감과 너무 흡사하다. 그 아래 몸통의 질감 역시 그렇다. 아주 오래전에 선 채로 죽은 후에 규화목으로 변한 것 같다.

◈ 잠망경

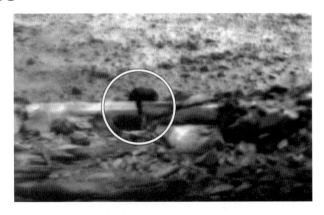

Curiosity가 Sol 2400에 촬영한 영상 파일에서 발췌한 것이다. 암석과 금속 구조물 조각이 어지럽게 널려있는 들판에 거대한 버섯 같은 것이 보인다.

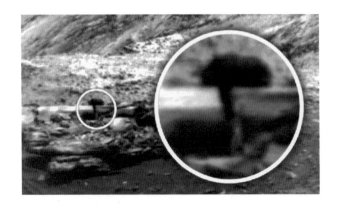

자세히 보니, 물체의 그림자로 여겼던 부분이 실제는 지하로 뚫린 구멍이다. 그러니까 이 물체는 누군가 땅 밑에서 지상의 정경을 살피기 위해 설치한 장치라고 봐야 한다.

◈ **로봇**

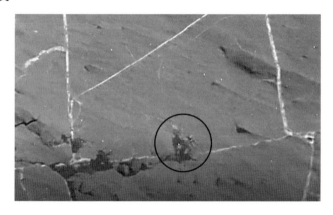

Curiosity가 Sol 2745에 촬영한 영상 파일 일부에서 발췌한 것이다. 낮은 산등성이 위를 누군가 걸어가고 있다.

로봇이 아니고 기묘하게 생긴 암석일 거라고 여기며 확대했는데, 의외로 로봇을 많이 닮았다. 등에 장비를 맨 채 주변을 살피면서 걸어가고 있는 안드로이드 로봇이다. 렌즈가 장착되어있을 것으로 추정되는 동공이 보이고 관절 장치가 있는 팔도 보인다.

◈ 유골 혹은 화석

이 이미지는 Curiosity가 Vera Rubin Ridge를 촬영한 것이다. 야산 중턱에 넓은 침대 같은 게 있고 그 위에 누군가 누워있다.

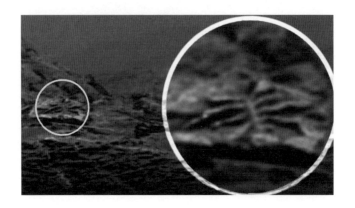

가운데 축을 중심으로 좌우 대칭이 잘 맞는 것으로 보아, 자연적으로 조성된 것은 아닐 것 같고, 생물의 유골이거나 화석일 가능성이 커 보인다. 누군가 만든 기계이거나 조각 작품일 가능성도 고려할 수 있지만, 그 효용성을 함께 고려해보면, 그럴 가능성은 극히 낮아 보인다.

◈ Sojourner의 전설

Spirit과 Opportunity는 2004년부터 화성에서 활약했지만, 이미 1997년에 화성에서 활약한 소저너(Sojourner)라는 로버도 있다. 화성 탐사선 패스파인더가 품고 간 아이였다. 소저너는 1주일 정도밖에 탐사하지 못할 거로 예상하였으나 6주 이상 활동하였다.

이 소저너가 탐사 활동을 할 때 모선인 패스파인더는 기지 겸 지상관측소 역할을 하였다. 지구로부터 받은 명령을 소저너에 전달하고, 소저너로부터 탐사 자료를 전송받아 지구로 전송하는 일을 주로 했다.

소저너는 길이 630mm, 폭 480mm의 몸체에 6개의 특수 구동바퀴, 태양전지판과 카메라, 데이터 전송용 안테나, 그리고 냄새를 맡아 흙이나 바위의 성분을 알아낼 수 있는 후각 장치 등이 장착되어있었다.

그런데 소저너가 활동하는 모습을 촬영한 패스파인더의 사진들에서 생명체로 추정되는 물체가 발견된 적이 있다.

위의 사진에 나와있듯이, 소저너가 이동하는 모습을 연속 촬영한 사진 속에 정체를 알 수 없는 물체가 소저너의 태양전지판 위에 올라앉아 있는 모습이 발견된 것이다.

이 물체는 10시 22분 31초부터 10시 23분 58초까지 대략 1분 20초 동안 소저너의 태양전지판 위에 있었는데, 소저너의 크기를 고려해보면 물체의 크기는 약 4~5cm 정도로 추정됐다. 특별한 움직임을 보인 것은 아니나, 태양전지판에 우연히 튀어 오른 암석일 리는 없었다. 소저너의 그림자가 선명했기에 먼지 폭풍은 없었다고 봐야 한다. 그래서 주변의 암석이 바람에 의해 날려 태양전지판 위에 떨어졌을 리는 없고, 한낮에 전지판 위에 얼음 결정이 발생했을 리도 없기에, 스스로 태양전지판 위에 올라간 생명체일 가능성이 컸다.

하지만 착시 현상일 가능성도 배제할 수 없어서 궁금증만 잔뜩 부풀려 놓은 채 사건이 시간 속으로 서서히 잊혀갔다. 그런데 시간이 한참 흐른 후에, 상상하지 못했던 주장이 등장했다. 태양전지판 위에 나타났다가 사라진 물체는 누군가 올려놓은 물체일 수 있다는 주장이었다. 누군가 올려놓았다? 그렇다면 더 이상한 주장이 아닌가. 누군가 화성에 있고, 그 누구는 지성을 갖춘 고등생물이라는 말인데…. 이런 주장이 나타난 것은 2004년에 Spirit이 화성에서 활약하던 시기에 등장한 것으로, 아래와 같은 사건이 발생한 직후였던 것 같다.

2004년 1월 초에 성공적인 착륙을 마치고 탐사 작업을 하던 Spirit이 1월 21일부터 데이터를 전송하지 못하고 있다는 뉴스가 흘러나왔다. NASA 제트추진 연구 센터에서 화성 탐사 프로젝트의 매니저 피터 데이싱어는 탐사로봇에 매우 심각한 이상이 있다는 사실을 공식적으로 확인했다.

　그런데 이와 같은 문제가 몇 해 전에 있었던 패스파인더의 탐사 도중에도 발생했었고, 과거 여러 차례의 탐사에서도 알 수 없는 원인으로 인해 통신이 두절된 사건이 발생한 적이 있었다.

　그런 이유로 호사가들은 매니저의 말을 그대로 믿지 않고, 대중들이 알아서는 안 될 정보를 Spirit이 보내와서 NASA가 이를 차단하기 위해 통신 두절이라는 속임수를 쓰고 있는 것으로 의심했다.

　어쨌든 1월 24일이 되자 NASA는 로버와 안정적으로 통신할 방법을 찾아냈고, 그때까지의 통신 문제가 메모리들을 통제하는 소프트웨어의 버그 때문이었다고 발표했다. 그리고 다시 Spirit이 보내온 자료들을 업데이트하기 시작했다.

　그런데 바로 그날 이상한 이미지 한 장이 전문 연구가들 사이에 유통되기 시작했다. Spirit 공식 사이트에서 내려받았다는 이미지인데, 통신 두절 사고가 났다고 발표된 1월 21일에 업데이트되었다가 10분 후에 삭제된 것이라는 설명도 붙어있었다.

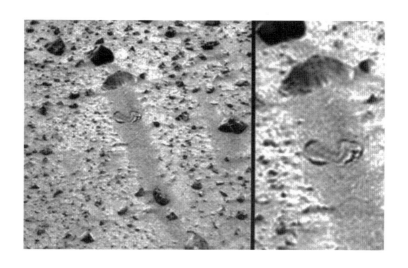

앞의 사진은 Steve Bell이라는 화성 자료 연구자가 찾아냈다는 그 논란의 이미지이다. 암석 앞에 쌓여있는 흙 위에 누군가의 발자국이 찍혀있다.

Steve의 주장에 따르면, 이 이미지가 Sol 18 이미지 게시판에 단 몇 분 동안 공개되었다가 바로 삭제되었다고 한다.

Spirit가 전송해오는 사진을 공개하는 NASA의 웹사이트에 들어가 보면, 위의 것과 동일한 구도의 이미지가 실재한다. 그렇지만 의문의 핵심인 발자국이 없고, Sol 18일 게시판이 아닌 Sol 16 게시판에 공개되어있다.

그렇다면 이 사태를 어떻게 판단해야 하는가. Steve가 Sol 16 자료를 내려받아서 조작한 것인가, 아니면 그의 말대로 Sol 18에 잠시 올려졌던 자료를 내려받은 것인가.

만약에 Steve가 이미지를 조작하지 않았고, 그의 말을 그대로 믿는다면, Sol 16과 18 사이에 누군가 이미지 속의 지역에 발자국을 남겼다는 이야기가 된다.

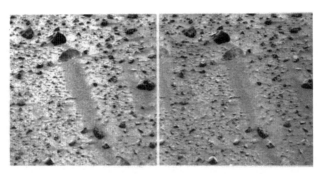

Sol 16에 공개된 두 장의 사진은 스티브가 Sol 18에서 발견했다는
이미지와 구도가 정확히 일치하지만, 발자국은 없다

현재 Sol 18 게시판에는 단 두 장의 이미지만이 공개되어있고, 그 후 며칠간은 자료가 없으며, Sol 25 자료부터 정상적으로 공개되어있다.

이 사태에 대한 여진은 한동안 계속됐는데, 그 이유는 최초의 유포자인 Steve의 개인 컴퓨터가 해킹되어 모든 자료가 삭제되었을 뿐 아니라, 그의 이메일도 해킹되었고, Steve처럼 운 좋게 발자국이 담긴 이미지를 내려받은 세 사람의 컴퓨터 역시 같은 일을 당했기 때문이다.

한편, 이 일을 계기로 까마득히 잊고 있었던 소저녀의 미스터리도 되살아났다. 그리고 그에 대한 새로운 주장이 대두된 것도 그 무렵이었다. 태양전지판 위에 몇 분 동안 올려져 있던 그 물체는 스스로 올라간 생명체가 아니고, 누군가 의도적으로 올려놓은 탐지기나 추적기일 가능성이 크다는 것이다.

정말 그런 것일까. 화성에 어떤 지성체가 존재하며, 그 존재가 인류의 화성 탐사 활동에 직간접적으로 개입하고 있을까. 하지만 화성에 지성체가 존재한다는 확실한 증거가 없었기에, 이런 의심은 더 진전될 수 없었다. 그래서 발자국 이미지도 소저녀 이미지도 오랫동안 미스터리 안갯속에 다시 묻힐 수밖에 없었다.

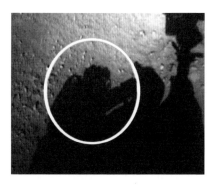

Curiosity가 왼쪽에 게시한 것과 같은 특별한 사진을 촬영할 때까지는 그랬다.

그런데 어느 날 Curiosity가 자신의 하부를 점검하다가, 우연히 이상한 모양이 담긴 그림자 사진을 촬영하게 되면서 소저녀의 전설은 또다시 살아났다.

Curiosity 그림자 사진에 누군가 접근해서 어떤 작업을 하는 모습이 담겨있었기 때문이다. 위 사진을 보면, 누군가 분명히 있다. 두 발로 걸어서 이동하는 존재이며, 우주복 같은 것을 입었는지는 모르나, 헬멧은 쓰고 있지 않은 것 같다.

하지만 의심의 근거가 하나 더 확보되었을 뿐, 이 의문 역시 해소될 수 없는 것이다. 이 사진이 실물을 촬영한 게 아니고 그림자이기에 착시일 가능성이 여전히 존재하기 때문이다.

지금까지 화성의 잡다한 수수께끼들을 모아서 장을 만들어보았는데, 이외에도 제시할 자료들은 더 많이 있다. 특히 이미지 조작을 증거는 정말 많은데, 더 나열하는 것은 의미가 없을 것 같다. 이 정도면 화성에 대한 정보를 독점하고 있는 기관들이 얼마나 많은 종류의 비밀을 감추고 있는지, 그리고 얼마나 많은 자료를 조작하고 있는지 충분히 입증되었다고 본다.

O U T R O

　화성은 우리 태양계 행성 중에서 대중의 관심을 가장 많이 받고 있다. 특히 지구와 같은 골디락스 존에 머물러있는 탓인지, 생명체와 문명 존재의 여부에 관한 어젠다는 끊임없이 생산되고 있다. 하지만 화성은 생명체가 존재할 수 없는 불모지라는 게, 학계 주류의 의견이다.

　생명체가 존재하기에는 화성의 대기가 너무 희박해 보이는 게 사실이다. 지표 부근의 대기압은 약 0.006기압으로 지구의 약 0.75%에 불과하다. 대기 성분도 열악하다. 이산화탄소가 약 95%, 질소가 약 3%, 아르곤이 약 1.6%이고, 아주 미량의 산소와 수증기가 있을 뿐이다. 그래서 날이 갈수록, 화성은 생명이 살 수 없는, 거대한 사막이라는 이미지가 굳어져 가는 듯했다.

　그러나 2003년에 고성능망원경을 통한 관측으로, 화성 대기에 메테인이 존재할 가능성이 제시되었고, 2004년에 마스 익스프레스 탐사선(Mars Express)의 조사로 메테인의 존재가 확인된 후로, 화성에 대한 기존 이미지가 시나브로 바뀌기 시작했다.

메테인 가스의 존재는 깊은 의미를 품고 있다. 왜냐하면, 금방 소멸해 버리는 메테인 가스가 발견된다는 사실은, 어디선가 메테인이 끊임없이 보충되고 있음을 의미하기 때문이다. 메테인의 생성 원인으로는 화산 활동이나 혜성의 충돌, 혹은 미생물 형태의 생명체에 의한 생산 가능성 등을 생각해볼 수 있지만, 그중에서도 우리는 생명체에 의해 생산되었을 가능성에 관심을 집중하고 있다.

그렇기는 해도, 그 가능성에 대한 확실한 근거가 제시된 건 아니어서, 학계 주류는 생명체 존재 자체에 대해서 회의적이다. 그들이 생명체 존재에 의구심을 품을 수밖에 없는 주된 이유는, 화성의 열악한 대기 환경과 극도로 낮은 온도를 의식하고 있기 때문일 것이다.

겨울 몇 개월간 화성 극지방에서 밤이 계속되면, 기온이 극히 낮아져서 대기의 약 25%가 얼어버리고 대기압도 낮아진다. 그런 상태로 있다가 극에 다시 햇빛이 비치는 계절이 오면, 얼었던 이산화탄소가 승화하여 극지방에 강한 바람이 발생한다.

한편 화성의 표면 온도는 영하 140°C~영하 20°C 정도로, 평균 온도가 영하 80°C이다. 이렇게 온도가 낮은 것은 화성의 대기가 희박해서 열을 유지할 수 없기 때문이다. 그리고 이런 극저온은 화성의 극지방에 빙관을 만드는데, 이것은 생명체 발생과 생존에 치명적인 장애 요소이다.

이뿐만 아니라 불규칙하게 변하는 자전축도 생명체에게는 치명적이다. 화성의 자전주기는 약 24시간 37분으로 지구와 거의 비슷하다. 그리고 자전축 역시 약 25° 기울어져 지구와 비슷한 것으로 알려져 있었다. 하지만 축이 안정되어있지는 않다. 화성의 지축이 장기간 안정된 상태를 유지하는지를 조사하기 위해 수행된 시뮬레이션의 결과, 자전축이 크게 변한다는 사실을 알게 되었다. 화성의 자전축은 수백만 년에 걸쳐 불규칙하게 변동해왔는데, 이것은 태양과 다른 행성들과의 상호작용에서 유발된 것으로 여겨진다.

그렇다면 화성에는 생명체와 문명이 존재할 수 없을까. 얼마 전까지만 해도 그 가능성이 정말 희박한 것으로 여겨졌다. 하지만 수많은 역경을 이겨내며 꾸준하게 탐사를 지속해본 결과, 그 가능성이 조금씩 살아나고 있다.

화성 탐사는 이미 여러 차례 시도된 바 있다. 지표나 기후, 지형, 물의 존재 여부, 생명체 존재 가능성 등을 연구하기 위해, 미국과 유럽 등에서 궤도 탐사선, 착륙선을 비롯해 많은 탐사선이 화성으로 발사됐다. 하지만 그중에 약 2/3가 미션 종료 전에 실패했다.

이렇게 실패율이 높은 원인은 기술상의 문제에 의한 것으로 보이지만, 알 수 없는 이유로 실패하거나 교신이 단절되는 경우도 적지 않았다. 하지만 인류는 좌절하지 않고 탐사를 지속해서, 화성의 정체를 파악할 수 있는 데이터들을 많이 수집했다.

나아가 우리는 화성 탐사선과 로버들이 보내 준 자료들을 통해서 과거 화성에 문명이 존재했으며, 어쩌면 현재에도 존재할지도 모른다는 증거들을 찾아내기도 했다.

모두가 알다시피 문명의 존재는 다양하고 깊은 의미를 품고 있다. 우선 문명을 건설할 수 있는 지적인 생명체가 과거에 존재했거나, 현재에도 존재한다는 뜻을 품고 있다. 그리고 생명체의 존재는, 그것이 존재할 수 있을 만큼 화성의 환경이 풍요로웠던 때가 있었다는 사실을 의미한다. 그러니까 생명 존재에 필수적인 대기와 물이 존재했고, 어쩌면 화성의 어느 곳이 아직도 그런 상태를 유지하고 있을 수 있음을 암시하는 것이다.

우리는 이 책의 본문에 게재된 화성의 지형지물들을 들여다보며, 그에 관한 의구심을 해소할 수 있는 다양한 증거들을 찾아보았다. 그 연구 결과, 우선 과거에 물이 풍부했다는 증거들을 무수히 찾아냈다. 현재에도 액체 물이 존재한다는 증거가 없는 것은 아니지만, 그 증거력이 아직은 불충분한 상태여서 학계에 공식적으로 인정받지는 못한 상태이다.

하지만 앞에서도 말했듯이, 과거의 화성에 물이 풍부했다는 증거는 정말 차고 넘친다. 다만 그 많던 물이 사라져 버린 이유는 아직 정확히 모르고 있다. 아마 종류는 알 수 없으나 대규모 격변을 겪었기 때문일 것이다. 언젠가 대재앙이 덮쳐와 화성의 기후에 큰 변화가 일어났고, 그 여파로 화성의 물들이 어디론가 사라졌을 것이다.

그 대재앙은 지구에서 공룡이 멸절했을 때와 유사한 형태인 천체의 충돌일 가능성이 커 보인다. 충돌한 천체가 거대한 것 하나였는지 여러 개였는지는 모르고, 그것이 단 한 번 일어난 것인지 여러 번 일어났는지도 모르지만, 천체의 충돌 이외의 다른 원인을 떠올리기는 쉽지 않다.

화성 전체에 지름 30km가 넘는 크레이터가 3,305개 있고, 그중에 3,068개가 화성의 남반구에 분포된 것으로 보아, 천체 충돌이 있었다면 남반구가 집중적으로 강타당한 것 같다. 어쨌든 그런 격변을 겪는 도중에 화성의 대기가 많이 손상되었고, 그로 인해 물이 증발하고 남은 대기도 식어갔을 것이다.

그리고 그렇게 화성이 폐허로 변해가면서 문명과 문명의 주인공들도 사라져 갔을 것이다. 문명의 존재에 대한 완전한 증거를 내놓지 못하는 것은, 모든 유적이 치명적으로 망가졌기 때문이다. 반면에 부실한 증거이긴 하지만, 여러 곳에 문명의 실루엣이 남아있는 이유는, 고등 문명이 상당 기간 존속했기 때문일 것이다.

단언컨대 화성은 폐허가 됐지만, 문명과 지성이 완전히 증발된 것으로 보이지는 않는다. 화성에 남아있는 일부의 구조물은 대재앙을 겪은 후에 건설된 것으로 보이기 때문이다. 'Alien Base'가 그 대표적인 예이다. NASA에서는 그 구조물을 빛과 그림자가 만든 착시 현상으로 치부하지만, 여러 각도로 분석해보면, 그 의견에 동의하기 어렵다. 지형지물에서 지성의 숨결이 느껴진다.

물론 문명이 존재한다면 증거들이 훨씬 더 풍부하게 제시되어야 하지 않느냐는 반문이 있을 수 있다. 하지만 현재의 화성 표면이 고등생명체가 존재하기 부적절한 환경이라는 사실을 고려하면 이해하지 못할 바는 아니다. 아마 생존한 지적 존재들은 지하에 있을 가능성이 크다. 건조한 대지, 호흡 곤란한 대기, 혹독한 추위로 덮인 곳이 화성 표면이기에, 그들이 선택할 수 있는 길은 그것뿐이었을 것이다.

극한 조건에 적응한 생명체들은 지표면이나 지표면 가까운 지하에 있을지 모르지만, 고등생물들은 적당한 온도와 대기가 보존되어있고 액체 물도 있는, 지하에서 살고 있을 것으로 보인다.

행성이 생명체의 멸절을 겪을 만큼의 치명적인 재앙을 겪는 건 드문 일이 아닐 수도 있다. 지구 역시 생명체가 절멸하다시피 한 큰 재앙을 몇 차례 겪어오지 않았는가. 물론 치명적인 위기들을 겪으면서도 행성이 완전히 파괴되지 않았고, 생명체도 완전한 멸절을 피했기에, 오늘날의 인간이 존재하는 것이긴 하지만 말이다.

하지만 화성은 지구에 비해서 운이 나빴던 것 같다. 애초부터 생명체와 문명이 존재할 수 없는, 황폐한 행성으로 살아온 것이 아니고, 지구처럼 생명체를 잉태할 수 있는 행성으로 성장했는데, 큰 재앙이 다가왔을 때 그것을 극복하지 못했던 것 같다.

이런 주장에 공감이 느껴진다면, 화성에 대한 기존 시각을 바꿔줬으면 좋겠다. 황량한 폐허로 태어난 화성이 아니라, 대재앙으로 폐허가 되어버린, 그래서 부활하기 위해서 외부의 도움을 간절하게 요구하고 있는 행성의 목소리에 귀를 기울여야 한다.

화성 곳곳에는 문명의 유적과 그 파편들이 널려있다. 아마 그 그늘에서 생명체들이 힘겹게 살아가고 있을 것이다. 지구인이여, 충혈된 화성의 눈을 응시하고, 풍화된 단말마에 귀를 기울여보자.

화성의 미스터리

THE MYSTERY OF THE MARS

초판 1쇄 인쇄 2021년 12월 31일
초판 1쇄 발행 2022년 01월 07일

지은이 김종태
펴낸이 류태연
편집 김수현 **| 디자인** 김민지

펴낸곳 렛츠북
주소 서울시 마포구 독막로3길 28-17, 3층(서교동)
등록 2015년 05월 15일 제2018-000065호
전화 070-4786-4823 **팩스** 070-7610-2823
이메일 letsbook2@naver.com **홈페이지** http://www.letsbook21.co.kr
블로그 https://blog.naver.com/letsbook2 **인스타그램** @letsbook2

ISBN 979-11-6054-524-1 13440